2000年5月，水利部部长汪恕诚（中）听取湘西州委书记彭对喜（右二）、
州政协主席向邦礼（左一）、湖南省水利厅副厅、长佘国云（左二）、
湘西州水利局长符兴武（右一）汇报工作

2010年11月，湘西州水利局长高文化（左）向水利部副部长鄂竟平（中）、
农村水电及电气化发展局局长田中兴（右）汇报工作

2007年7月，湖南省副省长杨泰波（左）检查龙山里耶镇农村饮水安全工程

2005年4月，湖南省水利厅厅长王孝忠（前排左二）在古丈县检查农村饮水安全工程

2007年7月，湖南省水利厅厅长张硕辅检查龙山里耶饮水安全工程

2008年10月，湖南省水利厅厅长戴军勇（左三）检查花垣县
农村饮水安全工程，湘西州水利局长翟建凯（右三）陪同

2011年5月，湖南省水利厅厅长戴军勇（前）检查吉首市干田水库出险加固

2012年11月，湖南省水利厅厅长詹晓安（右）检查吉首市万溶江古城段治理工程

2012年7月，湘西州委书记叶红专（前排中）在凤凰县长潭岗水库检查抗灾抢险

2013年5月，湘西州委书记叶红专（右七）、州长郭建群（右六）主持防汛应急演练

2011年2月，湘西州水利局局长高文化现场点评水利建设

2012年6月25日，沱江流域发生特大洪水，著名旅游胜地凤凰县城被淹

沱江两岸房屋进水，跳岩、拱桥等旅游设施被淹，景点被迫关闭，游客被迫转移

2012年7月17日，吉首、泸溪、花垣等县市再次发生特大洪水，吉首城区多处被淹。图为吉首市光明社区紧急转移群众的场景

泸溪县出动武警200多人，组织石榴坪乡兰村被困群众紧急转移

花垣县排碧乡红英山塘出现严重险情，当地群众紧急排险

湘西州大力加强防汛非工程措施建设，不断提高应对自然灾害的能力

防汛抗旱地理系统

防汛指挥中心可适时掌握每个水库、重要河流和主要城镇的水文信息

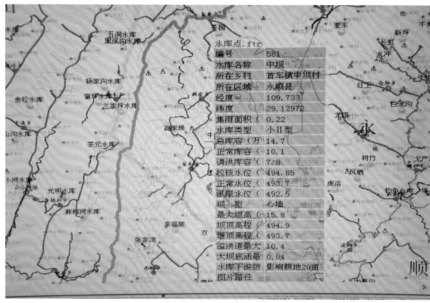

每个县（市）都贮备了必要的防汛抗旱物质

每年汛前组织民兵进行应急演练和抢险技能培训

1989—2012年，湘西州新建大型水库1座，中型水库7座，小（Ⅰ）型水库1座，
小（Ⅱ）型水库5座。图为2005年建成投运的凤凰县长潭岗中型水库，
是湘西州重要基础设施，对凤凰县的防洪、旅游、供水发挥着重要作用

2009年建成的高家坝水库。该项目是湘西州纳入西部大开发范围的标志性工程，是永
顺县城的防洪控制性工程，同时对下游猛洞河各梯级水电站具有显著的调节补偿作用

2011年10月建成的竹篙滩水库，正常库容4200万立方米，装机3万千瓦，由北京桓裕集团投资，是湘西州规模最大的民营水利项目

自1999年开始，湘西州开展病险水库除险加固工作，至2012年共治理中型水库16座，小（Ⅰ）型水库109座，小（Ⅱ）型水库108座。图为永顺县松柏水库（中型）除险加固工程现场

永顺县跃进水库［小（Ⅰ）型］采用冲抓回填工艺加固大坝

吉首市乾州水库［小（Ⅱ）型］采用固结灌浆工艺加固大坝

1998年，湘西州委州政府作出《关于加强农田基本建设的决定》，开展了以农田水利建设为主要内容的口粮建设；1999年，湘西州成功申报联合国粮食开发署粮食援助项目；2003年初，武水和酉水大型灌区列入国家计划并得到国家支持；为湘西州农田水利建设翻开新的一页。上图为粮援项目卡棚灌区卧当渡槽

口粮田建设龙山县双滩溪
蓄引联合灌区渠道

酉水灌区龙山县卧龙水库
引水渠渡槽

武水灌区凤凰县龙塘河灌区沱江斜拉拱渡槽

1989年，国家采用"以工代赈"方式解决人畜饮水困难；2000年开始实施农村饮水解困；2006年实施农村饮水安全工程，共建设各类农村饮水工程近2000处，解决了150多万人的饮水问题

农村自来水的普及使洗衣机等家用电器进入了普通百姓家

截至2012年年底，湘西州以开发水电站232座，总装机容量564.63兆瓦，年均发电量18.5亿度。图为永顺县洞潭水电站地下厂房施工现场

国家"以电代燃料"项目凤凰县庄上水电站

湘西州生态河堤

沱江珍珠滩水保及水生态保护工程

花垣河上戏水的孩子

峒河水车

大龙洞，天下第一洞瀑

芙蓉镇瀑布

湘西土家族苗族自治州水利志

（1989—2012 年）

湘西土家族苗族自治州水利局　编

中国水利水电出版社
www.waterpub.com.cn

·北京·

内 容 提 要

《湘西土家族苗族自治州水利志（1989—2012年）》是湘西州建州以来第二部水利专志，充分利用述、记、志、传、图、表、录七种体裁，以志为主，述而不论。它详尽而客观地记述了湘西州在20多年间的水文水资源、防汛抗旱、水利建设与管理、水土保持与水生态文明建设、水能与电网、水利科技及教育、水行政管理等方面所作出的有益探索和经验，展现了湘西州水利人和水利建设者们勇于开拓、自强不息、艰苦奋斗的拼搏精神和积极进取、追求卓越的工作风貌，志书观点正确，体例规范，内容丰富，详略得当，具有鲜明的时代特色和水利专业特点。

图书在版编目（CIP）数据

湘西土家族苗族自治州水利志：1989-2012年 / 湘西土家族苗族自治州水利局编. -- 北京：中国水利水电出版社，2017.2
ISBN 978-7-5170-4876-3

Ⅰ. ①湘… Ⅱ. ①湘… Ⅲ. ①水利史－湘西土家族苗族自治州－1989-2012 Ⅳ. ①TV-092

中国版本图书馆CIP数据核字(2016)第273656号

审图号　湘 S（2016）72 号

书　名	**湘西土家族苗族自治州水利志（1989—2012 年）** XIANGXI TUJIAZU MIAOZU ZIZHIZHOU SHUILIZHI (1989—2012 NIAN)
作　者	湘西土家族苗族自治州水利局　编
出版发行	中国水利水电出版社 （北京市海淀区玉渊潭南路 1 号 D 座　100038） 网址：www.waterpub.com.cn E - mail：sales@waterpub.com.cn 电话：（010）68367658（营销中心）
经　售	北京科水图书销售中心（零售） 电话：（010）88383994、63202643、68545874 全国各地新华书店和相关出版物销售网点
排　版	北京时代澄宇科技有限公司
印　刷	北京纪元彩艺印刷有限公司
规　格	184mm×260mm　16 开本　22.5 印张　550 千字　11 插页
版　次	2017 年 2 月第 1 版　2017 年 2 月第 1 次印刷
定　价	**220.00 元**

《湘西土家族苗族自治州水利志（1989—2012年)》

编纂委员会

主　　　任　高文化

副　主　任　贾　圣　孙　波　张嘉生　朱才茂　米承胜　姚　波
　　　　　　符辰益　向长珍

委　　　员　滕建帅　彭英学　张自力　向　曦　田儒东　罗　刚
　　　　　　周宁南　吴凤祥　龙昌舜　饶碧娟　张　敬　吴观合
　　　　　　彭大凤　饶伟术　于湘龙　刘小中　熊隆云　张任金
　　　　　　刘　辉　谷加祥　向国荣　毛德昌　张有顺　张二平
　　　　　　石国兴　梁先林　李才亮　陈昌武

主　　　编　朱才茂
总　　　纂　符兴武
副　总　纂　张齐湘　邓启宪
统　　　稿　戴金洲
编纂办主任　杨玉彬
摄影、照片提供　高文化　符兴武　龙家和　戴金洲
　　　　　　州水利局各科室

序一

　　水利是关系国计民生的大事，治水是中华民族几千年文明史的重要组成部分。近20余年来，是湘西州水利建设的辉煌时期，一大批事关发展全局和民生福祉的水利基础设施相继建成，水资源保护和利用不断加强，水利服务管理体系逐步健全，为全州经济社会发展提供了有力保障，为生态修复和环境保护作出了重要贡献。

　　修著志书是中华优秀文化传统，是鉴古知今、服务当代、惠及后世的重要工作。《湘西州水利志（1989—2012）》将在建州60周年之际出版，该《志》综合运用述、记、志、传、图、表、录等体例，以志为主，述而不论，详尽客观地记载了湘西州23年间的水文水资源、防汛抗旱、水利建设与管理、水土保持与水生态建设、水能与电网、水利科技及教育、水行政管理等方面情况，展现了湘西州水利建设者勇于开拓、自强不息、艰苦奋斗的精神和积极进取、追求卓越的风貌，具有鲜明的时代特色和专业特点，有着重要的史料价值和应用研究价值，对我州水利现代化建设必将起到积极促进作用。

　　湘西州是习近平总书记精准扶贫战略思想的提出地和湖南省脱贫攻坚主战场，牢记总书记殷切嘱托，落实中央、省委、州委决策部署，打好打赢精准脱贫攻坚战，与全国全省同步建成全面小康社会，是当前和今后一个时期全州各级各部门的头等大事和重大政治责任。决战决胜脱贫攻坚、全力冲刺全面小康，水利是不可替代的基础支撑，加之当前我州水资源时空分布不均、干旱洪涝频发、水资源供需矛盾突出、水利建设滞后等问题依然存在，加快我州水利改革发展刻不容缓。希望全州水利工作者继续以饱满的工作热情，积极进取，开拓创新，撸起袖子加油干，把农田水利作为脱贫发展基础设施建设的重点任务，把严格水资源管理作为加快转变经济发展方式的战略举措，注重科学治水、依法治水，切实加强薄弱环节建设，大力发展民生水利，不断深化水利改革，加快建设节水型社会，促进水利可持续发展，为推动加快我州发展脱贫、后发赶超、同步小康作出新的更大贡献，为打造国内外知名生态文化公园、谱写中国梦的湘西精彩篇章再立新功。

州委书记 *叶红专*

2017 年 2 月 15 日

序二

　　湘西土家族苗族自治州位于湖南省西北部，云贵高原东侧的武陵山区，与湖北省、贵州省、重庆市接壤，是湖南省的西北门户，为进入鄂、黔、渝的咽喉之地。

　　1988年，我州编撰了新中国成立以来第一部《水利电力志》，首次比较详实地记载了截至1988年的湘西水利电力事业发展，发挥了"存史、资政、教育"等积极作用。修志是中华民族传统，也是州委州政府工作部署，为水利系统的大事好事。1989—2012年全州水利事业快速发展、成效显著，可圈可点的事情众多。《湘西土家族苗族自治州水利志（1989—2012年）》作为首部志书的延续，全面、真实、客观、准确地记述了1989年以来湘西州水利事业发展的内容，具有重要的现实意义，不仅具有思想性、科学性、可读性等，而且还能服务当代乃至后世。

　　20年来，各级水利人创新发展思路、创新领导方式、创新投入机制、创新建管模式，各项水利工作正走向可持续发展的道路。病险水库除险加固、"四水"及中小河流治理、城乡供水、农田水利、水土流失治理、小水电开发等各项工作全面推进，全州水利工作迈上新台阶。今后一个时期，湘西州水利事业正处于由传统水利向现代水利转变的关键时期，将面临着一系列新情况、新机遇、新挑战。一是水资源紧缺的矛盾日益突现；二是水环境恶化趋势未得到根本缓解；三是水利投入仍严重不足；四是岩溶干旱区灌溉和饮水困难仍十分突出；五是水利体制改革仍存在诸多障碍。续志是一部湘西水利行业大型工具书，具有较高的史料价值和实用价值。

　　总结历史经验是为了更好地发展，认识自然是为了更有效地改造自然。志载盛世，垂鉴后世。湘西水利事业已有了一定基础，但湘西水利事业发展永远在路上。修志目的在于运用，殷切希望湘西水利战线上的广大干部职工牢固树立科学发展与加快发展的新理念，弘扬"献身、负责、求实"的水利行业精神，进一步明确"水润湘西、水美湘西、水安湘西、水兴湘西"的工作思路，强化措施、继续推进六水同建共治（水工程、水安全、水资源、水环境、水生态、水文化），为"绿色湘西、美丽湘西"提供水利支撑与保障。

　　是为序！

2015 年 11 月

凡　　例

一、全志为湘西土家族苗族自治州《水利电力志》的续志，上限 1989 年，与湘西土家族苗族自治州《水利电力志》的下限 1988 年相衔接。为保持记事的连续性与完整性，对重要事件适当上溯；下限至 2012 年年底，对个别重大事件，为保持其完整性，下限适当下延。

二、全志以马列主义、毛泽东思想、邓小平理论和"三个代表"重要思想为指导，全面落实科学发展观，实事求是地记述湘西州水利水电的发展变化，旨在发挥资政、存史和教化作用，为湘西州经济社会发展服务。

三、全志按照水利水电行业的性质和特点谋篇布局，以事分类，按类设篇，卷首设图、照片、序、凡例、目录，并设大事记、概述，纵观史实，横陈特点，提纲挈领，统揽全志。正文依次设水系与水资源，洪旱灾害，水利建设与管理，水土保持与水生态文明建设，水能与电网，水利水电科技教育，水行政管理等篇，为全志主体。卷末设先进集体荣誉录、先进个人获奖名录、重要文规附录、湘西州水利水电之最、编后记。全志采用篇章体，分篇、章、节、目等层次，共 7 篇 32 章 113 节。

四、采用述、记、志、传、图、表、录七种体裁，以志为主，横排竖写，述而不论。为加强志书的宏观记述，志前设概述，篇、章前设无题小序，图片主要集中于志首，志中插图、表格附于相关章节，使之图文并茂。

五、按照以人为本、人与自然和谐相处的原则，在客观记述水利水电建设与管理发展变化的同时，专设水利普查、水文化和水利风景区等章节。

六、大事记采用编年体；先进集体荣誉录，获奖表彰的模范、先进个人名录，只选取获湖南省、水利部级以上表彰的个人，按照获奖时间先后顺序排列。

七、采用规范的语体文，计量单位名称、符号一律采用中华人民共和国法定计量单位，对个别便于表述和习惯使用的计量单位，仍沿用旧制。记述机构或事物，第一次出现时用全称，再次出现时用简称，使用高程时，均为黄海高程。

八、所记述党和政府系指中国共产党和湖南省、湘西土家族苗族自治州、县（市）、区、镇（乡）人民政府。

九、采用公元纪年。

十、各种统计数据，以湖南省水利统计年鉴、湘西州统计年鉴公布的统计资料为依据，以上年鉴没有的，采用湘西州水利部门统计数据和州水利局各科、室、办、站、队提供的数据。

目　　录

第六篇　教育与科技

第七篇　水行政管理

概　述

一

湘西土家族苗族自治州（简称湘西州）位于湖南省西北部，北纬27°44′至29°38′，东经109°10′至110°23′之间，东西宽110千米，南北长200千米，总面积15462平方千米，占全省国土面积的7.3%，耕地197千公顷。东南与本省怀化市沅陵、麻阳、辰溪毗邻，西与重庆市秀山、贵州省铜仁市松桃接壤，北与湖北省恩施州来凤和本省张家界市桑植、永定相连。全州辖吉首、泸溪、凤凰、古丈、花垣、保靖、永顺、龙山七县一市和湘西经济开发区，90个乡、68个镇，7个街道委员会、181个居民委员会，1962个村民委员会，总人口289.65万人，人口密度每平方千米187人，其中非农业人口50.69万人，农业人口238.96万人。境内居住着土家族、苗族、回族、瑶族、侗族、白族等少数民族人口227.48万人，其中土家族、苗族占总人口77.9%以上。湘西州系国家重点支持的"老、少、边、穷、库"地区，也是湖南省唯一列入国家西部开发范围的少数民族地区。所辖吉首市属湖南省贫困县，其他七个县属国家级贫困县。

湘西州地形西北高、东南低，武陵山脉由东北向西南斜贯全境。北部多山，有大小山峰130多座。最高点龙山县大安乡大灵山，海拔1736米，最低点为泸溪县武溪镇大龙溪出口，海拔97.1米。全州地形大致可分为三个区域：西北中山区，主要由龙山县、永顺县、古丈县东北及保靖县中部地区组成，总面积3402平方千米，占湘西州总面积22%。境内山体高耸，峰峦林立，坡陡谷深，地势险要，海拔多在800～1200米之间。山间多坪地，地形切割较深，岩溶发育，干旱严重，光热偏少，土壤自然肥力较好，是粮食及经济作物主要产区。中部中低山区，主要由凤凰、吉首、花垣、古丈、永顺等县部分地区组成，总面积9122平方千米，占湘西州总面积59%。山势由东北向西南延伸并逐渐变小，海拔在500～1000米之间。境内丘陵起伏，岩溶发育，有著名的腊尔山台地，光、热、水、土条件较好，适宜发展粮、林、牧、经济作物和反季节蔬菜。中部及东南部低山丘岗区，主要由地处沅麻盆地的泸溪、中部地区花垣至永顺盆地、龙山里耶、城郊盆地等地区组成，总面积2938平方千米，占全州总面积19%，总体上呈东北向西南延伸，沿河流呈树枝或网状分布。平均海拔在200～500米之间。境内地势平坦开阔，光、热、水、土条件好，是州内主要水稻产区和发展农、林、牧、渔的最佳地区。按地貌形态分，有山地、丘陵、平原和水域。土壤类型共有7个土类，21个亚类，88个土属，261个土种。其中，石灰土4393平方千米，占土壤总面积30.5%，广泛分布于石灰岩山地、丘陵地区；红土壤3346.3平方千米，占土壤总面积23.2%，分布于海拔500米以下的地区；黄土壤2825.69平方千米，占土地总面积19.6%，分布于海拔500～1000米的山地；水稻土1269.66平方千米，占总面积8.8%，主要分布在澧水、沅江、酉水及其支流的溪河平原；

紫色土1859.45平方千米，占总面积12.9%，分布于武水和澧水上游一带丘陵山地区；黄棕土壤、潮土共721.69平方千米，占总面积5%。全州属中亚热带常绿阔叶林区，植物种类繁多，森林资源、牧草资源、野生和栽培植物资源都很丰富，现已查明的野生木本植物有94科、419种。湘西州森林面积76.8万公顷，活立木储积量3042.28万立方米，森林覆盖率66.86%。

全州属中亚热带季风湿润气候，具有明显大陆性气候特征，夏季降雨充沛，气候温暖湿润；冬季降水较少，气候寒冷干燥。同时还具有气候年内、年际变化较大，类型多样，光热总量偏少，立体气候明显等特征。据八县市1989—2010年的气象资料统计，多年平均气温16.4~17.1℃，总体趋势是北部低于南部。7月温度最高，月平均气温27.2℃，1月气温最低，月平均气温4.6~5.4℃。极端最高气温40.2℃，最低气温-6.0℃，10℃以上积温在5000℃左右，年日照时数为1015.0~1373.2小时，无霜期270~300天。湘西州多年平均降雨量为1398毫米，年际变幅在900~1800毫米之间，个别地区年际变幅在1000~2100毫米之间，最大24小时降雨量为470毫米（永顺县青天坪2003年7月8日）。年内降雨主要发生在5—6月，占全年降雨量的40%~50%。从地域上看，以泸溪、凤凰两县降雨量最少，年平均在1350毫米左右；古丈、吉首、花垣年平均降雨量在1400~1450毫米之间；保靖、永顺、龙山平均降雨量在1450~1800毫米之间；个别高海拔地区年降雨量可达2000毫米以上。多年平均水面蒸发量为668.7毫米，年际变化幅度在543.7~799.3毫米之间。总的趋势是南部低海拔地区高于北部高海拔地区。冬季盛行偏北风，夏季多为偏南风，个别地区受地形影响较大。年平均风速为0.9~1.8米/秒。

全州由沅水和澧水两大水系控制。其中，沅水控制州内流域面积14215.3平方千米，占总面积的91.9%，澧水控制州内流域面积1388.7平方千米，占总面积的8.1%。湘西州内主要河流有武水和酉水，均为沅水一级支流。流程5千米以上的河流有368条，流域面积在100平方千米以上的河流有55条。沅水全长1033千米，流域面积89163平方千米，发源于贵州省都匀县云雾山鸡冠岭，于常德市入洞庭湖。干流从泸溪县小岸坪入州境，流经浦市镇、白沙镇、武溪镇会武水，流至大龙溪出境。过境里程45.5千米。武水发源于花垣县老人山、火焰洞一带，于泸溪县武溪镇注入沅水。干流长145千米，流域面积3574平方千米，其中州境内面积3522平方千米。酉水有南北两源，北源为主干流，发源于湖北省宣恩县酉源山，南源发源于贵州省松桃县山羊溪。南北两源在重庆市秀山县汇合后经凤滩电站出州境，于沅陵县城注入沅水。干流全长477千米，流域面积18530平方千米，其中州境干流长度223千米，汇流面积9084平方千米。澧水有北、中、南三源，中源发源于龙山县大安乡翻身村大灵山青岩包的长沟。长沟向东北流入湖北宣恩一段后，又往南拐大弯，再次流入龙山境内乌鸦乡的铁树村，经地下溶洞形成暗河，后在乌鸦乡西堰仙人河冒出头，名杨家河，在李家湾与澧水南源，北源汇合注入澧水干流。澧水的一级支流南源杉木河、贺虎溪等，总流域面积1388.70平方千米，其中杉木河1070.7平方千米，后坪河142平方千米，贺虎溪176平方千米。水资源量丰富，多年平均径流深811毫米，水资源总量125.3亿立方米，其中地表河川年径流总量125.3亿立方米，地下径流量25.07亿立方米，重复计算量25.07亿立方米，过境水量85.79亿立方米，径流深北大南小，在940.3毫米至668.8毫米内变化，径流系数也是北大南小，在0.75~0.55之间变化。据湘西州水文局水环境监测中心2001—2010年基本站点实测资料，选取pH值、COD_{Mn}、溶解氧、铜、铅、锌、镉、总汞、氰化物、挥发酚、总砷、六价铬、氟化物、氨氮、总磷、石油类、五日生化需氧量、粪大肠菌群共18个检测项目作为参评指标。依据《地表水环境质量标准》（GB 3838—2002）采用单因子评价法进行评价：峒河、万溶江、花垣河下游段局部污染较严重，主要污染物为粪大肠菌群、氨氮；沅水干流湘西州泸溪段主要污染物为总磷；其他站点的主要污染物为粪大肠菌、氨氮。主要污染源来自城市生活污水和工业废水，污染河段主要在城市的中下游。随着市政工程的完善，污水处理厂投入运行，近年来部分河段污染得到控制，水质有所改善。水能资源丰富，理论蕴藏量达218.8万千瓦，技术可开发量162.7万千瓦，已开发136.46万千瓦（包括凤滩电站、碗米坡电站），占可开发量的83.9％。酉水流域水能理论蕴藏量183.2万千瓦，占全州总蕴藏量的83.7％，武水流域理论蕴藏量31.1万千瓦，占全州总蕴藏量的14.2％；澧水流域理论蕴藏量4.5万千瓦，占全州总蕴藏量2.1％。

二

水利是国民经济各业兴旺繁荣的命脉。随着水利在国民经济和社会发展中基础设施和基础产业地位的确立，水利由过去单一为农业服务发展成为整个经济社会全面服务。由于历史习俗和山区地形条件限制，湘西州的城镇和村寨大多都傍水而建，许多房屋还建在河道行洪区内，抵御洪水能力严重不足，设防标准很低。特别是山区的中小河道，迂回曲折，汇集山溪洪水，洪水陡涨陡落，冲刷破坏力很大，河道亦随洪水灾害而发生变迁，故有"三十年河东，三十年河西"的河道变迁之说。从流态状况看，一般是"凹"岸当冲，"凸"岸当淤，年长月久而改变河道。据调查，永顺县的杉木河，保靖县的大妥河等屡遭频繁山洪灾害，年年冲毁，年年修。洪涝灾害造成河道变迁，极大影响人民安居乐业。为了与自然灾害作斗争，修堤固道自古沿袭，但因这些堤坊大多是块石干砌，标准低，加之改河造田，人水争地，挤占过洪断面，只能抵御一般性山溪洪水，稳定性差。1989—2012年，为根治水患，提高防洪标准，湘西州累计使用各类水利建设资金27.95亿元。1998—2012年，省水利厅投入湘西州四水治理资金27976万元，修建城镇防洪堤65处30.495千米，河道疏浚5.796千米，处理病险情水库7座，保护人口14.18万人，保护农田2.67千公顷，保护城镇面积5.31平方千米。2010—2012年省水利厅安排湘西州中小河流治理工程18处，工程投资19241.67万元，治理河道168.052千米，保护农田9.09千公顷，保护人口34.502万人。吉首、永顺、凤凰、泸溪、古丈、保靖、花垣等县城的防洪标准由原来的5年一遇，提高到20年一遇；边城（茶峒）、里耶、浦市三大名镇防标准达到20～50年一遇；沱江河、峒河、花垣河、皮度河、猛洞河、古阳河、万溶江河、杉木河、大妥河等中小河流达到10年一遇防洪标准，有效地保障了人民生命财产安全，增强了人民生产、生活安全感，促进人水和谐，社会稳定，为经济社会发展提供有力保障，为经济持续快速发展奠定较好基础。

20世纪50—70年代，受经济技术条件的制约，水库建设标准低，工程质量差，加之年久失修，进入21世纪大多数水库出现不同程度的病险情，给人们的生命财产带来安全隐患，险情十分突出，每到汛期险象环生。2000年以来，在国家西部开发政策的支持下，湘西州先后有16座中型、109座小（Ⅰ）型病险水库除险加固纳入了国家专项规划，19座小（Ⅰ）型病险水库除险加固纳入了国家新编规划，465座小（Ⅱ）病险水库除险加固分别纳入国家和省规划。截至2012年年底，水库除险加固到位资金78459万元，其中国家投资75002万元，省配套3459万元，湘西州进入国家专项规划内的病险水库治理项目全部完成。确保了下游35.28万人、17.33千公顷耕地及各级交通道路的安全。恢复和新增防洪库容7349.06万立方米，恢复和新增防洪效益3765.31万元，恢复和新增灌溉面积8.99千公顷，恢复和新增兴利库容8876.08万立方米，恢复和新增灌溉效益2956.7万元，恢复和新增发电量10403万度，恢复和新增发电效益1981万元，解决饮水困难人口7.45万人。

农村饮水安全工程是水利部门一件大事。截至1999年年底，湘西州兴建了2236处农村饮水安全工程，投入资金11956.84万元，其中以工代赈资金3036.07万元，扶贫资金2181.54万元，股票售表资金958万元，水利资金841.12万元，群众自筹2645.04万元，银行贷款1261.66万元，其他资金1006.41万元，解决97.49万人，171.13万头大牲畜的饮水困难问题（其中饮水困难的62.36万人，改善供水的35.15万人）。这些人饮工程的建成，改善山区人民生存条件和生活环境，促进了当地社会经济发展。但由于环境恶化、水源污染、工程老化失修、损坏报废，还有66.08万农村人口饮水困难（包括返困人口），分布湘西州八县（市）1468个村，这些饮水困难村80％以上位于岩溶地区和高寒边远山区，自然条件恶劣，经济落后，饮水是这些特贫村脱贫致富的重要制约因素。党中央、国务院高度重视农村饮水安全工作，将湘西州83.96万人农村饮水安全问题列入《全国农村饮水安全工程》"十一五"规划。2005—2010年，中央财政共下达湘西州农村饮水安全项目建设计划14批，总投资25818.68万元，其中国债资金18626.38万元，共新建、改（扩）建农村饮水安全工程677处，其中日供水规模在20吨以上的集中供水工程630处，解决了8县（市）89个乡（镇）130个村58.2506万人的饮水困难。2011—2012年，省发展改革委、省水利厅又分五批计划下达湘西州农村饮水安全项目，总投资27612.39万元，其中，中央投资21880.29万元。至2012年年底，上述五批农村饮水安全项目全面完成，兴建工程287处，解决了8县（市）56.7893万人的饮水困难。这些工程的建成，改善了项目区农村生产、生活条件，降低了农村居民患病率，提高了农村居民生活质量，解放了农村生产力，带动了畜牧业、养殖业、加工业、旅游业发展，促进了农村经济的可持续发展。

坚持不懈地进行水利基础设施建设，湘西州形成较为完善的防洪、排涝、灌溉、供水四大工程体系，城乡防洪减灾能力、抗旱供水保障能力和农业综合生产能力显著提高。1993年、1995年、1996年、1998年、2003年、2010年汛期，湘西州遭到暴雨洪水袭击，境内中小型水库、中小流河流超过汛限水位。湘西州各县市防汛指挥机构，充分发挥多年建立起来的防汛预案和防洪减灾体系作用，采取工程、行政、法律、经济、科技等综合手段，做到紧张有序、科学调度，取得了抗洪斗争的胜利。注意上下游、左右岸的关系，保证人民群众生命财产安全，把洪涝灾害的损失减少到最低程度。20年多年来，湘西州先后发生1989年、1990年、2000年、2005年、2009年持续干旱，给农业生产和人民生活造成严重影响，通过水利部门对已建成中小水库科学调度，发挥水利工程抗旱主导作用，各县市抗旱服务队携带小型流动柴油抽水机械，深入边远山区、岩溶地区，帮助群众抗旱，为农业持续增产，农民持续增收作出了贡献，为经济社会发展提供了有力保障。

1989年，国务院下发《关于大力开展农田水利基本建设的决定》，按照"巩固改造，适当发展，加强管理，注重效益"方针，以修复水毁工程、除险保安、配套挖潜，巩固改造和提高现有水利工程效益为重点，大搞"五塘四小"工程，扩大灌溉面积（五塘：退田还塘、危塘加固、漏塘整修、废塘修复、小塘兴建；四小：小沟渠、小溪坝、小泉井、小水车）。各县（市）主攻方向明确，重点突出，领导、项目、任务、资金、劳力、效益落实，做到乡乡有重点、村村有工程、组组有任务、户户投劳力，扎扎实实地打好"八五"期间农田水利建设仗。1990年，湘西州州委、州政府转发《中共花垣县委、花垣县人民政府关于学雅桥大搞农田水利基本建设的决定》，要求各地各部门结合实际，广泛发动群众，开展学习雅桥活动，在湘西州范围内掀起自力更生、艰苦奋斗、大搞农田水利基本建设热潮，力争在"八五"计划末实现每个农业人口有半亩高产稳产农田的目标。"八五"期末，湘西州实现和达到有效灌溉面积81.25千公顷，五年中净增5.3千公顷；旱涝保收面积达到70.8千公顷，五年中净增19.2千公顷；蓄、引、提水量达到9.14亿立方米，五年中净增0.5亿立方米；改造低产田2.15千公顷，解决了19.7万人、13.4万头大牲畜饮水困难，治理水土流失面积63.2千公顷。

"九五"时期，湘西州州委、州人民政府继续把农田水利建设作为头等大事来抓，1998年6月15日作出《关于加强基本农田建设的决定》，明确提出三年内建设基本农田13.3千公顷目标，以进一步动员和组织广大干部群众，全力以赴投入农田水利第三次创业。通过州、县水利部门科学规划，实行集中连片开发配套，综合治理，即把相对集中的多个小型水库相互串连，与山塘、河坝、泵站、洞水等多类水利设施联合配套。形成蓄、引、提相结合，灌、供、排兼顾的跨县域、跨乡镇的七大水利项目区。集中12条渠道的资金，设立专户，封闭运行，多个口子进，一个口子出。经三年努力，完成各类水利工程60366处，移动土石方5379万立方米，投入工日6768万个，投入资金4.05亿元，新增灌溉面积10.02千公顷，恢复灌溉面积15.93千公顷，新增旱涝保收面积8.46千公顷，改善灌溉面积17.0千公顷，治理水土流失面积64.5千公顷，解决11.18万人、9.71万头大牲畜饮水困难，农田水利建设取得了重大成果。2000年，湘西州被纳入国家西部大开发范围。在湘西州规划七大水利片区的基础上，以中型水库为龙头，按流域组建酉水灌区和武水灌区。2001年，国家启动武水灌区续建配套项目，至2004年安排中央国债资金1600万元，省配套100万元，进行续建配套节水改造。已衬砌防渗渠道21.8千米，险工险段处理23处，改造附属建筑物173处，管理用房改造2000平方米。新增节水量450万立方米，新增灌溉面积0.706千公顷，改善灌溉面积1.83千公顷，新增粮食生产能力7400吨，新增经济作物产值154万元。酉水灌区续建配套与节水改造项目从2008年开始，下达三批项目投资2850万元，其中中央专项资金2200万元，地方配套650万元。完成干渠改造31.2千米，新建和改造排水沟6.13千米，新建和改造渠系建筑物115座。2010年灌区实际灌溉面积11.01千公顷，粮食总产21870吨。2005年，国家逐步加大对小型农田水利基础设施建设投资力度，至2012年共安排保靖、古丈、龙山、永顺、吉首、泸溪小型农田水利建设资金五批29188.13万元，兴建和改造河坝309座，整修、改造山塘283口，

5

兴建和改造渠道 1010.88 千米，兴建和改造泵站 11 座，兴建集水窖 4697 口，新增灌溉面积 9.19 千公顷，改善灌溉面积 10.74 千公顷，使全州 76 个乡镇 309 个村的 37.551 万人受益。

水土流失始终与贫困相伴而生，与频繁的自然灾害发生息息相关。湘西州水土流失治理逐步走向遵循自然规律和经济规律，符合科学发展观的正确轨道。治理方式也由过去依靠单一工程措施防治和分散治理发展到对整个流域实施全面规划、因地制宜、综合治理。坚持预防为主、防治并重的工作方针，实行防护治理与综合开发相结合、人工治理与生态修复相结合。注重生态、经济、社会效益的统筹兼顾和协调发展。随着 20 世纪 90 年代以来退耕还林，植树造林、农业综合开发在湘西州广泛开展，群众掀起治山治水治穷致富热潮。在党委和政府的组织和政策引导下，坚持不懈地开展小流域综合治理，先后实施长江中上游水土流失防治工程（简称"长治项目"）、农业综合开发水土流失治理工程（简称"农开项目"）等水土保持项目，共投入治理资金 8783.22 万元，其中国家投入 6085 万元，地方配套 1979.51 万元，群众自筹 718.71 万元，累计治理水土流失面积 599.1 平方千米。共修建各类梯田 2056.27 公顷、梯土 2998.6 公顷，营造水土保持林 14352.52 公顷，人工种草 70.4 公顷，封禁治理 36875.66 公顷，修建各类水土保持工程 5.13 万处，形成了坡、顶、沟兼治的立体防治体系。每年可增加蓄水能力 69.74 万立方米，拦蓄泥沙 59.39 万吨，共有 60 条小流域达到国家治理标准，通过部、省验收。并创造出独具湘西州特色的"山顶松杉戴帽，山坡果树缠腰，山下良田抱脚"的成功治理模式。水土流失得到有效控制，生态系统逐渐恢复，生物多样性持续，昔日"濯濯童山"，如今"满目葱茏"。

三

湘西州小水电开发利用为经济社会发展做出了贡献。1989 年，以湘西州府吉首为中心，包括凤凰、花垣、保靖 3 县地方电网初具规模，并网的大小电站 43 处，总装机 6.6 万千瓦，35 千伏线路 22 条共计 350 千米，110 千伏线路 1 条共计 45.2 千米，固定资产 1.1 亿元，在乾州与省网并网，湘西州电力公司担负吉首地区电网调度及供电管理。是年，湘西州拥有水电站 216 处，装机 12.81 万千瓦，年发电量 3.92 亿度。1991 年，八县（市）实施第二批农村水电初级电气化县建设，至 1995 年，湘西州有水电站 178 处，发电装机 16.89 万千瓦，年发电量 6.13 亿度。1993 年，花垣花桥至永顺杨公桥变电站 110 千伏线路建成，永顺并入吉首地区网，同时架设吉首至铜仁 110 千伏线路，引进贵州电网电力，形成以湘西州电力公司为龙头、吉首地区为中心的湘西电网框架。网内发电站 53 座，装机 9.6 万千瓦，110 千伏变电站 3 座（可达 5 万千伏安）、35 千伏变电站 60 座（可达 15.5 万千伏安），高压线路 7653 千米，低压线路 8399 千米，电力企业固定资产 3 亿多元。1996 年架设龙山新城至永顺杨公桥变电站 110 千伏线路，1998 年 8 月竣工，龙山县网并入州网。1994 年 11 月 21 日，湘西州人民政府、湖南省电力局、湘西州电力公司、湘西电业局共同签署《湖南省电力工业局、湘西州人民政府关于湖南省电力工业局代管湘西自治州电力公司的协议》，1995 年 2 月 28 日湘西州电力公司与湘西电业局合署办公，泸溪、吉首、保靖、古丈、凤凰县电力公司先后分别由湘西电业局代管，至此，湘西州电网已不复存在，完全融入省网。花垣、永顺、龙山3县电网独立运行，仍由各县电力公司经营管理。

1998年，国家实施"两改一同价"工程，资金主要来源是国债和农行贷款。湘西州实行一州两贷，即湖南省电业局负责联营代管的五县市，分配资金1.952亿元，湖南省水利厅负责花垣、永顺、龙山3县，分配资金2.2亿元。3县农网改造后，综合网损率下降8%，增加电量7亿度，电价由改造前的每度1.2元下降到每度0.588元，基本实现同网同价。1989年，湘西州水利局组织各县市编制农村初级电气化规划，1991年国家批准花垣、吉首、永顺、凤凰、保靖、古丈、泸溪列为全国第二批农村水电初级电气化县。第一批未能按时达标的龙山县为后备县。各县市成立以县市长为组长、分管农业副县市长及计委主任为副组长的电气化领导小组，专职负责电气化建设工作。下设电气化办公室，具体执行规划勘测设计、施工任务。重点电源点建设及电网建设成立工程指挥部。至1995年，八县市新建配套一批电源点，建成比较完善的输、变、配电网络。水电装机容量由1989年的12.81万千瓦，增加到17.79万千瓦，年发电量由40167万度，增加到62517万度，人均用电量303度，户均生活用电量189度，通电户率88%，建成以吉首为中心的地区电网，湘西州网被评为湖南省优秀电网。根据水电农村初级电气化标准，八县市于1995年相继验收达标，成为国家第一个水电农村初级电气化州。湘西州水利水电局被水利部授予先进集体称号。

1989—2010年，全州实施三轮水电农村电气化建设，小水电代燃料试点项目，送电到乡工程，农网改造等，受益范围遍及全州各个乡（镇）和农户。在实施全国第二批农村水电初级电气化五年间，八县市共投入资金39369万元，其中中央投资及省筹资14910万元。在实施"十五""十一五"水电农村电气化期间，花垣、龙山、永顺、凤凰四县共投资13.67亿元，其中国家电气化专项资金3182万元；送电到乡工程项目完成投资2071万元，其中国家补贴1000万元。小水电代燃料项目完成投资16584万元，其中中央投资7190万元。花垣、永顺、龙山3县农网改造投资24488万元，其中国债资金6469万元。2011年开始实施"十二五"水电新农村电气化建设。1996年至2000年，经过"七五""八五"期间快速发展，小水电上网电价低，负债经营，负担沉重，小水电面临诸多困难和矛盾，加之国家投入少，电力体制改革正在进行，大小电网处于矛盾和动态变迁中，小水电发展处于低迷阶段。2000年州电力公司无偿整体划归省电力公司。2010年年底，永顺、龙山电力公司由湘西州电业局代管。2012年，花垣县电网成为全省最大独立电网之一。这一年，州人民政府出台发展小水电优惠政策，小水电得以快速发展。是年，小水电站232处，发电装机56.46万千瓦（碗米坡电站24万千瓦），年发电量18.48亿度。

四

20余年来，湘西州水利经历了由计划经济向市场经济，传统水利向现代水利"两个转变"，加快依法治水和科教兴水战略。实施湘西州水利建设与管理在体制机制上不断适应新的发展形势，进行转轨与变革。为破解水利建设资金短缺难题，湘西州随着农业综合开发蓬勃发展，逐步破除原来一直由国家出钱，农民出工的水利投入政策，在积极争取各级财政增加水利投入的同时，坚持走"水利为社会、社会办水利"和"谁受益谁负担"的路子。积极组织受益群众投资投劳，利用信贷资金、股份合作制、以工补农等多种方式和多种形式筹集水利建设资金，逐步形成多层次、多渠道、多元化的水利投资新格局。按照社会主义市场经济要求，加强水管单位内部管理，逐步推进水管单位体制改革，通过重新核定编制，落实管理经费渠道，建立统一管理和分级管理相结合，专业维护与群众维护相结合管理制度，工程维护完好，充分发挥效益。遍布全州的小型农田水利工程是防洪抗旱，提高农业综合生产能力，促进农业增产、农民增收的重要保障。在进行试点示范的基础上，积极推广龙山县小型水利设施管理体制改革做法和经验，因地制宜采取拍卖股份或股份合作、租赁、承包、托管及用水户协会管理等形式，盘活管好小型水利设施。到2012年，累计完成各类小型水利工程产权制度改革6584处，其中，承包3088处，租赁810处，其他形式2686处。通过改制，明晰小型农田水利工程所有权，放开建设权，搞活经营权，促进工程可持续利用与发展。水费是水利工程管理单位主要经费来源，湘西州各级水利部门推进水费制度改革，破除长期以来福利性低价供水机制，逐步向成本价格迈进，促进水管单位体制改革和水利工程逐步走向自我维持、发展的良性循环。在水利工程建设中，自20世纪90年代以来，水利工程建设管理全面推行项目法人责任制、招标投标制和建设监理制"三项制度"，逐步建立与市场经济接轨的工程管理新机制。

依法治水管水是依法治国的重要组成部分。以《中华人民共和国水法》（以下简称《水法》）颁布实施为标志，湘西州水利进入依法治水管水新时期。20年来，湘西州与县市两级水利部门依据国家水法律法规的基本原则，紧密结合山区实际，在水资源管理、河道水库等工程管理、水土保持、水利工程建设、小水电建设以及防汛抗旱等方面，累计制定各类法规、规章、规范性文件百余个。2001年3月31日，湘西州人大常委会颁布《湘西土家族苗族自治州河道管理条例》，完善地方性水法规体系，增强国家水法律法规可操作性。按照水利部、省水利厅统一部署和要求，水利行政执法队伍建设不断加强和完善，2012年，湘西州建立水政监察支队1个，水政监察大队8个，有专兼职水行政执法人员78名，分为水资源管理、工程管理、水土保持预防监督执法类型，承担着水行政审批、监督检查、收费和案件查处等水行政管理工作。在多年水行政执法实践中，通过加强制度建设，逐步建立起以执法责任制、执法质量考核评议制、执法过错责任追究制等为主要内容的水行政执法制度。同时加强对执法人员执法技能业务培训和职业道德教育，执法能力和执法水平不断提高。1999年，湘西州与县市水利执法人员密切配合，对省道1828线的改、扩建工程进行较大力度的监督执法。避免出现修好一条路，毁坏一条河的现象。积极开展查处破坏水利水电设施、非法河道采砂、无证取水和水土流失预防监督、强化依法征费等一系列相关活动。1989—2012年，累计发生各类水事案件2540件，查处2065件，调处水事纠纷82起，维护了水事活动的正常秩序，树立起了水行政执法的良好形象。

湘西州在水利建设和管理工作中，认真贯彻"科学技术是第一生产力"的思想和科教兴水战略。结合工程管理、水利水电工程规划设计、水资源开发利用、节水灌溉、水土保持建设、病险水库除险加固、城乡供水等工作，积极开展水利水电科技攻关和新技术、新工艺、新设备、新材料引进、推广应用，并加强各类水利水电科学技术应用研究和开发研究工作。为了提高水利队伍的文化素质创办了湘西自治州水利水电民族中等专业学校，有针对性地组织开展学历教育和各类技术、技能培训，以中青年技术骨干为重点，加强对水利水电专业技术人员进行理论、技术、知识更新的继续教育，水利水电专业技术队伍不断发展壮大。1989年，全州有专业技术人员862人，占职工总数25.1％。2012年，全州有专业技术人员1608人，占职工总数33.8％。专业结构也由过去水利专业为主发展成拥有农水、水工、水电、水保、地质、测绘、水资源、工程管理、计算机应用、企业管理、淡水养殖、财会、机械、法律等多种专业，门类比较齐全的专业技术队伍。培养锻炼出一批具有较高技术水平、实践经验较为丰富的技术骨干和技术带头人，为推进水利水电技术进步奠定了坚实基础。1989—2012年，湘西州水利系统获水利部、省水利厅、省科委、州科委奖47项，其中优秀勘察设计奖8项，科技进步奖22项，科技情报奖8项，取得了显著的经济效益、社会效益和生态效益。在湘西州骨干河道、中型水库建成雨水情报自动测报系统、洪水自动化调度系统等现代化防汛抗旱指挥系统。加强办公自动化建设，水利水电建设和管理的现代化水平不断提高，1993年州水利水电局被水利部授予科技先进单位；2001年被省水利厅评为全省水利科技先进单位；2003—2006年连续四年被评为省水利科技先进单位；2008年9月在省水利科技大会上，州水利局被授予"省水利科技先进集体"称号。

面对水旱灾害频繁发生、地球变暖和水环境不断恶化，湘西州各级水利部门以人与自然和谐相处的理念，加强对不合理活动的约束，努力改变长期以来人与水争地、改河造田、侵占湿地及乱砍滥伐等做法，给河流以空间，给洪水以出路，把生态问题放在十分重要位置，肩负起水利建设和生态保护两副重担，加快水土流失治理，充分发挥水利工程生态功能。既把暴雨洪水作为加强防治的自然灾害，又作为宝贵资源。在防汛抗旱中，全面推行规范化、正规化建设，坚持防汛抗旱并举，安全第一、常备不懈，落实以行政首长负责制为核心的各项责任制度。工程措施与非工程措施相结合，防洪蓄水统筹安排，标准之内的洪水保安全，相机多蓄水，实现雨洪资源化。坚持开源节流，以水资源优化配置为主要手段，提高供水保障能力。采取合理抑制需求，保证有效供给，维护和改善生态环境质量等手段，统筹调度运用地表水、地下水、再生水、矿井水等可用水资源。按照先境外、后境内、先地表、后地卜的用水原则，确保人民生活用水，优先保证工业用水，合理安排农业用水，适时调度发电用水，适度考虑环境用水。在全社会广泛开展节约用水活动，提高全民节水意识，大力发展节水农业、工业、服务业，推进节水型社会步伐。水资源保护工作重点放在城市上游取水河道段，防止人为破坏、人为污染。积极尝试与环境整治相结合的思路，坚持以建设优质、优美水环境为中心，融合城市防洪排涝、环境美化、文化旅游和地方特色等多种因素，统筹规划，合理布局，实现河畅、水清、岸绿、景美，提升城市品位。

五

改革开放以来，湘西州水利系统按照湘西州委、州人民政府的统一安排部署，始终坚持"两手抓、两手都要硬"的方针，在加快水利建设的同时，以创建文明单位、园林式单位为载体，以培养有理想、有道德、有文化、有纪律的"四有"新人为目标，深入进行社会主义思想道德教育，广泛开展讲文明树新风活动，水利精神文明建设取得丰硕成果。针对水利职工思想实际，开展理想纪律、四项基本原则、"三讲"、三个代表、党的先进性、公民道德、"八荣八耻"等系列教育。邀请讲师团、党校教员、理论工作者开展专题讲座，模范人物、先进工作者作专题报告，结合水利行业特点开展职业道德专题教育。走出去参观革命圣地开展革命传统教育。不定期开展形式多样、活泼向上、丰富多彩的汇演、歌咏比赛、篮球比赛、演讲、知识竞赛等多种形式活动。干部职工在潜移默化中树立起正确的理想信念，自觉爱岗敬业、做主人、讲奉献蔚然成风。一大批水利干部职工在水利建设、防汛抗旱工作中分别被授予全国、长江委、省、州劳动模范、抗洪劳模、抗洪功臣、水利十佳、先进工作者、优秀党务工作者、优秀共产党员等荣誉称号。

按照湘西州委、州人民政府统一安排，州水利局每年都派出由领导带队，2～3名干部参加的驻村扶贫工作组。从产业开发、水、电、路、学校等实事入手，采取科级以上干部一人联系一个特困户，局包村的办法，先后在永顺县高坪乡长坪、拉咱村，龙山县他砂乡天桥、高桥、信地、光明村，茨岩塘镇银山村，古丈县默戎镇龙鼻、中寨村，为村民脱贫致富、基础设施建设、村支两委建设上下大力，成效显著，深得当地政府和人民群众称赞。20次被湘西州委、州人民政府授予建整扶贫包村先进单位、先进工作组，30多人被授予扶贫建整先进个人。

全州水利系统各级各单位把创造文明单位、做文明职工作为精神文明建设的重要载体。在职工中倡导文明行为，制止不文明现象，开展文明职工评比活动，在系统内形成文明上班，人人争当文明职工良好风气。培养"四有"新人，创建文明机关，文明站、所，提高职工思想道德素质、科学文化素质，促进水利行业整体形象提高，为搞好水利水电建设与管理提供精神动力。2009年湘西州水利局被水利部授予全国水利系统文明单位称号。水利行业的环境艰苦、工作辛苦、生活清苦。"远看是讨饭的，近看是卖炭的，一问是水管站的"，曾经是对基层水利人的写照。水利人从水利水电工程的规划、勘测、设计、施工、管理，到工程运用管理，长期身居深山峡谷，宿农家、住工棚，风里来、雨里去，不辞辛劳，脚踏实地，埋头苦干，默默无闻地战斗在工地一线。在防汛的主汛期，由于病险工程多，病险迭出，险象环生，哪里有险情，就奔向哪里。正是这种"献身、负责、求实"的水利行业精神，激励着水利人的斗志，用汗水和智慧铸建一座座大坝，一个个电站、一处处隧洞，一条条渠道，把光明送到千家万户，使雨露滋润着万顷沃土良田，为湘西州经济发展和社会稳定作出重大贡献。全州水利系统从机关到基层处、站、所，始终把环境的绿化、美化、净化摆在突出位置，不断增加资金投入，加大整治力度，落实责任管理制度，各管理处、站、所面貌焕然一新，风景秀丽，为干部职工提供了洁净优美的工作生活环境。湘西州20个变电站、12个中型水库管理单位、20个装机500千瓦以上的电站、30个供水站，个个都是园林式单位，环境优雅，景色迷人。其中大龙洞电站、长潭岗电站、杉木河水库、八月湖、边城翠翠岛，还是水利部、省水利厅授予的水利风景区，成为人们休闲、度假、旅游的好去处。湘西州水利局实现两个文明共同进步，协调发展，被水利部先后授予科技、农村水电初级电气化县建设、全国水利系统精神文明建设、水政水资源管理、抗洪救灾先进集体荣誉称号；1999年、2004年、2005年、2006年获得湖南省人民政府水利建设竞赛"芙蓉杯"奖；多次获得湖南省人民政府抗洪救灾先进单位称号；多次获湘西州人民政府抗洪救灾先进单位称号。湘西州水利系统有 6 个单位被命名为省级文明单位，20 个单位被命名为州级文明单位和文明建设先进单位。

六

湘西州水利事业处于传统水利向现代水利转变的关键阶段，面临着一系列新情况、新机遇、新挑战。水资源紧缺的矛盾日益突出，成为制约湘西州经济社会持续发展的瓶颈。由于控制性工程少，每年拦蓄的水量不足产水量的 15%，出现"水多""水少"的现象，给防汛抗旱、城乡供水带来极大困难。随着经济高速发展和人口不断增加，用水量与日俱增，加之各部门只注重发展速度，忽视水资源的承载能力，对水资源配置缺乏统筹考虑，供需矛盾将进一步加剧。水环境恶化趋势未能得到根本缓解，工业废水长期大量无序排放，尽管不断加大治理力度，湘西州各河流均存在不同程度的污染。2012 年，在实际监测评价 9 个重点河段的 12 个监测断面中，其中浦市、大龙溪、石堤、罗依溪、大兴寨、寨阳、吉首、乾州、河溪 9 个站代表其所在河段的水功能区，永顺站又为饮用水源区，茶洞、岩板滩分别代表省界监测站和敏感水域区。达到或优于地表水 III 类水标准的断面为 9 个，占总监测评价河段的 75%；达到 IV 类轻度污染的断面 3 个，占总监测评价河段的 25%。受地表水污染影响，带来地下水污染问题日益突出。一些库区水质不能有效保护，并直接威胁着城乡饮水安全。随着山区锰、锌、钒、镁、石矿等资源持续开采，修路基建弃土废渣乱堆乱放，尾矿淤河淤库非常严重，给水土保持和水生态安全造成极大危害。水利投入仍然不足，造成水利工程老化失修，效益衰减问题短期内难以解决，不能适应经济社会发展需要。岩溶山区、边远地区严重干旱时，灌溉和人饮困难仍然突出。水利管理工作中存在体制机制性障碍，不利于水利可持续发展。水资源管理部门分割、政出多门的状况未能根本解决，在水资源不断趋紧的条件下，不利于水资源优化配置、合理开发、利用、节约与保护。在水利行业内部，各水管单位存在着体制不顺、机制不活、队伍臃肿、经费短缺等问题，直接影响水利工程安全运行和效益发挥。在今后的工作中，湘西州水利工作者需要团结一致，进一步解放思想，实事求是，与时俱进，牢固树立科学发展水利新观念，弘扬"献身、负责、求实"水利行业精神，继续推进水利改革与发展。按照以人为本、全面协调可持续发展需求，调整完善治水思路，把人与自然和谐相处作为水利工作核心理念，搞好水资源开发、利用、治理、配置、节约和保护，围绕经济社会发展全局，服从和服务于改革、发展、稳定大局和人民群众迫切需要，实现全州水利事业又好又快新发展，再创水利改革与发展的新辉煌。

第一篇 ▶▶▶ 水 系 与 水 资 源

第一章 河 流 水 系

　　湘西土家族苗族自治州（以下简称湘西州）境内河流属长江流域洞庭湖水系的沅水和澧水。南有沅水干流过境，其一级支流酉水和武水干流横穿西东。北有澧水干流过境，州内一级支流有杉木河和贺虎溪。

　　湘西州境内除泸溪县有 45.5 千米沅水干流、永顺县有 17.5 千米澧水干流外，其余均为沅水、澧水的支流，流程在 5 千米以上的河流有 368 条，总长度 6408 千米；流程在 100 千米以上河流有 5 条；流程在 50 千米以上的河流有 16 条；流域面积在 100 平方千米以上的河流有 55 条（表1-1）。

表 1-1　　　　　　　　　　湘西州境内河流分级统计表

干流名称	干流条数	各级支流条数（流程≥5千米）					合计
		1	2	3	4	5	
沅水	1	8	73	164	79	22	347
澧水	1	5	11	3	1	0	21
小计	2	13	84	167	80	22	368

第一节 沅 水

　　沅水是洞庭湖水系四水之一，发源于贵州东南部，有南北二源，南源出自云雾山，称马尾河；北源起于麻江和福泉间之大山，称重安江。两江流至岔河口汇合后称清水江，江水曲折东流，沿程纳入巴拉河、南哨河、六洞河等支流，在托口纳入渠水后始称沅水。水流折向东南，至黔城纳舞水，至洪江纳巫水，再转向北流，经大江口、辰溪、泸溪、沅陵，先后汇入溆水、辰水、武水、酉水，又折向东北，至常德德山流入洞庭湖。沅水自河源至德山，干流全长 1033 千米，流域面积 89163 平方千米。

　　沅水干流在湘西州境内从泸溪县浦市镇小岸坪上游约 1.0 千米入境，流经浦市镇、白沙镇、武溪镇会武水，下流至大龙溪出境，州内干流长度 45.5 千米。

　　沅水主要一级支流及河流特征见表 1-2。

表 1 - 2   沅水及其主要支流特征一览表

河流名称		发源地点	河口地点	河长（千米）	流域面积（平方千米）	平均比降（‰）
沅水		贵州省都匀县云雾山	常德鼎城区德山	1033	89163	0.594
左岸支流	舞水	贵州省福泉县罗柳塘	黔阳县黔城	444	10334	0.996
	辰水	贵州省铜仁县漾头	辰溪县小路口	145	7536	0.555
	武水	花垣县老人山	泸溪县武溪	145	3574	2.14
	西水	湖北省宣恩县西源山	沅陵县张飞庙	477	18530	1.05
	深溪	张家界永定区梳坪垭	沅陵县深溪口	84	398	3.57
	珠红溪	沅陵县堡子界	沅陵县珠溪口	77	625	2.54
右岸支流	渠水	贵州省黎平县地转坡	黔阳县托口镇	285	6772	0.919
	巫水	广西壮族自治区北石坳	黔阳县洪江镇	244	4205	1.81
	公溪	绥宁县张家冲	会同县塘冲	64	488	7.35
	溆水	溆浦县架枕田	溆浦县大江口	143	3290	0.191
	兰溪	沅陵县羊皮帽	沅陵县兰溪口	68	596	3.58

一、武水

武水是沅水的一级支流，发源于花垣县老人山、火焰洞一带，干流东流 6 千米至凤凰县柳薄乡消水坨，其中大部分水流渗入暗河，自大龙洞瀑布口而出，另一部分水流入牛角河，在大龙洞汇合。流经大兴寨、矮寨、寨阳、吉首市区、河溪、潭溪、洗溪，于泸溪县武溪镇汇入沅水，河流总长 145 千米，干流平均坡降 2.14‰，流域面积为 3574 平方千米。

武水有流程 5 千米以上一级支流 27 条。其中集雨面积大于 50 平方千米的一级支流 10 条。武水主要一级支流及河流特征见表 1 - 3。

表 1 - 3   武水及其主要一级支流特征值一览表

河流名称	流域面积（平方千米）	河流长度（千米）	河流坡降（‰）	河源	河口
武水	3574	145	2.14	花垣县老人山	泸溪县武溪镇
小龙洞河	121	14	25.3	花垣县夯儿	花垣县高岩寨
新寨河	51.2	13.0	51.9	吉首市大塘寨	吉首市矮寨
洽比河	86.2	33.0	9.50	保靖县吕洞山	吉首市马坳
文溪河	124	21.0	13.0	吉首市夯石市	吉首市文溪坪
万溶江	488	59.0	4.61	凤凰县古长坪	吉首市张排寨
司马河	264	55.0	3.00	保靖县仁猪佑	吉首市老寨
沱江	988	131	2.78	凤凰县中都	河溪小河坝
两岔溪	85.4	23	9.90	吉首市三角坪	泸溪县潭溪
丹青河	369	74.0	2.96	古丈县四方坡	泸溪县潭溪张家湾
能溪	273	56.0	3.95	泸溪县马家冲	泸溪县能滩

二、酉水

酉水是沅水的最大一级支流，自古有南北二源之称。北源为主干流，发源于湖北省宣恩县酉源山，往南迂回蜿蜒于湖北省的宣恩、来凤，湖南省的龙山县和重庆市的秀山、酉阳边境，其中有 56 千米成为湘、鄂、渝省界。干流南经龙山县湾塘水电站、重庆市酉阳县酉酬镇至秀山县石堤镇与秀山河汇合。南源称秀山河，发源于贵州省松桃县山羊溪。南北二源在秀山县石堤镇汇合后，下流 10 余千米经保靖县清水坪镇大桥村入州境，流经龙山县里耶镇、隆头镇、保靖县碗米坡、迁陵镇、古丈县河西、永顺县芙蓉镇，纳入施溶溪、小溪后，从沅陵县凤滩水电厂大坝出州境，再流经沅陵县城，于沅陵县张飞庙汇入沅水。酉水干流全长 477 千米，流域面积 18530 千米，干流平均坡降 1.05‰。其中属州境的干流长度 223 千米，流域面积 9084 平方千米。

酉水湖南省境内有流程 5 千米以上一级支流 36 条。其中集雨面积大于 50 平方千米的一级支流 22 条。酉水主要一级支流及河流特征见表 1-4。

表 1-4　　　　　　　　酉水湘西州境内主要一级支流特征值一览表

河流名称	流域面积（平方千米）	河流长度（千米）	河流坡降（‰）	河源	河口
酉水	18530	477	1.05	湖北省宣恩县西源山	沅陵县张飞庙
果利河	363	49	15.7	龙山县红溪界	龙山县水再坪
皮渡河	366	54	7.08	龙山县梅子坳	来凤县梅子坳
桂塘溪	99.8	16	7.61	龙山县上毛坡	四川西阳张家
人落河	175	21	13.1	保靖县摸鹰咀	秀山张家堡
长潭河	194	31	6.12	龙山八面山西麓	龙山县里耶
洗车河	1276	86	2.68	龙山县二台坪	龙山县隆头镇
马圹河	76.0	24	11.0	保靖县棋盘岩	保靖县大喇寺
巴科河	77.8	20	23.0	保靖县白云山	保靖县拔茅寨
花垣河	2797	187	1.84	秀山县椅子山	保靖县江口
造库河	123	23	15.4	保靖县世万山	保靖县倒骑龙
泗溪河	392	42	4.84	永顺县大人澳	保靖泗溪口
阳朝溪	84.2	12	7.96	保靖县桃树股	保靖县龙车洞
涂乍河（白溪）	515	59	6.09	花垣县排腊	保靖县白溪口
猛洞河	2275	158	2.25	龙山县水田	永顺县龙头
观堂河	90.3	24	9.27	古丈县芭蕉湾	古丈县河西
王村河	191	22	31.1	永顺灯盏乙土	永顺县王村
古阳河	266	47	6.12	古丈县唐尔度	古丈县罗依溪
施溶溪	301	44	7.93	永顺县樟木垭	永顺县施溶溪
鱼泉溪	102	22	319	永顺县东姑佬	永顺县枫香岗
明溪	250	43	7.72	永顺县土地垭	沅陵明溪口
酉溪河	887	84	2.10	古丈县老寨	沅陵县乌宿

第二节　澧　水

澧水有北、中、南三源。中源发源于龙山县大安乡翻身村大灵山青岩包的长沟。长沟向东北流入湖北宣恩一段后，又往南拐大湾，再次流入龙山县境内乌鸦乡的铁树村，经地下溶洞形成暗河，后在乌鸦乡西堰仙人河冒出头，名杨家河，流经桑植与澧水南源、北源汇合注入澧水干流。

州境内流入澧水的一级支流有南源杉木河、贺虎溪等，总流域面积1388.7平方千米，其中杉木河1070.7平方千米，贺虎溪176平方千米，后坪河142平方千米。

流域内山高谷深，坡陡流急，支流和干流具有山溪性河流特征，其中州境内主要一级支流3条，各项特征见表1-5。

表1-5　　　　　　　澧水州境内主要一级支流特征值一览表

河流名称	流域面积（平方千米）	河流长度（千米）	河流坡降（‰）	河源	河口
南源	1070.7	59	4.74	永顺县龙家寨	桑植县两河口
贺虎溪	176	28	11.6	永顺县照角坪	永顺县润雅五码头
后坪河	142	27	9.13	永顺县魏家台	张家界大庸所

第三节　流出州外河流

流向辰水——绵江的小水系，在凤凰县境内有苏马河、茶田河、新地溪、白泥江；泸溪县内有踏虎溪、太平溪等，总流域面积802平方千米。其中白泥江340平方千米、太平溪196平方千米。

流向西水干流凤滩水电厂大坝下游，有永顺县的明溪、古丈县的草塘河和泸溪县的西溪河，总流域面积975平方千米。其中明溪210平方千米、草塘河388平方千米、西溪河377平方千米。

流向澧水的主要小水系有永顺县内的杉木河和贺虎溪，总流域面积为1388.7平方千米。其中杉木河1070.7平方千米、贺虎溪176平方千米，后坪河142平方千米。

第二章 水 文 特 征

湘西州地处中亚热带季风湿润气候区,境内四季分明,气候温和,光照充足,雨量充沛,无霜期长,气候类型多样,立体特征明显。水文要素在年内和年际间及地区上的变化差异较大。年降水量主要集中在夏季,地区分布上北部多于南部,山区大于平地,年际间变化较复杂。蒸发以夏季最大,冬季最小,年蒸发量地区分布与降水相反,年际间变化相对不大。河川径流量与降水的变化趋势基本一致。江河含沙量年际变化和年内分配变化大,地域分布上北部大于南部。

第一节 降 水

选用州境内资料系列长、精度高、代表性好的 26 个雨量站自 1953 年以来的降水量资料统计计算,湘西州多年平均降水量为 1398 毫米,折合年降水量总量 216.2 亿立方米。降水的地区分布和年内分配、年际变化均有较大差异。

一、年降水量

湘西州常年降水充沛,各地多年平均年降水量大部分在 900～1800 毫米之间,多年平均降水日数在 160 天左右。多年平均年降水量在地区分布上不均匀,北部(1413 毫米)多于南部(1366 毫米),山区大于平地,山南大于山北,酉水流域西北大于西南,武水流域西部大于东部。湘西州年降水量有三个高值区、两个低值区。高值区为北部龙山县乌鸦乡万宝山南面水田、茨岩塘和红岩溪一带,年平均降水量在 1533 毫米以上;永顺县羊峰山、石堤西和青天坪一带,年平均降水量在 1403 毫米以上;南部武陵山脉南面吉首市矮寨、雀儿寨和花垣县补抽地区,年平均降水在 1474 毫米以上。低值区为北部龙山的苗市、里耶至永顺列夕一带,年平均降水在 1312 毫米以下;南部泸溪县浦市至凤凰县城、茨岩一带,年平均降水在 1325 毫米以下。湘西州年降雨量最大值为 1980 年的 1830 毫米,最小值为 1981 年的 1030 毫米。

二、降水年内分配

湘西州降水量在年内分配上悬殊很大,大致呈单峰型分配。全年降水主要集中在汛期几个月内,这几个月的降水量基本决定了一年降水的丰枯。汛期 4—9 月降水量一般占年降水量的 69%～77%,12 月至次年 2 月降水量仅占年降水量的 10%左右,其余月份占15%～20%。全州连续最大 4 月降水量多发生在 4—7 月,绝大部分地区为全年的 54%～59%。最大月降水量多出现在 6 月,占年降水的 16%左右;最小月降水量一般出现在 12月份,占年降水量的 2%左右。受西太平洋副热带高压北进南移的影响,湘西州降水年内变化的另一特点是，8 月下旬至 10 月中旬常出现秋旱，中南部古丈、花垣、吉首、泸溪、凤凰 5 县（市）9 月降水量常小于 8 月与 10 月，凤凰县茨岩、吉首市河溪等局部地区曾出现过 9 月降水量为 0。

三、降水年际变化

由于受地理及大气环境的影响，湘西州降水量年际变化比较大。按年代统计，20 世纪 60 年代、70 年代与 90 年代偏丰，20 世纪 50 年代和 80 年代偏枯，21 世纪前 10 年为平水年。各年代内年雨量变化较大，70 年代变化最大，最大值是最小值的 1.7 倍。各地年降水量也存在较大差异，一般北部大于南部，历年降水量变化最大的是龙山县水田站，最大值 2922 毫米（1998 年），最小值 1017 毫米（1981 年），两者相差 2.88 倍；变化最小的是凤凰县凤凰站，最大值 1687 毫米（1977 年），最小值 943 毫米（1985 年），两者相差 1.79 倍。

通常以年降水量的变差系数值（Cv 值）来反映降水量的变动幅度，变差系数大表示年降水量的年际变化大，湘西州历年降水量变差系数 Cv 值在 0.14～0.25 之间。

四、暴雨

暴雨统计与分析参考湖南省水文总站等单位，采用 216 站共 5877 站年的年最大 24 小时雨量计算的均值，采用 214 站共 5842 站年计算变差系数绘制的年最大 24 小时、6 小时、1 小时点雨量均值等值线图和变差系数等值线图（见《湖南省暴雨洪水查算手册》）得出如下分布规律：全州多年平均 24 小时雨量在 90～140 毫米之间，由东北向西递减，龙山县水田坝乡以东、永顺县石堤西镇以北与张家界市交界地区为高值区，雨量在 130～140 毫米之间，花垣县城以西与重庆、贵州交界地区为低值区，雨量小于 100 毫米。最大 24 小时雨量变差系数的分布规律，其高低值区分布总体上与均值相同。最大 6 小时的暴雨均值、变差系数与最大 24 小时的分布规律基本一致，高值区在 80～90 毫米左右，低值区在 70 毫米以下。最大 1 小时的暴雨均值、变差系数的分布以花垣县岩板滩站、保靖县普戎站与龙山县苗市站一带为中心向周边递减，高值区 45～50 毫米。在实测记录中，最大 24 小时暴雨为永顺县青天坪站 470.0 毫米（2003 年 7 月 8 日），最大 6 小时暴雨为永顺县羊峰山站 264.5 毫米（2003 年 7 月 9 日），最大 1 小时暴雨为吉首市丹青站 117.5 毫米（1998 年 5 月 8 日）。

第二节　径　　流

一、径流地区分布

湘西州的江河径流主要来源于降水补给，融雪水补给占 2% 左右。全州多年平均年径流深为 811 毫米，高于全省均值，折合径流量 125.3 亿立方米，径流深的变化在 668.8～940.3 毫米之间。年径流的地区分布与年降水的地区分布基本对应，北部大于南部，山区大于平地。北部酉水流域多年平均年径流深 846.5 毫米，年径流模数 0.0269 立方米/（秒·平方千米），南部武水流域多年平均年径流深 794.5 毫米，年径流模数 0.0251 立方米/（秒·平方千米）。湘西州有两个高值区，两个低值区。北部洗车河上游和猛洞河上游交界处为高值区，多年平均年径流深 891 毫米；州内酉水干流上段为低值区，多年平均年径流深 736 毫米，南部武水上游峒河流域为高值区，多年平均年径流深 940 毫米；沱江流域为低值区，多年平均年径流深 669 毫米。

二、径流年内分配

湘西州径流量的年内分配与降水量基本一致，境内多年平均汛期（4—9月）径流量占年径流量的 71.8%～79.2%，主汛期（5—7月）径流量占年径流量的 46.1%～52.9%。最大月径流量一般出现在 6 月，北部个别站出现在 7 月，平均占年径流量的 18.3%；最小月径流量全部出现在 1 月，平均占年径流量的 2.3%。最大值与降水量最大值同期，最小值比降水量迟一个月，符合地区产汇流规律。

三、径流年际变化

径流量的年际变化各地不同，北部酉水流域大于南部武水流域，与降水量年际变化大体相似。最大年径流量与最小年径流量比值在 2.46～3.98 之间，年径流变差系数 C_v 在 0.25～0.37 之间。从不同年代均值来看，20 世纪 60 年代、90 年代是丰水年，本世纪初是枯水年，其他年份为平水年；酉水上游 20 世纪 80 年代、90 年代是丰水年，本世纪初是枯水年。各主要河流控制站径流特征见表 2-1。

表 2-1　　　　　　　　　湘西州主要河流控制站径流特征统计表

站名	河名	集水面积（平方千米）	径流深（毫米）	多年平均年径流量	最大年		最小年		C_v	比值
					径流量	年份	径流量	年份		
河溪	武水	2556	774.4	20.24	32.6	1977	12.5	1981	0.26	2.61
凤凰	沱江	524	668.8	3.526	5.421	1995	2.02	1981	0.25	2.68
吉首	峒河	769	940.3	7.244	11.2	1977	4.56	1979	0.25	2.46
黑潭	古阳河	194	735.6	1.459	2.67	1977	0.703	1994	0.32	3.80
岩板滩	花垣河	2628	853.4	14.27	33.41	1963	12.9	1966	0.26	2.59
石堤	酉水	8400	888.8	74.66	121	1980	41.64	2006	0.28	2.91
红岩溪	洗车河	204	890.9	1.817	3.167	1998	0.7961	2006	0.37	3.98
永顺	猛洞河	1035	863.7	8.652	16.01	1998	4.163	2006	0.33	3.85

四、年径流系数

径流系数能综合反映气象和地理因素对径流形成的影响，是重要的径流地区特征。年径流系数是年径流深与年降水量之比，系数大表明降水量转化为径流量大，损失较小。湘西州多年平均年径流系数 0.59，地区分布规律与降水和径流深的地区分布基本相似，北部酉水流域大于南部武水流域，山区大于丘陵地区。南部泸溪、凤凰县属于低值区，年径流系数 0.50～0.55；吉首、古丈、花垣等县年径流系数 0.53～0.65；北部保靖、永顺、龙山等县属于高值区，年径流系数 0.58～0.68。

第三节 蒸 发

湘西州多年平均水面蒸发量（E601 蒸发器）在 543.7～799.3 毫米之间，平均值为 668.7 毫米。地区分布与降水相反，南部大于北部，丘陵地大于山区，最大泸溪县浦市站多年平均水面蒸发量 799.3 毫米，最小龙山县红岩溪站 543.7 毫米。年内的 8 月蒸发量最大，全州平均 106.5 毫米，1 月蒸发量最小，全州平均 23.4 毫米，两者比值为 4.5，4—9 月蒸发量占年总量的 69.7%。与年内变化相比而言，湘西州的蒸发量年际变化不大，各地最大年蒸发量与最小年蒸发量比值在 1.3～1.7 之间。境内最大日蒸发量为 10.7 毫米，1984 年 6 月 6 日在石堤站出现。

第四节 泥 沙

一、悬移含沙量

湘西州内仅酉水与武水干流设有泥沙站，据酉水石堤站、保靖站和武水河溪站多年实测泥沙资料统计分析，酉水流域多年平均悬移质含沙量 0.309 千克/立方米，多年平均侵蚀模数为 302 吨/平方千米；武水流域多年平均悬移质含沙量 0.160 千克/立方米，多年平均侵蚀模数为 133 吨/平方千米。全州多年平均侵蚀模数为 227 吨/平方千米。含沙量的地区分布酉水流域大于武水流域。全州最大年平均含沙量和最大断面平均含沙量出现在酉水保靖站，分别为 0.730 千克/立方米（1963 年）和 11.0 千克/立方米（1972 年）。

二、悬移输沙量

全州多年平均悬移质输沙量 351 万吨，其中酉水流域州内多年平均输沙量 275 万吨，武水流域州内多年平均输沙量 48.2 万吨。

输沙量的年际变化和年内分配不均匀性远远大于径流量。最大年输沙量与最小年输沙量之比，酉水为 30.2，武水 28.6。最大值均出现在 1981 年之前，最小值均出现在本世纪。从不同年代平均输沙量来看，20 世纪 80 年代后减少的趋势很明显，主要是流域梯级开发，兴建水库，大量的泥沙被拦蓄在上游水库内。输沙量的年内分配主要集中在 4—9 月，占全年的 96.5%。其中主汛期 5—7 月占全年的 72.1%。

第三章　水　资　源

第一节　地　表　水　资　源

湘西州气候湿润多雨，水系发达，州域内干流长度在 5 千米以上的各级河流共 368 条，地表水资源比较丰富，多年平均降雨 1398 毫米，多年平均降水总量 216.2 亿立方米，多年平均径流量 125.3 亿立方米。2010 年湘西州降水量 1696.7 毫米，径流量 151.9 亿立方米。

湘西州属于山丘区，地下水与地表水基本重合，因此地表水资源量等于水资源总量。

第二节　地　下　水　资　源

湘西州州域内碳酸盐岩类分布较广，岩溶地貌发育，地下水比较丰富，多年平均地下水量 25.07 亿立方米，占多年平均总水资源量的 20.0%，埋藏深度一般在 30～70 米，易于开采。2010 年地下水资源量为 31.03 亿立方米。

湘西州属于山丘区，上述地下水为浅层地下水，与地表水基本重合。

第三节　水　　质

湘西州水文局水环境监测中心 2001—2010 年基本站点实测资料，选取 pH 值、COD_{Mn}、溶解氧、铜、铅、锌、镉、总汞、氰化物、挥发酚、总砷、六价铬、氟化物、氨氮、总磷、石油类、五日生化需氧量、粪大肠菌群共 18 个检测项目作为参评指标，依据《地表水环境质量标准》（GB 3838—2002）采用单因子评价法进行评价。其水域按功能高低依次划分为五类：Ⅰ类主要适用于源头水、国家自然保护区；Ⅱ类主要适用于集中式生活饮用水地表水源地、一级保护区、珍稀水生生物栖息地、鱼虾类产卵场、仔稚幼鱼的索饵场等；Ⅲ类主要适用于集中式生活饮用水地表水源地二级保护区、鱼虾类越冬场、洄游通道、水产养殖区等渔业水域或游泳区；Ⅳ类主要适用于一般工业用水区及人体非直接接触的娱乐用水区；Ⅴ类主要适用于农业用水区及一般景观要求水域。评价结果列入表 3-1。

表 3-1　　　　2001—2010 年湘西州各站水质状况一览表

站点	2001 年	2002 年	2003 年	2004 年	2005 年	2006 年	2007 年	2008 年	2009 年	2010 年
狮子庵	Ⅱ	劣Ⅴ	Ⅲ	Ⅲ	Ⅲ	Ⅲ	Ⅲ	Ⅲ	Ⅱ	Ⅱ
吉首	Ⅲ	劣Ⅴ	劣Ⅴ	劣Ⅴ	劣Ⅴ	劣Ⅴ	劣Ⅴ	劣Ⅴ	Ⅳ	Ⅲ

站点	2001年	2002年	2003年	2004年	2005年	2006年	2007年	2008年	2009年	2010年
河溪（大田湾）	Ⅳ	劣Ⅴ	劣Ⅴ	劣Ⅴ	劣Ⅴ	劣Ⅴ	Ⅲ	Ⅲ	Ⅲ	Ⅲ
钟家寨							Ⅲ	Ⅱ	Ⅱ	Ⅱ
乾州			劣Ⅴ	劣Ⅴ	劣Ⅴ	劣Ⅴ	劣Ⅴ	Ⅴ	Ⅳ	Ⅳ
浦市	Ⅲ	Ⅴ	劣Ⅴ	劣Ⅴ	Ⅴ	Ⅳ	Ⅴ	Ⅴ	Ⅴ	Ⅳ
大龙溪							Ⅳ	Ⅳ	Ⅳ	Ⅲ
石堤	Ⅲ	劣Ⅴ	Ⅴ	Ⅳ	Ⅲ	Ⅲ	Ⅲ	Ⅲ	Ⅲ	Ⅲ
永顺	Ⅱ	Ⅲ	Ⅱ	Ⅱ	Ⅲ	Ⅳ	Ⅲ	Ⅱ	Ⅱ	Ⅱ
茶洞	Ⅲ	Ⅳ	Ⅳ	Ⅳ	Ⅳ	Ⅳ	Ⅳ	Ⅲ	Ⅲ	Ⅲ
岩板滩							劣Ⅴ	劣Ⅴ	Ⅳ	Ⅳ

从以上评价结果来看，峒河、万溶江、花垣河下游河段局部污染较严重，主要污染物为粪大肠菌群、氨氮；沅江干流湘西州段主要污染物为总磷；其他站点的主要污染物为粪大肠菌群、氨氮。主要污染源来自于城市生活污水和工业废水，污染河段主要在城市的中下游。随着市政工程的完善，污水处理厂投入运行，近两年部分河段污染得到了控制，水质有所改善。

第四节 水资源供需

本次水资源供需平衡过程中，取2010年为现状年。

可供水量主要是指全州各类水利工程及提水设施可能提供给各部门的商品水总量。可供水量由蓄、引、提水量及地下水可利用量组成，据调查分析，通过不同频率计算得出湘西州2010年可供水量，详见表3-2。

表3-2　　　　　　　　　　　　　可供水量汇总表　　　　　　　　　　单位：万立方米

水平年或来水频率	地表水	地下水	可供水量
现状2010年	83253	7101	90354
50%	74928	6391	81319
75%	72680	6199	78879
95%	67592	5765	73357

全州需水量包括生活需水、生态环境需水、工业需水、农业需水。根据各类经济指标及相应用水定额计算出各频率水平年全州需水量，详见表3-3。

表3-3　　　　　　　　　　　　　　需水量汇总表　　　　　　　　　　单位：万立方米

水平年	频率	生活需水	生态环境需水	工业需水	农业需水	合计
2010		15902	986	14438	79890	111216

可供水量和需水量进行供需平衡计算，结果见表3-4。

表3-4 　　　　　　　　　　湘西州水资源供需平衡成果表 　　　　　　单位：万立方米

水平年	频率	可供水量	需水量	余	缺
现状2010年		90354	111216		20862

　　由表中可看出，各水平年缺水都比较严重，需要采取措施提高供水能力，同时开展节水行动，以改变无水可用的情状，保证经济社会可持续发展。

第五节　水资源管理

一、管理机构

　　1989年，湘西州水利电力局成立水政水资源科（站），定编7名，负责全州水资源的统一管理、使用和保护，依法促进水资源的综合开发利用，加强对节水的监督和管理以及协调水事活动的工作。

　　1990年着手组建8县（市）水政水资源股，湘西州成立水资源与水土保持领导小组，开展对水资源实行取水登记的前期准备工作。

　　1992年，州水资源工作领导小组召开第一次会议研究和讨论水资源工作。决定对8县（市）水资源的权属归口由水行政主管部门管理。

　　2001年，湘西州机构编制委员会审定同意设立古丈县水务局，水务一体化试点取得进展。

　　2002年，湘西州首个县级水务局——古丈县水务局挂牌成立，水资源管理体制改革取得突破。

　　2012年，水资源管理体制机制改革试点：龙山县、吉首市成立专门的水资源管理局。

二、取水许可

　　1990年，8县（市）对城市生活用水，工业用水和乡镇国有企业单位用水进行摸底。湘西州城市生活用水：地表水53处、3371.65万立方米，地下水10处、106.44万立方米；其中工业用水：地表水81处、4882.137万立方米；地下水19处、105.7万立方米；乡镇所在地国有企业用水：地表水47处、1503.854万立方米，地下水3处、41.5万立方米。

　　1991年，继续开展取水登记摸底，发放部分取水许可证，组织技术干部和技术员300余人，历时一个月时间。湘西州国有、集体、工矿企事业单位、工业、生活用水取水点共计454处，年用水量7794.21万立方米，水电站213处，装机265台（75千瓦以上），年均发电量3.4亿度，对农村农业灌溉和人畜饮水也初步进行了摸底。对城镇国营、集体企事业单位发放了部分取水许可证，计62户，占应发的13.6％。

　　1992年，发放取水许可证246份，占应发单位的90％。

　　1994年，继续对取水用户和取水量进行了核实摸底。

1995 年，换发新的取水许可证，计 306 户，取水量 115.2 亿立方米，其中水力发电用水 114 亿立方米、工业用水 8000 万立方米、生活用水 4000 万立方米。

1996 年，湘西州有取水用户 396 户，取水点 402 个，其中地下水取水点 46 个。8 县市共颁发取水许可证 349 个，占应发数的 90％。

1997 年 6 月，完成取水许可证年审，8 县（市）共发放 355 户取水许可证，年批准取水量 94 亿立方米，其中地表取水 305 户，批准取水量 92 亿立方米，地下取水 50 户，批准取水量 2 亿立方米，年审通过的取水单位 294 户，占发证数的 82.8％，年审取水量 85 亿立方米，占批准水量 91％，其中地表取水 245 户，年审取水量 84 亿立方米，地下取水 49 户，年审取水量 1.6 亿立方米。

1998 年，8 县（市）取水许可证保有数 336 户，许可水量 133.6 亿立方米，其中工业取水 260 户，许可水量 113 亿立方米（含发电用水），生活取水 71 户，许可水量 0.3 亿立方米，农业取水 5 户，许可水量 0.3 亿立方米。取水许可发证率达 100％，308 户取水户参加了年审，年审率达到 91.7％。

1999 年，3 月 10 日，团结报刊登《湘西自治州水利水电局关于开展 1998 年度"取水许可证"年审及换证工作的公告》，8 县（市）水电局分别给取水用户下达了年审和换证通知书。湘西州取水许可证保有数 318 户，批准取水许可总量 119 亿立方米，其中地下水 27 亿立方米；工业取水保有数 160 户，许可水量 4.8 亿立方米；生活取水 68 户，许可水量 3011 万立方米；各县（市）自来水公司取水许可证 8 户，许可水量 2485 立方米；水力发电取水 89 户，许可水量 70 亿立方米。

2000 年，完成 1999 年度取水许可证的年审。1999 年新发取水许可证 7 套，批准水量 1015.2 万立方米，吊销取水许可证 8 套，消减许可水量 92.112 万立方米。经审核，1999 年度保有取水许可证 321 套，批准取水许可总量为 118.4377 亿立方米，其中地下水 15537.2 万立方米。生活取水 77 套，许可水量 5713.388 万立方米，自来水公司发证 10 套，许可水量 2580 万立方米，水力发电取水 141 套，年审水量 11.68 亿立方米。

2002 年，完成 2001 年度取水许可证年审，发放取水许可证 336 套，批准取水许可总量 123.6 亿立方米，其中地下水 0.253 亿立方米。

2003 年，湘西州共有持取水许可证用户 338 家，取水总量 129.475 亿立方米。2005 年，保有取水许可证 174 个。

2010 年，保有取水许可证 177 个。2012 年，保有取水许可证 200 个。

三、水资源费收征管

1991 年，试点征收水资源费。凤凰县在建立水行政执法队伍的同时由县政府制定水资源管理办法，从 9 月 1 日起开始征收水资源费，计收 1.91 万元。

1992 年，凤凰县政府批转了征收水资源费暂行规定，收费 10 余万元。

1993 年，吉首市 1 月出台水资源管理办法。凤凰、吉首两县市水资源费继续征收，凤凰计收 10 万元，吉首 4 万元。

1995 年，吉首市、凤凰县继续收取水资源费。

1996 年，凤凰县 9 月份恢复水资源费的征收，是年吉首市、凤凰县共收水资源费

15.5万元。

1997年，吉首市、凤凰县被列为全省23个水资源费征收试点县，8月4—8日，组织8县市水政股长到辰溪、溆浦两县学习水资源费征收经验。水政科与吉首市水政股的工作人员多次到州直有关部门协调。湘泉酒厂、州七一化工厂、市自来水公司、火车站4家都是取水大户，但拒交水资源费，吉首市水政股多次到这些单位宣传政策，向市领导汇报，取得支持，湘泉酒厂、七一化工厂按要求缴纳了水资源费。凤凰县水政股多次向县领导汇报，几经反复，使自来水公司缴纳了水资源费。是年，吉首市、凤凰县共计征收水资源费18万元。

2000年，吉首市、凤凰县两个水资源费试点县，征收水资源费22万元。

2002年，吉首市、凤凰县征收水资源费12万元。

2003年，湘西州人民政府办公室转发州水利局、州物价局、州财政局《关于实施〈湖南省取水许可和水资源费征收管理办法〉的意见》。湘西州水利局收集水利部和湖南省有关水资源费征收文件规定，编辑成册，印发10000本下发给征收单位及8县（市）水利（水务）局。

2005年，征缴水资源费113万元，州本级34万元。

2010年，征缴水资源费113万元，州本级34万元。

2012年，征缴水资源费142万元，州本级43.9万元。

四、水资源保护利用

1999年，湘西州供水总量8.62亿立方米，其中地表水供水量7.46亿立方米，地下水供水量1.10亿立方米，其他水源供水量0.06亿立方米。各部门总用水量7.35亿立方米，其中农业用水4.82亿立方米，工业用水1.20亿立方米，城镇生活用水0.31亿立方米，农村生活用水1.02亿立方米。耗水量3.00亿立方米。

2000年，花垣县水行政主管部门依法查处了县自来水公司擅自涂改取水许可证批准的水量一案。

2004年，湘西州供水总量6.56亿立方米，其中地表水供水量5.08亿立方米，地下水供水量0.76亿立方米。各部门总用水量6.55亿立方米，其中农业用水4.23亿立方米，工业用水0.94亿立方米，居民生活用水1.18亿立方米，公共生态用水0.02亿立方米。耗水量3.5亿立方米。

2010年，凤凰县被确定为国家级水生态系统保护与修复试点县，县人民政府出台《关于沱江河水体保护的通知》，对沱江河水体保护区域实行分级管理，通过河道清淤、修复拦河低坝、沿河风光带生态绿化等方式加强水生态修复，完成清淤3000米，修复拦河堤坝20处，沿河风光带绿化2万多平方米。同年，湘西州完善水资源管理体系，监测水资源质量，发布水质监测报告12期，调研县城上游城市供水水源地现状，复查整治入河排污口，完成州内主要水源地等取水口电子监控摸底调查。

2011年，严格管理水资源开发利用。坚守三条红线制度，湘西州委州政府将湖南省对湘西州绩效评估指标纳入州政府目标管理内容并已分解到县（市）。水功能区管理逐步加强，8县（市）建成污水处理厂，城区段的污水统一进入污水处理管道。完成入河排污口设置的调查摸底。湘西州政府安排资金 10 万元，编制《湘西自治州水功能区划》。本年没有发生水污染事件。凤凰县国家级水生态系统保护与修复试点工作进展顺利。

2012 年，将万元工业增加值用水量和水功能区水质达标两项指标纳入州对县（市）政府目标管理绩效评估体系，8 县（市）两项指标均达到省定指标要求。规范了水资源管理行政许可事项审批行为，加强了高用水工业行业用水监督检查。编制《湘西自治州水功能区划》，凤凰县国家级水生态系统保护与修复试点工作全面竣工并通过水利部验收。供水量：供水总量 9.3871 亿立方米，比上年减少 0.2629 亿立方米，其中地表水源供水量9.1193 亿立方米，占总供水量的 97.15%，地下水供水量 0.2678 亿立方米，占总供水量的 0.85%，在地表水供水量中，蓄水、引水、提水分别为 5.8726 亿立方米、1.9847 亿立方米、1.2620 亿立方米，分别占地表水供水量的 64.4%、21.8%、13.8%。用水量：全州各部门、行业实际用水总量为 9.3871 亿立方米，较上年减少 2.7%。按水源分，地表水9.1193 亿立方米，地下水 0.2678 亿立方米；按部门分，农业用水 6.47 亿立方米（其中林牧渔畜用水 0.2027 亿立方米）、工业用水 1.3540 亿立方米（无火电）、居民生活用水1.2265 亿立方米（其中城镇居民用水 0.5821 亿立方米）、城镇公共用水 0.2471 亿立方米（其中服务业 0.2190 亿立方米）、生态环境用水 0.0882 亿立方米。用水消耗量：2012 年湘西州用水消耗量 4.4719 亿立方米，占用水量的 47.6%，其中农业耗水量 3.3865 亿立方米，占总耗水量的 75%（其中林牧渔畜耗水量 0.1904 亿立方米，占总耗水量的 4.3%），工业耗水量 0.2708 亿立方米，占总耗水量的 6.1%，居民生活耗水量 0.6645 亿立方米，占总耗水量的 14.9%，城镇公共耗水量 0.0663 亿立方米，占总耗水量的 1.5%，生态环境耗水量 0.0838 亿立方米，占总耗水量的 1.9%。

五、水资源监测

1995 年，开展水质水量的评估，登清用水户的取水底子。凤凰县、吉首市在换新证的同时与湘西水文局联合，一户一户地对取水用户进行调查测评水量和实行水质评估，没有水质化验数据的进行水质化验。建立取水户的档案。湘西州对新建的取水工程严格进行审批，把好水质水量关。

1997 年 4 月，湘西州水环境监测分中心成立，并通过了国家计量部门考核认证，为国家计量认证合格单位。4 月对沅江的浦市监测断面监测了 9 次，对峒河吉首段监测了 8 次，对猛洞河的永顺段监测了 5 次，对酉水的石堤监测了 6 次。在污染严重的峒河和万溶江布设了上下游污染监测断面，分别加测了 3 次，完成酉水石堤段省界河流水质监测与水资源调查。监测表明峒河、万溶江其上游水质较好，按《地表水环境质量标准》（GB 3838—2002）评价为 Ⅲ 类水，流经吉首市区后下游水质超 Ⅴ 类标准。据此向湘西州政府提交了治理峒河及万溶江污染的实施方案。

1999 年，水资源管理从注重水量管理转变为水量水质并举管理。吉首市、凤凰县、保靖县历时三个月对 90 个取水户的水质进行了取样化验，给取水用户提供 10 几项检测数据。完成入河排污口登记，湘西州排污口 78 处，其中工业排污口 60 处，生活排污口 16处，混合排污口 2 处，共计排污水量 2366.85 万吨，污水排入河道的主要方式为明渠。

2000 年，对取退水用户的取退水及峒河、万溶江、猛洞河的水质进行监测。

2011年，8县（市）饮用水源设立8个水质监测断面，发布12期水资源质量监测简报。

2012年，监测重点河流断面和8县（市）重要城市取水点水质，发布12期水资源质量监测简报。总体水质状况。全州水质监测评价河长428.3千米，以《地表水环境质量标准》（GB 3838—2002）为评价标准，年评价、汛期评价达Ⅱ～Ⅲ类标准的河长均为412.8千米，占总评价河长的96.4％，非汛期评价达Ⅱ～Ⅲ类标准的河长为368.8千米，占总评价河长的86.1％。主要水系水质状况。沅江干流：共设3个水质监测断面，监测河长45.6千米，年评价、汛期评价、非汛期评价达Ⅱ～Ⅲ类标准的河长为100％。武水：共设8个水质监测断面，分布在武水干流与峒河、万溶江、沱江上，监测总河长186.0千米，年评价、汛期评价、非汛期评价达Ⅱ～Ⅲ类标准的河长均为170.5千米，占总评价河长的91.7％，达Ⅳ类标准的河长为15.5千米，占总评价河长的8.3％，主要污染物为氨氮。酉水：共设7个水质监测断面，分布在酉水干流以及兄弟河、花垣河、猛洞河、古阳河上，监测总河长196.7千米，年评价、汛期评价达Ⅱ～Ⅲ类标准的河长均为196.7千米，占总评价河长的100％，非汛期评价达Ⅱ～Ⅲ类标准的河长为152.7千米，占总评价河长的77.6％，非汛期评价达Ⅳ类标准的河长均为44.0千米，占总评价河长的22.4％，主要污染物为氨氮。重要饮用水源地水质状况：2012年对湘西州重要饮用水源地（吉首市2个、其他县各1个）每月定期采样监测，除泸溪县红土溪饮用水源地非汛期评价为Ⅲ类，其余均达到Ⅱ类标准，满足供水水源地水质要求。省界河流水质状况：2012年监测评价的省界河段共2个，监测总河长43.0千米，水质均达到Ⅱ～Ⅲ类标准。重庆与湖南交界，酉水石堤河段年评价、汛期评价、非汛期评价均达到Ⅱ类标准；贵州与湖南交界，西乡河茶洞河段年评价、汛期评价水质达到Ⅱ类标准、非汛期评价水质达到Ⅲ类标准。水功能区水质达标评价：2012年全州监测评价的水功能区共12个，依据水功能区水质目标和《地表水资源质量评价技术规范》（SL 395—2007）进行评价，年度达标水功能区9个，达标率75％，年度不达标水功能区3个，不达标率25％，主要污染物为氨氮。

六、河道划界与清障

（一）河道划界

1991年，水利水电厅布置划定河道保护界限的任务，湘西州水电局于10月作了安排，11月28—29日在吉首召开了各县（市）水电局长、水政股长会议，传达省河道管理会议精神，明确河道划界的意义、内容、步骤、方法及要求。1992年，3月10—11日湘西州水电局再次召开了各县（市）水电局长、水政股长会议，就河道划界工作各县（市）作了汇报，总结前段工作的成绩和存在的问题，研究下一步工作，提出上半年结束内外业基础工作，下半年完成湘西州河道划界。各县（市）成立了领导班子，除花垣、保靖两县外其他县（市）均以政府行文成立了河道划界领导小组，组长均由各县（市）主管农口的副县（市）长担任，成员单位有国土、城建、交通、环保、水电等部门。各县（市）在对河流两岸群众宣传河道划界意义的同时，根据其人力和地域条件不同，分别采取不同形式开展工作，有先选一条主要的或较复杂的河流作试点，后再全面铺开；有全面铺开调查先外业后内业；有组织区乡水管站同志进行调查，再进行综合衔接平衡绘图，以便整个工作能顺利进行，请国土部门派员参加的等。湘西州共抽出技术干部42人从事河道划界工作。花垣县完成了长度在 5000 米以上河流的外业和部分内业，保靖县对 1：50000 图纸的河流进行了实地测量。全州已划河流 138 条 2269 千米。保靖县水政股在划定酉水河界限时，工作人员吃住在船上，历时 20 天。至 3 月，大部分河流的外业工作已基本结束，有的县还完成了内业的大部分，因与国土局的关系没有理顺，申报办证还需大笔资金，外业测量、购买图纸已花费了不少资金，只等待国土局颁证。是年上半年州局从工程费中挤出 2 万元，对已开展划界工作的县（市）安排 3000 元或 4000 元，作办公经费。1995 年 12 月 5 日，根据 11 月 14 日湖南省河道管理会议关于河道划界的精神，结合湘西州河道的实际，湘西州水利水电局制定了《湘西州河道划界工作实施方案》。12 月 20 日，州人民政府决定成立州河道划界工作领导小组。由王承荣同志任组长，唐双发、肖茂初、夏远收、符兴武同志任副组长，彭军、向经武、吴宗湘、杨胜刚同志为成员，领导小组办公室设在州水电局，杨胜刚同志兼任办公室主任。8 县（市）成立河道划界工作领导小组，县（市）主要领导担任河道划界领导小组组长，从水电局抽调一批有工作能力、责任心强、熟悉情况的同志组成专门的工作班子。1996 年 4 月 5 日，湘西州人民政府办公室转发州水利水电局《关于在全州开展河道划界工作的通知》，11 月 14 日，湘西州国土局、水利水电局联合下发《关于在全州开展河道划界的通知》。湘西州 47 条四级以上的主要河流都要在今明两年内全部完成划界任务。在州水文局的协助下，凤凰县完成了沱江从长潭岗至猫儿口的 57 千米河道外业测量，吉首市水政股的负责同志步行上百里完成了万溶江和峒河的外业测量。各县市通过县城的一条主要河流的外业测量完成。吉首、古丈两县市已选好立碑位置，准备施工，保靖和花垣两县因资金未足额到位，先制作了 100 多个乡村界桩。湘西州人民政府 12 月上旬就划界工作召开领导小组和成员单位协调会议。州水电局 12 月 6 日召开县（市）水政股长参加的专题会议研究河道划界工作，并且组织力量对 8 县（市）河道划界工作进行督察督办和情况通报。湘西州先后有七个县（市）成立了河道划界领导小组，抽调了熟悉业务的技术力量，按照先城市后农村的步骤开展工作。湘西州水电局设计了统一的城区河道界碑式样，并与国土局协商，就有关河道划界中的具体问题及解决办法联合下文。1997 年，湘西州水电局从事业费中安排河道划界资金 17 万元。8 县（市）完成规划设计工作，保靖县在资金相当困难的情况下，局领导和水政人员多方筹措资金，在县城主要河道埋设河道界标 2 处、120 界桩多个，花垣县埋设河道界标 3 个、界桩 85 个，吉首市埋设河道界标 2 个、界桩 140 多个。湘西州河道划界共支出资金 14 万元。1999 年，凤凰、泸溪两县按规定实施了河道划界工作，至此，8 县市河道划界中的勘测、资料整编工作完成，凤凰、花垣、保靖、吉首完成了主要河道的划界工作。但吉首峒河河道划界标准从 20 年一遇提高到 50 年一遇，河道划界工作又将重新开展。2001 年，8 县（市）成立以县（市）分管农口的领导挂帅的河道划界领导小组并以政府文件的形式发布了河道管理公告。12 月 5—9 日，湘西州水利局组织 8 县（市）的水政股长分南北两组对湘西州河道划界工作进行了交叉检查验收。

湘西州有上等级的河流 368 条，其中干流 2 条、1 级 13 条、2 级 84 条、3 级 167 条、4 级 80 条、5 级 22 条。河道划界的原则：县城和主要的集镇，划界范围应划至为 20 年一遇的设计洪水线 20 米以外。乡村主要以自然河坎为界线或 10 年一遇的设计洪水位。泸溪县沅水按五强溪设计洪水位线划界。对设计洪水位线以内的建筑物、农田的划界。县城按 20 年一遇划洪水位线，无论是街道、房屋都应划至为管理范围，如不够 20 年设计洪水位的县城，可在基本河坎上划出一个设计洪水位的年限。河道一边涉及国家级公路的，不足设计洪水位的，河道管理范围划至公路边沿。如武水河道边三一九国道，如不足20年一遇设计洪水位的地段，河道管理范围划至公路边沿。农村河道涉及农田较多的平原区，据具体情况而定，对于小河、小溪原则上按自然河坎为界，农田划进管理范围内的，其农田使用权归农民。对于河床内沙滩、堆土区，其使用权要逐步收回，由河道主管部门管理。各县（市）据以上原则，结合本县（市）实际，与国土部门商定，报县（市）人民政府批准。埋设界标（碑）：界标（碑）分城市、农村两种，城市的河道界标统一采用州水电局设计的式样进行制作埋设；农村的河道界标由各县市自行设计制作，但两界标之间距离不能超过1000米。河道划界所需的资料：社会经济、河流水系概况；河道划界基本情况表；河道划界实施方案技术报告；河道划界洪水分析技术报告；土地利用调查报告；加强河道管理的通告；河道划界对城区防洪的作用；河道划界对水资源的保护作用；河道治理与总体开发总体规划的建议；河道划界界线图；河道界线认定书；界桩的设计（湘西州水利水电局设计）。河道划界工作的方法步骤：成立河道划界领导小组，组织办事班子；收集资料，搞好实地调查，弄清河道基本情况；进行洪水验算，得出洪水位高程；根据设计洪水位数据，在1：10000图纸上划线，并制定一张16开大的平面界线图；各种技术分析论证；写出划界报告上报政府和国土部门认定；进行界桩埋设；验收；所有资料归档，建立档案；发出河道管理通告，加强河道管理制定出河道管理责任制。建立健全河道资料档案，做好划界工作的认证与验收，切实加强河道的管理工作。河道划界的最终目的是强化河道的有效管理，为防洪防汛、保证人民生命财产安全提供基础保证。划定的河道管理界线，要按地籍图式制作界线图，所有的河道界线，要有关乡（镇）、村签字，经国土、水政部门共同验收后报请县（市）人民政府审批并公告。同时要建立健全河道资料档案，国土、水政各存一套。划定的河界范围内现有的可耕田地、各种建筑物的土地权属不变，但必须服从水行政主管部门的有关规定，改建、扩建、新建必须首先征得水政部门的同意，方可按基本建设程序办理用地审批手续。

2001年湘西州河道划界工作第一阶段结束。完成流经县城主要河流的河道划界，投入专项资金70万元，河道划界总长度333.2千米，竖立界碑22块、界桩427块，整理和编辑资料10套160册。此次河道划界，吉首市按50年一遇，其他县按20年一遇防洪要求，统一标准。界碑、界桩的尺寸，资料汇编要求一致。水文资料全部由水文部门提供。泸溪、凤凰、吉首3县（市）是水文局及水文站的同志从头到尾参与设计施工。河道划界认定书由国土部门确权及乡镇、村组、居委会干部签名盖章。泸溪县，全长45.5千米的沅江干流，20多个测段，每一段都签名盖章，20套资料，仅盖章就跑了四五天，工作之细可见一斑。吉首、凤凰、泸溪3县（市）积极向县（市）分管领导汇报，使河道划界地方配套资金得以及时到位。吉首市万溶江划界10千米，投入8万元；凤凰县沱江、万溶江共划界77.3千米，投入18.1万元；泸溪沅江干流划界45.5千米，投入8万元。

（二）河道清障

1991年，河道管理工作开始由水政科兼管。通过对《中华人民共和国河道管理条例》的宣传，处理了4起河道违章案件。凤凰县烟厂擅自在沱江金坪村用8根40厘米×40厘米的混凝土柱支撑，建一座框架式水泵房。县水利主管部门多次提出要补办审批手续，直到工程快建完时才报告审批。经水行政主管部门研究决定，属违章建筑，罚款 5000 元处理。古丈县对石油公司向河道倾倒泥土进行了处理，负责清障费 4000 元，罚款 800 元。

1992 年，查处河道案件 35 起。龙山县查处河道违章建筑和倾倒泥土案 4 起。龙山县乌龙酒厂分厂，在建房时将 6000 余方泥土倾倒在河里，县水行政主管部门对其多次做工作，该酒厂拒不服从，后起诉到人民法院，裁决对其罚款 3000 元，其按期交了罚金。龙山县红岩溪钎锌矿倾倒废渣在河里，堵塞河道污染水源，群众意见大，是多年积压的老问题，县水行政主管部门多次与该单位联系，决定清除原有的矿渣，新矿渣运走，接受水行政主管部门意见在山里选一凹地作弃渣场，每天由 6 辆汽车将倾倒在河里的废渣清除。凤凰县对侵占河道的单位罚款 2 起，古丈县查处了 2 起，吉首市处理了 3 起。

1993 年，对河道管理范围内的建设项目，严格审批制度。河道管理范围内的建设项目先申请水行政主管部门审批同意后，才报计委审批。古丈县政府发通告，审批同意河道管理范围内建设项目 13 个，不批准 5 个。河道管理范围内发生违法案件 39 起，查处 30 起，罚款 7000 元，清障费 4100 元，龙山县查处河道案件 13 起，红岩溪铅锌矿厂，2 月将几千立方米矿渣倾倒在河里，堵塞河床，县水政执法人员几次上门宣传水法规，制止该厂向河里倾倒矿渣、泥石，该厂拒不执行，到县领导那里去汇报，县水行政主管部门为严肃河道管理，依照《水法》第 48 条之规定，对铅锌矿厂罚款 1000 元。将泸溪县浦市镇，保靖县迁陵镇 2 处集中采砂地纳入管理范围。泸溪县浦市镇采砂实行浦溪村与岩门溪水库水管所联合组织管理。保靖与个人采砂船签订合同固定收费，收取采砂管理费 9000 元。

1994 年，开展河道调查，对所辖 378 条河道的基本情况进行综合整理，建立管理责任制，坚持河道建设项目的审批制度，对违反河道管理制度的违章建筑，按法律程序，限期进行撤除。

1995 年 12 月 20 日，州人民政府决定成立州河道清障工作领导小组。由王承荣同志任组长，唐双发、肖茂初、夏远收、符兴武同志任副组长，彭军、向经武、吴宗湘、杨胜刚同志为成员，领导小组办公室设在州水电局，杨胜刚同志兼任办公室主任。各县（市）成立河道清障工作领导小组，县（市）主要领导担任河道清障领导小组组长。湘西州水电局决定清障工作在凤凰县办试点，成立河道清障领导小组，摸清沱江河违章建筑物底子，在县城、沿河开展宣传，新制 7 幅醒目的横幅标语，拟定沱江河道清障方案，报河道清障领导小组和县人民政府批复同意。凤凰烟厂在沱江河边修建停车场违章占河，经协商，烟厂同意撤除阻水部分。1995 年，发生河道案件 45 起，占水事案件 38.7%。永顺县对历年来河道管理范围内的房屋建筑，未经批准的查处了 10 起，龙山县红岩铅锌厂的矿渣，年年向河里倒 1000 吨以上，已处理过 3 次，5 月，红岩村委会向水行政主管部门书面报告，河内弃渣约 1000 立方米，倒渣处是通向红岩镇田家村的小河流，河道堵塞，直接影响 7 个村民小组 196 户、812 人的生活用水。经水行政主管部门立案调查，依法进行清除和罚款处理。

1996 年，湘西州共撤除违章建筑 17 处，建筑面积达 1400 平方米。

凤凰县烟厂 1992 年建成的停车场。该工程没有审批手续，又不听水政执法人员的劝告，强行建成。侵占沱江河道面积 649 平方米。降低原河段过水能力 10 年一遇为 3.2%，20 年一遇为 5%。省、州、县水政执法负责人多次前往烟厂责令其立即拆除。但因凤凰烟厂是我州较大的企业，是财政收入的主要来源，加上其他因素，阻力是相当大的，所以迟迟未动。沿河两岸的一些群众以此为样，在沱江河边上修建房屋、猪圈等达11处，严重影响洪水下泄。年初，结合第九个《水法》宣传周，水政执法人员3次到烟厂，与县政府和烟厂主要负责人协商处理办法，讲相关的水法规，讲危害，取得县政府领导的支持，于1996年3月30日按照《河道管理条例》规定的"谁设障，谁清除"的原则，烟厂开始自行撤除，5月20日完工，历时50天，耗资8万元。随后，凤凰县水电局以文件形式通知11处违章建房户，限定15日内自行拆除。同时搞好宣传，在这一河段刷写固定标语18幅，深入11户当事人家中反复进行宣传和动员。在宣传教育作用不大的情况下，申请人民法院强制执行。7月25日，县人民法院正、副院长和5名党组成员组成的强制执行领导小组，在县人大副主任吴凤其的率领下，出动8辆车，组织58名法警、14名经警，加上水政监察员等共177人，分成现场警戒组、群众工作组、执行组、摄像组、后勤组，执行强行拆除，历时4小时，将11户共计1137平方米的违章建筑拆除完毕。

1996年11月19日，湘西州委召开七届三次会议，听取8县（市）关于河道清障工作汇报。州政府助理巡视员、农办主任肖茂初，传达了湖南省河道清障工作会议精神。会议明确提出：河道清障工作列为湘西州是年冬修水利重要内容。主管水利的州委副书记向邦礼强调指出：湘西州治理水毁工程的同时，要结合河道整治，加强河道管理，清障工作不可忽视。州委书记李大伦就河道清障作了讲话。

1997年，湘西州共清除河道障碍23处。其中吉首市新桥村沿河保坎障碍、永顺卷烟厂水泵房障碍、泸溪县白沙港货运码头障碍、影响过洪，属违章建筑，工程建设者均有一定背景。经多次做工作，均无结果，经向州政府督查室负责人汇报，以督查室名义分别给县（市）一把手发督查函，再经县（市）水政人员反复宣传做工作，得以制止。凤凰县为了管好沱江河，专门请1人巡河检查，发现违章情况及时制止和报告。凤凰县牛堰水库库内违章建私房已于1997年9月5日由凤凰县人民法院依法判决违章者自行拆除。但违章者不仅未拆除其违章建筑，反而继续违章新建了约20平方米的房屋；保靖县迁陵镇工商所某干部以其家属的名义，与他人合伙在南门河河首管理范围内，违章占用115平方米河床面积，修建了一栋砖混结构楼房，该房屋的基座立在河道界桩上；1997年7月21日州政府督查室通报的泸溪县白沙港货运码头、永顺县烟厂水泵房两处阻洪违章建筑未予撤除或未采取有效处理措施；吉首市河溪镇新建跨河交通大桥已开工半年之久，未到河道主管部门办理手续，是河道违章建筑。要求相关县市防汛抗旱指挥部要抓紧时间对河道设障行为进行处理，并将处理结果报州防汛抗旱指挥部办公室、州水利水电局水政科。

1999年，省道1828线（吉罗公路）改造工程8月全线动工，长61千米，有大小桥梁28座，设计开挖土石方约400万立方米，需开挖扰动地表面积2.2平方千米，大部分在浪头河、龙鼻河及古阳河两岸施工，如不采取有效措施，将造成水土流失130万立方米，近300万立方米的土石进入古阳河与龙鼻河。工程设计中没有编制专项水土保持方案，在施工中也没有防止土石进入河道或及时清运的方案，20多座跨河桥梁的设计方案也未报水利部门审查。湘西州水电局把加强1828线工程的执法监督作为是年的水政执法工作重点，成立了1828线执法领导小组，局长符兴武任组长，分管水政的副局长任副组长，州县水政执法人员20多次到实地执法监督。古丈县成立由政府、水电局、建委、环保局组成的河道清障督查组；湘西州水电局向州委、州人大、州政府汇报督查情况，先后3次以正式文件向州政府报告，湘西州防汛指挥部也向 1828 线指挥部下发了《确保古阳河沿岸安全度汛的通知》。州委副书记、州人大常委会主任彭诗来在湘西州水电局报告文件上做出批示，要求 1828 线指挥部引起高度重视；州、县两级水行政执法人员积极向有关领导及工程相关人员宣传水法规，印发法律法规宣传资料 300 多份；对清障行动迟缓的州路桥公司、交通部第二公路工程局、张家界路桥公司分别给予了罚款和负责清障费用的行政处罚。至 4 月底清除进入河道内的土石 40 多万立方米。省人大"四法"检查组就该工程施工过程存在的问题提出整改意见。10 月 6 日州委副书记、州长武吉海，州委常委、常务副州长王承荣，副州长李德清率领计委、水电局、林业局等单位负责人到 1828 线工地进行现场办公，各位州长就省人大"四法"检查组提出的整改意见作了具体指示。至此，已清除因省道 1828 线吉罗公路工程施工倾倒进入河道内的土石 60 多万立方米。

8 县（市）相应抓 1~2 个清障重点，共清除河道障碍 14 处。对一些影响较大、难度较大的障碍也制订了具体整改方案。

2000 年，《关于加大河道清障力度、确保行洪安全的紧急通知》（州防指发［2000］4号），要求所有设障 22 个单位或个人，必须在 2000 年 3 月底前将所设河道障碍全部清除，由 8 县（市）防汛抗旱指挥部组织检查。否则将依照法律规定进行处罚，同时组织强行清除，费用由设障单位或个人负担。吉首市出台《吉首市峒河清理整治工作方案》，对龙舞河和浪头河 3.2 千米的河道进行了清淤，清除砂石、淤泥 8.4 万立方米，折合投入人民币 170 万元。拆除峒河左岸向阳坪营庄村违章建筑 840 平方米。古丈县 4 月 6—16 日由县"四大家"组织县直机关厂矿、学校 2000 余人对古阳河县城段进行义务清淤，清理河长1200 多米，平均清淤深度 0.5 米。清除土石渣 3 万余立方米。古阳河河道整治首期投资180 万元的河堤工程开工。凤凰县以"保护历史文化古城"为契机，加大沱江河整治。泸溪县 5 月 24—25 日，由县防汛指挥部牵头，组织 13 个单位，出动 100 多名执法人员、农民工 160 人、铲土机 2 台依法对武溪镇楠木州的违章建筑进行拆除，其中自行拆除房屋 13栋、4700 余平方米，强行拆除摊棚、临时居民点 430 余个。县（市）以"清除老障、杜绝新障"为原则，把好河道管理范围内建设项目审批关，依法审批项目 8 个。《湘西自治州河道管理条例》完成第 13 稿修改，省人人法工委领导于 12 月中旬来州调查并组织修改。

2001 年，湘西州水电局制定河道清障及整治工作方案：成立以符兴武局长为组长，翟辉副局长任副组长，水利综合监察支队、水政科、防汛办、水保科负责人为成员的领导小组。对古丈 6 处、吉首市 1 处阻洪障碍物进行了清除。

2002 年，组织湘西州范围内涉河违法行为专项整治行动，规范河道采砂行为，取缔非法淘金。发现涉河违法案件 48 起，查处 43 起，结案率达 90%；河道清障 24 处，撤除违章建筑 5 栋 2560 平方米，清除砂卵石 2.57 万立方米，清除弃渣垃圾 11 处 4.245 万立方米，罚款 2.5 万元。完成河道划界 17.43 千米，占应划长度 317.43 千米的 22.77%，4月通过省里验收，取得湘西片第一名。严格按照河流分级管理原则，依法对涉河建设项目进行审批，共计审批 36 个。

2005 年，湘西州水利局对河道管理范围内建设项目管理情况进行检查，发现河道管理范围内违章建设项目 26 个，经 3 个多月的严格执法，大多数违章建设项目都已整改到位，结案 23 起，结案率达 88%。6 月上旬，湘西州人大常委会执法检查组，对湘西州贯彻实施《水法》和《湖南省实施水法办法》的情况进行检查，10月上旬，湘西州人大以州常发〔2005〕7号文件将这次检查中发现的主要问题向州政府进行了交办，涉及河道的有4个违章案件：常吉高速公路施工便桥及潭溪铁合金厂废渣阻水碍洪案。常吉高速公路10个标段跨武水修建4座施工便桥和6条施工便道，便桥和便道泄洪断面小，防洪标准很低，有度汛安全隐患。潭溪铁合金厂非法占用河道作为弃渣场，大量的矿渣被冲到下游河道，影响河道行洪。经测算，武水沿线有7925立方米浆砌石，1692立方米混凝土和46500立方米废弃土石渣，所需清障资金约192万余元。常吉高速公路施工便桥便道及潭溪铁合金厂在武水河道倾倒矿渣，违反了《水法》第二十七条和《中华人民共和国防洪法》（简称《防洪法》）第五十八条规定。湘西州水利局，按照"谁设障，谁清除"的原则，督促落实清障方案，对常吉高速公路近期还要利用的便桥便道，要求各标段施工队交纳清障保证金，常吉高速公路协调指挥部专门召开会议，要求各标段施工队按水利部门的要求进行整改，常吉高速公路业主单位同意从相关标段施工队质量保证金中扣除部分作清障保证金。潭溪铁合金厂停产整治。保靖县堂朗乡宏泰公司等三家砂石加工厂违章占用河道案。保靖县堂朗乡宏泰公司等3个砂石加工厂违章占用窝槽河河道，近2万立方米土石渣直接倒入河道，部分河道被阻断，给下游古丈县万岩村和龙鼻村数千村民度汛造成威胁。其行为违反了《水法》第三十九条和《防洪法》第五十八条规定。保靖县政府及县水利局按照"谁设障，谁清除"的原则，督促3个业主自行清障或交纳清障保证金由水行政主管部门组织人员清除。有2个砂石加工厂按水利部门的要求进行了整改，另1个砂石加工厂的废弃土石渣，县水利局依法申请人民法院强制清除。省道1828线毛坪洞坎溪拦渣坝修复案。省道1828线毛坪洞坎溪拦渣坝建于1999年，堆积约15万立方米的土石渣，高出拦渣坝顶8米。2004年6、7月间洪水已将坝体左侧冲垮，形成一道长5米深3.5米的决口，成为危及古丈县城及沿河两岸群众生命财产安全的重大隐患。古丈县先后多次到吉罗公司和州公路局反映，提出修复拦渣坝的意见和建议。由于修复拦渣坝的工程大，所需资金多，一直未能解决。由于省道1828线毛坪洞坎溪拦渣坝坍塌是因设计不合理、施工质量不高所致，且没有到水利部门办理任何审批手续，又是历史遗留问题，经州长办公会议决定，按公路部门的修复预算，由州财政、州公路局和州水利局共同出资24万元进行修复。

2003—2005年，湘西州共清除90处河道行洪障碍，撤除违章建筑15栋5870平方米，清除淤砂卵石9.46万立方米，清除弃渣垃圾11.50万立方米。

2008年，泸溪县开展3次河道整治行动，制定《泸溪县2008年沅水河道采砂专项整治行动方案》。通过对泸溪河段进行三次拉网式整治，淘金船由18艘减少到8艘，浦市水文站及浦市防洪堤外侧已无淘金船。

2010年组织8县（市）水利（水务）局对河道采砂情况进行调查，摸清底子；联合县（市）水利（水务）局，共清除保靖香溪河、吉首峒河、古丈古阳河等违章设施8处；审批建设项目防洪影响评估报告3个。

2011年，河道采砂整治行动铺开。州县（市）政府、水利部门分别成立河道采砂专项整治工作领导小组，制定河道采砂专项整治方案，建立湘西州河道采砂专项整治行动联席会议制度，10月底，州海事局开始清理泸溪县河道内影响航道的尾堆。11月29日，泸溪县委常委会讨论通过，成立由执法局、水政、渔政、海事4个部门组成的水上执法大队，配备必要的人员、设备、经费，专职从事河道日常管理工作。以杜绝"你治我走，你走我挖"的现象。12月2日，召开第1次河道采砂专项整治行动联席会议。泸溪县出动执法人员1200余人次，车辆120台次，船只80艘次，调查采砂船40只，清查砂场25个。对手续不齐的10个砂场，责令其停业整改，对40只船只下达了停止水事违法行为通知书。共撤除柴油机、发电机8台套，所有的采砂淘金船被要求离开作业现场，进行尾堆清理。

2012年，河道采砂专项整治，完成第一阶段调查摸底和方案制订等基础工作，第二阶段以禁止淘金、禁止在禁采区采砂、禁止无证采砂船采砂、清理采砂尾堆为主要内容的"三禁一清"集中整治行动全面展开。

第四章 水 文 事 业

第一节 管 理 机 构

湘西水文水资源勘测局（以下简称湘西水文局）是湖南省水利厅和湘西州人民政府领导下行使水文行业管理职能的副处级机构，负责湘西州境内的水文工作。

新中国成立以前，湘西州境内仅有泸溪、保靖等少数水文观测站点，至1946年5月，各站均中断观测。1949年10月，新组设的湖南省农林厅水利局水文总站统一接收并直接管理各地原有的水文测站。湖南省水文总站迅即恢复了湘西州的水文测站，1950年年初泸溪水位站恢复观测；1951年年初保靖水文站恢复观测。1951年1月，湖南省水利局规定由沅陵一等水文站管理沅江流域的水文测站，湘西州境内泸溪、保靖水文（位）站均属沅陵一等水文站管辖。

1958年10月，湖南省湘西州农业局水文分站成立，下设测资室，行政、人事工作分别由州农业局办公室、人事科统一管理。时辖12处水文（位）站、19处委托雨量站，有职工33人。至当年底，职工增至63人。

1959年6月，各水文站下放到所在县农业局管理。

1962年3月，下放测站均上收湖南省水文总站统一领导，把原有按地区设置的分站调整为流域分站，湘西州各水文站又分别划入沅水流域水文分站和澧水流域水文分站管理。

1966年10月，撤销流域水文分站，仍按地区设立水文分站，湘西自治州水文分站成立，内设办公室、政工组、测资组，管辖8处水文站、2处水位站、31处委托雨量站，有职工77人。

1980年3月，湘西州水文分站与怀化水文分站合并组建为沅水水文勘测队，湘西州水文机构改组为吉首水文巡测队。1989年3月，吉首水文巡测队更名为湖南省湘西水文水资源勘测队，隶属沅水水文水资源勘测大队。1991年8月，湖南省湘西水文水资源勘测队更名为湖南省湘西水文水资源勘测大队，并升格为副处级事业单位，直属湖南省水文总站管理。1995年4月，湘西水文水资源勘测大队更名为湘西水文水资源勘测局，内设机构为办公室、政工科、测资科、水情水资源科、水质监测科（1996年加挂湖南省水环境监测中心湘西州分中心牌子），2010年8月，加挂湘西土家族苗族自治州水文局牌子，实行由省水利厅和湘西州人民政府共同管理的双重领导管理体制。

至2012年年底，湘西州水文局辖国家委托水文站2个，省级水文站5个，水位站8个，委托雨量站34个（国家基本站），中小河流雨量站31个，山洪易发区雨量站46个，墒情站2个。局机关内设办公室、组织人事科、计划财务科、技术服务科、监测科、水情科、水资源科（加挂湖南省水环境监测中心湘西分中心牌子）7个职能科室。有在职职工

52 人，其中副高级职称 9 人，中级职称 15 人，初级职称 18 人。湘西州水文局历任局长（以前称站长、主任、队长、大队长）有：张国雄、刘继纯、张高中、杨承明、胡新茂、周祖亮、姚志明、刘汉云、赵寿云、方性良、张任金。

第二节　水　文　站　网

　　1939 年 2 月，扬子江水利委员会在泸溪县武溪镇设立泸溪水位站，是湘西州境内第一个水位站。1940 年 10 月，扬子江水利委员会在保靖县迁陵镇设立保靖水文站。1941 年 1 月，湖南省水利委员会沅西工程处水文测量队接管保靖水文站。1946 年 5 月，以上两站中断观测。1949 年 10 月，湖南省农林厅水利局水文总站迅速恢复湘西州水文测站。1950 年年初，泸溪站恢复观测；1951 年年初，保靖水文站恢复。1953 年 8 月设立吉首水位站。1957 年 1 月，设立浦市、河溪、石堤、贾家潭、岩板滩、永顺 6 个水文站。1958 年 5 月，贾家潭站上迁设立彭家寨水文站，是年设立长潭岗、烈旗寨、黑潭、碗米坡 4 个水文站，同时撤销泸溪水位站。1959 年年初，境内水文（位）站已达 12 处，水文（位）站的站网密度达到 1290 平方千米/站，全州基本水文站网初步形成。

　　1960—1988 年，湖南省水文总站先后开展 3 次站网规划，对全省水文基本站网进行调整、充实和整顿、优化。其间，湘西州境内撤销烈旗寨、碗米坡、保靖、岩板滩 4 个水文站；1962 年 1 月，长潭岗站下迁至凤凰县沱江镇设立凤凰水文站。1978 年 1 月，彭家寨站上迁至龙山县红岩溪镇设立红岩溪水文站。1986 年 3 月撤销己略小河水文站，1988 年 8 月撤销湖家沟小河水文站。1989 年，湘西州境内有浦市、河溪、吉首、凤凰、石堤、红岩溪、永顺、黑潭、拉务、新溪 10 个水文站。1990 年，湖南省水文总站对达到设站目的的小河站逐年撤销，或改为流量巡测点收集发生特大暴雨洪水时的资料。1990 年 1 月，撤销新溪小河水文站。1993 年 1 月，撤销拉务小河水文站。1999 年 1 月，黑潭小河水文站改为流量巡测点。1994 年 10 月，湖南省水文总站根据水利部提出的"站网优化、分级管理"方针，编制《湖南省水文站网优化实施方案》。湖南省水利厅于 1995 年 5 月批准实施方案，对站网实行分级管理，进行整顿和优化。1996 年 10 月，水利部发布《国家重要水文站、省级重要水文站划分标准》，并公布第二批国家重要水文站名单。湘西州管辖的浦市、石堤列为国家重要水文站。1997 年 9 月，湖南省水电厅批准湘西州吉首、河溪、凤凰、永顺、红岩溪 5 个水文站为省级重要水文站。1999—2010 年，湘西州水文局管辖 7 个基本水文站（含 2 个泥沙站），站网无变化。

第三节　雨量站　蒸发站

　　1923 年 9 月，扬子江水道讨论委员会在永顺县王村镇（今芙蓉镇）设王村雨量站，是湖南省第一个雨量站。该站委托当地天主教堂神父观测，按月报送资料。至今有 1929 年 6 月至 1932 年 12 月资料保存。民国 22 年（1933 年），湖南省政府训令各县设站观测雨量，州境内永绥（花垣）县和古丈县设立雨量站。民国23年（1934年），前扬子江水利委员会设立永顺雨量站。1936年，湘西州有永绥、古丈、永顺3处雨量站。1937年5月，永绥站停测。1938年4月，古丈站停测。1941年12月，永顺站停测。1941年、1945年、1946年保靖水文站兼测雨量，1946年5月后，该站中断观测。

1949年10月，湖南省水文总站有计划地开展水文测站恢复重建工作，1950年7月，泸溪水位站开始观测雨量，1951年2月，保靖水文站恢复观测雨量。1951年，湖南省水文总站加大湘西州雨量站的建设力度，委托除保靖县外其他各县农场代设雨量站7处，是年，湘西州有雨量站9处，各县均设有雨量站。1953年8月，吉首水位站兼测雨量。1955年4月，该站开始观测蒸发，是州内第一个蒸发站。1956年1月，保靖水文站用80厘米套盆仪器开始蒸发观测。1953年10月，湖南省农林厅水利局制定《1953—1957年五年水文工作计划》，并制定年度实施计划。1956年湖南省水利厅编制《湖南省水文基本站网规划》。8月，湖南省水文总站根据水文基本站网规划，修订站网建设"一五"期间年度实施计划，并加快实施。根据该实施计划，是年，省水文总站在湘西州内新设翁来、夺希、矮寨、丹青、潭溪、兴隆场、苗市、水田（保靖县）、槐树垭9个雨量站。1957年，湖南省水文总站在湘西州内新设浦市、河溪、石堤、贾家潭、岩板滩、永顺6个水文站均开始观测雨量。同时，浦市、河溪、石堤3个站还观测蒸发。是年，州内雨量站和蒸发站分别达到21处和5处。1958年，凤凰、古丈、龙山、永顺县农场雨量站和翁来、潭溪、泸溪雨量站共7个站先后停测。恢复夺希雨量站，增设石堤西站。同时，还设立黑潭、长潭岗、烈旗寨、碗米坡4个水文站也兼测雨量，另外浦市站蒸发停测。1959年，新设普戎雨量站。是年，州内雨量站已建成21处（含水位站、水文站兼测雨量的站数，下同），蒸发站建成4处，雨量站站网覆盖面积平均达到736平方千米/站，第一次雨量站网规划建成实施。

1960年，夺希、石堤西、槐树垭3个雨量站停测，潭溪站3月恢复观测后，至10月又停测，12月，碗米坡站停测。是年，湘西州雨量站缩减为17个。1961年3月，水电部水文局印发《关于充实调整水利化地区水文站网的意见》，省水文总站即与各水文分站研究调整方案。12月，湖南省水电厅批准省水文总站拟定的《水文站网调整办法》，要求适当增设雨量站。在水利化地区站网调整阶段，1962年1月，长潭岗站迁移至凤凰县城，更名为凤凰站。同时，石堤站蒸发停测，撤销烈旗寨站。1963年，增设茨岩、石牌洞、龙山、茨岩塘、红岩溪、茶洞、排达牛、回龙、青天坪9个雨量站。同时撤销吉首农场、水田（保靖县）2个站，恢复夺希、石堤西、槐树垭3个雨量站。河溪站蒸发停测。1964年6月，湖南省水文总站组织各流域水文分站开展站网分析验证工作。1965年，州内雨量站增至26处，蒸发站减为2处。1966—1970年，增设千工坪、雀儿寨、三拱桥、兴隆场、夏壁寨、首车、羊峰山、列夕、五十庄9个雨量站，撤销槐树垭站，其中羊峰山站是为控制降水量分布随地势变化而设的地面高程在海拔1000米以上的高山雨量站。1970年，全州雨量站数增加至34处。1971—1972年，增设排碧、洛塔、唐家河、塔卧、朗溪河5个站。1972年1月，凤凰站开始蒸发观测，1974年1月，保靖站蒸发停测，石堤站恢复蒸发观测。2月，夏壁寨站迁至龙山县水田坝乡，更名为水田站。1975年底，全州有雨量站39处，蒸发站增至3处。1977年1月，千工坪雨量站迁移至凤凰县山江镇，更名为山江雨量站。1978 年 1 月撤销了彭家寨、唐家河站,恢复了泸溪站。6 月新建了湖家沟、苗新、白果、西湖、召市、老兴 6 个站。1979 年,增设了老场、吊井岩、翁草、太平、官坝 5 个站。1978 年 2 月,湖南省水文总站向各水文分站和中心水文站转发水电部水利司《关于调整充实水文站网的意见》,12 月,提出《湖南省近期水文站网调整充实规划》。1979 年 10 月,水利部综合各省规划报经国家计委和农委批转各地实施。湘西州水文站网建设进入以小河站建设为重点的调整充实阶段。1980 年 1 月,撤销朗溪河站。增设新溪、夯坨、己略、吉寅、拉务、大田、麻冲 7 个小河站配套雨量站。1981 年 4 月,又增设洞奇、古者、高斗坡 3 个小河站的配套雨量站。1982 年 5 月,黑潭站、红岩溪站开始蒸发观测。是年,全州有雨量站 58 处,蒸发站 5 处,雨量站站网密度达 267 平方千米/站。

1984 年 1 月,泸溪雨量站停测。1986 年,湖南省水文总站对水文站网进行整顿和优化,撤销或调整部分雨量站及小河站配套雨量站。1986 年 3 月,撤销己略、古者、夯坨 3 个雨量站,5 月增设夯沙站,7 月增设雅酉站、补抽站。1988 年 8 月,撤销湖家沟站。1989 年,湘西州有雨量站 56 处,站网覆盖面积平均 276 平方千米/站。1990 年 1 月,撤销新溪、洞奇雨量站。1993 年 1 月,撤销拉务、吉寅、高斗坡、大田、麻冲 5 个雨量站。1994 年 1 月,撤销西湖站。1995 年 1 月,龙山、塔卧站停测。1996 年 1 月,凤凰站停止蒸发观测,浦市站恢复蒸发观测。1997 年 1 月,保靖站停测。1999 年 1 月,撤销翁草、太平、五十庄、官坝 4 个雨量站,黑潭站蒸发停止观测,是年,湘西州有雨量站 41 处,蒸发站 4 处。雨量站站网覆盖面积平均 377 平方千米/站,蒸发站站网覆盖面积平均 3866 平方千米/站。1999—2010 年,湘西州雨量站及蒸发站均稳定无变化。

第四节　水文情报预报

一、水文情报

自 1950 年起,湖南采用北京时间拍发水情电报。1954 年起,规定日分界为 8 时,均执行至今。1964 年 12 月,中华人民共和国水电部颁发修订《水文情报预报拍报办法》和《降水量水位拍报办法》,同时,湖南省水文总站(省水资源勘测局)每年汛前下发《报汛任务书》。1978 年,水电部正式明确湖南省汛期为 4 月 1 日至 9 月 30 日。1985 年,湖南省水文总站规定汛期报汛雨量站起报标准为日雨量 1 毫米,拍报雨量一律采用不累计的拍报办法;1 小时降水量大于或等于 30 毫米,3 小时降水量大于或等于 50 毫米,必须向指定的各级水文部门拍发暴雨加报。是年,水电部颁发《水文情报预报规范》,明确布设水情站网的原则为:以最经济的测站数达到能够控制和掌握所需水文情势变化、满足水情服务需要的目的要求。1987—1988 年,湖南省水文总站根据规范中的布站原则和要求,对全省水情站网进行分析优化,论证湘西州需布设 20 处水情站。

1989 年,湘西州各水情站均架设报汛专用电话线路。1992 年,中央报汛站(岩板滩雨量站除外)配备单边带无线电台,实行有线、无线两套话传报汛系统互为备用。1995 年,各站水情信息电话报给县(乡)邮局以电报的形式进行传输,收报单位人工抄录,手工译报处理。是年，湘西水文水资源勘测局水情科开始使用计算机接收水情信息，自动存储、译报和转发。1999年，湖南省水文水资源勘测局开发水情电话数传接收系统和水情发报专用电话机。7月，湘西水文水资源勘测局完成所有报汛站语音提示专用数传电话机安装，22日正式启用。局水情科接收报文后经由X.25广域网（9600bit/s）自动转发至湖南省水文水资源勘测局。使用该系统后，湘西水文水资源勘测局10分钟内收齐所有水情电报的概率为73.2％，20分钟内收齐的概率为98.8％。X.25网络传输中间过程少，速度快，达到水利部规定的在半小时内把水情电报收齐的要求。是年，湖南省水文系统开通广域网（X.25），湘西水文经由广域网向省水文局拍发水情情报，再由湖南省水文水资源勘测局转发给国家防汛抗洪总指挥部和外省有关部门。

2006年4月1日起，全面执行水利部2005年10月21日颁发的《水情信息编码标准》（SL 330—2005），水情站站码从原来的5位码升级为8位码进行报汛。是年，湘西水文水资源勘测局机关拉通光纤，先后为局属7个水文站配置电脑，并开通ADSL宽带网（石堤水文站因站点偏僻采用无线上网）。2008年3月，湘西水文水资源勘测局启动湘西州水情分中心建设，该项目是国家防汛抗旱指挥系统一期工程建设内容之一，由中国水电顾问集团中南勘测设计研究院承建。8月，完成湘西州分中心机房和水情会商室建设，对7个水文站和15个雨量站进行设备改造升级，安装遥测设备，并投入试运行。是年，湘西州水情站一直保持20处，其中报汛水文站7处（4处含蒸发量监测），委托报汛雨量站13处，每个水情站控制面积为773平方千米。浦市、河溪、吉首、凤凰、永顺、红岩溪7个水文站和岩板滩雨量站向中央防汛总指挥部报汛，称之为"中央报汛站"。2009年10月，完成永顺、河溪2个固定墒情监测站建设。11月，湘西州水情分中心建成，遥测站信息的传输采用GPRS/GSM为基础的通信网络，配备当时先进的通信设备传输，数据在湘西州分中心经过处理，再通过计算机广域网向省中心和国家防汛抗洪总指挥部传递。是年底完成局属剩余24个雨量站遥测设备的安装，至此湘西水情分中心建设全面竣工，正式运行。2010年，湘西州水文水资源勘测局有水情报汛站46处，已形成站类齐全的水情站网，全部实现自动测报，每站控制面积为351平方千米。是年，湘西州水情分中心向省局发送报文近50万余份，自动测报系统总误码率低于0.2％，报汛通信系统单信道畅通率大于95％，在通讯畅通的情况下10分钟到报率达到100％。

二、水文预报

1989年前，主要开展沅江浦市水文站与武水河溪水文站短期洪水预报，两站预报方案均为手工作业预报方案。河溪电站建成运行后，该站预报停止10余年。1987—1992年，沅江浦市站洪峰水位预报方案参加湖南省水文总站组织的方案修订和汇编，刊印在《洞庭湖水系洪水预报方案汇编（第二册）》。1995年，随着计算机在水文行业中的应用，水文预报改手工预报方案为计算机运算，短期洪水预报方法也由单一的上、下游水位相关法向多途径、多方法的河道流量演算、降雨径流、流域水文模型发展。1996—1998年，编制吉首水文站与永顺水文站洪水预报方案，并用于作业预报。2003年，湘西水文水资源勘测局水情科，首次在计算机上安装SQLServer数据库管理系统，建立符合国家标准的雨水情数据库，安装湖南省水文水资源勘测局自主开发研究的沅江流域实时洪水预报调度系统，构建浦市、河溪、石堤等水文站和凤滩、五强溪水库洪水预报模型（新安江模型）。该系统利用控制文件体系，实现单个和多个预报断面、一条和多条河流及水库的串、并联组合的河系连续预报，并通过 GIS 技术，实现实时预报调度系统与沅江流域电子地图的连接和图层的选择、控制。

2004—2006 年，先后把浦市、吉首、永顺等站原短期洪水预报方案计算机程序化，实行联机作业预报，摆脱费时、繁杂的手工作业预报。因沅江中上游干支流水电工程梯级开发导致预报用的站点出现变迁。2005—2009 年，湘西水文水资源勘测局收集整理1962—2007 年 70 场大、中洪水资料，完成《沅水浦市（二）站洪水预报方案》再次修编工作，经检验、评定该方案属甲级方案。2009 年，完成《凤滩水库入库洪峰预报方案》的编制工作。是年，两方案在湖南省水文水资源勘测局通过复审。

1992 年前，中长期预报方案主要是历史演变法、相似年法、方差分析、自回归分析等，均为手工计算。1995—2006 年，在计算机中运行 DOS 程序分析计算。2006—2008年，开发在 Windows 系统下运行的周期均值叠加、方差分析、自回归分析、非平稳系列逐步回归周期分析、多元线性回归分析等中长期预报应用程序，预报手段、能力和时效性进一步增强。

1989—2010 年的 22 年期间，湘西水文部门共发布浦市、吉首、永顺、石堤等站短期洪水预报 210 余站次，预报合格率达到 93%，优良率为 80%。湘西水文水资源勘测局通过《水文分析与预报》发布汛期雨水情趋势预测 22 年次，汛期各月雨水情预测 140 余次。

三、情报预报效益

情报效益　1989 年，水文重要情报信息主要通过电话、传真方式报送给各级主要领导和防汛部门。水文情报预报服务效益，国内一般按防洪工程减灾效益的 5%～15% 估算。2003 年 7 月，开通湘西州水文信息网，水文信息通过互联网传输，实时水情信息由网站对外公布。从 2007 年起，湘西州水文部门增加手机短信服务，及时把湘西州重要雨水情信息发给各级防汛主管领导。是年 7 月 22 日，花垣县补抽乡与古丈、保靖等县局部地区降暴雨到大暴雨，泸溪县局部地区降大暴雨，出现严重的山洪地质灾害，湘西水文部门及时把监测到的信息通过手机短信、电话、传真等方式传给州各级领导和防汛部门，为湘西州抗灾救灾赢得时间。1989—2010 年，湘西水文部门共拍发水情电报 21 万余份，为有关领导和防汛部门编制《水情日报表》《汛情快报》、雨量等值线图、各种分析材料等 7900 余份。其中在 2002 年湘西州"6·19"暴雨山洪灾害防御抢险中，水文情报服务效益就达4370 万元。

预报效益　1995 年 5 月 29 日至 6 月 2 日，永顺县猛洞河流域平均降雨量 278.5 毫米，永顺水文站最大 24 小时暴雨达 354.2 毫米，5 月 31 日，湘西州水文部门提前 4 小时作出永顺站大洪水预报，并当即用电话报告永顺县主管防汛工作的彭武长副县长，为合理调度县城上游马鞍山电站错峰泄洪和及时疏散县城居民争取了极其宝贵的时间，为永顺县城减少直接经济损失约 1.5 亿元。6 月 29 日 20 时至 7 月 1 日 14 时，沱江流域普降特大暴雨，凤凰水文站 42 小时降雨量达 315 毫米，湘西水文水资源勘测局对县城水位、上游长潭岗库水位进行认真校核和全面分析后，及时把预报结果报告县防汛指挥部，县政府根据预报，将库区两个村群众迅速转移，对县城低洼范围内的人员进行疏散。此次预报，为当地减少直接经济损失达 0.5 亿元。1996 年 7 月 13—17 日，沅水流域平均降水量 275 毫米，五强溪水库库区平均降水量 330 毫米，湘西水文水资源勘测局与湖南省水文水资源勘测局水情处共同作出预报，16 日 12—16 时最大入库流量将达 40000 立方米/秒，相当 100 年一遇。湖南省委与省政府确定五强溪水库必须利用设计洪水位以上库容临时滞洪，控制下泄，以力保下游城市和重点堤防安全。湘西水文水资源勘测局参与省水文部门作洪水预报调度方案。通过联合调度，合理控制上游酉水凤滩水库泄量，达到保五强溪大坝和常德市安全的目标，水文情报预报效益达 30.9 亿元。

　　1999 年 7 月上旬，酉水和沅江中下游发生洪水，凤滩、五强溪水库入库洪水总量达到 30 年一遇标准，湘西水文部门提出两库错峰泄洪的联调方案，使发电经济效益分别增加 0.8 亿元和 2.1 亿元。7 月 28 日 8 时，湘西水文水资源勘测局与湖南省水文水资源勘测局水情处根据 27—28 日酉水流域的降雨情况，及时分析预报出酉水石堤站 6 月 28 日 20 时左右将出现 8000 立方米/秒以上的洪峰流量，并同时预报出凤滩水库将于 6 月 29 日 20 时以前出现 17000 立方米/秒左右的最大入库流量，结果与凤滩 29 日 14 时的最大入库流量 18000 立方米/秒相比，相差甚小。此次预报，为凤滩水库防洪调度决策提供了科学依据。2003 年 7 月 8 日，州内永顺、龙山、保靖县突降特大暴雨，湘西州水文部门根据雨水情和酉水石堤水文站上游来水情况，经与湖南省水文水资源勘测局水情处紧急会商，预报酉水干流石堤水文站会出现 258 米以上的洪峰水位，并据此预报下游里耶古城最高洪峰水位将达 253～253.5 米。当时里耶护堤工程尚未竣工，挡土墙高程只有 250 米，古城最低点高程在 252.8 米左右，如果洪水超过 253 米，里耶古城危急。龙山县政府紧急行动，迅速组织干群筑起 1 米多高的子堤。实际结果表明，石堤水文站最高洪峰水位 257.86 米，里耶最高洪峰水位 253.25 米。及时准确的水文预报，加上正确的处理措施，使战国古城遗址在大洪水面前安然无恙。9 日 3 时，正当永顺县城上游首车镇猛降暴雨之时，州防汛抗旱指挥部办公室要求水文部门分析永顺猛洞河洪水，迅速确定马鞍山泄洪方案。湘西州水文部门根据暴雨走势特点和马鞍山上游前 6 小时降雨情况，为缓解永顺县城暴雨及洪水的压力，果断做出暂不增开闸门的建议。科学地调度水库消减洪峰，使永顺县城避免一次巨大的洪涝灾害。在两次洪灾中，水文情报预报防洪减灾直接经济效益达 1.48 亿元，其中龙山县 0.62 亿元，永顺县 0.86 亿元。

　　抗旱效益　1989 年，湘西州水文部门每年汛前作出 4—9 月长期预报和旱涝趋势分析，供各级政府指挥防汛抗旱参考。旱情发生后，主动提供准确的旱情监测信息，并应用水文干旱预报模型，分析、评估各县（市）和各流域前期旱情，预报未来一段时间土壤含水量增减情况和旱情发展趋势，及时编发旱情分析预报材料，为各级领导科学决策抗旱救灾提供技术支撑。1997 年，湘西州水文部门提前发布夏秋连旱的旱情分析预报，各地水库采取蓄水措施，挽回经济损失约 0.7 亿元。2001 年、2005 年、2006 年等干旱年份，湘西水文部门及时主动向各级政府及各级抗旱决策部门提供了大量的抗旱减灾服务信息，其中分析预测材料 2005 年 26 份、2006 年 30 余份，有效减轻旱灾损失。2009 年，湘西水文部门分别在州内北部永顺县永顺站和南部吉首市河溪站设立墒情固定监测站，结束湘西州无墒情监测的历史，为全州农业生产、抗旱救灾提供更为科学的依据。

第二篇 >>> 洪 旱 灾 害

第五章 洪 灾

第一节 洪 灾 纪 实

1989—2012年，全州发生洪灾15次，尤以1990年、1993年、1995年、1996年、1998年、2003年、2010年洪灾损失最大，见表5-1。

表 5-1 　　　　　　湘西自治州主要年份洪灾情况统计表

年份	受灾人口		倒塌房屋（间）	经济损失（亿元）	备注
	人口小计（万人）	其中死亡（人）			
1990		15	682		
1991		26	573		
1993	11.64	6	4458	6.5	
1995	123.4	32	5964	14.6	
1996	140.6	26	5652	21.56	
1998	144.93	61	6960	9.84	
1999	128.5	28	9484	10.76	
2002	171.1	18	2042	18.4	
2003	178.24	37	15850	31.94	
2004	187.6	7	3145	15.35	
2005	48		407	1.789	
2007	138.07		1217	10.63	
2008	49.91			5.15	
2009	32.15		812	3.96	
2010	259	25	6045	52.73	

一、1990年洪灾概况

1990年6月13—15日，因受强降雨云团的影响，湘西州大部分县（市）突降大暴雨和特大暴雨，引起了山洪暴发山溪水陡涨。据气象部门测报，36 小时内，暴雨中心区的泸溪县浦市镇降雨 451.4 毫米，周围几个乡（镇）的降雨量也都超过了 200 毫米；永兴场乡 402 毫米，达岚镇 369.6 毫米，良家潭乡 325 毫米，武溪镇 214 毫米，古丈县河蓬乡 12 小时内的降雨量达到了 250 毫米，由于降雨突然，强度大，来势猛，而且集中在深夜，给救灾工作带来很大困难，造成了工农业生产和人民生命财产的巨大损失，农田水利基本设施也受到了空前的破坏，6 个县（市）（泸溪、古丈、花垣、吉首、凤凰、永顺）的 105 个乡（镇），1003 个村，4460 个组，12.85 万农户（占总户数的 24.3%），62.8 万人（占总人口的 27%）受灾，其中重灾户 4.28 万户、22.6 万人。受灾农作物 5664 顷（粮食作物 4085 顷，经济作物 1579 顷），其中重灾 1640 顷（粮食作物 1080 顷，经济作物 560 顷）。冲毁稻田一时难以恢复的 250 顷（泸溪县唐家坨），小（Ⅱ）型水库因管涌而溃坝，水利部水库局局长刘震江到现场调研。另冲垮小水电站 4 座（304 千瓦），山塘 32 口，渡槽 545 处，冲垮河堤 3756 条、28.79 千米，渠道 10148 条、110.14 千米，损坏水轮泵 25 处，冲毁公路 27 条、438.9 千米，冲垮民桥 205 座，公路桥 2 座，涵洞 65 个，致使 10 个乡（镇）交通一度中断。冲倒电杆 1538 根，4 个乡镇通讯中断。死亡 15 人。这次洪灾导致全州直接经济损失达 1.39 亿元。

二、1993 年洪灾概况

1993 年 7 月之后，湘西州相继出现了几次暴雨过程，7 月上旬泸溪县普降大雨，随后沅江上游河水猛涨，浦市镇被淹，沿江两岸 5 个乡（镇）41 个村 4378 户受灾；7 月 19—23 日永顺县连降大暴雨，降水总量达 357.3 毫米，占历年平均降水量的 25.9%，四分之三的县城被洪水淹没达 4 小时以上；23 日陈邦柱省长、王克英副省长接到永顺县发生特大洪水灾害的报告后，迅速打电话询问灾情，慰问灾民。28 日王克英副省长带领省直有关部门负责人共 40 余人到永顺灾区检查灾情。7 月 30—31 日，湘西州再次遭到特大洪水袭击，永顺、保靖、花垣县受灾严重；8 月 25 日龙山县红岩、凤溪等乡镇又遭到大暴雨袭击，致使山洪暴发、河水陡涨。据统计全州 8 个县（市），199 个乡（镇），2064 个村，111.6 万人受灾，进水城镇 11 个，积水城镇 5 个；损坏房屋 21782 间共计 32.26 万平方米，倒塌 4458 间共计 7 万多平方米；因灾死亡 6 人；农作物受灾面积 15025 顷，成灾 5881 顷，绝收 1318 顷，毁坏耕地 418 顷，其中基本口粮田 200 多顷，减产粮食 10.25 万吨；公路中断 128 条次，损坏输电线路 5678 杆、1634 千米，损坏通信线路 831 杆、510 千米，损坏小（Ⅰ）型水库 9 座、小（Ⅱ）型水库 52 座，毁坏河堤 2174 处、127 千米，毁坏塘坝 622 口，渠道决口 5639 处、511.33 千米，损坏渡槽 28 座、民间桥涵 582 座，损坏机电泵站 134 座、装机容量 1566 千瓦，损坏小水电站 40 座、装机容量 1.94 万千瓦，直接经济损失达到 6.5 亿元。

陈邦柱省长，储波、唐之享、郑培民副省长先后来到永顺等重灾区组织抗灾救灾工作，国家防汛抗旱总指挥部委派长江中下游防汛指挥部王生福副主任到灾区进一步核实灾情，特别是水利部何璟副部长受国务委员陈俊生委托，代表国务院、国家防汛抗旱总指挥部及水利部再次来到永顺重灾区，慰问灾民，查看灾情，使受灾群众深受感动。

三、1995 年洪灾概况

1995 年 5 月下旬以来，湘西州连续多次遭到特大暴雨洪水袭击，一是以永顺、保靖、龙山为中心的"5·31"特大暴雨，二是以凤凰、泸溪、吉首为中心的"6·30"特大暴雨，此外还出现了多次局部大暴雨。暴雨导致山洪暴发，河水陡涨，泛滥成灾。据统计，全州 8 个县（市），197 个乡（镇），2201 个村，123.4 万人受灾，5.59 万人被洪水围困；23 个城镇进水，17 个城镇被淹，其中，永顺县城有 2/5 的地区被淹，泸溪县城被洪水分割成几块，水淹时间长达 80 多小时；236 家工矿企业全部停产，97 家工矿企业部分停产；农作物受灾面积 142 万顷，其中成灾面积 0.934 顷，绝收面积 0.35 顷。因灾死亡 32 人，损坏房屋 21386 间、32 万平方米，倒塌房屋 5964 间、7 万多平方米，毁坏耕地 5 万亩，死亡牲畜 1.2 万头，水产损失 1731 吨，包括 209 国道在内的公路交通中断 77 条次，毁坏输电线路 1 万多杆、824 千米，供电中断 41 条次，毁坏通讯线路 1214 杆、66 千米，损坏小（Ⅰ）型水库 14 座，损坏小（Ⅱ）型水库 59 座，毁坏河堤 474 千米，渠道决口 3900 多处，损坏渡槽 65 座，机电泵站 115 座、水电站 24 座，直接经济总损失达 14.65 亿元，其中水利水电直接经济损失 2.2 亿元。党中央、国务院和湖南省委省政府对湘西州的灾情十分关注，省委书记王茂林、省长杨正午先后打电话到重灾县，慰问灾民，并对抗灾自救工作作了重要指示。庞道沐副省长、吴运昌副主任和朱淼泉副司令员受省委、省政府委托，先后率省直有关部门的领导深入到永顺、泸溪、凤凰等重灾区慰问灾民，帮助灾区解决抗灾救灾的具体问题。姜春云副总理对我州的抗灾工作作了四点指示并亲自安排 5 架次飞机救援泸溪灾民。泸溪老城遭灾后，州委、州政府从州武警消防支队调集 110 名官兵，从永顺紧急调集 20 艘皮划艇，组成救生队赴泸溪老县城解救被困群众。同时，通过省防办联系，沅陵县派出 1 艘大客轮、10 条小船和 66 人参加救生。泸溪县共组织公安干警、民兵应急分队为骨干的抢险队 112 个、3540 多人。经过两天的连续奋战，将被洪水围困的数成名群众转移到了安全地带。

四、1996 年洪灾概况

1996 年 7 月 1 日 8 时至 3 日 36 小时内，湘西州普降大到暴雨，局部大暴雨，雨量大于 100 毫米的有永顺石堤西 268 毫米，列夕 225 毫米，保靖 224 毫米，花垣岩板滩 128 毫米，凤凰腊尔山 132 毫米。大于 50 毫米的有永顺 98 毫米，杉木河水库 90.2 毫米，龙山红岩溪 72 毫米，水田 72 毫米，吉首矮寨 83 毫米，凤凰龙塘河水库 92 毫米，古丈白溪关电站 82.5 毫米。酉水流域平均降雨 117 毫米，澧水流域平均降雨 109 毫米。峒河、猛洞河、花垣河发生了洪水。猛洞河、花垣河接近或超过警戒水位。

13 日 8 时至 16 日 14 时，除龙山以外的 7 个县（市）降雨量均在 100 毫米以上，其中泸溪 350 毫米，凤凰 305.5 毫米，吉首 279 毫米，花垣 156.8 毫米，古丈 141.1 毫米，保靖 133.7 毫米，永顺 100.2 毫米。从 7 月 19 日晚开始，湘西州北部的永顺、保靖、龙山等县（市）再次遭到大到暴雨袭击，造成了较严重的洪灾损失。

19 日 20 点至 20 日 11 时 30 分，永顺县城降水量 123 毫米，石堤 109 毫米，万坪 133.2 毫米。龙山水田 109 毫米，红岩 134 毫米，全县平均降雨量 105.88 毫米，最高降雨量达 147 毫米。由于持续降雨，加上周边和上游普降暴雨，导致境内河流水位猛涨，吉首峒河 14 日 13 时 40 分洪峰水位达到 186.8 米，超警戒水位 2 米，超危险水位 1.1 米，是近 15 年来出现的最高水位。泸溪老县城 18 日 22 时最高洪峰水位达到 117.03 米，比 1995 年

"6·30" 洪峰水位高出 4.07 米，超过 20 年一遇洪水位 113.2 米（即省定泸溪移民搬迁线）3.84 米；浦市水位 18 日 22 时达到 126.37 米，比 "6·30" 洪峰水位高 2.94 米，超过 126.33 米历史最高水位。

五强溪水库正常蓄水位 108 米，设计洪水位 111.32 米，校核洪水位 114.7 米。16 日 19 时 43 分入库流量高达 4 万立方米每秒，相当于设计洪水标准 100 年一遇。是沅水有史料记载以来的最大洪水。17 日 20 时 42 分库水位高达 112.83 米，比正常蓄水位高 4.83 米，最高库水位达 113.26 米，超正常高水位 5.26 米，超 1000 年一遇的洪水校核洪水位 1.64 米，凤滩水库水位最高达到 206.03 米，超正常水位高 1.03 米，也超过了 1000 年一遇的校核水位，相当于 5000 年一遇的洪水设计标准。7 月 16 日 15 时五强溪水电站下泄流量最高值为 2.64 万立方米每秒。

7 月 2—20 日的 3 次特大暴雨洪灾，给工农业生产和人民生命安全造成了极为惨重的损失。据统计，全州 8 个县（市），208 个乡（镇），2395 个村，140.6 万人受灾，死亡 26 人，直接经济损失达 21.56 亿元。其中农林牧渔损失 8.21 亿元，工业交通运输损失 2.58 亿元，水利设施损失 2.49 亿元，居民房屋及其他损失 8.28 亿元。

7 月 2 日、7 月 14 日、7 月 20 日 3 次特大洪灾，州委书记李大伦、州长向世林、常务副州长武吉海及部分州委常委、四大家领导均在州防汛办值班坐镇指挥抗洪、救灾，先后召开 2 次成员单位负责人会议及 1 次州委常委扩大会议，研究布置抗洪救灾措施，州委、州政府两次联合下文发出通知，要求做好抗洪救灾工作，州级领导分县包干，奔波重灾区现场办公，解决和处理问题。

为了解救被洪水围困的 8 万泸溪灾民，在省防指的调度下，沅陵县派出 11 艘船只 70 多人赶到泸溪参加救援。18 日、19 日下午省防指空投组克服气候条件差的困难，启用溆浦机场用直升机向泸溪白沙和浦市两空投点投 5 架次共投放救生艇 32 艘，药品 15 件、食品 2 吨、明矾 200 公斤。从永顺调 14 条皮划艇和 30 名船工，从武警调派 100 多名战士，从政法系统调派 60 名公安干警和交警赶赴泸溪解救被围困的灾民，维护灾区秩序。州商业、供销、粮食等 20 多个部门两天内给泸溪灾区送去 200 多车食品和矿泉水，总救灾物资达 10658 件（包），消防、城建出动车辆为灾区送水，州卫生防疫部门派出 3 个医疗队分赴泸溪、吉首重灾区防病治病。

州委、州政府认真分析灾情，积极查灾、核灾。确定 6 个重灾县，84 个重灾乡，482 个重灾村，21.25 万重灾人口。7 月 24 日组织 4 个救灾工作队 40 多名地处级干部分赴浦市、上堡乡、高坪乡、吉首乡，每个重灾村由县（市）配 2～3 名国家干部，积极组织生产自救。

全州上劳力 50 万，进行扶苗、补种和旱粮、蔬菜生产准备工作。并在州直单位开展 "办一件实事，献一份爱心" 的活动。州政府下拨 300 万元救灾款、500 万公斤救灾粮。

据不完全统计，募捐资金 550 万元和万件衣物送往灾区。株洲市还给泸溪县捐钱 500 万元，粮食 250 万公斤，衣物 100 万件。郴州市委、市政府为自治州捐赠 20 万元。

五、1998 年洪灾概况

1998 年湘西州相继发生了 "5·8" "6·13" "7·22" "7·28" "8·2" 5 次大的洪涝

灾害，造成 8 县（市），203 个乡（镇），2199 个村，144.93 万人受灾。因灾死亡 61 人伤，637 人；因灾损坏房屋 33173 间，倒塌房屋 6960 间；进水城镇 5 个，积水乡镇 10 个，被洪水围困 6.85 万人，永顺县城大约有 2/3 的面积（2.3 平方千米）被淹，最大水深达 11 米，全县有 5.7 万人一度被洪水围困。农作物受灾 14390 顷，成灾 6030 顷，绝收 2280 顷，毁坏耕地 1860 顷，减少粮食 42130 吨，损失粮食 18100 吨，死亡牲畜 34130 头（只），损失淡水养殖面积 2990 顷，成鱼 5260 吨，冲走木材 3000 立方米，因灾停产工矿企业 179 个，半停产工矿企业 137 个；冲毁公路桥涵 275 座，毁坏公路路基 308.1 千米，铁路塌方 1 处，中断营运 19 个小时，公路中断 529 条次，损坏通讯线路 4548 杆、301 千米，损坏广播、电视杆线 210 条、分支线 30 千米。因灾损坏水库 125 座，冲毁塘坝 110 座，损坏堤防 3654 处、302.2 千米，护坡 670 处，渡槽 1611 座，桥涵 723 座，水文设施 2 处，泵站 154 处、0.31 万千瓦，水电站 42 座、4.615 万千瓦；渠道决口 8530 处、3257.9 千米，损坏人饮工程 1500 处，损坏防汛公路 3.5 千米，损坏输电线路 4730 杆、395.7 千米。洪灾直接经济损失 9.84 亿元。

灾情发生后，州委、州政府下发了切实做好抗灾救灾工作的紧急通知。加强对抗灾救灾工作的组织领导，州委书记彭对喜，州委副书记、州长武吉海等州领导亲临抗洪第一线具体组织抗灾救灾。州委书记彭对喜，副书记向邦礼，州委常委、吉首市委书记龙颂江赶赴吉首市房屋塌方事故地，紧急组织抗救。州委副书记王承荣，州委常委、州委秘书长金述富，纪委书记龙爱东，组织部长童名谦，副州长杨先杰，李德清分别深入到古文、凤凰、吉首 3 个重灾县（市）现场查实实情帮助指导抗灾。抽调 2500 名机关干部和 700 余名公安干警投入救灾。永顺县出动应急小分队 200 余人，橡皮舟 52 艘。各种车辆 200 余台，紧急疏散县城低洼地区的 1.6 万人，安全转移 800 多万元财物。及时恢复交通通信设备，确保救灾物资的运送和重要通信线路的畅通，恢复工农业生产。

国家防汛抗旱总指挥部和省委、省政府对湘西州的汛情、灾情十分关注，对抗洪救灾工作给予了极大的支持。国家防汛抗旱指挥部副总指挥、水利部部长钮茂生派国家防总办公室郭孔文副总工程师率国家防总办公室及长江防汛总指挥部江务局的同志，于 5 月 10 日赶到我州，深入灾区，慰问灾民，察看灾情，指导救灾。"7·22"洪灾发生期间，省委书记王茂林，省委副书记、省长杨正午，副省长庞道沐、郑茂清分别打电话对湘西州灾区干部群众表示慰问，并对湘西州抗洪救灾工作作了重要指示。同时，副省长潘贵玉、唐之享、许云昭受省委、省政府委托率省直有关部门领导先后于 7 月 24 日、28 日亲临湘西州永顺、龙山等县指导抗灾救灾。国家防总和省委、省政府领导的关心极大地鼓舞了湘西州干部群众战胜洪魔、夺取抗洪救灾全面胜利的信心。

六、2003 年洪灾概况

2003 年相继发生了"6·24""7·8"两次全州性大到暴雨、局部大暴雨和特大暴雨，致使山洪暴发，河水泛滥，8 县（市），192 个乡（镇），178.24 万人重复受灾，造成 37 人死亡，直接经济损失 31.94 万元。特别是 7 月 5—10 日，受副热带高压西北边缘切变低涡的影响，发生了覆盖全州各地的特大暴雨过程，其中 100 毫米以上的地方占 90%，200 毫米以上的地方占 50%，300 毫米以上的地方占 40%。永顺县石堤镇 7 月 8—10 日 3 天总降雨量达 598 毫米，每天平均近 200 毫米，8—9 日 24 小时内降雨 408 毫米，强度为 1400 年一遇，超历史记录，比 1995 年 "5·31" 永顺特大暴雨日降雨量 344 毫米还多 64 毫米，造成松柏乡中坪小（Ⅱ）型水库垮坝失事。7 月 9 日永顺县羊峰乡鸭笼溪水库大坝塌陷告急，州防指及时从古丈县防汛办调集编织袋 4000 条，迅速运抵大坝抢险现场，确保了大坝安全。灾情发生后，州委、州政府党政主要领导及部门负责人迅速深入灾区一线，组织群众奋力抗灾自救，下拨救灾资金 870 万元，棉被 5000 床，衣物 10 万件送到灾民手中，确保灾区稳定，最大限度地降低了灾害损失。

七、2010 年洪灾概况

2010 年湘西州多次遭受强降雨袭击，先后发生了 "5·12" "5·18" "5·21" "5·27" "6·8" "6·19" "6·23" "7·9" "7·12" "7·24" 10 次大的洪涝灾害。全州出现 19 次强降雨，出现频率为近 10 年之最，总降雨量、强降雨密度、强降雨强度、1 小时降雨量、一次降雨量五个指标超历史，出现特大暴雨 12 站次，大暴雨 93 站次，暴雨 339 站次。1 小时最大降水量 114.3 毫米（7 月 9 日永顺长官），刷新全州历史记录。频繁的强降雨造成 8 县（市），164 个乡（镇），259 万人次不同程度受灾，临时紧急转移 41 万人次。因灾死亡 25 人，其中地质灾害死亡 21 人，因灾直接经济损失 52.73 亿元。全州因灾倒塌和损坏房屋 6045 间；农作物受 23840 顷，成灾 13360 顷，绝收 2050 顷；因灾停产工矿企业 226 家，酒鬼公司因山体滑坡厂房和产品受损严重；枝柳铁路吉首段、常吉高速公路一度中断，公路中断 1320 条次，40％乡镇公路临时中断，60％村道受到不同程度毁坏，供电中断 336 条次，通信中断 323 条次；因灾毁坏小型水库 18 座，河堤 1942 处，灌溉设施 18046 处，护岸 1772 处。

6 月 8 日湘西州遭受特大暴雨袭击后，州委书记何泽中、州长叶红专第一时间赶到受灾严重的乡（镇）组织抗灾救灾。国务院副总理回良玉、水利部部长陈雷和省委书记周强、省长徐守盛、副省长徐明华和韩永文等领导先后亲临湘西州视察灾情，慰问灾民，指导防汛抗洪救灾工作。

第二节　洪　灾　特　征

（1）受降雨强度制约。1993 年、1995 年、1996 年、1998 年、2003 年、2010 年连续 6 次大的山洪灾害，都是在大暴雨、特大暴雨的强降雨过程中发生的，既具有周期性，又具有突发性。以 1998 年洪灾为例，7 月 20 日 8 时—22 日 14 时，龙山县降雨 230.2 毫米，水田 611 毫米，永顺县 151 毫米，塔卧 304 毫米，石堤西 265 毫米，其中龙山县水田 56 小时降雨 611 毫米，为 1 万年一遇的频率，占全年降水量的 40％，致使位于下游的永顺县 2/3 的城区被淹。每一次强降水都会导致山洪灾害发生，强度越大，灾害就越严重。

（2）洪水来势猛、消落快，灾害呈一条线。由于地形地貌所致，山高坡陡，溪河坡降大，山洪汇流快，无数条山沟溪流汇集的洪水，迅速席卷下游，致使两岸农田、房屋、道路被冲、被淹，来势十分凶猛。但洪水持续时间多在几小时或数日。为 "陡涨陡落的山溪水"。

（3）伴生地质灾害发生频繁。山洪诱发的滑坡、泥石流往往伴随山洪一同泛滥，造成房屋倒塌，人员伤亡，交通道路堵塞中断，农田被毁。在 1998 年 6 月山洪灾害中，由于山地地质灾害造成 6960 间房屋倒塌，面积达 15.7 万平方米，压死 21 人，毁坏耕地 2453 顷。5 月 8 日吉首市新桥村村民王治安因山体滑坡房屋倒塌，全家有 3 口人死于滑坡巨石之下。2007 年 "7·27" 泸溪县朱雀洞村枞树坪组因强降雨引发湖南省近 20 年来的最大山体滑坡，滑坡体最大水平长度 1000 米，斜坡长度 500 米，厚 20 米，滑坡土石方约 300 万立方米，将 150 余米宽的丹青河道大部分堵塞，只剩下 10 余米宽的缺口。滑坡造成 117 户、583 人严重受灾，紧急转移村民 88 户、487 人，有 19 栋、71 间房屋倒塌，垮塌正在建设的常德至吉首高速公路路基 1000 多米，损坏乡道路基 60 米，通信线路 700 米，小型水电站 1 座，冲毁农田 3.78 顷，毁坏果林 6.08 顷，压死耕牛 5 头。估算直接经济损失1.4 亿元。

（4）灾害具有突发性和毁灭性，恢复难度大。山洪灾害具有周期性也有突发性，几小时即可发生，特别是在夜间，一旦山洪暴发对房屋和农田具有毁灭性。1998 年以前 3 次大洪灾所毁坏的农田，至今还有 8.5 顷口粮田需要恢复。

第三节　洪　灾　成　因

湘西州辖 7 县 1 市，地处云贵高原东侧，东南有雪峰山、武陵山脉屏障，地势由西北向东南倾斜，属中亚热带季风湿润区，气候温和，雨量充沛，多年平均降雨量 1398 毫米，地域总面积 15462 平方千米，其中山地山原面积占 82%，是一个典型的山区，境内群山起伏，溪河纵横，岩溶发育，区域小气候明显。

历史记载洪灾发生过 195 次。1949 年以来州内出现洪灾 46 年次，其中大水年 12 年次，局部性和一般性洪灾 34 年次。全州大水年为 1954 年、1964 年、1980 年、1983 年、1984 年、1987 年、1993 年、1995 年、1996 年、1998 年、2003 年、2004 年、2007 年、2010 年，局部洪灾几乎年年都有。据资料统计，平均 1～2 年发生一次小洪灾，3～5 年要出现一次大洪灾。洪灾发生极为频繁。每次大洪灾都造成了人员伤亡，房屋倒塌，农田被冲，水利、电力、交通、通信等设施遭破坏。1996 年的洪灾全州损失达 21 亿元，2003 年洪灾损失 31.94 亿元，2010 年的洪灾损失多达 52.73 亿元。

湘西州洪灾易于发生的主要原因：

（1）降水在时空分布上的不均一性，年际变化大。湘西州降水量较为充沛，年总降水量在 900～1800 毫米之间，多年平均为 1398 毫米，雨季一般以 3 月底至 4 月初开始，结束时间一般在 7 月中下旬。降水量的年内分配，选用 20 个站多年降水量中关于连续最大 4 个月降水量统计出现在 4—7 月，约占全年降水量的 50%～60%，12 月至次年 2 月平均降水量占全年降水量的 8%。冬季日最大降水量小于 45 毫米，夏季日最大降水量为 351 毫米，1 小时最大降水量在 60～80 毫米。降水量总的分布趋势是北多南少，西多东少。变差系数是年降水量年际变化大小的标志，由北向南变差系数由 0.5 递减到 0.15（表 5 - 2）。

表 5 - 2　　　　　　　　　　各县（市）多年平均降水量　　　　　　　　　单位：毫米

月份	吉首市	凤凰县	泸溪县	古丈县	花垣县	保靖县	永顺县	龙山县
1	39.8	37.7	33.1	36.7	38.0	32.1	25.7	19.2
2	51.5	52.2	49.2	52.2	46.3	42.7	37.2	29.5
3	86.3	79.1	88.9	88.3	80.1	84.1	72.4	64.4
4	172.3	164.0	178.8	180.5	171.7	168.3	145.2	128.3
5	232.7	221.1	217.0	223.1	208.8	210.3	206.0	202.0
6	212.4	182.3	225.7	233.9	212.4	210.4	229.2	235.1
7	178.0	138.3	149.4	209.0	171.6	179.3	200.8	205.1
8	156.2	140.0	124.4	144.5	159.1	148.3	151.3	172.3
9	88.0	75.5	65.0	89.8	111.1	104.1	108.8	132.6
10	114.6	111.2	96.7	108.3	118.2	113.0	107.3	108.9
11	71.7	75.5	64.3	72.2	68.8	71.0	64.8	61.5
12	36.8	36.2	32.9	37.5	35.8	35.6	31.4	27.4
全年	1440.3	1313.1	1325.4	1476.0	1421.9	1399.2	1380.1	1386.6

湘西州河川径流年内、年际变化很大，由于季风影响，多年平均径流量为125.3亿立方米，平均径流深811毫米，平均径流系数0.59，水资源总量为125.3亿立方米。

（2）现有水利工程设施的格局不平衡，拦蓄洪水能力低。全州已建各类水利工程2.4万处，平均每平方千米仅有1.5处工程，其中能蓄水的水库工程仅626座〔中型23座、小（Ⅰ）型131座、小（Ⅱ）型472座〕，总蓄水量仅13.45亿立米；在全州15462平方千米的地域面积内，县与县、乡与乡、村与村工程布局和蓄水工程的拦洪水能力都存在不平衡。宏观地看，洪水还是随着自然的历史溪河道滚滚而下，横冲直撞。

（3）水土流失严重，生态环境较差。湘西州总面积15462平方千米，其中山坡山原面积占82%。水土流失面积已占总面积的33.77%，片蚀面积达5176平方千米，水利工程年平均淤砂量达64万立方米，截止2010年水库已淤库容达1345万立方米。水土流失多属砂页岩地层区，风化严重，植被较差，陡坡种植，一遇暴雨大量泥沙随山洪冲压冲沟和河道溪流，导致河床抬高，洪水位上升，淹没冲毁农田。

（4）水库调度和流域调度网络覆盖面小，工程结合区间存在空隙，联合抗洪，应变措施少。州境内的河流水系主要是沅水的一级支流武水和酉水。全州水库工程和水电站工程均修建在这些主要支流的龙头或河流的梯级，形成一个水利水电工程网络。年复一年地进行农田灌溉和发电。但流域内同一水系的水库和电站防洪、抗洪脱节，上下游调度呼应联合防洪抗洪能力较差。例如，武水支流沱江龙头修建了龙塘河中型水库，下建有长潭岗水电站、樱桃坳水电站、吉首市河溪水电站、泸溪县的小坡流水电站、甘溪桥水电站、洞底水电站。龙塘河库容2900万立方米，长潭岗库容9900万立方米。如果实行科学调度、联合作战，一旦洪水降临，完全可以把洪灾损失降到最低程度。

第六章 旱 灾

第一节 旱 灾 纪 实

1989—2012 年，湘西州发生较大旱灾 15 次，尤以 2005 年、2006 年、2009 年最为严重。

一、1989 年旱灾概况

1989 年 7—8 月，湘西州高温少雨，7 月降雨稀少，分布不均匀。月总雨量仅 80～123 毫米，古丈、龙山、凤凰县不足 100 毫米，与多年比较偏少 30％～62％。日照时数较多，各县市大多在 200 小时以上，古丈县多达 276 小时，比多年平均增多 74 小时。7 月 14 日至 24 日连续 11 天极端气温高过 35℃ 以上。永顺县最高气温达到了 38.4℃，强日照、高气温，致使地表水蒸发加大。7 月中旬全州平均蒸发量达 134.6 毫米，比多年平均增多 31％，8 月少雨高温持续，上旬降雨量 0～43 毫米，比多年平均少 11％～100％。全州有 1070 条溪河断流，3023 座山塘水库干涸，已插的 14100 顷水稻，中稻受旱 8739 顷，已种的 11932 顷旱作物，受旱 8896 顷，因旱减产粮食 7.5 万吨。

面对旱灾，州委、州政府广泛动员群众，紧急抗救。7 月 13 日州委书记杨正午、州长石玉珍等领导深入到县（市）检查旱情，指导抗旱历时 10 天，战斗在抗旱第一线的国家干部有 4269 人，其中州县（市）常委 78 人。全州共耗用柴油 2005 吨、汽油 54.2 吨、机油 18.7 吨、煤油 4.3 吨、水泥 5000 吨、抗旱用电 199.74 万度。出动水车 4.07 万条、水桶 37.69 万担、其他提水工具 11.6 万件。打井掘氹 2500 个，架水枧 25.86 千米。抗救了 5164 顷受旱作物。

二、2005 年旱灾概况

2005 年 6 月上旬至 8 月上旬，全州处于高温少雨天气，最高气温达 39℃，月内大于 35℃ 的日数均超过 28 天，永顺县达 38 天。因旱全州水库山塘蓄水仅为可蓄水量的 29％，有 224 座水库、4049 口山塘干涸，524 条溪河断流，小水电减少发电量 2.7 亿度。全州 218 个乡，2539 个村，180.9 万人，26398 顷农作物，7200 顷林业因旱受灾，有 4889 顷粮食作物绝收，占播种面积的 24.2％。近 20％农户粮食绝收，58.97 万人缺粮 2.06 万吨，需救济人数达 27.4 万人。全州有 3657 个村民组，35.5 万人，21.61 万头大牲畜饮水发生困难。100 多家工业企业停产，直接经济损失 21.8 亿元。

三、2006 年旱灾概况

2006 年因受大陆高压和副热带高压长期控制影响，湘西州遭受三个时段的严重干旱。

全州有 205 座水库，4754 口山塘干涸，198 条溪河断流，近 50％的水库水位接近死水位。全州 8 县（市），146 个乡镇，1429 个村，135.1 万人，19400 顷农作物和经果林因旱受灾，44.7 万人缺粮 4.68 万吨，有 1735 个村组 17.61 万人、11.82 万头大牲畜饮水发生困难。面对严重旱灾，州委、州政府启动抗旱预案，及时下拨抗旱资金 180 万元，支持重灾区抗旱。州委书记童名谦、副书记王承荣、州长杜崇烟、常务副州长胡章胜等州级领导，冒着烈日酷暑，深入重灾区检查旱情，组织群众抗旱，及时召开紧急会议，要求各县（市）和职能门全力投入抗旱救灾工作，组织群众抗灾自救。水利部门组织技术人员深入各水库灌区，组织指导群众清淤渠道 191.5 千米，拦河筑坝 600 座，架枧 870 米，并投入 8 支抗旱服务队为群众抽水抗旱。气象部门 23 门高炮、9 套车载火箭炮共进行了 6 次大规模增雨消雹作业，232 门次发射高炮弹 7000 余发，火箭弹 40 发。全州组织了 1 万多名干部，30 多万名劳力，1 万多台内燃机电动机，80 多辆机动车，奋力抗旱救灾。

四、2009 年旱灾概况

2009 年，受副热带高压影响，湘西州持续晴热高温少雨，导致溪河断流，库塘干涸，全州 8 县（市）164 个乡镇不同程度受旱，其中重灾乡镇 48 个，因旱受灾人口 65.49 万人，农作物受旱 7140 顷，绝收 645 顷，干旱导致 2064 个村民小组 35.58 万人、11.75 万头大牲畜发生饮水困难（表 6－1）。

表 6－1 　　　　　　　　　湘西自治州旱灾情况统计表

年份	受灾面积 （千公顷）	受灾人口 （万人）	粮食减产 （万吨）	经济损失 （亿元）	备注
1989	123	132.47	1.1		
1990	104	106.32	3.26		
1992	23.2	48.82	0.33		
1999	43.6	79.5		0.87	
2000	95.3	137.6	7.68	6.75	
2001	95.1	117	12.9	3.32	
2002	27.6	57.9		0.50	
2003	90.7	146.3		5.5	
2004	70.2	113.8		2.23	
2005	170.5	180.9	14.68	21.80	
2006	70.8	125.1		4.29	
2007	30.6	104.2	4.15	1.5	
2008	39.3	100		1.3	
2009	49.3	65.49		7.15	
2010	66.2	76.64		2.1	

第二节　旱　灾　特　征

湘西州是省旱灾的突发区和重灾区，有76个易发干旱的乡（镇），其中吉首市有7个乡（镇），白岩乡、已略乡、马颈坳镇、太平乡、丹青镇、排吼乡、排绸乡；凤凰县有7个乡（镇），千工坪乡、木里乡、山江镇、米良乡、柳薄乡、三拱桥乡、禾库镇；泸溪县有8个乡（镇），浦市镇、石榴坪乡、合水镇、小章乡、良家潭乡，永兴场乡、解放岩乡、八什坪乡；花垣县有8个乡（镇），排碧乡、排料乡、排料乡、董马库乡、吉卫镇、道二乡、补抽乡、雅酉乡、长乐乡；保靖县有10个乡（镇），普戎镇、复兴镇、比耳乡、夯砂乡、野猪坪镇、碗米坡镇、水银乡、水田乡、葫芦乡、涂乍乡；古丈县有10个乡（镇），古阳镇、高林乡、高峰乡、岩头寨乡、山枣乡、河篷乡、默戎镇、坪坝镇、红石林镇、断龙乡；永顺县有12个乡（镇），列夕乡、抚志乡、石堤镇、芙蓉镇、毛坝乡、万坪镇、泽家乡、灵溪镇、青坪乡、润雅乡、高坪乡、大坝乡；龙山县有14个乡（镇），隆头镇、他砂乡、靛房镇、大安乡、乌鸦乡、猛必乡、塔泥乡、老兴乡、茅坪乡、农车乡、白羊乡、洛塔乡、召市镇、里耶镇。

湘西州多年平均降雨量1398毫米，平均小于此值的7.8％就要发生一般干旱，平均小于此值的18.1％就要发生大旱，平均小于此值的24.8％，就要发生特大干旱。

湘西州旱灾具有以下特征：

（1）南旱北迟，由于地形差异，南北存在明显时间差，南部凤凰、吉首、泸溪一带一般6月底，中部古丈、永顺、保靖在7月上旬结束雨季，西北龙山、花垣略迟10天左右。

（2）夏秋连旱，损失严重，夏秋季节正是农作物生长期或成熟期，夏秋干旱，特别是夏秋连旱，将会给农业生产造成巨大损失。2005年夏秋连旱，受灾面积达170.5千公顷，损失粮食14.68万吨。

（3）旱洪交替，旱涝灾害在一年中交替出现，先涝后旱，先旱后涝均有发生："大旱必有大涝，久雨必有久晴"。1993年，全州范围内严重春旱，1—6月全州降水量比历年平均少5％～25％，加上是年秋冬连旱、底水少，到5月底全州塘库蓄水量仅1.6亿立方米，仅为计划蓄水为34.6％，5月初全州还有5900顷稻田无水翻耕，被迫改种。入7月相继出现了几次暴雨过程，发生了近几十年来最大的洪水灾害。7月上旬泸溪县普降大雨，沅水上游河水猛涨，浦市镇被淹，7月19—23日永顺县降水总量达357.8毫米，3/4县城被洪水淹没达4小时之久，7月5—31日，龙山县红岩，凤溪等乡镇遭大暴雨袭击，几次洪灾，全州直接经济损失达6.5亿元。

第三节　旱　灾　成　因

干旱是阻碍湘西州农业发展的主要灾害。干旱造成水源枯竭、谷物绝收、人畜饮水困难。生存条件受到严重威胁。"干旱一大片"成为全域性的灾害。20世纪以来历史上有记载旱灾发生过53次，州内出现大旱灾9年次，一般性旱灾3年次。干旱15～25天的小旱几乎年年有。

湘西州旱灾易于发生的主要原因：

（1）降水量在时空、年际分布的不均匀性。通过湘西州15462平方千米上空的年均418亿立方米的水汽输送量以雨、雪、冰雹等形式降落地面，相当于年均811毫米的径流深，其中有2/3的水量蒸发返回大气，除去过境客水，有125.3亿立方米的水成为本州径流量。降水总趋势是北多南少，西多东少。5—7月降水量占全年总量的56%。

地表水资源在时间上分配也是不平衡的，年内4—9月径流量占全年总量的73.9%，5—6月占31%，降水变率（即累年、年月降水量距平值与年月平均降水量之比）在11%～17%之间。

（2）农业气候资源（光、热、水）在地域上的差异性。全州太阳总辐射量在89.9～97.4千卡/平方厘米，日照系数在1240.3～1435.2小时之间，属湘西北低值区。积温趋势是东高西低，南高北低，存在两个暖中心和冷中心。7月后全州雨季结束，进入旱期。随着夏季风力增强，湘西州受下沉环流付高压的控制，天气晴热少雨，常出现伏旱或伏秋连旱。

（3）十分发育的喀斯特地貌的制约性。湘西州碳酸盐岩类分布广泛，占总面积的60.9%，在长期外营力作用下，形成了以山原峰丛洼地、峰丛槽谷地为特征的喀斯特地貌景观，全州较大溶洞达900多个，地下暗河200多条，泉井6000多处。雨季降水后，丰富的地表径流通过喀斯特负地形很快转入地下以近源排泄的方式汇流于河谷，转化为地表径流。干旱季节，由于喀斯特地下水埋藏深度较大，田土分散，田高水低，一般难以利用，成为主要干旱区。"水在地下流，人在地面愁，十年有九旱，滴水贵如油"是喀斯特干旱区形象真实写照。

（4）现有水利设施的格局和水资源供需不平衡。全州虽已建2.4万多处水利工程，蓄引提水量达24.56亿立方米，但工程蓄存降水量仅8.02亿立方米。水利开发程度、人均、亩均占有水量。县市乡镇村之间都不平衡。加之工程不配置，管理不完善，水利用率低，供需都不平衡。截至2010年，农业用水量按$P=75\%$保证率需7.86亿立方米，实际供水6.6亿立方米，工业用水量按$P=75\%$保证率需2.23亿立方米，实际供水1.78亿立方米，城镇生活费用水量按$P=75\%$保证率需0.97亿立方米，实际供水0.78亿立方米，三项总需求11.06亿立方米，缺水量达3.04亿立方米，按$P=90\%$保证率三项需水11.96亿立方米，缺水量达3.94亿立方米。

（5）水土、生态环境恶化。全州水土流失面积431.53千公顷，其中强度以上流失面积占总流失面积人的55.3%。"山上树少了，河床抬高了，水被污染了，农田减少了，致使生态环境恶化了"。

第七章 防 汛 抗 旱

洪旱灾害是影响国计民生的最大自然灾害。党和政府十分重视防灾抗灾工作，灾害损失使各级党政部门的防灾抗灾意识普遍提高。防汛抗旱办公室的工作在原来只抓受灾抗灾情况的基础上，增加了流域水利水电工程防汛保安的统一调度指挥职责，显示了加强防汛抗旱指挥部机构建设的重要性。

第一节 组 织 机 构

湘西州防汛抗旱指挥部，历年来由主管农业的副州长任指挥长。军分区、州水利局等单位主要负责人为副指挥长，成员单位有军分区、水利、民政、气象、水文、公安、安监、电业、农业、农机、林业、发改、电信、武警、消防、石油、粮食、商业、供销、交通、国土、财政、教育、广电等 38 个单位组成。办公室设在州水利局。

湘西州防汛抗旱指挥部办公室的行政级别经历了一个升级的过程。1990 年州编委〔90〕23 号文件通知，同意州防汛抗旱指挥部下设办公室，为常设机构，科级单位，归口州水利电力局管理，配备 7 名事业编制。2011 年 12 月州防汛办升格为副处级单位，州编委批复内设 3 个科室，编制 11 人，参照公务员管理。8 个县（市）防汛办升格为副科级，吉首、凤凰、花垣、保靖为事业编，泸溪、龙山、古丈、永顺为参照公务员管理的事业单位。编制总人数 55 人。全州 165 个乡镇成立了防汛抗旱机构。

湘西州防汛抗旱指挥部办公室主要职责：

（1）承担州防汛抗旱指挥部的日常工作，协调州防汛抗旱指挥部成员单位的相关工作，组织执行国家防总、流域防总、省防指和州防指的指示、命令，指导全州的防汛抗旱工作。

（2）负责组织全州防汛抗旱工作的宣传发动和督促检查；督促指导险工隐患处理、水毁工程修复和抗旱应急水源工程建设。

（3）参与防汛抗旱政策、法规的起草及全州防汛抗旱规划的编制并监督实施；参与全州江河、湖等水域及其岸线的管理和保护工作。

（4）负责州级防汛抗旱物资的储备和管理，指导全州防汛抗旱物资储备工作、抗洪抢险队伍和抗旱服务组织的建设与管理，组织、指导防汛抗旱业务培训。

（5）负责编制州级防汛抗旱应急预案并组织实施；组织州内主要江河湖泊防御洪水预案和重要河流枯水期水量应急调度预案编制工作。

（6）组织编制全州大型水库和中型水库汛期运用方案，负责实施中型水库的防洪调度。

（7）组织防汛抗旱会商和值班；负责水旱灾害的统计、核查和信息发布；组织落实防汛抗旱物资队伍、应急资金的征调工作。

（8）指导全州防汛抗旱指挥系统和水旱灾情监测系统建设。

（9）负责中央特大防汛抗旱补助经费、中央水利建设基金（防洪部分）的申报，并提出意见，负责提出州级防汛防旱专项资金的安排意见。

（10）承办州防汛抗旱指挥部和州水利局交办的其他事项。

第二节 组 织 实 施

湘西州4—9月为汛期。州防汛办从4月1日起进行昼夜值班制，各科室人员轮流值班。2003年后改为防汛办人员值班，正副局长为值班负责人，机关小车司机一同参加值班，随时待命。值班室设有值班电话记录本，交接班要求衔接。进入汛期由指挥长主持召开防汛抗旱指挥部成员单位第一次工作会议。听取天气、水文情势分析，水利工程运行情况，研究部署全年的防汛抗旱工作。在汛期中根据气象水文情况预报和汛情、灾情，及时作出决策应变。历任州委书记、州长对防汛抗旱工作进行不定期督促检查指导，州委、州政府督查室与州防汛办组织检查组，分赴县市询问情况，检查防汛记录，查看存在隐患的工程，反映县市有关情况和要求。州防汛办和各县市防汛办积极当好参谋，组织编写防汛抗旱简报，及时向有关单位和上级领导通报情况。州防汛办在抓中型水库大坝安全监测的基础上，每年都要对监测资料进行分析整编，制定中型水库调度方案，对重点水利水电工程下达蓄水和度汛方案，以利防洪抗旱。

在湖南省防办直接督促下，州防办和8县市防办积极进行达标建设。1997年完成了城市风险图的制作，制定了险情水位下的安全疏散转移计划，划分了党政领导分管责任区。

一、民兵应急队

军分区及武警消防官兵组建汛期应急抢险救援队，各县（市）人武部，组建民兵应急分队。泸溪县、永顺县还配备冲锋舟和橡皮艇。每年都进行演习，2012年，全州已组建应急抢险队伍30支3000余人，储备一定数量的抢险物资器材。

2012年7月16日8时至17日15时，泸溪县石榴坪乡累计降雨233.5毫米，境内太平溪因受上游降雨和下游麻阳县锦江水电站蓄水影响，水位陡涨，导致兰村8个组18户，61栋房屋被淹，479人受灾，72人被困在屋顶。县防汛办接到险情后，在防办值班的县委书记杜晓勇、县长向恒林决定，立即启动应急预案，调动人武部、消防、公安、应急分队30余名抢险人员，携带6艘冲锋舟和100件救生衣，在杜晓勇书记，向恒林县长，县委常委、副县长毛家及武装部部长谢辉兵等率领下赶赴现场进行救援。经过6小时奋力抢救，被洪水围困的72人全部得救无一人伤亡。

二、潜水队

1989年在省防办的支持下，泸溪县岩门溪水库组建潜水班，装备一套重潜和两套轻潜设备，配备5人，负责全州水库抢险工作。在省水利厅潜水队的培训和指导下，潜水班已发展到 11 人，成为潜水队。潜水队成立 20 多年来，以服务湘西州水利水电事业为宗旨，为各县（市）及周边地区的抢险、排涝、人员抢救方面，做了大量的工作。

1991 年，成功完成湖北省来凤县接龙桥水库 35 米深水开闸；1994 年处理了怀化市辰溪县田湾水库大坝管涌险情；2001 年在 −6℃ 低温下处理好凤凰县龙塘河水库底闸漏水；2002 年，参与大龙洞水电站洞内水下地形勘查及张家界市特大交通事故救援；2005 年，对沅水泸溪段重大水下事故尸体进行打捞；2009 年，参与泸溪县恶性分尸案水下物证打捞取证工作。

三、抗旱服务队

湘西州防办于 1996 年 4 月组建国家级的永顺县抗旱服务队，1997 年 7 月组建省级泸溪县抗旱服务队。在抗旱中，以机动、灵活、便捷和节省为特点的抗旱服务队，发挥了很大作用。永顺县抗旱服务队抗旱浇地控制面积达 1150 顷（次），解决 2.2 万人因干旱造成的人畜饮水困难，年创利税 10.6 万元，抗旱服务队人均纯收入 3000 元。泸溪县抗旱服务队浇灌面积达 1000 顷（次），解决干旱死角地区 4 万人（次）饮水困难。

在省防汛办的支持下，湘西州于 1997 年成立了州抗旱服务经营部，配备 6 人专抓抗旱后勤服务和 FA—旱地龙抗旱剂的推广工作。

2011 年 6 月，中央为支持湘西州抗旱减灾工作，给 8 个县（市）分别一次性下达 200 万元特大抗旱补助费，支持县市级抗旱服务队购置抗旱设备。

州水利局、州防汛办十分重视抗旱服务队的建设和管理，具体做了以下几件事：

（1）高规格健全机构队伍。8 县（市）经县（市）编委行文批复，均成立了事业单位性质的县级抗旱服务队，编制数 44 人，其中泸溪县为自收自支事业单位（10 人），其他均为全额拨款事业单位（34 人）。各县（市）防汛办主任为抗旱服务队长，另设有副队长、会计、出纳、仓库保管员、设备操作维修技术人员。8 个县级队有专业技术人员 24 人，高中文化学历以上人员 43 人，平均年龄为 35 岁。有的队还将乡镇水管站和中型水库的骨干人员列入抗旱服务队作为应急抗旱队员。对所有队员名单进行登记造册，明确工作职责。

（2）精打细算添置设备。各县（市）精打细算共添置了应急拉水车 18 辆、移动灌溉设备 1297 台套、打井洗井设备 17 台、清淤设备 16 台、发电和动力设备 75 台、移动灌溉软管 40310 米、净水设备 4 台套、电缆线 11110 米等主要设备。

（3）规范管理确保资产保值和安全。建设抗旱装备仓库，各县（市）想方设法抢建改造仓库，有的对原有仓库作扩建维修，有的将仓库迁建到条件较好的中型水库管理所；建立抗旱装备管理制度，围绕"有场地、有人员、有牌子、有台账、有去向"五有要求建立抗旱物资管理制度，做到责任到人，账物相符，手续完备；注重设备维修和保养，定期对仓库物资、大型机械进行保养，出现故障及时维护，确保机械物资能及时应急。

（4）着力构建抗旱服务队形象。各县（市）抗旱服务队在水利局、人社局、编办等部门大力支持下落实了"三定"方案，明确了人员、编制及职能，强化服务主观能动性，力求抗旱装备发挥作用，为本地经济社会发展提供更多服务。第一，加强特殊抗旱装备技术操作学习培训，如挖机均已按要求培训了专门司机。第二，整合人力技术力量，部分县（市）整合水库管理所及站所富余人员进行物资管理、设备操作、维修等方面培训，壮大抗旱服务队伍。第三，依托省245地质队对钻机进行专业操作培训。第四，勇于创新，履责创效。旱情旱灾发生时，全力以赴抗旱，其他时间积极探索"以队养队"，利用闲置装备开展社会有偿服务，筹措服务队运转维护经费。

（5）严格仓储硬件设施建设，强化设备管理。各县（市）抗旱服务队建立专门的抗旱物资仓库，共占地0.261顷，建筑面积15894平方米，仓库面积3680平方米。库内配有货物架，库内物资设备分类摆放，整齐干净。做到"四有"：有设备仓库和维修场地；有物质设备管理各项制度；有办公场所；有仓库管理人员和技术人员。账物相符，台账登记规范，清晰明了。设备出入库手续健全，培训了专门技术人员，对设备进行维护保养。

2010年，8县（市）组建的抗旱服务队，已初具规模，拥有应急水车18辆，移动灌溉设备1297台，发电动力设备75台套，133名人员，固定资产达1787万元，已抗旱浇地3845顷（次）。

第三节　防汛抗旱指挥决策系统

1989年，湘西州的防汛抗旱指挥通过文件和电话完成。

1993年，湘西州水利局和8县（市）及重点水库、电站配置单边电台和车载台进行调度联络。

1997年7月10日，州防汛计算机网络与省防汛计算机网络联网投入运行，通过网络传递卫星云图、气象、水文信息和文件报表。州防汛办与各县市防汛办采用点对点通讯方式，传递各种信息和文件图表。

2008年，湘西州防汛抗旱指挥决策系统已建成，系统包括远程视频会商系统、重点水库（河流）动态视频监管系统、湘西州防汛地理信息系统、实时视频信息采集系统、湘西自治州山洪灾害监测预警信息管理和共享系统等五个子系统。

远程视频会商系统：始建于2008年，投资40万元，建成与国家防总、省防指互联互通的三级远程视频会商系统。2009年5月1日，远程视频会商系统要延伸至县（市）一级，8县（市）建成县级远程视频会商系统。

重点水库（河流）动态视频监管系统：2010年自筹资金30万元，由珠江水利委员会科学研究院和广东华南水电高新技术开发有限公司，建成河溪水库、文溪河、浦市防洪堤、武溪镇、长潭岗水库、沱江凤凰县城区段、兄弟河水库、左岸水库、卡棚水库、县城河段、古丈县城河道、罗依溪河段、高家坝水库、连洞河、里耶河段、果利河段16处监测站点。2012年续建项目总投资150万元（其中国家拨款100万元，地方自筹50万元），建成贾坝水库、卧龙水库、小河水库、湾塘水库、小河二级电站，永顺县的松柏水库、杉木河水库、马鞍山水库、县城河段、石堤西集镇河段，保靖县的双溶滩水库、狮子桥水库、龙潭水库，古丈县的白溪关水库、野竹河道、坪坝河段，吉首市的黄石洞水库、天心河段、乾州水库、电力桥河段，泸溪县的能滩电站，浦市防洪堤段、梁家潭河道，凤凰县的龙塘河水库、县城河道中段、县城河道上游段，花垣县的竹篙滩水库、小排吾水库、县城河道段、茶峒河段30处新建监测站点。

防汛地理信息系统：2010 年自筹资金 50 万元与北京远景三维矿产勘探软件技术有限公司联合开发了湘西州防汛地理信息系统。

实时视频信息采集系统：2010 年自筹资金 30 万元购置了 2 套实时视频信息采集终端，该系统能将事故现场实时图像、声音通过 3G 技术及时传递到州防汛指挥中心，为领导科学决策提供可靠依据，提高应急处置能力。

山洪灾害监测预警信息管理和共享系统：2012 年，投资 150 万元，州级山洪灾害监测预警信息管理与共享系统将 8 个山洪灾害防治非工程措施建设项目县以及州水文、州气象部门的雨水情、工情、预警发布信息的自动传输、整合、发布、共享，建立起一套完善的山洪灾害监测预警系统，改造完善机房、会商建设，实现山洪灾害预警监视、雨水情信息查询、预警响应信息查询、基础信息查询、工情（视频监控数据）信息查询、气象和国土信息查询、山洪灾害快报、县级平台运行状况监视、系统管理等功能。

第四节　非工程措施

防洪减灾非工程措施是通过约束人类自身行为，以改善人与洪水关系，从而达到防洪减灾目的的一种措施。防洪工程标准在不断提高，洪水灾害损失却在不断增大的现实促使人们对防汛政策重新思考。在防洪措施上，在采用工程防洪措施防御洪水减少洪水强度的同时，应该考虑采用非工程防汛措施来减少洪灾损失，工程措施与非工程措施相结合。

一、水库调度

水库调度是编辑运用水库的调蓄能力，按来水蓄水实况和水文预报，有计划地对入库径流进行蓄泄。在保证工程安全的前提下，根据水库承担任务的主次，按照综合利用水资源的原则进行调度，以达到防洪、兴利的目的，最大限度满足国民经济各部门的需要。水库调度是水库工程管理的主要环节之一，其内容包括拟定水库调度方式、编制水库调度计划及确定各项控制运用指标，进行实时调度。

湘西州中型水库都普遍编制了年度调度计划，逐步由单一目标的调度走向综合利用调度。水库控制运用指标主要有：允许最高水位，即水库遇校核洪水允许充蓄到的最高水位，是判断水库防洪安全的重要指标；防洪限制水位是水库在汛期为预留防洪库容而限制蓄水的上限水位；汛末蓄水位，即水库在汛末计划充蓄的正常高水位，它在很大程度上决定了下一个汛期到来之前可能发挥的兴利效益；兴利下限水位，即水库在正常兴利运用情况下，允许消落到的最低水位，它反映了兴利的需要；防洪运用标准，即为水库本身及下游防洪安全制定的防洪标准，一般采用一定重现期的设计洪水或以可能最大洪水为标准。

全州中型水库和电站都能利用已观测的资料作出水库防汛和兴利调度方案，在调度图表中，坚持"两图一表"的洪水综合预报图、兴利调度图和抗洪能力计算表。

州防汛办直接负责中型水库和重点水电站的工程观测工作和资料整编，每年以会代培，在资料整编的基础上，制定中型水库和重点水电站的调度运用计划，规定了汛前、汛中、汛末蓄水和汛限水位，指出了工程存在主要问题。各县市相应对小型水库下达调度运用计划，特别指出汛期可能出险的病险水库，进行加强防范措施。根据1—6月全州平均降雨892.2毫米，较历史同期偏多22%，且集中在南部的吉首、古丈、凤凰、泸溪等县（市）的特点，州防汛办迅速召集水文、气象部门进行会商、分析7—8月的雨量将会逐步向北部龙山、永顺、保靖、花垣四县转移的趋势，1998年6月州防汛办对贾坝、杉木河、龙潭河、黄石洞、小排吾和长潭岗水库（电站）超过汛限水位及时进行了调度，开闸放水至汛限水位。在"5·8"暴雨之后"6·14""7·22""7·28""8·2"几次特大暴雨过程中，贾坝、小徘吾、杉木河等中型水库先后泄洪，河溪、长潭岗、马鞍山电站开闸放水，工程本身在未出现险情的情况下达到满蓄，共拦蓄洪水1.5亿立方米，减少灾害损失1亿元。杉木河水库接州防办调度令后开闸泄水，腾出库容拦洪，在"7·22"特大暴雨情况下减少下泄洪水180立方米/秒，减轻对下游太坪堤的冲刷，保护农田120顷。马鞍山电站在"7·22"特大暴雨情况下，面对上游龙山县水田河区56小时611毫米降雨（1万年一遇）4500立方米/秒的入库流量，由于调度科学、及时，起到了一定的调洪错峰作用，但因猛洞河永顺县城段过境洪水流量高达3490立方米/秒，致使县城进水被淹（每当1800立方米/秒时，县城8处低洼处便会进水），也减轻了下游洪灾的损失。22日凤滩水库在保靖县城水位210.9米，超搬迁水位0.9米，7月23日，五强溪水库水位控制在110米运行，因省防指调度令及时准确，泸溪县转移行动果断迅速，未造成重大损失。

武水支流沱江龙头修建了凤凰县龙塘河中型水库，下建有长潭岗水电站、樱桃坳水电站、吉首市河溪水电站、泸溪县的小坡流水电站、甘溪桥水电站、洞底水电站。龙塘河水库库容2850万立方米，长潭岗库容9970万立方米。1995年6月30日凤凰县普降大雨，由于实行流域的科学调度，上下游联合作战，仅长潭岗大坝就拦蓄了6000万立方米的洪水，削减了洪峰，不仅减少了凤凰县城附近村寨达2亿元的洪灾损失，而且对下游吉首市河溪水电站和泸溪县的几座水电站的防洪起了大的作用。

花垣县小排吾水库是兄弟河的龙头水库，下游修建有兄弟河水库、下寨河引水工程、塔里水电站、浮桥水电站。在1995年6月特大洪灾的情况下，兄弟河水库及时与上游小排吾水库联系，通报汛情，并提前开闸泄洪309立方米/秒，减少了下游塔里水电站和浮桥水电站及县城经济损失达1.5亿元。保靖县狮子桥水电站在抗洪中及时听取了重庆秀山渡口水文站的预报通知，提前泄洪，减少了下游双溶滩水电站及两岸农田的损失。1996年全州水库和电站发挥了拦洪效益。9座中型水库6月28日蓄水7275万立方米，7月26日蓄水13154.4万立方米，拦洪5579.4万立方米。4座电站水库6月28日蓄水9995万立方米，7月26日蓄水21844万立方米，拦洪11849万立方米。

永顺县高家坝水库建在酉水支流猛洞河中游，距县城37千米，总库容8000万立方米，防洪库容5200万立方米。2010年5月投入运行后，当年就经受了19次强降雨引发山洪的考验，6月16日拦蓄洪水3684万立方米，7月23日拦蓄洪水2637万立方米。减轻了流域下游马鞍山和海螺水电站的灾情损失，确保了县城的安全。

二、防洪预案

防洪预案编制目的是确保防洪安全，提高对暴雨洪水、防汛突发公共事件应急快速反应和处置能力，减轻灾害损失，维护人民生命财产安全，保障我州经济社会可持续发展。

编制原则：按照安全第一、全民动员，全力抢险、减少损失的方针，坚持以人为本，预防为主，政府主导，属地管理，专业处置与社会动员相结合的原则。坚持团结协作和局部利益服从全局利益的原则。实行在党委领导下的各级行政首长负责制。统一指挥，分级分部门负责。

编制依据《中华人民共和国水法》《中华人民共和国防洪法》《中华人民共和国防汛条例》《国家防汛抗旱应急预案》《国家突发公共事件总体应急预案》和其他有关法律、法规和规定，结合县（市）和单位实际制定预案。

1999 年我州吉首市、泸溪县、古丈县和永顺县制定了城市防洪预案。2005 年，编制了《湘西州重大洪水灾害应急预案》《湘西州重大旱灾应急预案》和《湘西州中型水库重大事故应急预案》。

三、监测和预报

湘西州已建县级水文站 8 个，重点雨量点 92 个（其中州防汛办建 17 个）县级气象站 8 个，基本上覆盖了全州主要河段与重点地区的降雨情况。气象部门对暴雨的探测手段已从原来单一的地面观测，发展到卫星雷达探测，气象信息的处理从原手工计算发展到广域计算网络，8 个气象站与省联网，由于气象信息传输发展到卫星中转，大量数据得到快速传递，实时资料高速处理，使天气预报制作得到逐级指导、补充、订正、会商，提高了对暴雨等气象灾害的监测、预报能力。水文部门在雨水情的监测预报、信息传递等方面也不断提高。气象、水文等部门充分利用现代科技手段，密切关注天气变化趋势，并尽可能地将天气和雨水情况预测到较小范围，遇灾害性天气情况及时以短信方式发送到全州 2000 多名防汛责任人员的手机上，为各级防汛人员提前做好防范准备提供科学依据。2010 年，气象部门预警系统向公共免费发送暴雨预警短信 4.58 万人次，水文部门发布水情预警信息 10 次，国土部门发布地质灾害预警信息 28 次，使广大干部群众及时了解雨情水情和地质灾害预警信息。加强会商，及时启动应急响应，各级责任人靠前指挥，极大减少了人员伤亡和财产损失。

湘西州山洪灾害防治县级非工程措施建设项目就是以县为单位，通过山洪灾害监测预警系统和群测群防体系建设，达到测雨（水）、报警、指导避灾的一个项目，主要由雨水情监测系统、决策指挥平台、报警系统及群策群防体系构成。

雨水情监测系统是收集和监测山洪易发区水文特征及雨量时空分布的基础，它通过合理布设雨水情监测站网，掌握实时降雨和水位变化，并反馈到数据中心，为决策指挥提供数据支撑。系统主要设备是自动遥测雨量站、水位站，任务就是按照水文报汛以及山洪地质灾害预警的要求，及时准确地将有关水文参数自动采集、编码、处理、发送到数据中心。

决策指挥平台由通信传输系统、数据库系统、决策支持软件、会商系统等构成，是整个监测预警系统的指挥中枢。通信传输系统是为各类监测站点与各级专业部门之间、各级专业部门与各级防汛指挥部门之间的信息传输、信息交换、指挥调度指令的下达、灾情信息的上传、灾情会商、山洪警报传输和信息反馈提供信息传输的平台。数据库系统是整个系统的数据处理、存储中心，管理着各种业务和基础数据，提供多种中间数据处理、维护的功能。决策支持软件是山洪灾害预警系统的核心，通过这些软件完成汛情、灾情信息的监测、数据接收、处理，提供汛情查询、统计、分析、预报、预警功能。会商系统提供防汛减灾会商的环境。

报警系统是将决策指挥平台分析、判研后发出的预警信息，发送到相关责任人的支持系统。报警系统主要由有线电话网络、电视媒体、手机、高音喇叭、铜锣、口哨等设备组成，其预警方式有语音电话、手机短信、广播以及电视媒体等。

湘西州山洪灾害防治县级非工程措施项目分 2011 年和 2012 年两年实施，批复总投资 4923.35 万元，其中中央补助资金 3361 万元。现已建设完成 199 个遥测雨量站，76 个水位雨量遥测一体站，31 个遥测水位站，735 个简易雨量站，267 个无线广播预警主站，678 个无线广播预警分站。配发乡镇手摇报警器 1867 个，铜锣 3110 面，口哨 6058 个，乡镇预警平台设备 152 套，完成了县级监测预警平台 8 套。全面完成了群测群防体系建设，划定危险区 632 个，制定符合实际情况的预警指标，完成县级预案 8 套，乡镇预案 165 套，行政村预案 964 套，下发明白卡 203150 张，制作宣传栏 1355 个，宣传牌 336 个，警示标志 1964 个，转移器线标志 1226 个，完成培训 63 场次 7225 人，完成演练 48 场次 8206 人。

州防汛抗旱指挥部通过视频电话召开会议布置任务。2010 年州县两级共出资 64 万元，建设了 16 个远程视频监控点和运用平台。州防汛办安排 55 万元资金编辑完成了州防汛抗旱地理信息系统、《湘西州防汛工作手册》和《湘西州抗旱工作手册》。

第三篇

水利建设与管理

第八章　蓄水工程建设

第一节　水　库　工　程

1989 年以前全州共建成水库 610 座，其中中型水库 9 座、小（Ⅰ）型水库 104 座、小（Ⅱ）型水库 497 座；截至 2012 年年底，经再次注册登记核实，全州已建成水库共 625 座。其中：大型水库 1 座、中型水库 23 座、小（Ⅰ）型水库 129 座、小（Ⅱ）型水库 472 座。

一、新建水库工程

1989 年至 2012 年我州新建了 1 座大型水库、7 座中型水库、1 座小（Ⅰ）型水库、5 座小（Ⅱ）型水库。具体情况见表 8-1。

表 8-1　　　　　　　　　　　　　　　　新建水库

序号	水库名称	县（市）	总库容（万立方米）	建成日期
一	大型			
1	碗米坡水库	保靖县	37800	2004 年 8 月
二	中型			
1	湾塘水库	龙山县	5480	1991 年 9 月
2	海螺水库	永顺县	3190	1998 年 9 月
3	长潭岗水库	凤凰县	9970	2005 年 12 月
4	小河水库	龙山县	2226.5	2008 年 9 月
5	能滩水库	泸溪县	4051	2009 年 7 月
6	高家坝水库	永顺县	8000	2009 年 10 月
7	竹篙滩水库	花垣县	4200	2011 年 10 月
三	小（Ⅰ）型			
1	哈妮宫水库	永顺县	960	2000 年 10 月
四	小（Ⅱ）型			
1	高坳水库	古丈县	14.63	1992 年 5 月

序号	水库名称	县（市）	总库容（万立方米）	建成日期
2	对门冲水库	古丈县	21	1996年2月
3	仁溪河水库	古丈县	32	2002年11月
4	交溪水库	古丈县	49.6	2003年10月
5	联星水库	龙山县	12	2004年3月

（一）碗米坡水库

碗米坡水库大坝位于酉水河干流的中游，在保靖县碗米坡镇内，距保靖县城23千米，属湖南省五凌开发公司国有水电站。坝后型电站，大（Ⅱ）型，坝高66.5米，坝轴长238米。坝址以上流域面积10415平方千米，多年平均流量94.3立方米/秒。水库正常蓄水位248米，最大库容3.78亿立方米，调节库容1.25亿立方米。设计水头39米，最大水头44.68米，最小水头34.67米。设计装机容量3×8万千瓦，年均发电量79200万度。工程始建于2000年8月18日，于2004年8月全部投产发电。总造价20.15亿元。2010年完成发电量87551万度，完成销售收入22880万元，实现利润8000万元，上缴税金4000万元，就业人员43人。投产运行，到2010年年底，累计完成发电量433000万度，上缴税金17898万元。碗米坡是湘西州最大的水库电站。水库淹没影响涉及保靖、龙山2个县的10个乡（镇）、5个居委会、124个机关单位、53个村、175个村民小组。淹没影响的人口为16785人，其中农业人口11729人，非农业人口4749人；淹没影响房屋53.12万平方米；淹没耕地6095顷，其中水田4025顷、专业菜地326顷、旱地1560顷、河滩地18顷；淹没公路16.83千米，输电线路46.91千米，电信线路21.95千米，广播线路9.0千米，有线电视线路26.2千米，小水电站6座1010千瓦（表8-2）。

表8-2　　　　　　　　　碗米坡水库工程特性表

建设地点		湖南省保靖县
所在河流		酉水河
控制流域面积（平方千米）		10415
设计单位		中国水电顾问集团中南勘测设计研究院
施工单位		中铁十八局、中国水利水电第七工程局
建设日期	开工	2001年3月
	竣工	2004年8月
坝址岩性		砂岩、硅质砂岩、细砂岩、石英砂岩夹砂石页岩及少量粉砂岩
设计抗震烈度		Ⅵ度
工程总投资（亿元）		19.76
主要工程量	土石方开挖、填筑（万立方米）	137.97
	混凝土及钢筋混凝土（万立方米）	48.31
	碾压混凝土（万立方米）	13.38
	钢筋结构及安装（吨）	3872
	帷幕（固结）灌装（万米）	2.444

主要材料	粉煤灰（万吨）	4.7
	钢材（万吨）	2.04
	木材（立方米）	1.6
	水泥（万吨）	11.82
水文特性	多年平均降水量（毫米）	1485
	多年平均径流量（亿立方米）	95.2
	多年平均输沙量（万吨）	321.9
	设计洪峰流量（$P=1\%$）（立方米/秒）	15800
	校核洪峰流量（$P=0.1\%$）（立方米/秒）	21300
水库特征	设计、校核洪水位（米）	248、254.1
	正常高水位、死水位（米）	248、238
	总库容（亿立方米）	3.78
	兴利库容（亿立方米）	1.25
	死库容（亿立方米）	1.31
溢流坝	型式	表孔式溢流
	堰顶高程、净宽（米）	229、80
	最大泄量（立方米/秒）	20443
	闸门孔数、门型尺寸（宽×高）（米）	5孔弧形门 16×20.743
	消能形式、启闭设备	宽尾墩与消力池联合消能、液压启闭机
拦河坝	坝型	碾压混凝土重力坝
	坝顶高程（米）	254.5
	最大坝高（米）	66.5
	坝顶长度（米）	238
	坝底最大宽度（米）	—
底孔	型式、断面尺寸（米）	半圆拱直墙隧洞 10×10
	孔数、门型、尺寸（宽×高）（米）	1孔半圆拱直墙型（拱顶中心角180°）、10×10
	进口底板高程（米）	198
	最大泄量（立方米/秒）	1830
	消能形式、启闭设备	底流、液压启闭机
水电站	型式	坝后式
	厂房尺寸（米）	111.4×25.1×53
	装机容量（兆瓦）	3×80
	年发电量（亿度）	7.92
	年利用小时（时）	3300

续表

水电站	最大水头、设计水头、最小水头（米）	44.68、39、34.67
	水轮机型号	HL（PO50）-LJ-525
	发电机型号	SF80-60/10400
	出线回路	220kV 2 回
效益	主变压器（千伏安）	3×100000
	防洪（万元/年）	—
	改善灌溉面积（万平方千米）	0.0002
	城市及工业供水（亿立方米/年）	—
淹没	淹没耕地（万平方千米）	0.004
	迁移人口（万人）	1.2156
管理机构		中电投集团五凌电力有限公司

（二）湾塘水库

湾塘水库位于龙山县湾塘乡，所在河流系酉水。枢纽工程于1984年1月动工，1991年9月竣工。流域面积3060平方千米，坝型系浆砌石，空腹填渣重力坝，坝顶轴长269米，顶宽7.5米，坝底宽42.3米，最大坝高48.8米，坝顶高程428.8米，设计洪水位427.53米，正常蓄水位423米，防洪限制水位422.7米，死水位413米。总库容5840万立方米，防洪库容1820万立方米，兴利库容1340万立方米，死库容1750万立方米。溢洪堰位于大坝中部，堰顶高程414米，总宽度86米，分7孔泄流，孔口净宽10米，净过水总宽70米，安装7扇10米×9.3米弧形闸门，由坝顶启闭平台上7台2×25吨固定式启闭机操作。消力池位于大坝下游中部，为混凝土结构，池宽82米，长71.72米，导墙高8米，墙顶高程394米，池底高程386米，底板厚度1.5米。输水管位于大坝左端，共3根，为钢筋混凝土结构，管道长36.6米，直径3.5米，过水流量36立方米/秒。进水口底板高程405米，喇叭口高程409米。设3扇3.5米×4米平板钢闸门进行调控。水库电站装机3台、24500千瓦，年发电量已达10828万度。设计灌田0.4千公顷，已达0.3千公顷。

工程运行十多年，存在多处病险隐患；原设计洪水标准不能满足现行规范要求；大坝上游面混凝土裂缝继续发展；坝体渗漏逐年增大、浆砌石胶结材料中的钙质不断析出；左坝肩上部山体大面积崩塌，塌体阻塞交通，损坏厂房结构；右坝肩山体风化严重、岩石破碎边坡掉块；消力池长度、深度不够造成护坦下游海漫及海漫下游基岩被破损、消力池坎尾被损毁。

2007年11月国家投资1873万元，省配套196万元，对工程进行除险加固。主要实施了坝体及两岸山体加固处理、大坝坝面防渗处理，溢洪面、消力池改造；下游两岸护坡；新建放空隧洞；增设启闭设施等项目，工程于2009年11月完工。

（三）长潭岗水库

长潭岗水库位于凤凰县廖家桥乡，所在河流系沅水三级支流沱江。枢纽工程于1990

年10月动工，2005年12月竣工。流域面积460平方千米，水库大坝为C15小石子砌石双曲拱坝，坝顶高程401.6米，坝高87.6米，坝底厚15米，坝顶厚5米，厚高比为0.172，坝底弧长70.86米，坝顶弧长220米。设计洪水位399.8米，正常蓄水位388米，防洪限制水位387米，死水位351米。总库容9970万立方米，防洪库容3360万立方米，兴利库容8160万立方米，死库容139万立方米。坝顶泄洪溢流堰顶高程392米，设计孔口尺寸为10米×6.3米，弧形控制闸门，设计下泄流量1096立方米/秒，校核下泄流量1885立方米/秒，泄洪最大挑距48米。左岸电站装有3台共8000千瓦的发电机组，年均发电量2366.7万度。

1998年省投100万元对大坝进行了灌浆处理，2002年1月省水利厅组织专家对长潭岗水库进行了大坝安全鉴定，定为三类坝。2004年省投500万元，2010年12月国家投资800万元进行除险加固。主要实施了：大坝上游面增设防渗面板；大坝坝基及坝肩帷幕灌浆，坝体充填灌浆；大坝下游消力池及护坦；输水涵洞改造；放水卧管改造，消力井改建；启闭机房改建；防汛公路修建以及管理站房等工程项目，于2011年5月完工。长潭岗水利枢纽工程建成后首先激活了凤凰县古城城区的旅游及第三产业，随着由古城向周边，尤其是沱江沿岸辐射延伸，沿岸农民纷纷开办起了农家乐和沱江漂流等旅游项目，沿岸的经济作物、蔬菜等规模发展，许多老百姓立足清清沱江发展旅游等产业，以水生财，家园变成了旅游资源和场所，老百姓不出门在家门口就业，有了稳定的职业和收入，不少农户发家致富。同时沿岸及周边的农村水、电、路等生产条件大大改观，村容村貌发生了巨大变化，沿岸村庄成为一道道具有民族风情的风景线，农民安居乐业，村寨和谐文明，实现了人和水，人与自然的和谐。也实现了经济社会生态等方面效益的多赢。

（四）高家坝水库

高家坝水库工程位于永顺县两岔乡河边村，所在河流为沅水二级支流猛洞河中上游。控制流域面积740平方千米，占永顺县城以上流域面积的67.3%。是一座以防洪为主，兼发电、供水、灌溉、水产养殖、生态旅游综合效益型工程。枢纽工程于2002年5月动工，2009年10月竣工。坝型系细石子混凝土砌石重力坝，最大坝高63.5米，坝顶高程373.5米，防浪墙顶高程为374.7米，坝顶宽6米，坝轴长228米，其中左右岸挡水坝段长分别为91.25米和96.75米，中间溢流坝段长40米，堰顶高程为355米，溢流堰长30米，设有带胸墙的表孔7个，表孔闸门为10×13米的钢质弧形闸门，大坝下游采用挑流消能方式。设计洪水位372.1米，正常蓄水位368米，限制洪水位355米，死水位340米，总库容8000万立方米，防洪库容5600万立方米，兴利库容5610万立方米，死库容710万立方米。淹没耕地1955.5亩，迁移人口2916人。大坝上游右岸30米处建有电站塔式进水口，进口底板高程为331.5米，引水隧洞为圆形钢筋混凝土结构，直径为5.5米，长290.91米，设计过流量为80立方米/秒。2台发电机组进水管为圆形压力钢管3米直径，长度分别为36米和30米，设计过流量均为0.57立方米/秒。隧洞尾部设有直径为1.5米的水库放空管，安有一锥形控制阀，内径为1.2米。放空管长64.41米，设计过流量16.9立方米/秒。大坝右岸下游160米处建一座发电站，装机2台共2万千瓦，年发电量4970万度。

2001年7月，湖南省水利厅批复基本同意初步设计报告，审定概算总投资为22685.6

万元，2008 年省厅批复修改概算总投资为 34543.84 万元。高家坝防洪水库建设前，1993 年"7·23"，1998 年"7·22"洪灾来势凶猛，损失惨重。1998 年"7·22"山洪使县城 2/3 的面积（2.3 平方千米）被淹，最大水深达 11 米，受淹时间长达 16 小时。全县有 5 万多人被困，1254 户 5034 人受灾，死亡 14 人，经济损失达 3 亿元。工程建设过程中 2007 年 7 月 23 日上游日降雨 97.5 毫米，水库拦蓄水量 2637 万立方米，2008 年 8 月 16 日上游日降雨 187.6 毫米，水库拦蓄水量 3684 万立方米。下游县城未造成任何损失。工程建成后县城防洪标准由原 3～5 年一遇提高到 20 年一遇，确保了下游 15 万人生命财产安全，解决下游 9.7 万人的饮水困难和 400 公顷农田灌溉，具有良好的社会效益和经济效益。

二、病险水库除险加固

（一）病险水库成因

1989 年，湘西州水电局组织力量在全州范围内开展水库安全大检查，对水库逐个进行鉴定，建立了病险水库鉴定卡。现有 610 座水库中，有 208 座存在着病险，占水库总数的 34％，其中中型 7 处，小（Ⅰ）型 45 处，小（Ⅱ）型 156 处，影响灌溉效益 14.6 千公顷。

根据 208 座病险水库鉴定报告统计其成因有如下类型：一是渗漏，坝体、坝基、坝肩、岩溶渗漏。主要是清基不彻底，坝体与基础、坝体与两肩岩石结合不紧密；坝体填料不密实，心墙土料差造成的湿润、脉状和管状渗漏；坝肩沿岩层面节理或裂隙、断层破碎带绕坝渗漏，导致渗漏变形；通过岩溶通道向坝下邻谷渗漏。二是输水涵卧管断裂、垮塌损坏或堵塞。多数中小型水库灌溉、发电、供水的操作运行多采用埋设在坝内地基上的涵管和铺设在库内斜坡上的卧管。20 世纪 50 年代部分小型水库还采用了木质涵管和三合土砌的涵卧管，运行几十年自然老化，导致沉陷开裂、垮塌、渗漏、堵塞。三是溢洪道未达设计标准，泄洪能力不足，局部滑坡和垮堵。四是坝体夯实不均匀，坝身出现横向、纵向裂缝和不均匀沉陷或岩溶引起的塌陷。总之，一是地质问题；二是施工质量问题；三是管理问题。

（二）病险水库治理技术

病险水库的治理已纳入各级政府和水利部门的议事日程。方法多种多样，治理技术在不断提高和发展。湘西州采取了以下治理技术，取得了较好的效果。一是大坝止漏技术，主要是帷幕灌浆用水泥对坝基进行帷幕灌浆止漏；对土坝进行劈裂灌浆，用压力将土坝沿轴向劈开成缝，灌注土浆液，当压力释放后，土体回弹挤密形成黏土帷幕止漏；冲抓套井回填是利用机械将土坝体内渗漏层的土料取出，更换新的防渗土料，无数新的土柱相套形成防渗墙，并降低坝体浸润线；用黏土、水泥砂浆、三合土砌石、水泥砂浆砌石、土工织物对漏水区段进行铺盖止漏。二是涵卧管止漏技术；翻修漏水的涵卧管；利用压力将水泥浆压入涵管漏入通道；用新化学材料对混凝土表层、砌石裂缝进行涂层止漏；对漏水严重、无法修补的涵管，选址另挖隧洞作涵管放水或改卧管放水为表层取水装置。三是处理滑坡，按设计续修或疏通溢洪道，使其达到设计过水断面。

（三）病险水库治理实施

1995 年全州治理病险水库 33 座，其中中型 3 座，小型 30 座。恢复灌溉面积 733

公顷。

　　1996 年年底，中共湖南省委、省人民政府提出为确保山丘区水库安全，在今后 3 年内（1997—1999 年年底），山丘区水利基本建设以大中型水库除险加固为重点，加大工程力度，不把现有危险水库带入 21 世纪的承诺。

　　一些重点病险水库，存在技术资料不全、病因不明、久治不愈、整治难度很大等问题。针对这些情况，湘西州及时组织各县（市）水利科技人员对全州中小型水库开展了注册登记调查，既澄清了家底，又摸清了情况，为水库的病险情况和后续除险加固提供了重要依据。

　　1999 年 8 月，水利部下发了〔1999〕5 号文《关于组织做好病险水库、水闸除险加固专项规划有关问题的函》，对全国重点中型病险水库除险加固作了专项规划布置，提出了明确要求。2001 年 9 月湘西州水利局编制完成了《湘西自治州重点病险水库除险加固专项规划》及 14 座中型和 35 座重点小（Ⅰ）型水库《重点病险水库除险加固情况专项报告》，并上报省水利厅、水利部建管总站。经过专家审核，全州 14 座中型和 35 座重点小（Ⅰ）型水库全部进入全国第一批病险水库除险加固规划。按照水利部和省水利厅的部署，在实施第一批病险水库除险加固过程中，2004 年湘西州水利局就着手补充编制第二批病险水库除险加固专项规划，2007 年 6 月全面完成拟列入国家二批病险水库除险加固规划工作，全州 2 座中型和 55 座重点小（Ⅰ）水库全部进入全国第二批病险水库除险加固规划，至此，全州病险水库除险加固工作正式进入第三阶段。

　　2003 年 10 月 11 日，州委、州政府印发了《关于全面开展病险水库山塘除险加固工作的意见》，决定从 2004 年到 2006 年，州县（市）统一从 5 个方面筹集 6000 万元资金用于小（Ⅱ）型水库的治理：一是以工代赈资金每年安排 1000 万元；二是财政扶贫资金每年安排 500 万元；三是州财政预算专项资金，每年安排 200 万元；四是全州水利建设基金及向上争取的资金每年筹集 300 万元；五是县（市）农发基金和防洪保安资金每年筹集 300 万元。为了使资金及时到位，湘西州采取了一个切实可行的办法，由州水利局下属的企业湘源水利水电开发有限责任公司作为统一承贷人，在 3 年内每年向银行贷款 2000 万元，以垫资形式投入各县（市）年度项目，确保治理工程顺利实施。湘西州水利部门迅速行动，在已经完成小（Ⅱ）型水库治理方案的基础上，又组织 8 个调查组，由局领导带队深入实地现场勘察，确定了在 2004 年度完成 81 座小（Ⅱ）型病险水库的除险加固任务，并在每一个县（市）办了一处小型病险水库除险加固的样板，标准高，质量好，起到了示范作用。

　　2008 年 7 月湘西州水利局、州财政局、州监察局联合下发了《关于湘西自治州小型病险水库除险加固工程建设管理实施意见的通知》（州水发〔2008〕32 号）。对水库除险加固项目法人组建、职责划分、项目招标等项提出了要求。2009 年，按照党中央和水利部的统一部署，对还存在病险问题和遗漏的项目进行一次全面清理，全国重点小型病险水库新编规划正式启动，湘西州于第一时间落实中央部署，组织技术力量对余下的病险水库进行全面扫描，并编制了湘西州小型病险水库新编规划，共有 19 座小（Ⅰ）型病险水库进入规划。同时还努力向上衔接，使剩余两座存在病险的中型水库保靖县长潭和花垣县小排吾水库最后时刻挤上国家大中型病险水库规划的末班车。2010 年，在省水利厅的部署下，湘西州启动小（Ⅱ）型水库除险加固专项规划，共有 465 座水库进入国家和省规划，其中 155 座全部由中央投资，310 座为省投资。

第二节 山 塘

湘西州地处山区，田土分散，山塘灌溉具有重要地位，发挥着重要作用。1989 年全州有山塘 6396 口，蓄水量 5211 万立方米，灌田 6.948 千公顷。由于部分山塘工程标准低、质量差，多次整修后仍不能蓄水只能废塘还田；部分山塘被新修建的水库淹没，修大弃小；部分山塘被水源有保证的灌溉配套工程取代；因地质灾害淤塞报废了部分山塘。1995 年，全州有山塘 6417 口，蓄水量 5222 万立方米，灌田 6.96 千公顷。2000 年有山塘 6033 口，蓄水量 4413 万立方米，灌田 5.88 千公顷。

2009 年湖南省启动山塘清淤扩容加固工程，省水利厅、省财政厅下达湘西州补贴资金 3135.06 万元，我州 2009—2010 年和 2011—2012 年分两批共完成 1905 口山塘清淤扩容加固工程任务，新增蓄水量 393.11 万立米，新增、恢复、改善灌溉面积 501.18 公顷。吉首市整治山塘 216 口，完成投资 439 万元，新增蓄水量 39 万立方米，新增、恢复、改善灌溉面积 36.26 公顷。泸溪县整治山塘 417 口，完成投资 1122 万元，新增蓄水量 94 万立方米，新增、恢复、改善灌溉面积 140.23 公顷。凤凰县整治山塘 239 口，完成投资 519 万元，新增蓄水量 41 万立方米，新增、恢复、改善灌溉面积 40.06 公顷。古丈县整治山塘 244 口，完成投资 453 万元，新增蓄水量 44 万立方米，新增、恢复、改善灌溉面积 81.35 公顷。保靖县整治山塘 163 口，完成投资 23 万元，新增蓄水量 45.6 万立方米，新增、恢复、改善灌溉面积 43.21 公顷。永顺县整治山塘 272 口，完成投资 21 万元，新增蓄水量 58.8 万立方米，新增、恢复、改善灌溉面积 60.47 公顷。龙山县整治山塘 175 口，完成投资 28 万元，新增蓄水量 29.7 万立方米，新增、恢复、改善灌溉面积 61.76 公顷。

吉首市立溪山塘位于社塘坡乡关侯村，集雨面积 0.8 平方千米，是一座均质土坝，坝高 8 米，总库容 8 万立方米，死库容 0.6 万立方米。工程于 1965 年 11 月兴建，1966 年 4 月竣工。设计灌田 5 公顷。工程存在主要问题是：大坝坝体单薄渗水，内外坡及坝顶变形严重；溢洪道断面狭小，不能满足泄洪要求；放水卧管年久失修，砌体多裂缝漏水；塘内淤积严重。一旦失事，将影响关侯村 297 人和 6.18 公顷耕地安全。2012 年投资 21 万元进行整治，现已恢复改善灌溉面积 5 公顷。凤凰县新场乡古牛村称砣岩山塘，坝高 8 米，塘容 4 万立方米，灌溉该村第 4、5 两组农田 2.3 公顷。经过三十多年运行，坝体漏水严重，溢洪道狭小堵塞，影响大坝安全。2009 年 12 月至 2010 年 3 月投资 11.2 万元，对坝体内外坡整形，新建溢洪道和涵管，灌溉面积增加至 2.5 公顷。口井边山塘位于凤凰县茶田镇江寨村，建于 20 世纪 60 年代，经过 40 多年的运行，由于溢洪道不能泄洪，导致坝体冲毁，塘内淤积严重，无法蓄水，影响该村第 1、2 两组 1.2 公顷农田灌溉。2012 年投资 8.3 万元，新建溢洪道和涵管，对坝体内外坡整形和防渗处理，现已恢复 1.2 公顷的农田灌溉。古丈县高峰乡岩包溶山塘，淤积严重，2011 年投资 3.6 万元，对山塘进行清淤加固，使山塘恢复了蓄水。保靖县梯子山塘位于保靖县清水坪镇梯子村，总塘容 1.6 万立方米，设计灌田 0.45 公顷。2012 年省级补助资金 3.2 万元，县级补助 0.4 万元，群众投劳折资 0.4 万元共投资 4 万元，对大坝内坡护坡和整形，新建溢洪道，新增蓄水量 0.4 万立方米。保靖县毛沟镇舍坪村岩门沟山塘塘容 3.6 万立方米，灌田 0.42 公顷。2011 年 10 月省级补助 4 万元，县级补助 0.4 万元，群众投劳折资 4.4 万元共 8.8 万元对山塘大坝内坡护坡整修右岸防渗处理，新增蓄水量 0.6 万立方米。永顺县杉木园山塘位于车坪乡车坪村，坝高 12 米塘容 8 万立方米，设计灌田 1 公顷，由于涵管漏水实际灌田仅 0.3 公顷。2012 年 5 月投资 31 万元对溢洪道扩建，大坝培厚整形和新建消力井涵管，新增蓄水量 6 万立方米，新增灌溉面积 0.28 公顷，改善灌溉面积 0.72 顷。

2010 年全州有山塘 5905 口，蓄水量 2.95 亿立方米，灌田 12.76 千公顷。

2012 年根据省水利统计年鉴和州水利普查统计，全州共有山塘 48686 口，总容积 4.5 亿立方米，灌溉面积 36.71 千公顷（表 8-3）。

表 8-3　　　　　　　　　　湘西自治州山塘分县统计表（2012 年）

县（市）	工程数量（处）	总容积（万立方米）	总灌溉面积（千公顷）
合计	48686	45009.07	36.71
吉首市	3554	3144.92	3.51
泸溪县	12628	10423.94	4.99
凤凰县	6524	6395.81	4.63
花垣县	4109	3555.73	2.85
保靖县	4154	3626.07	3.36
古丈县	3759	4775.78	4.68
永顺县	7021	6436.74	7.28
龙山县	6937	6650.08	5.38

第九章　农田水利建设

"水利是农业的命脉"。1989—2012 年，湘西州农田水利建设的主要项目有联合国粮食开发计划署支持的粮援工程项目，实施了花垣小排吾、保靖卡棚、永顺松柏 3 个高标准灌区建设；1999 年开始连续 3 年以农田水利基本建设为主要内容的口粮田建设，实施了龙山双潭溪、保靖塘口湾、凤凰大小坪、花垣莲花山等灌区建设；2003 年开始的武水和酉水大型灌区续建配套与节水改造工程，实施了泸溪岩门溪、古丈岩漕河、凤凰龙塘河、龙山卧龙、贾坝、永顺松柏、花垣兄弟河、红卫等灌区建设；自 1980 年代开始的"以工代赈"项目实施了古丈县接龙渠、保靖县塘口湾联合灌区建设。通过扶贫工程、农业综合开发、欧元贷款等项目实施大量小型灌区工程建设。

第一节　建设过程及主要成果

1989 年，湘西州有 610 处水库，设计灌溉面积 57.5 千公顷，实际灌溉面积 29.72 千公顷。

1990 年，湘西州认真贯彻国务院《关于大力开展农田水利基本建设的决定》，以修复水毁工程，除险保安、配套挖潜、巩固改造和提高现有水利工程效益为重点，大搞"五塘四小"工程（五塘即退田还塘、危塘加固、病塘整修、废塘修复、小塘兴建；四小即小沟渠、小溪坝、小泉井、小水车）扩大灌溉面积。全州共完成各类水利工程 18692 处，土石方 877.0 万立方米，投工 1884.95 万个，新增蓄引提水量 1000 万立方米，新增和改善灌溉面积 15.147 千公顷，解决了 41 个组，1.2484 万人 0.731 万头大牲畜饮水困难。花垣县雅桥乡把大搞农田水利基本建设作为治穷脱贫的大事来抓，充分发动群众，自力更生，艰苦奋斗，在国家的扶持下，全乡干部群众义务投工 7 万个，新修高标准渠道 2.9 万米，新开田 22 公顷，新增灌溉面积 186.7 公顷，使该乡旱涝保收农田达到 286.7 公顷，人均 0.6亩。中共湘西州委和州人民政府联合下文转发了《中共花垣县委、县人民政府关于学雅桥大搞农田水利基本建设的决定》的通知，要求各县（市）广泛发动群众，开展学习雅桥的活动，在全州范围内迅速掀起一个自力更生、艰苦奋斗，大搞农田水利基本建设的热潮。

1990 年，湘西州成功申报联合国粮食计划署粮援项目。州政府专门成立了粮援办负责实施"W、F、P"中国 3779 项目，即花垣、保靖、永顺三县项目区"山水田林路"综合治理。州长石玉珍、副州长李邀夫陪同来自美国、英国、比利时、法国、土耳其、卢森堡 6 个国家的粮食计划署官员和专家，对项目区进行考察。湘西州水利水电局成立了粮援办，抽调领导和技术人员组成班子，指导项目区水利工程设计细则及施工技术要求，省水利水电厅李建民一同参与指导三个项目区工程的实施。

花垣县小排吾水库、保靖县卡棚水库、永顺县松柏水库三个水库灌区的渠系配套和田间工程，要求灌排自如，送水到田，将片区建设成为高标准的灌排示范片。三个片区共完成了总长 1296.1 千米的干支农渠续修配套，投放 1084.7 万个工日，耗援粮小麦 35255 吨，折合 634.6 万美元，国内配套资金 2877.5 万元，三个片区共灌溉稻田 8943 公顷。有 15 个乡镇受益，灌区农民人均产粮由 362.4 公斤增至 538.4 公斤。此项目是当时湖南省、湘西州最大的国际援助项目，历时五年完成，受到联合国粮食计划署比利时籍水利专家洛兹和法国籍专家波查德女士的称赞，粮食计划署给予了高度评价，该项目获得了水利部授予的"国家优秀项目"荣誉称号。

1994 年，为加快水利建设的开展，省政府决定开展"芙蓉杯"水利建设竞赛。实行百分比考核其内容。一是组织领导：包括领导重视，水利建设行政首长负责制落实，水利建设项目落实，层层实行目标管理，宣传报道有广度、有深度、有精品，按期完成下达的宣传任务，各级冬修办情况汇报，上传下达，统计报表及时，占 15 分。二是建设管理：重点工程全面推行实施项目法人责任制，建设项目招标投标制和工程建设管理制"三制"，项目法人到位，监理严格，招投标规范，水利建设资金使用管理无违规行为；水政执法效果好，水土流失预防监测综合治理工作到位；工程质量监督体系完整，工程质量好，施工安全无重大事故，占 40 分。三是资金投入：水利建设基金、防洪保安资金征收有实施细则，如数征集，及时上缴，使用合理；各项水利规费收缴好，水费标准达到或超过省定标准，实收率达 90% 以上；地州市县财政投入到位；基建工程配套资金达到省定比例，占 26 分。四是完成下达任务，按期完成省下达的各项任务指标；年度省计划安排的基建项目全部竣工；水利经济年度各项考核指标完成；河道管理规范、无重大违章涉河案件发生，河道清障任务完成，占 20 分。总计 100 分。省水利厅组织由各地州市水利建设指挥部负责人和省厅有关处室负责人参加的两个检查组，深入实地和工程进行检查和评分确定名次，报请省政府批准，颁发"芙蓉杯"奖牌和奖金。

1995 年，湘西州各级党委和政府加强对水利工作的领导，积极投入"芙蓉杯"水利建设竞赛，普遍推行了水利建设目标管理责任制，以小型大规模为基调，水毁工程修复为重点。湘西州委、州政府提出"5·10·5"重点工程计划，即州抓 5 个重点水利项目，各县（市）抓 10 个重点工程，各乡（镇）抓 5 个重点水利项目，全州共有 1000 多处水利重点工程，形成了以点带面，点面结合，全面开花的农田水利建设高潮。完成各类水利工程 15316 处，为计划的 122.8%；完成土石方 1269 万立方米，为计划的 105%；完成劳动工日 2208 万个，为计划的 108%；新增蓄引提水量 411 万立方米，新增灌溉面积 800 公顷，改善灌溉面积 4000.6 公顷，恢复灌溉面积 10320 公顷，新增保收面积 1226.7 公顷，解决 1.17 万人、1.27 万头牲畜饮水困难，渠道防渗 67.4 千米。

龙山县县委、县人大、县政府、县政协、县人武部五大家领导带头每人集资 50 元，县长田家贵在石羔镇办点，发动群众集资修水利，镇、村干部每人集资 50 元，党员人均 30 元，群众人均 20 元修建正南、桃红、姚坪等 5 条渠道，全镇共集资 11 万多元，全县各种渠道集资达 112 万元，使社会多层次、多渠道投入水利机制得到了很好的运转。凤凰县委、县政府每年从县财政拨出 100 万元投入水利建设，长潭岗电站建设县财政已投入 1310 万元，大小坪水库灌浆处理县财政已投入 270 万元。泸溪县从农发基金中拿出 20 万元用于病险水库的治理，花垣县安排 20 万元农发基金用于小排吾水库渠道水毁恢复。社会投入机制，加大了水利资金投入，也加快了水利建设步伐。

湘西州要稳定脱贫，水利必须先行。为加大水利建设的力度，州委常委及州政府领导率先垂范，办点作样。挂点 11 处重点工程的州领导都先后深入到工地参加劳动，了解情况，解决问题。全州计有各类水利样板点 631 个，在州委书记李大伦、州长向世林带头修水利的带动下，全州有 11000 余名干部职工参加水利工地劳动，形成了水利冬修高潮。湘西州州委、湘西州州政府出台了 6 个政策性文件，即：湘西州州委、湘西州州政府《关于大力开展农田水利建设的决定》《湘西自治州各级人民政府行政首长水利建设责任制实施细则》《湘西自治州农村水利建设劳动积累工暂行规定》《湘西自治州水利建设督察、评比、奖励办法》《湘西自治州防洪保安资金使用管理办法》《湘西自治州水利水电工程质量监督暂行规定》，这些文件对湘西州的水利水电建设从目标任务、行政职责、组织发动、资金使用和管理、工程质量监督以及督察、评比、奖励等多个方面作出了明确的规定，是湘西州"九五"期间水利建设的纲领性文件。

1996 年，全州移动土石方 1500 万立方米，完成工日 2000 万个，新增灌溉面积 0.36 千公顷，恢复灌溉面积 1.01 千公顷（其中水毁工程恢复面积 0.68 千公顷），新增旱涝保收面积 0.3 千公顷，解决 1.5 万人和 1.2 万头牲畜饮水困难。

湘西州农村耕地面临的形势十分严峻，人多地少的矛盾日益突出。1949 年全州耕地 138666.7 公顷、人口 113 万，人均耕地 1.84 亩，1996 年全州耕地增加到 141333.3 公顷，人口增加到 251 万，人均耕地下降到 0.84 亩，全州农民人均旱涝保取农田面积仅有 0.37 亩，基本上是靠天吃饭。因此，保护现有耕地，加强口粮田建设迫在眉睫。

1998 年，州委、州政府作出《关于加强农田基本建设的决定》，提出全力以赴抓好农田水利继大跃进、农业学大寨之后的第三次创业，力争三年建成 20 万亩基本农田，人均平旱涝保收农田面积达 0.5 亩。这既是一件功在当代、利在千秋、造福子孙的宏伟工程，也是湘西州扶贫攻坚、治穷脱穷的一项战略举措。1998 年全州口粮田建设动员大会于 6 月 18—20 日隆重召开。州委常委和州政府、州人大、州政协、吉首军分区的主要领导，各县（市）委书记、县（市）长和主管农业的副书记、副县市长，州直及各县（市）有关部门的负责人参加了大会。

与会人员参观了花垣县、保靖县、古丈县和永顺县的新建口粮田现场、农田水利建设工程等，听取了永顺、花垣、保靖三县口粮田建设的经验介绍。1998 年 6 月 18 日，湘西州委、州人民政府，在保靖县复兴镇和平村举行全州建设 20 万亩口粮田开工典礼仪式。树立石碑，碑文是"国以农为本民以食为天，本固而养备国泰则民安，惟我湘西山多田少民生其艰，遵照省委省政府指示扶贫攻坚，固本兴农组织农众学习愚公，奋战三年新建廿万亩口粮田，此乃强州之壮举，富民之宏篇，党恩广布万众同心，因铭之石而资永志焉"。州委书记彭对喜发表了重要讲话，州委副书记、州长武吉海代表州委、州政府作了题为《全力以赴抓好农田水利的第三次创业》的报告。州委书记、州长的《就农田水利建设给全州农民朋友的一封公开信》，6 月 19 日登载于《团结报》发到乡村，昭示全州已进入大搞农田水利建设的新时期。全州八个县（市）政府主要负责人向州政府领导递交了《口粮田建设目标管理责任书》。

州成立了口粮建设领导小组和口粮田建设指挥部。由武吉海州长任组长，向邦礼副书记、王承荣常务副州长任副组长，李德清副州长任指挥长。

按照《关于加强农田基本建设的决定》要求，州水利水电局成立了基本农田建设水利工程技术组，由局长符兴武任组长、一名副局长、一名总工程师及两名副处级干部专抓，并抽调20余名技术干部专门负责基本农田水利工程建设的规划计划、设计审查、质量监督和情况综合，分工明确，职责到人。

针对小型水库量多面广，单个蓄水调节能力差，布点高低错落有致，相对集中，以及岩溶水源多的特点，因地制宜，科学规划，按照"水量互补，灌面相连，统一调度，联合运行"的原则，实行集中连片开发配套，综合治理。即把相对集中的多个小型水库相互串联，与山塘、河坝、泵站、洞水等多种水利设施联合规划配套，形成蓄、引、提相结合，灌、供、排兼顾的集中连片水利项目区。编制了全州重点水利片区工程规划，以小型水库为龙头，蓄引提结合，规划4个跨县水利项目区。即花垣—凤凰项目区，由凤凰县的大小坪水库群、花垣县的莲花山水库群、广车水库群3大灌区组成；龙山—保靖项目区，由龙山县的双潭溪蓄引联合灌区和保靖县的龙潭水库群灌区组成；保靖—永顺—古丈项目区，由保靖县的塘口湾水库群、永顺县的阿迫水库群和古丈县的接龙渠蓄引工程3大灌区组成；吉首—古丈项目区，由吉首市的白岩水库联合灌区和古丈县的桐木水库联合灌区组成。此外，还有永顺县塔卧—弄塔水利片区、花垣红卫提引联合灌区和泸溪龙头冲水库群灌区3个县内项目区。把分散的小型水利变成集约型的规模水利，有利于重点投资建设，提高资金使用效益；把具有引水、提水、蓄水不同性能的水利设施结合为一体，优势互补，以发挥最大效益；把零乱的无序管理变成规范化的有序管理，有利于建立新的管理体制，上述7个重点水利项目区内，共有小（Ⅰ）型水库26座，小（Ⅱ）型水库85座，山塘378口，河坝237座，机电泵站45处，还有大量的泉井等，这些重点片区的水利工程互为依托，发挥整体优势，形成规模效益，涉及乡镇50个，其中特困乡25个，商品粮基地乡14个，覆盖农业人口32.69万人，设计灌溉面积16233.3公顷，配套完成后，可新开稻田4353.3公顷，新增有效灌溉面积9766.7公顷，新增旱涝保收面积10273.3公顷，项目区人均旱涝保收面积可达0.04公顷，每年可增加粮食产量3200万公斤。

以塘口湾水库为龙头的塘口湾水库群，采取长藤结瓜的方式，共串联了13座小型水库、102口山塘、81座河坝、134口泉井，形成了一个统一调度、分区供水的联合灌区，水库总库容1165万立方米，其他水利设施可提供水量120万立方米，灌区内规划设计总干渠1条14.9千米，干渠8条49.32千米，支渠19条68.34千米，渠系建筑物有渡槽3座194米，倒虹吸管6座1840米，隧洞12处4740米。灌区规划设计范围包括4个乡镇39个村涉及31165人。设计灌溉面积1854.4公顷，其中新增灌溉面积1157.8公顷（含旱改水678.6公顷），灌区内旱涝保收面积可达1355.8公顷，人均0.0613公顷，年可增收粮食311万公斤，人均增加103公斤，同时还兼有防洪、养鱼、城镇供水等综合效益。总投资1987万元，完成病险库处理4座，完成高标准总干渠6.54千米，干渠11条42.95千米，支渠19条23.47千米，修建渡槽2处140米，倒虹吸管10处3410米，隧洞10处3919米，完成投资1477万元，其中以工代赈1400万元，水利基建40万元，地方自筹37万元，已实现灌溉面积1405.2公顷，新增灌面708.5公顷，新增旱涝保收面积581.87公顷，改善灌溉面积299.5公顷。仅塘口湾水库经整治后增加有效水量400多万立方米，渠道经过高标准防渗处理后，干渠渠道水利用系数达到了 0.95，渠系水利用系数达到 0.87，节水效果和缩短输水时间都很显著。该灌区内复兴镇和平村在联合灌区建设前，旱涝保收面积，人均只有 0.27 亩，如今人均达到 0.92 亩，该村 126.7 公顷稻田全部是旱涝保收。花垣县委、县政府提出"千名干部下工地，十万劳力上水利"的响亮口号，冬修期间，干部参加水利义务劳动达 2810 人，其中县级干部 34 人，乡镇干部 662 人。干部带了头，群众有奔头。

花垣县麻栗场镇辖 18 个村 1 个居委会 14756 人，其中农业人口 13810 人，现有稻田 741.67 公顷，旱土 412.23 公顷，由于农田水利设施老化和自然条件的制约，1997 年底全镇旱涝保收农田仅 276 公顷，人均 0.3 亩，其中 8 个特贫村 3100 多人，人均旱涝保收农田面积仅 0.15 亩。1998 年 7 月至 1999 年 4 月，实施第一期工程——金新田灌区工程，投入 150 万元，通过对广车水库续建配套，干渠防渗 3520 米，新修支渠 3580 米，架设倒虹吸管 3 处 720 米，完成旱改水 76.53 公顷，改善灌溉面积 166.7 公顷，95％新开田插上了水稻，1999 年，州农业局调查测试新开的稻田，平均亩产 423 公斤。新科村一组龙再新一家 4 口，原来只有稻田 1.75 亩，收粮食 721 公斤，1999 年新开田 10 亩，产粮 5895 公斤。去冬今春实施第二期工程，1999 年 9 月 5 日，在尖岩山示范工程现场，组织了有州县各部门领导、工程技术人员和附近 3000 多名群众参加的声势浩大的开工典礼，平均每天上马劳力 1500 人。灌区群众投劳达 3 万多个工日，完成广车水库总干渠改造防渗 10 千米，新修支渠 4300 米，倒虹吸管 10 处 1800 米，渡槽 3 处 220 米，新修斗、农渠 30 条，总长 8620 米，新修机耕道 2560 米，完成投资 303 万元，旱改水 100 公顷，改善灌面 386.6 公顷，新增灌面 253.3 公顷，新增旱涝保收面积 233.3 公顷，灌溉 2 个乡镇的 9 个村受益人口 7680 人，解决 2500 人和 800 多头牲畜的饮水困难，灌区的人均旱涝保收农田由 0.37 亩增加到 1 亩。大旱之年更显示了水利工程抗旱保丰收的巨大作用。工程竣工后，建立了片区工程管理所，配备了 12 名农水员分段、分片管理灌区农业用水，由麻栗场水电管理站统一管理，由于建管到位，工程措施和非工程措施同时拉动，管水员责任心强，管理到丘到块，保证供水，满足供水要求，在长达 38 天的旱情中，新增的 253.3 公顷灌溉面积无一块稻田脱水，无旱情发生，水稻长势喜人，一片丰收景象，灌区可增产粮食 30 万公斤，增长 50％。由于水利工程措施和非工程措施到位，农民渴望供水的要求得到满足，灌区农民愉快地与管理所签订了水费粮合同，可收水费粮 1.1 万公斤。

龙山县双潭溪蓄引联合灌区是由一座小（Ⅰ）型水库和一个小（Ⅰ）型引水工程为龙头，联合 10 座小（Ⅱ）型水库组成的具有灌溉、供水等多种效益的片区水利工程。水库总库容 452.5 万立方米，蓄水池引水量 720.2 万立方米，灌区设计灌溉面积 1224.5 公顷，规划大小渠道 37 条 106 千米，渡槽 29 座、隧洞 4 处、倒虹吸管 10 处共 4130 米，设计灌溉面积 2120 公顷，可解决 12000 人 14000 头牲畜的饮水困难和 10 家工厂用水。工程分三期实施。第一、第二期工程已经完成，共投入资金 580 万元，改造和新修高标准渠道 28.3 千米。前两期工程已改善灌溉面积 666.7 公顷，新增保收面积 253.3 公顷。泸溪县龙头冲水库群是一个以灌溉为主，兼有防洪、发电、养鱼等综合效益的小型联合灌溉工程，通过渠系将灌区中的 2 座小（Ⅰ）型水库 6 座小（Ⅱ）型水库、84 口山塘、25 道溪坝及 2 处水轮泵站串联起来，总库容达到 1207.42 万立方米，总蓄引提水量达 1463.13 万立方米；

使之形成一个"分散蓄水，统一灌溉，水量互补，联合运行"的灌溉调节体系。该工程设计灌溉面积1075.5公顷，新增保收面积660公顷，使灌区人均旱涝保收农田由原来的0.3亩提高到1亩。工程预算投资1668万元。主要工程有水库枢纽整治，渠系配套39条92850米，渠系建筑物隧洞12处2845米，倒虹吸管16处3304米，渡槽6处314米，进坝公路2条5.5千米。该片区工程从1998年开始实施，目前已投入资金341万元，整治水库枢纽2座，整修进坝公路2千米，建成高标准防渗渠道7.1千米，各种附层建筑物10处，年增加蓄水量110万立方米，增加旱涝保收面积133.3公顷，灌区人均旱涝保收面积由原来的0.3亩增加到0.6亩。

1999年，湘西州开工水利工程19954处，完成土石方1635万立方米，完成工日2130个，上劳力22.8万人，出动机械2953台，投入资金6631万元，其中群众自筹664万元，河道清障拆迁房屋517处，新增灌溉面积3726.7公顷，恢复灌溉面积5253.3公顷，改善灌溉面积36666.7公顷，新增旱涝保收面积1866.6公顷，新增除涝面积333.3公顷，治理水土流失面积542公顷，新增蓄引提水量0.73万立方米，解决3.26万人1.74万头大牲畜的饮水困难。该年粮食总产量达84.8万吨，是历史上第二个丰收年，结束了粮食靠外调进口的历史。并首次荣获湖南省政府"芙蓉杯"水利建设竞赛先进集体，副州长李德清接过省长杨正午亲手颁发的奖杯。

以口粮田建设为重点的水利建设第三次创业，给湘西州的经济发展增添了活力。过去，全州农民人均旱涝保收面积只有0.37亩，口粮田建设实施后，全州农民人均旱涝保收面积达0.45亩，基本上解决了吃饭问题。口粮田建设工程实施前，全州有33.94万人、28万头大牲畜饮水困难没有解决。结合口粮田建设，解决了8.86万人和5.12万头牲畜的饮水困难。口粮田建设是湘西州集中资金办大事保重点的又一次成功实践。州委、州政府决定在依靠农户和乡镇、村自力更生、艰苦创业基础上，国家扶持资金"统一筹措、统一使用、渠道不乱、用途不变、各记其功"的原则筹措，主要来源有12条渠道，即湖南省分配的口粮田建设资金、粮食自给工程资金、以工代赈资金、水利建设资金、防洪保安资金、财政股票售表收入资金、财政特困村专项扶贫资金、农村库区移民开发资金、各种扶贫到村资金、州县市财政设立的口粮田专项资金、农分农发基金、州扶贫开发资金、其他渠道筹措的资金。对于以上集中的资金，实行设立专户，封闭式运行，多个口子进，一个口子出。全州共筹集水利水电建设资金20329.4万元，其中财政自筹5600万元，集体及群众自筹838.2万元，人均投入29.95元，在12条集资渠道中，有11979.4万元用于水利建设。口粮田建设密切了党同群众的血肉联系。州县（市）机关干部响应州委、州政府"州县（市）机关干部参加农田水利会战全年劳动时间不少于10天，乡（镇）干部和建整扶贫工作队员参加会战时间不少于30天"的决定，积极投入到水利建设。水利配套工程见效后，许多群众喜不自胜，自发燃放鞭炮庆祝。省水利厅厅长王孝忠在《中国水利》杂志上以"唯有活水才脱贫"的专题撰文，肯定了湘西州口粮田建设的成绩，是继水利"大跃进""农业学大寨"之后的第三次创业，是稳定脱贫的重大举措。只要群众愿意办的事，效果就显著。

2000年，湘西州纳入国家西部大开发的范围，体现了党中央国务院对老区、少数民族地区、贫困山区的极大关怀。为湘西州改变贫困落后面貌、缩小与发达地区的差距、促进全州经济发展和社会进步，最终实现共同富裕带来了前所未有的机遇。

水资源的开发利用和保护是西部大开发的重要内容，是经济社会可持续发展的基础。根据州委、州政府的统一安排和部署，湘西州水利水电局成立了西部开发湘西州水利水电规划编制领导小组，符兴武局长任组长，其他局领导为副组长，各科室、设计院、水文局和各县（市）局主要负责人为成员。组建了规划编制办公室，由滕建帅副局长任办公室主任，重点抓规划的编制工作，并从州局有关科室、设计院、水文局和各县（市）水电局抽调了28名技术骨干组建规划班子，集中时间、集中精力、集中办公地点，负责入西水利水电项目规划的编制工作。

这次规划编制工作实行州县结合、以州为主的组织形式，优先保证全州性规划成果及时上报。各县（市）抽调人员纳入州里统一编组。各县（市）主要是负责落实本县需进入规划笼子项目，调查、收集、提供有关资料；综合性规划和跨县项目的规划编制上报由州局统一组织。在保证州编规划的同时，各县也要组织力量，编制本县的水利水电发展总体规划和县内具体工程项目的规划或可行性研究报告。

规划编制工作得到省水利厅的指导和支持。省水利厅副厅长佘国云、刘佩亚分别带队分别来湘西州检查工作时，把指导湘西州编制好西部开发水利水电发展规划作为一项重要内容，要求湘西州在编制规划时要借鉴外省经验，把项目做全，把标准做高，把盘子做大。要有新思路、高起点、大手笔、超常规。

西部开发规划的指导思想是：紧紧抓住西部开发这一历史性机遇，以治旱防洪为中心，以水资源开发利用和节水灌溉为重点，以水土保持生态环境建设为根本，依法治水，科教兴水，新思路，高起点，大手笔，超常规，全面规划，分步实施，逐步实现水利现代化，以水利事业的可持续发展支持和保障湘西州经济社会的可持续发展。

2000年9月11日州局召开全州水利水电规划编制工作会议，对规划工作进行了动员和部署。11月完成《湘西州水利水电发展总体规划报告》和11个专项规划报告。

11个专项规划报告及相关单项工程规划或可研报告是：

（1）水资源开发利用与保护规划报告。

（2）防洪规划报告。相关单项规划有：①吉首市城市防洪规划；②永顺县城防洪规划；③凤凰县城防洪规划；④古丈县城防洪规划。

（3）武水大型灌区续修配套、节水改造规划报告。

（4）酉水大型灌区续修配套、节水改造规划报告。

（5）全州中小型灌区续修配套、节水改造规划报告。

（6）集雨节水灌溉工程规划报告。

（7）病险水库除险加固规划报告。相关单项规划有：黄石洞、龙塘河、岩门溪、甘溪桥、小排吾、卡棚、松柏、杉木河、马鞍山、卧龙、贾坝等11个中型水库枢纽除险加固规划报告。

（8）水土保持和生态环境建设规划报告。相关单项规划有：重点小流域综合治理实施规划，吉首市城市水土保持规划。

（9）乡镇供水工程建设规划。相关单项报告有：吉首市新城区供水工程可研报告；保靖县城供（增）水工程可研报告；古丈县城供（增）水工程可研报告；花垣县城供水工程改造可研报告等。

（10）农村人饮工程建设规划。

（11）地方电力发展规划。相关单项报告有：花垣县农村电气化建设规划、永顺县农村电气化建设规划、龙山县农村电气化建设规划。

对总体规划和 11 个专项规划确定了项目责任人，根据有关项目的规划要求和技术规范，拟定了各专项规划的编制大纲。

规划的目标是通过"十五"计划和西部开发更长时期的实施，逐步建立全州现代化的防洪保安体系，水资源保障体系，生态环境保护体系和现代化水利管理体系。彻底改变我州旱洪灾害频繁，生态环境脆弱，人畜饮水困难的严峻形势，实现全州水利事业的可持续发展和水利现代化。

2000 年湘西州共完成各类水利工程 20111 处，移动土石方 1780 万立方米，投入劳动工日 2306 万个，投入水利资金 20329 万元。新增灌溉面积 4386.7 公顷，恢复灌溉面积 6133.3 公顷，新增旱涝保收面积 3466.7 公顷，改善灌溉面积 5233.3 公顷。并解决 34.89 万人、3.14 万头牲畜的饮水困难。

2005 年是国家"十五"计划的最后一年，湘西州水利局按照上级的部署，结合州内的实际，紧持科学规划、突出重点、综合治理、分片实施、注重实效的水利建设方针，突出抓好水利水电"六大工程"。

安全工程全州完成了 7 座中型〔卧龙、马鞍山（一期）、卡棚、长潭岗（二期）、兄弟河、岩门溪、黄石洞〕、5 座小（Ⅰ）型（万溶江、双潭溪、格则湖、龙塔、夯库）、80 座小（Ⅱ）型病险水库除险加固任务；高家坝防洪水库完善了大坝砌筑方案，为后期完成目标任务奠定了基础，大坝浇筑达到年度预定计划 350 米高程。省水利厅已分别批复了可行性研究报告和初步设计书，并会同省发展改革委向国家发展改革委、水利部申报了中央国债资金计划。为了争取早日启动该项工程，州长杜仲烟带领局长翟建凯多次到省、京汇报，争取省发展改革委、水利厅和国家发展改革委、水利部的支持，取得了积极成果。省水利厅承诺，在积极争取国家投入的前提下，湖南省省水利厅支持 1000 万元进行水库大坝公益性建设，电站部分组建独立的法人机构联合开发。9 月，省发展改革委员会副主任易鹏飞在雷公洞防洪水库检查时明确表示大力支持水库建设，将该工程列入省基建计划，同时积极向国家申报基建计划，并下发了开工通知，确保 2007 年水库建成。州委、州政府领导高度重视雷公洞水库建设，由州委办下文成立了雷公洞水库建设协调领导小组，州委副书记王承荣任组长，州委副书记王秀忠、州委常委、常务副州长李德清，副州长胡章胜任副组长。同意成立"湘西自治州雷公洞防洪水库管理处"，正按程序报批。雷公洞水库在省、州有关领导的大力支持和指导下已全面开工建设，9 月下旬至 10 月上旬完成了导流洞测量任务，10 月 15 日开始进行洞内工程施工，已投入工程建设资金 250 万元，完成了供电线路、施工道路、运输索道、拦沙坝、堆渣场等工程，导流洞已掘进 50 多米，整个工程进展顺利；亚行贷款城市防洪项目的吉首、凤凰、保靖 3 县（市）的项目前期工作全部完成，顺利通过了亚行专家实地考察。

渴望工程为做好全州农村饮水现状调查评估工作，州财政拨出 12 万元，8 县（市）也拿出一定数量的资金作为前期经费，开展项目规划编制工作。通过农村安全饮水困难调查工作，确定全州共有8县217个乡（镇）2003个村89.98万人饮水安全存在问题，项目规划已由省水利厅上报水利部。国家已下达2005年度解决2.67万人饮水安全的应急项目计划，2006年实施完成。与此同时，乾州供水工程建设正加速推进，已提前向新区用户供水，为加速乾州新区开发提供了有力支持。

光明工程水电建设克服了工程难度大、施工环境差、阻工现象严重等不利因素，千方百计加快工程进度，纳入目标管理任务的永顺县梓潭溪电站，花垣县上游电站、金银山电站，骑马坡电站，龙山县小河电站、乌鸦河电站、中寨电站7座农村小水电站主体工程基本完工。其中梓潭溪水电站已投产运行，乌鸦河电站、上游电站、骑马坡电站正在进行设备安装与调试；"送电到乡"工程全部完成。11座电站及12个乡（镇）所在地电网改造已完成验收工作，该项目新增发电装机2290千瓦，建成10千伏电路72.4千米，低压线路94.8千米。湘西州第一座风力发电站在龙山县八面山乡建成发电，成为湖南省首座风力发电站。桑植—花垣220千伏、桑植—永顺110千伏输变电工程全面开工，建成后将大大缓解两县用电紧张矛盾，促进我州地方水电事业发展。水电招商引资成效显著，通过参加"杭洽会"和"港洽会"，全州已签订乾州新区供水、泸溪石煤发电、能滩电站、花垣220千伏变电站、龙山红岩电站等5个水、电建设招商引资协议，意向投资21亿元、引资15亿元。湘西州人民政府出台的《关于加快发展农村水电的意见》，为发展湘西州小水电提供了政策支持，将极大加快湘西州地方水电开发建设步伐。

丰收工程武水灌区续建配套与节水改造效益显著，岩门溪片右干渠砌完成1814米，加固隧洞2处，支渠防渗460米；龙塘河片南干渠衬砌完成828米。黄石洞片跃进主干渠防渗衬砌完成1000米，开挖兴隆隧洞1200米，白岩桐木片新建岩槽河干渠4130米。武水灌区续建配套与节水改造项目完成后，进一步改善了灌区的灌溉条件，优化了灌区水资源配置，实现了农业增产、农民增收，每年可节省水量1000余万立方米，增加灌溉面积366.7公顷，使灌区灌溉面积增加到15980公顷，粮食亩产平均提高120公斤，增产粮食27.5万公斤。工程综合效益达58.5万元。

保障工程重点突出修复了关乎人民群众生命财产安全和改善农民群众生产生活条件的水库、渠道、河堤、防洪大堤、河堤等水毁水利设施。永顺县高标准修复卓福水毁河堤400米，中坪水库重建工程已全部完工；龙山县修复茅坪、水田水毁河堤2600米；浦市大堤裂缝和临河排洪闸改造已全面完成。水毁水利设施的修复为基本农田建设提供了保障，极大地提高了农业综合生产能力。

富民工程全州水利部门以实施"水保农发项目"和国债项目为重点，实施了永顺农业综合开发水土保持项目和龙山、凤凰国债水土保持项目。其中永顺治理水土流失面积23.61平方千米，完成任务的101.2%。其中坡改梯33.3公顷，经果林41.87公顷，水保林714.7公顷，封禁治理1128公顷，小型水利水保工程30处，完成土石方4.04万立方米。此外，投入100万元的水土保持科技示范园和监测站点已建成并投入实测。通过实施水土保持综合治理，项目区内生态环境得到明显改善。

由于成绩显著，继2004年之后再次荣获全省水利建设"芙蓉杯"奖。2005年累计完成各类水利工程20065处、土石方1750.4万立方米、劳动工日2508.5万个，治理病险水库93座，整修扩容塘坝129口，河道清淤19千米，新修高标准防洪堤2.6千米，渠道防渗 80 千米，新增灌溉面积 986.7 公顷，恢复灌溉面积 1066.7 公顷，改善灌溉面积 1466.7 公顷，新增旱涝保收面积 580 公顷，治理水土流失面积 45 平方千米，解决农村饮水困难 40019 人，开工建设水电站 30 处，其中竣工投产电站 19 座，新增小水电装机 4415 千瓦，全州小水电发电量 6.3 亿度。有效灌溉面积达 64.62 千公顷，旱涝保收面积 60.36 千公顷。2006 年又荣获全省水利建设"芙蓉杯"奖。

2010 年，按期完成年度病险水库除险加固、农村饮水安全、灌区渠道系改造及山塘清淤扩容等四大重点水利工程建设开工治理病险水库 31 个，其中 29 座小（Ⅰ）型水库为新开工项目，龙山县湾塘、吉首市河溪 2 座中型水库为续建项目。全州 31 个建设项目主体工程已全部完工，完成投资 14508 万元。

全州已完成 2009 年第三批、2010 年第一批第二批饮水安全实施计划项目，通过集中式供水、分散式供水、抗旱集水窖供水等方式兴建工程 177 处，完成投资 8576.64 万元，解决 17.6279 万人的饮水安全问题，占已下达计划人数 17.27 万人的 102.07％。

大型灌区全面完成建设任务。红卫灌区东干渠、卧龙灌区水库引水渠和卡棚灌区水库主干渠竣工运行，完成中央投资 1000 万元，干渠防渗改造和险工段处理 15.2 千米，加固改造 22 处渠系主要建筑物，新建隧洞 1 座，改造 32 处渠系小型附属建筑物和处理 1 处堰塞湖。中小型灌区建设进展顺利。全州完成中型灌区渠首清淤 50 千米，新增旱涝保收面积 16 公顷，新增灌溉面积 33.3 公顷，改善灌溉面积 1400 公顷，小型灌区新增防渗渠道 131.34 千米，清淤 43.5 千米，新增旱涝保收面积 564.3 公顷，新增灌溉面积 846.7 公顷，改善灌溉面积 1706.7 公顷，新增节水灌溉面积 1633.3 公顷。龙塘河中型灌区完成投资 500 万元，完成渠道防渗改造 7.25 千米。小型农田水利建设全面完成任务，保靖 2009 年度全国小农水重点县建设和其他 7 县（市）小农水专项工程已全面完成，其中保靖全国小农水重点县建设项目在省财政厅、水利厅的绩效考评验收中评定为优秀。

清淤扩容山塘 1542 口，完成投资 2821.7 万元，新增蓄水能力 243.3 万立方米，恢复、改善灌溉面积 1440 公顷。

2010 年完成土方 3030.92 万立方米，石方 18.68 万立方米，混凝土 4.9747 万立方米，金属结构 574 吨。灌溉面积达 109.19 千公顷，有效灌溉面积 101.27 千公顷，旱涝保收面积 80.91 千公顷。

2011 年，湘西州水利系统认真贯彻落实中央、省委、州委 1 号文件和中央、省委水利工作会议精神，坚持人水和谐可持续发展治水思路，全面落实科学发展观，围绕中心工作，着力发展民生水利，团结奋进，扎实工作。3 月 28 日州委、州政府在全省 14 个市（州）中率先出台了《关于加快水利改革发展的实施意见》，9 月叶红专州长在省委水利工作会上，代表湘西州作基层服务体系建设的经验介绍。11 月 14—15 日在武陵山片区区域发展与扶贫攻坚试点启动会期间，州委书记何泽中、州长叶红专一道向回良玉副总理专题汇报湘西州水利项目，特别是大兴寨水库，争取中央的支持。在叶红专州长带领下，高文化局长及相关县（市）领导多次到省水利厅、长江委、水利部进行项目衔接汇报。全州有 1180 个项目进入了国家水利投资规划笼子，总投资 70.8427 亿元，其中中央投资达 47.5849 亿元。11 月省委、省政府出台了支持湘西地区发展《关于深入实施湘西地区开发战略的意见》（湘发〔2010〕17 号），其中明确指出"取消中央安排的公益性建设项目州本级和县以下配套资金"，高文化局长及班子成员多次带着文件前往省财政厅、省水利厅及有关处室进行汇报衔接，为减免湘西州县地方配套取得了成效。

2011年，坚持为民兴水，民生水利取得新进展：

农村饮水安全工程。兴建工程127处，解决了14.6394万人的饮水安全问题，完成投资6711.87万元。完成治理6座小（Ⅰ）型病险水库除险加固任务，完成投资2426万元。全面启动65座小（Ⅱ）型病险水库除险加固相关工作，其中55座已下达实施计划，43座中央项目已发布招标公告。保靖、龙山、古丈3个全国小型农田水利重点县项目及3个小农水专项县项目已全面完成，共新建蓄水池953个，整修山塘63处，加固取水河坝66处，铺设管道20.61千米，新建及改造渠道231.9千米，改造渠系建筑物257处，重建泵站3处，完成总投资4815.65万元。凤凰县龙塘河中型灌区沟渠疏浚项目全面竣工，完成沟渠疏浚523.4千米，完成投资500万元。大型灌区项目前期工作进展顺利，编制成第三、第四期酉水大型灌区续建配套和节水改造项目可研报告。冬春农田水利，开工建设水利工程50434处，移动土石方3038万立方米，投入劳动工日4028万个，渠道清淤防渗2123千米，新增蓄水能力289万立方米，新增灌溉面积5073.3公顷，改善灌溉面积9406.6公顷。

2012年，坚持项目兴水，争资上项，到位上级各类水利投资7.7亿元，与"十一五"全州5年水利投资9.5亿元相当。"两会"期间，州长叶红专与水利局局长高文化赴水利部汇报工作，矫勇副部长明确表态支持湘西州重点水源工程建设，湘西州大兴寨、古阳河、吉辽河、中秋河、乌巢河、龙潭河、辛溪河、腊洞等8座中型水库进入全国规划笼子。总投资达19.4724亿元。胡四一副部长表态支持编制凤凰水文化长廊规划，重点倾斜支持湘西州狮子桥、河溪、甘溪、塔里、湾塘、下寨河等电站增效扩容改造项目，全国坡耕地水土流失综合治理试点县落户花垣。永顺、吉首、泸溪先后进入全国小型农田水利建设重点县。保靖、龙山、永顺已列入革命老区水土保持项目规划。湘西州另有52处农村水电增效扩容项目列入2013—2015年近期规划，总投资5.7亿元。州水利局还先后编制了武陵山区区域发展和扶贫攻坚水利专项规划、水利部扶贫规划以及其他专项规划。大兴寨水库可研报告通过长江委审查。吉辽河水库、中秋河水库通过国家烟草局专家评审，乌巢河水库、辛女溪水库项目前期工作已全面启动。红卫大型泵站安全鉴定工作和更新改造工程可行性研究报告编制已完成。龙山、古丈、永顺3县全国小型农田水利重点县项目年度实施方案编制完成。龙塘河中型灌区节水改造配套农综开发项目完成可研报告。107处小（Ⅱ）型病险水库除险加固项目完成前期工作已开工。3处大型病险水闸项目已完成初步设计初审。竹篙滩电站二、三级开发项目环评报告通过省环保厅批复，泸溪县、保靖县小水电代燃料项目已完成初步设计和实施方案编制。酉水大型灌区续建配套与节水改造项目完成第三、四、五期可研报告编制。

2012年，全州水利建设完成投资11.2亿元（中央投资7.01亿元，省投资2.69亿元），共修复水毁工程4050处，新修干支渠350千米、田间支渠420千米，新修、加固堤防29千米，疏浚河道40.8千米，清淤沟渠245千米，新修、改造泵站18处，除险加固小（Ⅱ）型水库22座，整治塘坝180处，新建水窖450口，新建饮水安全工程109处。新增农村供水人口21.9万人，治理水土流失面积22.5平方千米，新增灌溉面积2866.7

公顷，改善灌溉面积 3200 公顷。

第二节　重点灌区介绍

一、酉水灌区

酉水灌区位于湘西州中北部，灌区涉及花垣、保靖、永顺、龙山和古丈 5 个县的 104 个乡（镇），1036 个村，总人口约 52.9 万人，其中农业人口约 36.32 万人，耕地面积 34.69 千公顷，灌区人均耕地 0.98 亩。酉水灌区根据河流水系和水源工程的特点，工程总体布局是以 9 处中型水库、1 处泵站为骨干水源，结合 53 座小型水库、125 处河坝、658 处泉井及塘堰等小型蓄引提工程的多水源组合的"长藤结瓜"式灌区，形成统一调度、分区供水的灌溉体系。灌区规划设计灌溉面积 20.91 千公顷，其中有效灌溉面积为 13.64 千公顷，现实灌面积 12.23 千公顷。

整个灌区已建成各类水利工程 846 处。其中中型水库 9 座、中型水轮泵站 1 座、小型水库 53 座、小型溪河坝 125 处、山平塘坝 658 处，总库容为 2.90 亿立方米。灌区现有干支渠 748.6 千米，其中已经衬砌 244.3 千米，完好长度 283.6 千米，完好率 37.9%，配套率 83.4%。渠系主要建筑物 315 座，完好率 21.6%，配套率 37%；田间渠道完好率 69.2%；形成了一个以中小型水库及塘坝为基础的多种水源相结合的蓄、引大型灌溉网。

2001 年，国家启动西部大开发，酉水灌区先后完成了《酉水灌区续建配套与节水改造规划报告》《酉水灌区续建配套与节水改造"十一五"规划报告》《酉水灌区续建配套与节水改造一至四期可研报告》的编制工作。酉水灌区被纳入了国家大型灌区续建配套与节水改造规划。具体项目是除险加固渠道 14.368 千米，防渗改造渠长 50.334 千米，续建 150.349 千米；改造与续建渡槽 84 座，倒虹吸改造与续建 112 处，隧洞改造与续建 130 处，改造与续建分水闸、泄洪闸等 1740 处；田间工程改造典型设计 2 处，共计 0.97 千公顷；灌区续建配套与节水改造主体工程需开挖土方 27.82 万立方米、石方 25.44 万立方米、浆砌石 26.17 万立方米、混凝土 20.08 万立方米、钢材 1245 吨。田间工程完成土方 69.1 万立方米、石方开挖 0.74 万立方米、混凝土及钢筋混凝土 6.87 万立方米、浆砌块石 6.94 万立方米；该灌区续建配套与节水改造总投资为 28508.64 万元，其中主体工程投资 20404.21 万元，田间节水改造投资 7404.77 万元，水土保持工程及环境保护工程投资 699.67 万元。

"十二五"规划：干渠除险 21 条 15.2 千米，干渠防渗衬砌 26 条 285.75 千米，骨干支渠防渗衬砌 70 条 192.285 千米，干渠续建 4 条 22.134 千米，支渠续建 30 条 128.235 千米，隧洞除险加固 115 座，渡槽除险加固 79 座，倒虹吸管除险加固 70 座。工程总投资 2.99 亿元。

为了确保工程项目的实施，2006 年 5 月 22 日经湘西州机构编制委员会办公室州编办发〔2006〕86 号文批准，同意设立湘西州酉水灌区管理局、湘西州武水灌区管理局，为州水利局管理的正科级全额拨款事业单位，实行两块牌子，一套人员。核定其全额拨款事业编制 6 名，主要职责是：贯彻执行水法律、法规和水利建设管理的方针政策、技术标准、规程规范；负责灌区内水资源的统一调度，水量分配，组织、指导、监督灌区计划用水、节约用水工作；负责制定灌区中长期发展规划，组织编制灌区续建配套、节水改造工程规划、可行性研究和设计报告，负责编制灌区配套改造年度项目实施计划；负责组织灌区配套改造项目的实施和建设管理，按照建设领域"三项制度"的要求，承担配套改造工程项目法人的责任；指导灌区范围基层工程管理单位搞好经营管理、灌溉管理和用水管理，开展多种经营，提高工程管理单位的效益，促进工程良性运行，自我发展；指导、督促基层工程管理单位搞好工程的维护、管理，确保工程正常运行。

酉水灌区续建配套与节水改造项目从 2008 年开始，共实施了三批项目，分别是 2008 年新增加项目，2008 年第三批项目，2009 年第四批项目。

2008 年新增项目是永顺杉木河主干渠、西干渠防渗衬砌，古丈广潭河主干渠、右干渠改造及防渗衬砌，以及对防渗改造渠段的小型附属建筑物进行加固改造。

2008 年第三批项目是永顺杉木河水库干渠渠首取水建筑物 2 处，花垣红卫水轮泵站东干渠防渗衬砌，龙山卧龙水库引水干渠及主要建筑物加固改造工程 6 处。

2009 年第四批项目建设内容是保靖卡栅水库主干渠防渗衬砌，除险加固 3 处，渠系主要建筑物改造，小型附属建筑物改造和新建隧洞 1 座及 1 处堰塞湖处理。

三批项目共下达投资 2850 万元，其中中央专项资金 2200 万元，地方配套 650 万元。三批项目共完成干渠改造 31.2 千米，新建和改造排水沟 6.13 千米，新建和改造渠系建筑物 115 座，完成土方 2.96 万立方米、石方 1.17 万立方米、混凝土 1.37 万立方米。

长达 7 千米的广潭河总干渠在改造后，从渠首到渠尾，放水时间缩短了 4.5 个小时，渠道完好率从 47% 提高到 98%，配套率从 70% 提高到 95%，渠系利用系数从 0.51 提高到 0.72，恢复和改善灌溉面积 2.86 千公顷。卡栅水库总干渠改造后，从渠首到渠尾放水时间缩短了 1.1 个小时，渠道完好率从 49% 提高到 97%，配套率提高到 98%，渠道利用系数从 0.50 提高到 0.71，增加灌溉面积 240 公顷。

项目实施取得了五个方面的成效：

农业综合生产能力得到提高，灌区恢复灌溉面积 0.34 千公顷，新增灌溉面积 0.91 千公顷，改善灌溉面积 1.4 千公顷。通过对灌区内 5 县的调查，综合分析得出工程实施前后主要农作物水稻单产为 375 公斤/亩、亩产提高 40 公斤；亩均灌溉用水达到 330.36 立方米/亩，减少 25.4 立方米/亩。年新增节水能力 1645 万立方米，年增产粮食 493 万公斤。

农民收入得到提高，通过对灌区枢纽改造和灌区配套，灌溉保证率得到了提高，灌区农民人均纯收入增加到 2718 元。灌溉条件的改善，使灌区农村种植高效、高产、优质农产品的比重不断加大，灌区通过节水改造工程的实施，提高了农业用水保证率，引导农民逐步调整种植结构。

节水能力得到增强，通过灌区配套、渠道衬砌，大大减少渠道的输水渗漏损失，降低了渠道糙率，提高了输水效率。骨干渠道的节水改造不仅推动了田间工程的配套与节水工程建设，渠道衬砌后，也减轻了渠道两岸严重渗漏现象。到 2010 年年末，新增节水能力

1645 万立方米，合理保护了水资源，促进了生态环境的改善。

用水效率得到提高，灌区大力推广高效节水技术，全面提高农业用水的利用率，实现水资源的可持续利用。通过实施节水工程，改善现状灌溉条件，有效地利用水资源，充分发挥灌区效益，经济效益和社会效益显著。工程实施后，灌区灌溉水利用系数由原有的 0.41 提高至 2010 年的 0.425。

工程运行安全度提高、维护费减少，改善了生产条件，通过续建配套与节水改造项目的实施，确保输水安全，进一步提高灌溉供水质量，增强了水利工程调控能力和防洪能力，提高了工程运行的安全性和可靠性，改善灌溉条件和农业生产条件，减少了工程的维护费用，节约了供水成本，改善了生产条件。

西水灌区自 2008 年开始实施项目以来，截至 2012 年共完成投资 2290 万元，仅占规划投资的 8.03%。灌区粮食总产量达 23100 吨。

二、武水灌区

武水流域位于东经 109°18′～110°10′。北纬 27°44′～28°19′之间，总面积 3570 平方千米，内有湘西州花垣、吉首、凤凰、保靖、古丈 5 县（市）。地势西北高，东南低。大部在海拔 220 米以上，西北部高达 1000 米以上。有流域面积大于 200 平方千米的主要支流万溶江、司马河、丹青河、能溪、沱江。

武水灌区位于湘西州南部，以龙塘河、岩门溪、黄石洞 3 座中型水库为主形成的中、小、微型水利工程长藤结瓜，蓄、引、提相结合的大型联合灌。灌区范围包括泸溪、凤凰、吉首、古丈 4 个县（市）37 个乡（镇）376 个行政村，由 6 个片区组成，即：泸溪县岩门溪片、龙头冲片；凤凰县龙塘河片、大小坪片；吉首市黄石洞片；古丈县白岩桐木片。灌区耕地总面积 30.24 千公顷，总人口 54.42 万人，其中农业人口 43.54 万人。灌区控灌面积 20.97 千公顷，有效灌溉面积 15.61 千公顷，其中水田 15.35 千公顷，旱土 0.26 千公顷。灌区已建成中型水库 3 座、小（Ⅰ）型水库 32 座、小（Ⅱ）型水库 51 座、山塘 949 口、提灌站 9 处、引水溪坝 107 处、蓄引提水总量 2.11 亿立方米。

根据水利部《关于开展大型灌区续建配套与节水改造规划编制工作的通知》（水农〔1999〕459 号）和水利部《关于加强大型灌区续建配套与节水改造项目管理工作的通知》（农水灌〔2002〕7 号），州局委托湖南省水利水电勘测设计研究院完成了《武水灌区续建配套与节水改造规划报告》，经中国灌溉排水发展中心组织有关专家进行了咨询评估后上报水利部。

武水灌区续建配套与节水改造工程项目 6 项：

（1）干渠渠道除险加固工程：共 10 段 202 处 7.674 千米；

（2）干渠和支渠的渠道防渗衬砌工程：共 92 条 530.6 千米；

（3）未完支渠续建配套工程：续建支渠 20 条 97.7 千米；

（4）渠系建筑物续建配套与更新改造：改造渠系建筑物 424 处 61473 米；

（5）田间节水工程（包括田间渠系、量水设施、格田化和控灌技术的推广）总节水灌溉面积 10.442 千公顷；

（6）通讯设施完善配套、管理系统建设等内容。

表9-1

小型农田水利建设项目表（2005—2012年）

年份	县（市）	投资（万元）	河坝新建（座）	河坝改造（座）	山塘新建（口）	山塘改造（口）	渠道新建（千米）	渠道改造（千米）	泵站新建（座）	泵站改造（座）	集水窖（口）	涉及乡镇（个）	涉及村组（个）	受益人数（人）	新增灌溉面积（顷）	改善灌溉面积（顷）
2005	保靖县	360.1	20			2	14.30				200	2（龙溪、夯沙）	9	7046	52	59
2006	泸溪县	170.6						14.44	1	1		3（解放岩、兴隆场、洗溪）	8	10036	20	60
	古丈县	196.55									350	1（断龙山）	4	3514	8	25
	永顺县	168.58					6.51					2（西岐、石堤）	4	5858	19	85
	小计	535.73					6.51	14.44	1	1	350	6	16	19408	47	170
2007	吉首市	135						10.94				2（都里、吉信）	2	1975	11	13
	凤凰县	131.7					5.40					1（禾库）	4	5200	10	11
	花垣县	118.4					2.95	5.00				1（补抽）	5	3801	16	6
	保靖县	199.95				1	4.92				402	1（大妥）	1	1786	12	4
	龙山县	202.4	3					8.01				2（茨岩塘）	7	9600	79	27
	小计	2422.6	3	50		20		134.88			500	12	39	53900	105.5	2.39
2010	保靖县	1649.6		45		30		95.00			543	4（迁陵、阳朝、葫芦、水银）	17	28258	76	120
	古丈县	1301.28		3		4		55.21			400	3（高峰、岩头寨、山枣）	15	21500	126	102
	龙山县	1600		18	0	29		64.54				4（农车、他砂、碇房、苗儿滩）	25	21900	75	94
	重点县小计	4550.88		66	0	63		214.75			943	11	57	71658	276.5	316
	吉首市	80						9.13				1（大坪）	1		8	4
	凤凰县	86						6.1				1（山江）	2		5	7
	永顺县	88.5						7.4				1（毛坝）	1		8	15
	专项县小计	254.5										3	4		21	26
	合计	4805.38		66		63		214.75			943	14	61	71658	297.5	342

续表

年份	县（市）	投资（万元）	河坝（座）新建	河坝（座）改造	山塘（口）新建	山塘（口）改造	渠道（千米）新建	渠道（千米）改造	泵站（座）新建	泵站（座）改造	集水窖（口）	涉及乡镇（个）	涉及村组（个）	受益人数（人）	新增灌溉面积（顷）	改善灌溉面积（顷）
2011	保靖县	1748.4		53		42		98.60			649	4（碗米坡、大妥、毛沟、普戎）	23	44100	110	124
	古丈县	1346.49		20		21		30.34				3（默戎、坪坝、双溪）	15	24900	148	118
	龙山县	1602.17		29		35		63.65			400	2（召市、贾坝）	24	26100	79	64
	重点县不计	4549.55		102		98		192.59		6	1049	9	62	95100	337	306
	泸溪县	80.04					3.3					1（浦市）	1		8	3
	凤凰县	80.06					1.7	4				1（阿拉）	1		2	12
	永顺县	201.8					4.837					1（颗砂）	2			14
	专项县小计	361.9					9.837	4				3	4		10	29
	合计	4911.45		102		98	9.837	196.59		6	1049	12	66	95100	347	335
2012	古丈县	1369.27		6		13		43.28			310	3（断龙山、红石林、古阳）	15	26400	105	96
	龙山县	1629.36		28		30		71.83				3（兴隆街、桶车=石牌）	19	24900	45	106
	永顺县	1488.26		18		7		91.35		3		2（万坪、毛坝）	16	19000	4	99
	重点县小计	4486.89		52		50		206.456		3	310	8	50	70300	154	301
	吉首市	565.03				3		12.20				1（社塘坡）	2		19	11
	凤凰县	1299.84		7		13		49.88				1（阿拉营）	10		67	38
	花垣县	1326.6		8		4		47.36				2（雅桥、麻栗场）	22		39	67
	追加县小计	3191.47		15		20		109.44				4	34		125	116
	合计	7678.36		67		70		315.896		3	310	12	84	70300	279	417

（主要建设内容）

2001年国家启动武水灌区续修配套项目2001—2004年共安排了中央国债资金1600万元，省配套100万元，对岩门溪片、龙塘河片、黄石洞片、白岩桐木片进行了续建配套节水改造。已衬砌防渗渠道21.8千米，险工险段处理23处，改造附属建筑物173处；管理用房改造2000平方米。工程效益：新增节水量450万立方米，新增灌溉面积0.71千公顷，改善灌溉面积1.83千公顷，新增粮食生产能力740万公斤，新增经济作物产值154万元。

2012年灌区粮食总产量达10250吨。

三、小型农田水利建设项目

湘西州农村小型水利设施建于20世纪60、70年代，受当时资金、物质和技术条件的限制，工程建设标准低，设施老化，毁坏严重，年久失修，功能退化严重，存在以下主要问题：①先天不足。部分小型水库没有修建渠道，"有肚子，无肠子"，尾欠配套任务大。已建渠道多采用石灰、黄泥砌筑，强度低，防渗性能差，渠道渗水严重。渠系建筑物病险问题多，如部分渡槽、倒虹吸管原施工中采用竹篾代替钢筋，现已不能正常运行。部分隧洞坍塌严重，需拱砌处理。②后天失调。由于小型灌区不是国家支持的重点，主要由州、县和群众自筹，投入非常有限，日常维修多是见漏补漏。更多的情况是有水就灌，顺其自然。③积病成疾。通过几十年的运行，渠道及其建筑物老化、损毁十分严重，致使小型水利设施有效灌溉面积不足设计灌溉面积的56%。

2005—2012年共安排湘西州小型农田水利建设资金24234.29万元，兴建和改造河坝309座、改造山塘283口、兴建和改造渠道1010.884千米、兴建和改造泵站11座、兴建集水窖4697口，使全州76个乡（镇）309个村的37.551万人受益。新增灌溉面积1378顷，改善灌溉面积1611顷。

2009年，保靖县成功进入第一批国家小型农田水利重点县项目建设范围，2009—2011年共完成投资5000.3万元；2010年，古丈和龙山县进入第二批国家小型农田水利重点县项目建设范围，2010—2012年分别完成投资4017.04万元和4831.53万元；2012年，永顺县进入第四批国家小型农田水利重点县项目建设范围，计划完成投资5402万元（表9-1、表9-2）。

表9-2 1989年、2012年农田水利建设成果表

项目	耕地面积（千公顷）	农业人口（万人）	粮食产量（万吨）	蓄引提总水量（万立方米）	有效灌溉面积（千公顷）	旱涝保收面积（千公顷）	人均旱涝保收面积（亩）
1989年	194.4	227.0039	80	93396	55.05	52.26	0.345
2012年	197	238.9605	84.99	93871（供水量）	106.8	90.94	0.57

第三节　引　水　工　程

1989 年，湘西州有河坝 9648 座，灌田 3.21 千公顷。

花垣县兄弟河引水工程渠首位于县城以东 4 千米处，有 9.2 米高的砌石重力坝一座，引水隧洞 2 处长 2298 米，3 条干渠长 35.7 千米，6 条支渠长 25.6 千米，引用兄弟河流量 13.6 立方米每秒，设计灌田 1.63 千公顷，并兼顾塔里水电站发电用水和县城 3 万多人的生活用水。1989 年工程已灌田 1.05 千公顷，旱地 0.63 千公顷。1996 年在老坝下游修建一座 12 米高的砌石拱坝，利用 8 米高的水头兴建了一座装机 2×325 千瓦的水电站，提高灌溉引水的保证率。工程管理所 162 名职工，通过供水、发电、养鱼、种植等形式多种经营总收入达 108 万元，曾被省水利厅、水利部评为先进单位。

接龙渠工程位于古丈县断龙山乡。断龙山乡地处岩溶山区，地下溶洞多，地表径流少，水源缺乏，是个十年遇九旱，滴水贵如油的干旱乡。历年来大小灾情不断，群众生活十分困难，是一个边远落后的特贫乡。全乡辖 17 个村 131 个组 12230 人，分成 66 个自然寨居住，712.6 公顷稻田仅靠 4 座小型水库和 34 口山塘灌溉。原省委书记熊清泉、王茂林多次深入该乡视察旱情，指导抗灾。在省、州、县三级党委、政府和部门的大力支持下，接龙渠引水工程分三期实施，第一期为引水工程，第二期为枢纽工程，第三期为渠系配套工程。第一、二期工程于 1992 年 2 月动工，通过三年奋战，在断龙山乡细塔河左岸 300 米高程的悬崖峭壁上，修建完成了对门冲水库水源工程，架设倒虹吸管 7 处 1690 米，渡槽 1 处 45 米，打通隧洞 7 处 1580 米，修建干渠 1 条 27900 米，工程于 1995 年 12 月通水。总投工 9 万个，投资 1000 万元。1998 年 5 月至 2001 年 3 月，抓住口粮田建设的机遇，第三期工程启动实施，累计投入资金 430 万元，配套修建干渠 2 条 5200 米，支渠 12 条 19200 米，整修山塘 4 口，投工 2.2 万个，接龙渠工程基本完工。2010 年，接龙渠工程可灌溉断龙、红石林两乡镇 546.6 公顷稻田，新开稻田 313.3 公顷，使 5000 人饮水困难得到了改善。

2010 年全州建成引水工程 3941 处，年供水量 35194 万立方米，灌溉面积 5233.3 公顷。全州灌溉 10 顷以上的引水工程有凤凰县的川洞，花垣县的火焰洞、五龙冲，保靖县的蚌壳岩、老场，永顺县的胜天、新坝、鱼泉洞、狮了桥、湾塘坝、张家坝、桥头坝、豆腐塘坝、三台坝，龙山县的新生、茨岩、兴隆、八一、苗沟比堰、桃子、一心渠道、先锋渠道、长潭渠道，共 23 处灌田 338.2 顷。

第四节　提　水　工　程

湘西州地处山区，山高水低，耕地分散，多是高岸田和高坡梯田，农业灌溉取水困难。提水灌溉事业经历了原始的龙骨车、筒车提水到煤气机、汽油机、柴油机、电动机、水轮泵提水的历程。1969 年柴油机灌业务移交给农机局管理。1989 年全州电力提灌达 809

台 2.16 万千瓦。水轮泵 247 处 543 台。灌溉面积 7.56 千公顷。1995 年有固定排灌站 769 处，装机 2.235 万千瓦，灌田 4.33 千公顷。2010 年全州水轮泵仅剩 192 处 348 台，灌田 1.4 千公顷。

2010 年湘西州电力提灌共 733 台装机容量 19890 千瓦，灌田 12.84 千公顷（表 9-3）。

表 9-3　　　　　　　　　　湘西州电力提灌工程分县统计表

县（市）	保有量		有效灌溉面积
	台	千瓦	千公顷
合计	733	19890	12.84
泸溪县	106	3780	0.91
古丈县	23	480	0.20
吉首市	143	3230	1.54
凤凰县	169	4790	3.44
花垣县	62	1120	1.20
保靖县	34	850	0.53
永顺县	78	2020	2.02
龙山县	118	3620	3.00

2011 年，经过州县水利部门努力，湘西州红卫大型泵站进入《"十二五"全国大型灌溉排水泵站更新改造规划》。红卫泵站是由红卫一站、红卫二站、将军山站等 20 座站组成，总装机 125 台套 17174 千瓦，分布在 8 个县（市）。可行性研究报告中设计改造泵站还有红卫二站、猛洞河一级站、猛洞河二级站等 6 座站，计划装机 31 台套 2975 千瓦，工程总投资 3640.5 万元。2012 年 5 月已完成项目的安全鉴定工作。

第五节　节　水　工　程

湘西州农业用水仍是主要耗水对象。据水量供需平衡计算分析，现有水利工程可供水量只能维持一般干旱年的灌溉供水，大旱年仍处于缺水状态。节水灌溉工程是水利部门的新学科。通过灌溉渠道防渗、喷灌、滴灌、节水窖工程和技术措施，节省供水消耗。

一、节水窖工程

1995 年，湘西州组织水利、农业、农机等方面的力量，开展雨水节水窖的研究，旨在解决骨干水利工程无法覆盖的干旱死角农业灌溉和人畜饮水困难。先后投入 1500 万元在永顺、凤凰、龙山等县进行试点，共修建水窖 50 口，水池 6500 口，单口窖（池）容积 15～100 立方米，总容积 20 万立方米，修建集流沟 2000 条总长 1000 千米，解决了 132 顷旱地作物的水源补充和 2.5 万人、2 万头大牲畜饮水困难。

永顺县麻岔乡是有名的干旱贫困乡，2000 年全乡 9 个村 31 个组 258 户农户开挖节水池 333 个，其中直径 6 米、深 2.5 米的 174 个，直径 3 米、深 4 米的 159 个，大节水池可装水 66 立方米，小节水池可装水 25 立方米。333 个节水池可灌稻田 6 顷，使全乡扩大了 1000 亩辣椒种植面积。

2006 年，省防汛办在湘西州进行抗旱集水窖建设试点。修建的水窖每个容积为 21 立方米，埋于地下，丰水时将山泉水用管道引入窖内，干旱时可够 4～5 口之家 4 个月饮用。由于地下水温低，存放半年水质仍能达到饮用水标准。同年 10 月省防汛办投资 30 万元，在古丈县红石林镇花兰村修建高标准饮水抗旱两用集水窖 30 口。2007 年 1 月湖南省首批抗旱集水窖示范工程会议在古丈县召开，古丈县要求修建集水窖的呼声十分强烈。在省、州水利部门的支持下，先后投入资金 800 多万元，在断龙山乡龙王湖村 4 个乡（镇）18 个村新建抗旱集水窖 2259 口，解决了 1500 人、8000 头大牲畜饮水困难和 266.6 公顷农作物灌溉。截至 2010 年，全州已建节水窖 12810 口，蓄水窖积 20 万立方米。解决 5.8 万人饮水困难。

二、渠道防渗

湘西州大部分灌溉渠道地处石灰岩、砂岩、页岩地区，岩石风化而成的土壤土质结构疏松，保水性能差，一些填方渠道施工质量差，致使渠道渗漏较大。为了减少渠道输水损失，提高灌溉水的利用率，扩大灌溉效益，在经历了三合土、砌块石、条石勾缝、水泥土防渗后，大面积推广应用混凝土防渗技术。混凝土防渗有现浇和预制两种。现浇混凝土又有岩渠或土渠开挖或成型后直接打混凝土板；浆砌块石后打混凝土板；浆砌河卵石后打混凝土板；干砌块石后直接打混凝土板。这几种方式一般可减少渗漏损失 70% 且经久耐用。

州水利局制定了防渗渠道的标准要求，即渠道要"直如线、平如镜、弯如月、坚如铁、美如画"。多次召开现场会，对防渗渠道进行检查评比，并利用回弹仪进行检测。提高了全州防渗渠道的施工质量，也涌现出许多条节水省时的标准渠道典型。

花垣县水排吾水库总干渠全长 28 千米，未防渗前渠首放水至渠尾需 36 小时，防渗后只需 12 小时。渠道利用系数由原来的 0.25 上升到 0.92。全年减少输水损失 896 万立方米。凤凰县万溶江水库 10 千米长的主干渠原放水需 12 小时，渠道防渗后放水只需 4 小时，时间缩短至原来的 1/3。

三、喷滴灌工程

喷灌是采用压力机，利用水压使喷头自动旋转喷洒灌溉。也有建压力池储水和直接引高处取水，设管网至喷头喷洒灌溉。一般适用于旱土经济作物灌溉。1995 年全州有喷灌机 40 台 500 千瓦，灌溉耕地 0.15 千公顷。2004 年喷灌保存量已达 760 千瓦，灌溉耕地 0.23 千公顷。2010 年灌溉耕地 0.26 千公顷。

滴灌是利用埋管于作物底部，环形水管钻小孔形成滴漏于土壤，使其湿润，提高作物抗旱能力的效果。鉴于滴灌工程维修管理困难，管道易堵易蚀，故难以在全州推广运用。

第十章　安全饮水工程

第一节　农村饮水工程

一、饮水困难的原因

（1）自然条件恶劣。全州山区和丘陵区面积占总面积的91.8％，居住在山区、丘陵区的农村居民占农村人口的88％，这些地方地势险峻，山高坡陡，相对高差大。为方便生产，居民大多居住在山坡台地，而水源多在切割较深的河谷，取水高度大。从地质条件分析，全州60.9％的面积为石灰岩，岩溶发育，天坑、漏斗、地下溶洞随处可见，地表溪河密度较小，降雨产生的径流很快转入地下。地下水埋藏深，出露低，开发利用难度大。

（2）自然降水分布不均。虽然多年平均降雨量高达1398毫米，但是年内、年际变化较大，降雨量较少的年份仅750毫米，较多的年份达1700毫米，个别地区达2100毫米，年内降雨主要集中在4—8月，占全年降雨量的70％以上，每年9月至次年3月降水严重不足。另外，降水的地域差异、垂直差异和坡向差异也比较显著。这些特点在不同程度上增加了雨水径流利用的难度。

（3）经济发展落后。湘西州属国务院确定的武陵山区贫困片的重点区域，2000年农村人均纯收入仅1277元，至今还有25.08万人没有解决温饱问题。工业企业少，经济效益低，地方财力薄弱，自筹能力差，虽然吃水问题已成为制约农村脱贫致富、影响农民身体健康的关键因素之一，但是由于经济条件的限制，难以通过自身努力来解决吃水困难。湘西自治州经济落后在水利建设上的表现是骨干工程少，小型和微型水利设施发展不够，供水能力不足，水利死角较多，加之地广人稀，居住分散，解决农村人口饮水困难的人均投资偏大，解决难度非常之大。

（4）生态环境恶化。随着农村经济发展，原有的生态环境发生变化，植被破坏严重，水源涵养能力减小，导致大量泉井枯竭。有些工业企业废水排放达不到规定标准，造成溪河水质污染，破坏了溪河沿岸农民的饮用水源。

二、饮水工程建设

1989年，国家拨出粮、棉、布采取以工代赈的方法兴建水利工程帮助贫困地区解决人畜饮水困难。1989—1998年，解决了15.11万人和10.26万头大牲畜饮水困难。通过农村改水等措施解决了35.13万人饮水不卫生的问题。截至1999年年底，全州累计投入资金 1.2 亿元，建成各类人畜饮水工程 2236 处，解决 97.49 万人（其中解决饮水困难的 62.36 万人，改善水质的 35.13 万人）、171.13 万头牲畜的饮水困难。2000—2002 年湖南省发展计划委员会、省水利厅、省财政厅分五批下达湘西州农村饮水解困项目。中央投资 2445 万元，兴建工程 188 处，解决 16.9 万人的饮水困难。2003 年 6 月，湘西州第一期人饮解困项目全面完成受益，共完成投资 3669 万元，其中中央投资 2445 万元。兴建工程 188 处，其中引水工程 158 处，提水工程 30 处，解决了 122 个乡（镇）243 个村 17.075 万人的饮水困难。2002 年至 2004 年，省发展计划委员会、水利厅、财政厅分三批下达湘西州农村饮水解困项目，中央投资 1200 万元，兴建工程 112 处，解决 1.18 万人的饮水困难。2004 年 9 月，湘西州第二期人饮解困项目全面完成受益。共完成投资 1901.4 万元，其中引水工程 101 处，提水工程 15 处。掘井 1 处，解决了 89 个乡（镇）130 个村 8.5318 万人的饮水困难。2005 年至 2010 年，省发展计划委员会、省水利厅、省财政厅分 14 批计划下达湘西州农村饮水安全项目，总投资 25818.68 万元，其中中央投资 16826.38 万元。2010 年 12 月，14 批农村饮水安全项目全面完成受益。共完成投资 25818.68 万元，其中中央投资 18626.38 万元，兴建工程 677 处，解决了 89 个乡（镇）130 个村 58.2506 万人的饮水困难。2011—2013 年，省发展计划委员会、省水利厅、省财政厅分 5 批下达湘西州农村饮水安全项目，总投资 27612.39 万元，其中中央投资 21880.29 万元，计划兴建工程 287 处，解决 56.7893 万人饮水困难（表 10-1）。

表 10-1　　　　湘西州农村饮水安全工程 2005—2013 年解困人数统计表

县（市、区）		合计	吉首市	泸溪县	凤凰县	古丈县	花垣县	保靖县	永顺县	龙山县
小计	解决人数（万人）	115.0399	9.3169	12.4691	15.6103	7.2015	15.1554	12.5652	20.3033	22.4282
	完成投资（万元）	53431.07	4373.38	5842.21	7207.235	3333.525	7093.77	5822.96	9373.88	10384.11
2005 年第二批	解决人数（万人）	2.8916	0.06	0.5351	0.5985	0.5205	0.5359	0.5816		0.06
	完成投资（万元）	988.31	22	195	185.675	191.225	167.91	210.5		16
2006 年第一批	解决人数（万人）	2.57	0.5		0.24		0.24	0.69		0.9
	完成投资（万元）	929.3	181.3		83.1			90.7	249.6	324.6
2006 年第二批	解决人数（万人）	2.49		0.324	0.324	0.465	0.608		0.324	0.445
	完成投资（万元）	956		121	121	199	227		121	167
2007 年第一批	解决人数（万人）	2.0188	0.5002			0.2734	0.6303		0.3029	0.312
	完成投资（万元）	863.09	184.13			131.4	282.76		134.3	130.5

县（市、区）		合计	吉首市	泸溪县	凤凰县	古丈县	花垣县	保靖县	永顺县	龙山县
2007年第二批	解决人数（万人）	4.1402	0.3092	1.0094		0.2515	0.3777	0.8009	0.7007	0.6908
	完成投资（万元）	1703.68	135.59	448.85		96.6	158.62	320.75	260.8	282.47
2007年第三批	解决人数（万人）	5.2212			1	0.0538	1.25	0.9214	1	0.996
	完成投资（万元）	2073.49			363.64	22.32	564.54	370.55	363.64	388.8
2008年第一批	解决人数（万人）	0.1832								0.1832
	完成投资（万元）	76.66								76.66
2008年第二批	解决人数（万人）	9.8502	0.5	0.75	1.2	0.35	2.04	0.9334	2	2.0768
	完成投资（万元）	3940.08	200	300	480	140	816	373.36	800	830.72
2008年第三批	解决人数（万人）	4.5	0.7	0.4	0.69	0.51	0.8	0.4	0.6	0.4
	完成投资（万元）	2384.79	377.66	216	327.71	275.4	432	216.02	324	216
2009年第一批	解决人数（万人）	3.254	0.3750	0.5	0.5	0.4	0.375	0.4	0.3	0.404
	完成投资（万元）	1619	180.76	241	241	193.24	230.8	193.2	145.38	193.62
2009年第二批	解决人数（万人）	1.1657					0.4601		0.4056	0.3
	完成投资（万元）	581					230		201	150
2009年第三批	解决人数（万人）	4.0648	0.1599	0.5307	0.9131	0.05	0.8534	0.3351	0.4325	0.7901
	完成投资（万元）	2034	81	266	456	25	425	169	218	394
2010年第一批	解决人数（万人）	6.71	0.77	0.75	1.03	0.41	0.33	0.71	1.37	1.34
	完成投资（万元）	3355	385	375	515	205	165	355	685	670
2010年第二批	解决人数（万人）	9.1909	0.75	1.669	1.23	0.6162	0.5057	1.17	1.64	1.61
	完成投资（万元）	4314.28	320	792.47	589.99	253.1	227.85	564.01	793.83	773.03

续表

县（市、区）		合计	吉首市	泸溪县	凤凰县	古丈县	花垣县	保靖县	永顺县	龙山县
2011年	解决人数（万人）	11.8195	0.97	1.16	1.7595	0.67	1.06	1.37	2.09	2.74
	完成投资（万元）	5563.88	457.25	551.38	826.48	316.01	498.99	645.97	979.81	1287.99
2012年第一批	解决人数（万人）	20.0737	1.9443	2.1886	2.7242	1.15	2.1121	1.91	3.9663	4.0782
	完投资（万元）	9848.87	952.34	1013.11	1341.23	546.63	1092.79	943.02	1951.94	2007.81
2012年第二批	解决人数（万人）	4.343	0.189	0.6412	0.9157	0.4196	0.6985	0.36	0.5021	0.6163
	完成投资（万元）	2225.45	99.19	334.71	467.36	217.93	357.17	187.93	262.11	299.05
2012年第三批	解决人数（万人）	2.25	0.3137					0.5408	0.6425	0.753
	完成投资（万元）	1108.37	154.85					266.33	316.36	370.83
2013年	解决人数（万人）	18.3031	1.2750	2.0011	2.4853	1.0615	2.5187	1.892	3.3367	3.7328
	完成投资（万元）	8865.82	642.31	987.69	1209.05	520.67	1219.34	916.62	1567.11	1805.03

湘西州政府出台了《湘西自治州农村饮水安全项目建设管理实施办法》，对工程立项、审批、资金筹措与管理、建设管理、工程验收、经营管理都作了明确规定，为农村饮水安全项目工程建设提供了有力的政策依据。足够的水源，为实施农村饮水安全工程提供了水源保证，对饮水安全项目，都作了水源最枯流量测定，对其是否满足保证率95％作了论证，所选项目附近均有溪水或水库作为水源，只要通过采取一定的工程措施和卫生净化措施，用水水源均可得到保障。坚持一手抓建设一手抓管理，按照有利于工程管理，有利于群众使用，有利于工程效益的发挥，有利于水资源可持续利用的原则，创新机制。

对饮水安全工程的后续管理采取6种管理方式：一是水利（水务）局法人管理。工程直接由县水利（水务）局或水利（水务）局设立公司作为运营法人，实行"独立核算、自负盈亏、以水养水、多种经营、确保安全、不断发展"的管理办法，按照现代企业制度进行运作。二是乡（镇）水管站管理。乡（镇）水管站作为农村饮水安全工程管理和责任主体，负责一些规模较小的乡（镇）集中供水工程和联村供水工程营运管理。三是村集体管理。对村组集中供水工程，由受益村委会确定专人管理，或采取承包、租赁等经营模式。四是用水户协会管理。积极组建用水户协会，由其管理村组级供水工程。五是以租赁、承包等形式出让经营权。六是农户自行管理，即对单户供水工程实行"自建、自有、自管、自用"。

第二节　乡（镇）集中供水工程

花垣县是湖南省农村饮水安全项目重点县，其创新的一流的领导重视、一流的超前意识、一流的经营理念、一流的筹资渠道、一流的建设标准的"五个一流"工作经验被省水利厅在湖南省全面推介，极大地推动了我省农村饮水安全工作的开展。2006—2010年花垣县共新建集中供水工程79处［其中18个乡（镇）已建水厂16处］，完成工程建设资金3927.48万元，其中：国家投资2756.24万元，地方配套及群众自筹1171.24万元。

工程建成后，解决了项目区农村居民8.7661万人的饮水安全问题，群众真正得到了实惠，深受农民欢迎，被农民群众誉为"德政工程""民心工程"，取得了"小工程、大德政"的政治效果和显著的社会、经济效益。

花垣县团结水厂属于湘西自治州第一批农村饮水安全工程项目。项目所在地团结镇是全县铅锌主矿区，境内无明显大河流，饮用水源主要为地下泉水。由于该地下矿洞溶洞纵横交错，地表各种废水，通过矿洞和自然溶洞通道汇入地下水，严重污染了饮用水源。水源污染严重影响了当地群众的身体健康。该工程于2005年6月28日开工，在水源处建600立方米清水池一个，水厂日产水量1500吨。该工程于2006年7月25日全面竣工受益。工程共完成水源池、抽水调节池、提水机房、蓄水池、水泵安装。铺设引水主管240米，提水管道240米，安装主、干供水管道8268米，铺设及整修供水支管47250米。完成土方5193立方米、石方1302立方米、浆砌方639立方米、混凝土89立方米、钢筋混凝土64立方米。工程年供水量42.57万立方米。据初步估算，水厂年供水量42.57万立方米，供水年收入76.63万元（1.8元/吨）。年供水成本44.41万元，可实现年利润32.22万元。

排碧乡水厂是湘西州第一处采用变频式自动加压控制净水新技术的示范性饮水工程项目，其主要是利用夯吉图水库水为水源，通过净化处理，解决排碧乡的马鞍、夯吉、板栗、四新、排碧、安岗、黄岩7个村、1个居委会及中小学和乡直单位的饮水安全问题，日供水400吨，受益人口为4008人。工程工艺流程：PE管接水库水过滤净化器加压净化器100米清水池加压泵（变频加压设备）供水主管网。工程建设内容包括：变频式自动控制净水设备1台套，新建100吨清水池1座，加氯、加矾、配电及加压泵房1栋，工程铺设输水PE主管长5620米、支管长9292米。工程总造价195.26万元，其中国有投资116.3万元，省配套34.7万元，市（县）配套26.03万元，群众自筹18.23万元。工程于2008年7月10日开工，2008年9月底全面完工。

茶洞水厂属于日元贷款湖南省环境与生活条件改善项目子项目。工程总投资1127万元人民币，其中县财政配套195万元，供水规模近期为2.5万人，远期为5万人。工程所在地花垣边城镇（原茶洞镇）由于水源清水江上游的水体受到各类污染源，特别是重金属的严重污染，导致水质难以达到国家标准，当地群众饮水安全问题十分突出。茶洞水厂位于茶洞南侧半坡山上，场址东西长65米，南北宽45米，占地面积2925平方米。工程项目建设内容为水厂厂房、大坝水库、输水隧洞、管网铺设四大主体工程。该工程设计日供水规模 1.5 万立方米，设 2000 吨蓄水池 1 个，过滤池 3 组；开挖引水隧洞 935 米，修建水库 1 座，引水溪坝 2 座，蓄水量 21 万立方米；铺设引水管道 3 条 3995 米，供水主管 980 米，干管 3 条 6750 米，支管 14 条 11200 米。工程于 2006 年 12 月开工，2008 年 10 月竣工，工程建设总投资 1400 万元。

麻栗场镇登高村人饮工程建于 2004 年 6 月，同年 9 月竣工交付使用，工程总投资 8.2 万元，其中中央投资 3.7 万元，地方配套 4.5 万元。工程为提水式工程，使用新型脉动泵为提水设备，不用电不用油，利用动力水头将水压到水池，很大程度上节约了制水成本。本工程供水规模 30 吨/日，安装脉动泵 2 台，新建泵房 2 间，铺设提水管道 2 条 730 米，新建 20 立方米水池 1 座，铺设 PVC－U 主支管 2800 米，解决饮水困难人口 275 人。工程由村委会管理，收取适当的运行管理费用，自收自支，自负盈亏。

吉首市按照"三先三后、集中为主、水质为先"的原则，认真开展科学规划设计、规范质量管理、强化建后管理，完成了省、州下达的解决 4.6243 万人农村饮水安全的目标任务。2006 年至 2010 年共新建集中供水工程 63 处，分散工程 2 处，完成工程建设资金 2067.44 万元，其中国家投资 1503 万元，地方配套及群众自筹 564.44 万元。使群众得到了真正实惠，被农民称誉为"德政工程""民心工程"，取得了"小工程、大德政"的政治效果和显著的社会、经济效益。白岩乡饮水安全工程于 2009 年 1 月 28 日开工，同年 6 月 30 日竣工。工程总投资 191.49 万元，工程完成引水管道 200 米、300 立方米清水池、净化、消毒设备厂房、综合楼 150 立方米、配水管道：DN110PE 管道购置安装 1800 米、DN90PE 管道购置安装 1876 米、DN75PE 管道购置安装 1125 米、DN63PE 管道购置安装 1489 米、DN50PE 管道购置安装 1566 米，净化、消毒设备（300L/h）购置安装 2 套。解决白岩、补戈、毛坪 3 个村 670 户 3348 人的饮水安全问题。

河溪镇饮水安全工程位于吉首市河溪镇。河溪水厂供水水源为河溪水库，水库已成为全市的人工养鱼基地，养殖规模为年产鱼 1375 吨，年用食料量 2800 吨，其中掉入水库中约 300 吨，食料主要成分为蛋白质、脂肪、碳水化合物、矿物质、维生素药物量 10T，主要成分为铜制剂、碘制剂、抗生素、中草药、二氧化氯等，加之水库上游有一定的工业排污，造成了较为严重的水质污染。为了解决饮水困难问题，工程干 2007 年 9 月 29 日开工，同年 12 月 28 日竣工。工程总投资 157 万元，工程完成土方开挖 335 立方米，购安钢制浮船 1 只、水泵 2 套、一体化净水设备 1 套，安镀锌钢管 2.35 千米。解决了河溪镇镇机关、中小学、大城居委会、河溪村、百里村、新建村、持久村 8108 人的饮水安全问题。

矮寨镇金叶村饮水安全工程于 2009 年 11 月开工，同年 12 月竣工，工程投资 16.21 万元，新建水源池 1 个容积 1 立方米，供水池 1 个 24 立方米，配水管网 5200 米，解决了 400 人的饮水安全问题。

泸溪县 2006—2010 年共新建集中供水工程 56 处，分散工程 2 处，完成工程建设资金 2955.32 万元，其中国家投资 2143.97 万元，地方配套及群众自筹 811.35 万元。解决了农村 6.4682 万人的饮水安全问题。石榴坪乡供水工程于 2009 年 6 月动工，同年 9 月完工，完成投资 95 万元，打深井一口，日产水 450 吨，修建供水池 2 个装机 15 千瓦，架设管道 1200 米，解决饮水不安全人口 520 户 4160 人。永兴场乡供水工程 2006 年动工，同年 10 月竣工，完成投资 135 万元，修建供水池、蓄水池、过滤池各一个，架设输水管道 4.7 千米，架设供水管网 12.8 千米，解决了饮水不安全人口 721 户 4327 人。良家潭桐油坪村供水工程 2006 年 6 月动工，同年 9 月完工，完成投资 46 万元，修建供水池 2 个，打深井 2 口，架设输水管道 940 米，解决了 152 户 674 人饮水安全问题。

凤凰县 2006—2010 年新建集中供水工程 64 处，分散工程 11 处，完成建设投资 3363.12 万元，其中国家投资 2521.99 万元，地方配套及群众自筹 841.13 万元。解决了农村居民 7.7256 万人的饮水安全问题。廖家桥镇供水工程于 2006 年 8 月动工，2009 年 6 月竣工。工程总投资 658.24 万元（其中日元贷款 281.28 万元，国家饮水安全项目投入 376.96 万元），工程采用重力自流供水，日供水量 2000 吨，改造供水管网 188.3 千米，解决了廖家桥镇、都力乡 12 个自然村、1 个街道居民委员会、1 所职业中学、1 所初级中学、1 所中心完小 2482 户 14584 人生活用水困难。林峰乡供水工程于 2009 年 1 月动工，同年 12 月完工，工程投资 228.8 万元，从铁门闪水库引水，架输水管网 51.5 千米，解决了毛都、江家坪、黄罗寨 3 个村及乡政府机关 6623 人的饮水安全问题。阿拉镇龙井村供水工程于 2008 年 4 月开工，9 月完工，工程投资 39.24 万元，修蓄水池和提水泵房 1 座，安装输供水管网 15.3 千米，解决了 1197 人的饮水安全问题。

古丈县 2006—2010 年新建集中供水工程 52 处，分散工程 8 处，完成工程建设资金 1732.29 万元，其中国家投资 1240.48 万元，地方配套及群众自筹 491.81 万元。解决农村居民 3.9004 万人的饮水安全问题。河西镇供水工程于同年 6 月开工，同年 9 月完工。总投资 109.9 万元，完成输水渠道封盖 1.65 千米，水厂场地平整及净水构筑物完善，铺设主供水管 2.83 千米，配水管道 33.1 千米，解决 4507 人的饮水安全问题。断龙乡供水工程于 2007 年 4 月动工，2007 年 8 月完工。投资 117.85 万元，完成输水管道 4.65 千米，总水池和高水位水池各 1 个，泵站 1 处，管理站房 1 栋，解决 2137 人的饮水安全问题。红石林镇花兰村供水工程 2009 年 3 月开工，同年 9 月完工。投资 90.19 万元，完成拦水坝 1 座，水源池、站淀池、供水池各 1 座，铺设提水管道 910 米，修建管理站房 1 栋，解决 440 人的饮水安全问题。

保靖县 2006—2010 年共新建集中供水工程 69 处，分散工程 6 处，完成工程建设资金 2863.09 万元，其中国家投资 1973.21 万元，地方配套及群众自筹 889.88 万元。解决了项目区农村居民 6.4924 万人的饮水安全问题。复兴镇供水工程于 2008 年 12 动工，2009 年 10 月完工。投资 156.96 万元，其中中央投资 120.93 万元，整修 150 立方米水源截水池 1 个，新建 350 立方米供水池 1 个，一体化水质处理池 1 座，安装水质净化设备 1 套，建设水厂管理房 1 座 88 平方米，架设输配水管道 17 千米，解决了 8200 人的饮水安全问题。毛沟镇供水工程于 2008 年 4 月开工，2009 年 10 月竣工。投资 124.75 万元，修建 100 立方米抽水池 1 个，50 立方米供水池 1 个，300 立方米供水池 1 个，抽水泵房 48 平方米，购 18.5 千瓦电机设备 2 台套，50 千伏安变压器 1 台套，架设管道 16.2 千米，解决了 8500 人的饮水安全问题。碗米坡镇新码头村供水工程 2009 年 4 月动工，同年 10 月完工，投资 12 万元，修建水源池 2 个，18 立方米供水池 2 个，架设输配水管道 5 千米，解决 600 人的饮水安全问题。

永顺县 2006—2010 年共新建集中供水工程 125 处，分散工程 12 处，完成工程建设资金 4296.55 万元，其中国家投资 3134.04 万元，地方配套及群众自筹 1162.51 万元。解决了项目区农村居民 9.7657 万人的饮水安全问题。万坪镇供水工程于 2007 年 5 月开工扩建，2008 年 5 月完工。投资 190 万元，完成 400 立方米清水池 2 座，反应沉淀池 1 座，快滤池 1 座，值班室 1 栋 87 平方米，冲洗泵房 1 间 24 平方米，加氯间 6 平方米，新建进厂公路 85 米，水厂绿化 650 平方米，排水沟 167 米，围墙 220 米，引水渠防渗 800 米，安装 50 千伏安变压器 1 台，10 千伏输电线路 500 米，引供水管道铺设 7.1 千米。解决了 2.4 万人的饮水安全问题，泽家镇供水工程 2007 年 6 月动工改建，2008 年 2 月完工。投资 88.2 万元，完成 100 立方米水源池 2 座，30 立方米慢滤池 1 座，洗衣池 1 座，15 立方米、30 立方米、300 立方米清水池各 1 座，管道铺设 12.1 千米，解决了 7200 人的饮水安全问题。两岔乡两岔村供水工程于 2007 年 8 月动工，同年 10 月完工，投资 13.6 万元，完成水源池 4 座，10 立方米清水池 1 座，6 立方米清水池 3 座，铺设管道 7.6 千米，解决了 552 人的饮水安全问题。

龙山县 2006—2010 年新建集中供水工程 122 处，分散工程 6 处，完成工程建设资金 4613.4 万元，其中国家投资 3353.41 万元，地方配套及群众自筹 1259.99 万元。解决了项目区农村居民 10.5079 万人的饮水安全问题。召市镇供水工程是为了解决因氟砷超标而造成的饮水困难。工程于 2007 年 4 月开工，同年 10 月完工。投资 148.8 万元，新建取水坝 2 座，沉淀过滤池各 1 座，铺设引水主管道 11.8 千米，供水管网 18.9 千米，解决了 4938 人的饮水安全问题。洗车镇供水工程于 2007 年 5 月开工，2008 年 10 月完工。投资 75.6522 万元，新建水源池、沉淀过滤池、减压池、清水池各 1 座及水厂配套建筑，铺设引水主管 12.8 千米，供水管网 11.5 千米，解决了 2737 人的饮水安全问题。红岩镇红岩村供水工程于 2007 年 4 月动工，同年 10 月完工。投资 42.1 万元，新建取水坝 1 座，沉淀池、过滤池、清水池各 1 座，铺设引水主管 8.5 千米，供水管网 6.3 千米，解决了 1222 人的饮水安全问题。

洗洛乡欧溪村供水工程于 2009 年 7 月开工，同年 10 月完工。投资 71.57 万元，新打水源深井 2 口、提水设备 2 套、提水泵房 2 座、清水池 2 座、铺设提水主管 1.3 千米、供水管网 18.5 千米，解决了 1532 人的饮水安全问题。2010 年全州安全达标人口 166.44 万人，不安全达标 72.17 万人，其水量保证率不达标 45.25 万人，水质不达标 26.92 万人。

2012 年全州农村集中供水工程共 2845 处，其中供水 1000 立方米/日以上 19 处，供水 200～1000 立方米/日 104 处。供水 200 立方米/日以下的 2722 处，总供水量为 966 万立方米。

第三节　城市供水工程

花垣县兄弟河引水工程是湘西州最早向城市供水的水利工程，1981 年县财政投资 50 万元建设供水，到 2012 累计各方投资达 1.1 亿元，供水规模 6 万吨/日，供水人口 9.8 万人，覆盖花垣整个县城及周边花垣镇 7 个村、团结镇 8 个村 2 个居民委员会。共铺设管道 420 千米。供水公司共有 225 人，企业化运作，自收自支，自负盈亏，年营业额 1050 万元。

龙山县卧龙供水工程，1995 年前一直由卧龙水库在亭子堡的水厂向县城供水。1995 年后划归县住建局自来水公司。1997 年 10 月自来水公司新建水厂 1 处，占地 0.16 顷，管理房 1000 平方米，改建引水渠 25.6 千米，设置混凝土沉淀池过滤消毒设备 2 套，建 800 立方米水池 2 个，铺设直径 300 毫米钢管 3.5 千米，直径 200 毫米钢管 6.8 千米，完成投资 1200 万元，日供水量达 15000 吨，县城 4 万人用上了卫生方便的自来水。

保靖县白岩洞供水工程，属白岩洞溶洞水供水，后划归县住建局下属的自来水公司项目。项目于 2001 年 11 月开工，2003 年 10 月完工。主要内容：完成引水隧洞 1 座长 3.35 千米，新建水厂 1 处，占地 0.21 顷，建管理房 2000 平方米，设置混凝土沉淀池过滤消毒设备 2 套，建 1000 立方米水池 2 个，铺设直径 400 毫米钢管 1.2 千米，直径 300 毫米钢管 6 千米，完成投资 3200 万元。日供水量达 20000 吨，使县城 5 万人饮用上了卫生方便的自来水。

吉首八月湖水资源开发有限责任公司是由州、市水利局联合组建的国有股份制公司。公司始建于 2002 年，并于同年修建八月湖水厂。水厂占地面积 65 亩，总投资 1.55 亿元。设计日供水规模 10 万立方米。项目分两期建设，主要有水源工程、水厂净化系统、输水系统、供水管网和办公厂房五部分组成。一期日供水规模 5 万立方米，于 2009 年 4 月开始竣工投产运营，是一家集制水、供水、售水、工程设计、建筑工程安装为一体的制供水企业，公司现有资金总额达 1.25 亿元。在职职工 45 名。八月湖水厂充分利用黄石洞水库与跃进水库的优质水源，主要向乾州新区和湘西经济开发区供水，自建成供水以来保障了吉凤工业园区、乾州开发区周边及 4 个乡镇 20 个村近 3.5 万余人的生产生活安全用水。工程供水渠长 4 千米，隧洞长 2.6 千米，输水流量 1 立方米/秒，管网长 3.19 千米，日供水量 8000 吨，年收入 1200 万元，年利润 200 万元。

中型水库向周边乡镇供水的工程有：①凤凰县阿拉水厂，始建于 1990 年 7 月，2012 年 9 月改扩建，主要项目是从龙塘河水库取水输水管道 14.8 千米、电湖线路、加压泵站、供水管网改造及进厂公路硬化。总投资 966.02 万元，其中中央预算内资金 771.74 万元，省配套 130.45 万元，地方配套及自筹 63.83 万元。改扩建水厂日供水 3400 吨，为阿拉镇所辖 13 个行政村，1 个居委会，1 所中学，1 个开发区以及 43 个镇直单位和集贸市场 17247 人提供了安全、卫生的生活饮用水。②花垣县小排吾水库 2010 年修建了日供水 300 吨的水厂，修建 300 立方米蓄水池 1 座，厂房 1 栋，安装提水设备 1 台套，铺设管网 9700 米，工程总投资 106.83 万元，使排吾乡集镇、大排村、小排村及学校 2304 人饮上了安全水。③泸溪县浦市镇水厂，改扩建工程兴建于 2013 年 9 月，总投资 331.45 万元，主要项目从岩门溪水库铺设管径 DE450 毫米的供水主管 3095 米，从压力管道下的配水房三通接水，出口连接水厂的反应沉淀池。日供水 10000 吨，解决浦市镇、浦市工业园 7000 人安全饮水。④永顺县芙蓉镇自来水厂于 2012 年扩建，从松柏水库取水口铺设 4400 毫米球墨铸铁管及 4400 毫米 PE 塑管至曹家湾原水厂取水口处，管道全长 12.5 千米。总投资 512.89 万元，解决芙蓉镇及周边村 10200 人安全饮水。

根据湘西州水利局发布和州水文水资源局制定的 2012 年第一期湘西州水资源公报；2012 年全州各部门实际用水总量为 9.3871 亿立方米，较上年减少 2.7%。按水源分，地表水 9.1193 亿立方米，地下水 0.2678 亿立方米；按部门分，农业用水 6.4713 亿立方米

（其中林牧渔畜用水 0.2027 亿立方米）、工业用水 1.3540 亿立方米（无火电）、居民生活用水 1.2265 亿立方米（其中城镇居民用水 0.5821 亿立方米）、城镇公共用水 0.2471 亿立方米（其中服务业用水 0.2190 亿立方米）、生态环境用水 0.0882 亿立方米（表 10-2）。

表 10-2　　　　　　　　　2012 年行政分区供水量　　　　　　　　单位：万立方米

分区／项目	吉首市	泸溪县	凤凰县	花垣县	保靖县	古丈县	永顺县	龙山县
水利工程供水	6155	10643	13595	10401	7865	5372	14803	13748
市政供水（自来水）	1731	361	965	694	470	183	660	653
自备取水	1290	334	46	831	764	159	89	49
非水利工程	62	209	165	211	517	16	715	115
污水处理回用	0	2	0	0	0	0	0	0
合计	9238	11547	14771	12137	9616	5730	16267	14565

2012 年全州人均综合用水量为 364 立方米，万元 GDP 和万元工业增加值（均为现价）用水量分别为 236 立方米和 102 立方米（无火电），水田实灌亩均用水量 431 立方米，城镇居民生活（不含公共用水）用水量平均每人每天 164 升，农村居民生活（不含牲畜水）用水量平均每人每天 110 升。除居民人均用水指标略有提高外，其他单项用水指标较上年均有所降低（表 10-3）。

表 10-3　　　　　　　　　2012 年分区主要用水指标

区县名称	人均用水			万元用水		水田实灌亩均用水量
	综合用水量	城市居民生活	农村居民生活	GDP	工业增加值	
	立方米/人	升/人·日		立方米/万元		立方米/亩
吉首市	302	165	110	96	97	425
泸溪县	412	180	114	238	95	435
凤凰县	421	185	114	315	115	435
花垣县	416	170	110	205	97	430
保靖县	341	142	110	232	109	430
古丈县	443	150	109	376	119	429
永顺县	375	143	103	391	122	429
龙山县	287	170	108	298	122	428
湘西州	364	164	110	236	102	431

第十一章 防洪抗旱工程

第一节 城市防洪工程

1998 年，省水利厅把湘、资、沅、澧四水治理与洞庭湖治理紧密结合起来，在四水流域的城市采取新修加固堤防、疏浚拓宽河道、兴扩建防洪水库、建设防汛指挥系统等五项措施。为加快湘西州四水项目工程建设，2003 年，保靖、凤凰、古丈 3 县委托州水利电勘测设计研究院完成了 3 县城市防规划编制，湘西州水利局分别以州水发［2003］152 号、州水发［2003］153 号和州水发［2003］160 号给予了批复。同时督促泸溪、凤凰、古丈（茶洞镇）、永顺、保靖等县完成城市防洪封闭圈工程初步设计。其中，省厅审查并批复了泸溪、古丈和凤凰县的设计报告。

1998—2012 年，省对湘西州投入四水治理资金共 27976 万元，修建防洪堤 65 处 30.495 千米，河道疏浚 5.769 千米，处理水库险情 7 处。其中，吉首市四水治理中央投资 2900 万元，修建防洪堤 12 处 5.6 千米，河道疏浚 3.298 千米，处理水库险情 3 处；泸溪县四水治理中央投资 1910 万元，修建防洪堤 12 处 8.36 千米，处理水库险情 1 处。凤凰县四水治理中央投资 1258 万元，修建防洪堤 7 处 1.488 千米，河道疏浚 0.541 千米，处理水土流失 1 处，处理水库险情 1 处。花垣县四水治理中央投资 980 万元，修建防洪堤 7 处 1.725 千米；保靖县四水治理中央投资 930 万元，修建防洪堤 5 处 2.78 千米；古丈县四水治理中央治理投资 1770 万元，修建防洪堤 11 处 2.535 千米，河道疏浚 0.59 千米，处理水库险情 1 处；永顺县四水治理中央投资 608 万元，修建防洪堤 3 处 1.836 千米，河道疏浚 0.28 千米，处理水土流失 1 处，处理水库险情 1 处；龙山县四水治理中央投资 2180 万元，修建防洪堤 8 处 5.45 千米，河道疏浚 0.8 千米；州直大龙洞堤防工程治理中央投资 250 万元，加固防洪墙 721 米，大龙洞河段河道清淤疏浚 260 米，配套兴建高家坝和雷公洞 2 座水库，其中，雷公洞防洪水库四水治理资金中央投资 2620 万元，高家坝防洪水库四水治理资金中央投资 8600 万元；全州水毁修复投资 3970 万元，共 37 处。

通过 14 年的防洪工程建设，城市洪灾成灾概率明显下降，损失明显减少，有效地保护了各工程项目区居民生命财产安全。

吉首城市防洪工程

吉首市辖 3 个办事处、5 个镇、9 个乡、192 个行政村，吉首城区现有人口 15.20 万人，已建城区面积 18 平方千米。铁路焦柳线，公路 319 国道、209 国道、S229 省道经过市区。城区位于沅水系支流万溶江、峒河两流域间，两条自然河流把城区分割成左右两岸共三大块：市区辖北区、吉首老城区和南区乾州新城区。沿河两岸地势低平、开阔，无防洪排涝设施，防洪抵御洪水的能力不足 20 年一遇的标准，个别河段拦洪能力不足 10 年一遇标准。因此洪涝灾害频繁，极大地制约了吉首市经济社会发展。

吉首市城区防洪采用"堤防与水库相结合"的工程措施，近期 50 年一遇上游新建雷公洞水库进行调洪；远期 100 年一遇上游新增修小龙洞、牛角河水库调洪，使 100 年一遇的洪水经过削峰后依然维持 50 年一遇的洪水标准。治涝以撤洪渠为主，辅以自排式涵闸，治涝标准 10 年一遇，一日洪水 24 小时排干。防洪工程实施后可形成五个防洪封闭圈：峒河左岸和文溪河右岸片区、文溪河左岸和峒河左岸片区、峒河右岸区、岷抗冲溪右岸片区、岷抗冲溪左岸片区，5 个防洪封闭圈面积为 14.6 平方千米。

主要建设内容包括：

（1）新建防洪堤长 22.618 千米，其中峒河堤长 11.335 千米，文溪河堤长 5.12 千米，岷抗冲溪堤长 6.612 千米。

（2）新建撤洪渠 1 处，长 2.25 千米，新建涵闸 8 个。

（3）城区向阳坝、磨沟滩坝、天仙桥固定坝改造成自动翻板坝。

（4）河道护岸长 16.148 千米。

（5）河道清障 12.13 千米：其中峒河清障 7.1 千米，文溪河清障 0.92 千米，岷抗冲溪清障 4.1 千米。

主要工程量：土方开挖（含清淤）46.43 万立方米，砂卵开挖 14.48 万立方米，石方开挖 4.14 万立方米，土方填筑 31.98 万立方米，浆砌石 42.75 万立方米，混凝土 2.20 万立方米，模板 1.52 万立方米。

工程总投资 16036.79 万元，其中内资 9890.52 万元，外资 757.86 万美元。

该防洪工程于 2009 年 4 月开工建设，截至目前已完成峒河堤防 827 米，河道清淤 300 米；文溪河堤防 2683.1 米，河道清淤 1072.5 米；岷抗冲溪堤防 6162 米，河道清淤 4100 米；磨沟滩、天仙桥两座水力自控翻板坝，累计完成工程量土方开挖 354093.72 立方米，土方回填 332021.95 立方米，石方开挖 35632.41 立方米，砂卵石开挖 145081.84 立方米，浆砌石 440708.21 立方米，混凝土 18444.64 立方米，累计完成投资 4888.223 万元。

吉首市城市防洪工程在实施过程中与城市道路、排污设施、码头等市政建设相结合，既美化了环境，改善了城镇交通条件，又增加了城市观赏景点、娱乐休闲场地，有利于促进城镇的市政建设速度。

河道的清障、疏浚及河岸的整治彻底改变了原侵占河道、河水污染、生活垃圾淤塞河道等问题，河道的行洪能力、水质及城镇的空气质量均得到了改善和提高，社会效益显著。

由于该防洪工程的实施，使得吉首市区防洪标准由原来 3～5 年一遇提高到 50 年一遇。

泸溪县城市防洪工程

泸溪县位于国家重点工程五强溪水电站库区中上游，是土家、苗、汉、回等少数民族聚居地。年均降雨量 1333.8 毫米，境内水资源丰富，有大小溪河 127 条，沅水穿 3 镇 4 乡环县城而过，沅水、武水流经 8 个乡（镇），县城白沙位于沅水左岸与武水交汇处，属五强溪库区，为丘陵地形，地势西高东低，下游五强溪水库的建成，使全县水库库区可利用面积达 500 顷，可大力发展水面养殖业，县城现有城区面积 3.5 平方千米，人口 4 万人，2004 年国民生产总值 1.65 亿元，人均年收入 7500 元。规划至 2015 年城区面积将扩大到 5.51 平方千米，人口将增加到 4.5 万人。

泸溪县城市防洪是在加强下游五强溪水库宏观调度前提下，只需在城区外围沅水左岸呈圆弧布置防洪堤，使城区形成 1 个防洪封闭圈，共计保护人口 4.5 万人，防洪规划范围为 5.51 平方千米。同时考虑充分利用现有的排污、排涝系统，适当新建撇洪渠及自排涵闸，使防洪封闭圈内涝的雨水与污水结合排放。通过以上工程措施可使泸溪县城的防洪标准从 10 年一遇提高至 20 年一遇。

泸溪县项目概算总投资为 5851.29 万元（其中外资 281 万美元）。主要建设内容为：新建防洪堤共 2 段，总长 2.713 千米，新修环城防汛公路共 2 段，总长 2.582 千米，新建自排闸 4 座等。目前该工程已完成投资 3400 万元。

泸溪县城市防洪工程利用亚行贷款项目于 2008 年 8 月完成招投标工作，施工队于 2008 年 11 月进场进行施工，目前工程完成下游段 1.458 千米堤防建设，共完成土方开挖 21.4 立方米、土方填筑 99.88 立方米、浆砌石 4.72 万立方米、混凝土 6674 立方米、钢筋 75.6 吨。其中上游段自铁山河大桥起至县自来水厂接白浦公路（屈望段），全长 1.257 千米，正在施工中。

泸溪县城市防洪工程在实施过程中与泸溪县城市道路、排污设施、码头等市政建设相结合，既美化了环境，改善了城镇交通条件，又增加了城市观赏景点，娱乐休闲场地，有利于促进城镇的市政建设速度。

河道的清障、疏浚及河岸的整治彻底改变了原侵占河道、河水污染、生活垃圾淤塞河道等问题，河道的行洪能力、水质及城镇的空气质量均得到了改善和提高，社会效益显著。

由于该防洪工程的实施，使得泸溪县城区防洪标准由原 10 年一遇提高到 20 年一遇。同时也增加了开发利用的土地，原有的经济价值得到提升，为改善城镇生产、生活环境及城镇的城市化建设带来了新的经济增长点，经济效益显著。

凤凰县城市防洪工程

凤凰县是苗族、土家族等少数民族聚居地，县城沱江镇位于武水支流沱江河畔，多年平均降雨量 1365 毫米。沱江河属沅水一级支流武水的支流，发源于凤凰县腊尔山台地，上游河段称乌巢河，与龙塘河汇合后称沱江，流经长潭岗水库后从凤凰县城区东部穿过沱江镇把城区分成东西两部分，向北流至吉首河溪镇与峒河汇合流入武水。城西还有两条小溪：土桥溪从西向东进入沱江河，小溪坑河从南到北与土桥溪汇合，因此凤凰县城区可分成河东、河西 2 个防洪封闭圈：河东区主要包括棉寨、沙湾及木材公司 3 大片，该区是居民生活区，面积较小；河西区主要包括肉联厂、回龙阁、县工艺厂、苗圃、烟厂、共 5 大片及土桥溪和小溪坑河的治理，该区是县直机关工商企业所在地及居民生活区，人口集中，城区面积较大。2 个防洪封闭圈范围为 3.24 平方千米。土桥溪从西向东穿过城区后汇入沱江河，小溪坑河从南到北与土桥溪汇合。现有城区面积 7.2 平方千米，沱江镇现有人口 5.7 万人，城区国民生产总值 5.3 亿元。

充分发挥长潭岗水库调洪削峰作用，配合城区堤防建设，并利用现有的排污、排涝系统，新建自排涵闸及撤洪渠，使防洪封闭圈内涝的雨水与污水结合排放，结合土桥溪河及小溪坑河的综合治理，就可使凤凰县城的防洪标准从 5 年一遇提高到 20 年一遇。

凤凰县城市防洪工程批复概算总投资 6717.85 万元（其中外资 366.6 万美元）。主要建设内容为：沱江城区段新建防洪堤共 6 段，总长 5.084 千米；整修土桥溪河道 2.85 千米；整修小溪坑河道 1.3 千米；新修沙湾撤洪渠 0.95 千米；新建棉寨撤洪渠 1.3 千米；重建土桥溪跨河桥梁 26 座；建自排闸 57 个。

该防洪工程于 2008 年 12 月底开工建设，截至 2012 年 12 月底，完成的项目内容为：①县烟厂段防洪堤；②金家园段防洪堤；③木材公司段防洪堤；④棉寨段防洪堤。完成堤防总长度为 4.874 千米。完成防洪堤的主要工程量为：土方开挖 207881.93 立方米；砂砾石挖运 62872.71 立方米；土方回填 30405.41 立方米；浆砌石 159095.22 立方米；浆砌粗料石（红砂岩）36080.28 立方米；C15 底板基础混凝土 16341.34 立方米；原浆砌石拆除 19555.22 立方米；排水涵管钢筋混凝土 880 立方米；钢筋制安 24.5 吨。完成投资为 1856.23 万元，实际到位资金为 1449.3634 万元。

凤凰县城市防洪工程在实施过程中与城市道路、排污设施、码头等市政建设相结合，既美化了环境，改善了城镇交通条件，又增加了城市观赏景点，娱乐休闲场地，有利于促进城镇的市政建设速度。

河道的清障、疏浚及河岸的政治彻底改变了原侵占河道、河水污染、生活垃圾淤塞河道等问题，河道的行洪能力、水质及城镇的空气质量均得到了改善和提高，社会效益显著。

由于该防洪工程的实施，使得泸溪县城区防洪标准由原 10 年一遇提高到 20 年一遇。同时也增加了开发利用的土地，原有的经济价值得到提升。

古丈县城市防洪工程

古丈县位于沅水一级支流酉水的中游，全县总面积 1297 平方千米，总人口 13.65 万人，县城古阳镇坐落在沅水一级支流酉水支流古阳河畔，现有城区面积 0.825 平方千米，人口 2.59 万人，2010 年城区面积 1.2 平方千米，人口 5.0 万人。古阳河从城区中间穿过，黑潭水文站处控制流域面积为 194 平方千米，古丈县城（思源桥处）控制流域面积为 149 平方千米，由于城区防洪治涝工程建设滞后，防洪能力低，而且流域内大部分土层浅薄，易受冲刷，河床淤积抬高，河道过洪能力受到影响，以至洪灾频繁。自 1848 年以来，县城共发生 9 次特大洪灾，基本上是 10 年左右一次特大洪灾，一般性灾害一年一次，甚至一年几次，损失严重。尤其是 1998 年"5·8"洪灾，造成经济损失 8000 多万元。

根据古丈县城区的地理位置及古阳河分布情况，古阳河由西南向东北穿过县城古阳镇、罗依溪镇后汇入酉水，把古丈县城区分成东、西两部分，两岸山势高峻，沟深谷窄，另有红沙溪、水田溪、仁溪河 3 条河流在城内汇入古阳河。古丈城区防洪范围分为古阳河东、河西 2 个防洪封闭圈。其中：古阳河东区包括老塘房、栖凤村和纤维板厂三片，该区主要是县直机关、工商企业和居民生活区；古阳河西区包括红沙溪、小古丈坪和禾塘坪三片，该区主要是正在建设的新城区、集市及居民生活区。2 个防洪封闭圈范围为 0.825 平方千米。保护总面积 0.825 平方千米。防洪标准确定为 20 年一遇。治涝标准确定为 10 年一遇，24 小时雨量自流排尽。

该防洪工程措施包括新建古阳河防洪水库、夯库水库除险加固、修建防洪堤（护岸）共 9 处，全长 2851.4 米。其中古阳河东区堤段共 3 处，总长度为 582.0 米；古阳河西区堤段共 6 处，总长度为 2269.4 米。河道疏浚从上游的看守所至钟灵山跌水坎止，全长 7.29 千米，疏浚平均宽度为 30.0 米，平均深度均 1.5 米，最大深度达 2.5 米。

夯库水库除险加固已完成（中央投资 270 万元）。防洪堤（护岸）工程中央投资 23060 万元修建长 6089 米，疏浚长 3318 米。2012 年 6 月，古阳河水库开工（总投资 20700 万元，其中烟草补贴 15200 万元）。

保靖县城市防洪工程

保靖县位于沅水一级支流酉水河中下游，年均降雨量 1357.8 毫米。酉水河的南北两源于重庆秀山县石堤镇汇合后折向东流，进入湖南省湘西州成为保靖、龙山两县界河，过碗米坡往东流至古丈、永顺两县，于沅陵县注入沅水。县城迁陵镇现有常住人口 3.7 万人，流动人口 1.7 万人，城区面积 6.8 平方千米，全县国民生产总值 6.86 亿元。

保靖县城市防洪是在加强下游凤滩水库宏观调度前提下，使酉水河水位得到控制，只需在酉水河左岸新城区杨霞体育场、建材大市场及木材加工厂等堤段，以及酉水河右岸老城区观音阁、迁陵小学、县第三中学、移民码头、国家粮食储备库等堤段地势较低处修筑城区堤防，使县城形成 4 个防洪封闭圈：酉水河左岸防洪区主要是杨霞体育场、建材大市场及木材加工厂等新城区；酉水河右岸防洪区主要是观音阁、迁陵小溪、县第三中学、移民码头、国家粮食储备库等老城区的机关、企业和居民。4 个防洪封闭圈范围为 6.8 平方千米，同时充分利用现有的排污、排涝系统，新建部分涵闸，使防洪封闭圈内涝的雨水与污水结合排放，通过以上工程措施可使保靖县城的防洪标准从 5 年一遇提高到 20 年一遇。

保靖县项目批复概算总投资 9099.16 万元（其中外资 420.35 万美元）。主要建设内容为：新建城区观音阁至喜阳桥 2.68 千米的防洪墙及堤顶泥结石路面，酉水二桥桥头至杨霞体育场接 209 过道 1.32 千米堤防护坡和城区 3 处泵站，2 处涵闸的排渍工程。

该防洪工程于 2008 年 5 月开工建设，工程实施前后，征用集体土地 0.137 顷，国有土地 0.93 顷；拆迁房屋 28 户 4883.87 平方米，保靖民中教工宿舍置换迁建项目，20 户移民已全部入住，共完成征地拆迁投资 1287 万元。截至 2012 年 12 月 30 日止：完成堤防工程 1560 米，泵站 3 座，码头改造 2 处。主要工程量：完成土方开挖 28.03 万立方米，石方开挖 2.39 万立方米，回填土、石方 6.1 万立方米，浆砌石 16.97 万立方米，混凝土及钢筋混凝土 1.94 万立方米，造灌柱桩孔 1687.5 米，承台 C20 埋块石基础 39195 立方米，完成工程投资约 6122 万元。

保靖县城市防洪工程在实施过程中与城市道路、排污设施、码头等市政建设相结合，既美化了环境，改善了城镇交通条件，又增加了城市观赏景点、娱乐休闲场地，有利于促进城镇的市政建设速度。

河道的清障、疏浚及河岸的整治彻底改变了原侵占河道、河水污染、生活垃圾淤塞河道等问题，河道的行洪能力、水质及城镇的空气质量均得到了改善和提高，社会效益显著。

由于该防洪工程的实施，使得保靖县城区防洪标准由原 5 年一遇提高到 20 年一遇。

永顺县城市防洪工程

永顺县城坐落在猛洞河盆地之中，四面群山环绕，城中地势平坦，地面高程在 246.00～253.00 米之间。县城灵溪镇始建于 1729 年，现有城区面积 3.5 平方千米，人口 4.7 万人，全县国民生产总值达到 11.03 亿元，2010 年城区规划面积已扩大到 5.75 平方千米，人口已增加到 7 万人。猛洞河属沅水支流酉水的一级支流，由北向南将永顺县城分为东西两部分，河东为主城区，有连洞河穿城而过注入猛洞河，连洞河的支流北门冲河也在老干桥附近汇入连洞河，将城东区分为三片。城东区是永顺县的政治、经济、文化中心，由于猛洞河洪水回流引起连洞河排洪不畅，再加上北门冲河流量汇入，致使城东区洪灾严重，本次设计的防洪堤所保护的范围（后坝）尤为突出，每遇洪水必淹，后坝现已成为县城各大机关单位工作、生活的聚集区，居民众多，所受洪灾损失特别严重，后坝连洞河两岸原来修建的河堤防洪标准太低，而且堤线没有连续，堤基又没有下到基岩，经过多年洪水的冲刷洗淘，现在已完全失效无法加固。

根据永顺县城区的地理位置及猛洞河及其支流在城区的分布情况，猛洞河由北向南将县城分为东西两部分，河东为主城区，是城区防洪保护的重点对象。连洞河、北门冲穿东城区而过，把城东区分成三片，因此永顺县城区可分成 3 个防洪封闭圈：县政府区位于猛洞河左岸、连洞河和北门冲河的右岸，主要是政府机关所在地；坡子街区位于北门冲河左岸、连洞河右岸，主要都是居民生活区；艾坪区位于连洞河左岸，主要是新城区的县直机关、居民生活区，3 个防洪封闭圈范围为 3.8 平方千米。

主要工程措施为：以在猛洞河上游续建高家坝防洪水库为主要工程，在城区内猛洞河、连洞河及北门冲河地势较低地带修筑堤防，使县城形成 3 个防洪封闭圈，并充分利用现有的排污、排涝系统，新建自排涵闸，使防洪封闭圈内涝的雨水与污水结合排放，并对城区内河道及下游不二门河段进行疏浚、清障 2 千米，以保证河道泄洪畅通，通过以上工程措施可使永顺县城的防洪标准从 3～5 年一遇提高到 20 年一遇。永顺县城市防洪工程主要建设项目包括：

新建高家坝防洪水库。

新建城区防洪堤 1.14 千米：县城内沿河两岸以老干桥地段为最低，规划沿该地段修筑防洪堤，规划堤防总长度 1140 米，其中连洞河 620 米，北门冲 520 米。根据《堤防工程设计规范》（GB 50286—98），永顺县城区河段堤防工程建筑物等级为 4 级。设计采用重力式混凝土防洪墙。

在坡子街新建管径为 1.0 米的自排涵闸 1 处。

城区内河道及下游不二门河段疏浚，清障 2 千米。

高家坝水库已建成蓄水运行，国家通过中小河流治理及四水治理渠道对该县城区防洪工程进行投资建设，共投资 988 万元，修建堤防工程 3.207 千米，河道疏浚、清障 4.573

千米。防洪工程建成后为永顺县城的经济发展提供了有力的保障，保护城区内耕地120顷，保护人口70000余人。多年平均经济效益达1350万元，对城市的稳定发展起到了重要作用。

第二节　乡（镇）重点防洪工程

泸溪县浦市镇防洪工程

该工程位于沅水中游左岸五强溪水库库区，泸溪县的东南部，浦溪与沅水的交汇口。东与辰溪县隔河相望，南与达岚镇、石榴坪乡相邻，西与永兴场乡相接，北与李家田乡交界。浦市镇是湘西三大古镇之一，为泸溪县的工业重镇，也是沅水中游地区性的贸易中心之一。全镇现有人口3.9万人，其中主镇区面积2.48平方千米，有镇直机关、厂矿、企事业单位89个，居委会4个，行政村3个，总人口5.86万人，耕地23.5顷。

浦市镇防洪工程总防护面积2.48平方千米，保护耕地23.5顷，保护人口2.3万人，整个防洪体系有防洪堤、排洪隧洞、排涝泵站、排洪隧道、拦洪坝、通行闸等多种类型建筑物构成。

浦市镇由于水陆交通方便，一直是湘西州物流、文化和工业重镇，在推动泸溪县经济快速发展中扮演着举足轻重的角色。浦市镇一旦遭遇洪涝灾害，损失将无法估量。

但是原有的防洪设施已运行多年，加上运行前期缺乏科学合理的管理及相应的运行维护资金，该工程的各主体单元工程都出现不同程度的损害。现工程存在以下几方面的隐患：

（1）防护大堤：沿河岸修筑，有均质土坝和砂壳坝两种坝体。存在隐患的部位位于坝脚及护坡面板；吉家头段防洪堤迎水面坝脚护坎存在不均匀沉降现象，护坎与坡面浆砌石护坡体间出现裂缝，最大延伸长度为4米，宽2～3毫米；坡面浆砌石护坡体块石砌体出现沉陷及裂缝；该段大堤堤脚下侧自然河岸土体出现坍塌坑两处，直径1.0米，深0.5～1.5米。整个防洪大堤的护坡面也存在不同程度的冲蚀受损情况。

（2）排洪隧洞：其作用将花圆坪流域山洪通过隧洞排入沅江。经2004年"7·18"特大洪水袭击，位于排洪隧洞进口段的50米，中间段的100米，出口段及跃水的50米底板及侧墙混凝土被冲刷受损，局部形成冲坑。其右引流渠末端亦因受山洪冲刷导致底板翻露，出现冲坑。因水流携带及自身受损翻露的岩石及土体淤积于隧洞内，影响过流。

（3）排洪渠道：主要建筑物分为渠身、人行桥、公路涵及南新街涵等。存在的问题是淤积和结构受损：全长2300米的渠道内普通淤积，前段主要是淤土，水生植被覆盖；中后段主要是建筑、生活垃圾淤填，水生植被覆盖；整个渠身的混凝土结构（面板、底板）开裂，局部有冲蚀翻露现象；出口部位于2005年5月16日被冲毁，出口段40米长的混凝土底板、侧墙全被冲垮，失去保护的泥土被洪水直接冲刷，两边边坡大量塌方，形成一长40米、宽22米、深5.5米的大冲坑。

（4）排涝泵站：2004年7月下旬，湘西南地区普降暴雨，沅江水位陡涨，至21日五强溪库区浦市站水位升至123.1米，超过20年一遇的设计洪水位0.5米。由于设计、施工存在局部缺陷及缺乏管理，导致涵管进口前闸进人孔盖板被冲开，堤外河水倒灌，同时造成涵管在内外水压力的反复作用下，不同管段受到不同程度的损伤。泵站前部沟渠原为浦市城内一自然溪沟，其两岸沿线建满房屋。在建设泵站时，没有对该沟渠进行防冲加固处理。多年运行后，在水流冲刷的作用下，其两侧土质岸坡被水流破坏已十分严重，并有大量的土石方及生活垃圾被冲刷下来堵塞溪沟，对两岸的居民的人身安全，排涝泵站的正常运行和安全产生重大危害。加之浦市城区内地面高程在 108～122 米之间，局部地势低洼，其中虹桥泵站自排涵进口底板高程最低为 108 米，繁华地段十字街地面高程为 119 米，保护区内新桥段白浦公路面最低点高程为 115.92 米，为镇区内主要交通干线，当内涝水位超过 115.92 米时，容易引起交通中断，直接影响主镇区居民的生产生活安全。

1995 年 9 月电力工业部中南勘测设计研究院编制了《浦市镇防护工程可行性研究报告》。1997 年主体工程全面开工，2000 年防护工程全部竣工，经过近些年的运行验证，该防护工程体系对整个集镇的发展和安全起到了巨大的作用。

防洪工程主要建设内容包括：排洪隧洞的整体处理、排洪渠出口段整修处理、排洪渠出口段整修处理、排涝泵站整修处理及泵站前渠加固处理；防洪大堤吉家头段坝基及其下侧自然河岸坡面进行固结灌浆处理；坡面浆砌石砌体整修；排洪隧洞内冲坑进行块石混凝土回填，受损底板及侧墙新浇筑 30 厘米厚的 C20 混凝土防冲。对右引流渠冲损部位进行修补，对排洪渠内的淤积物进行清理，修复止水设施，对开裂受损面板及底板进行修补和重新浇筑；重建出口段排洪渠及上下游护坡。

拆除泵站的旧压力水箱并新建压力水箱及加固喇叭口；拆除受损段 S 管并新建 S 段压力涵管；下部浇筑框格结构承重基础。

工程完成开挖土方 10210 立方米，拆除浆砌石 1352.5 立方米，拆除钢筋混凝土 283.3 立方米，浇筑混凝土及钢筋混凝土 3960.9 立方米，浆砌石 10454.55 立方米，回填土方 3285 立方米，钢筋制作安装 95.35 吨。

泸溪县浦市镇防洪工程的规模为小（Ⅰ）型，设防标准为 20 年一遇，根据五强溪水库 108 米方案的回水计算成果，浦市防洪堤 10 年一遇水位为 119.0 米，20 年一遇水位为 122.6 米。

工程建设总投资 1500 万元，其中中央水利基建投资 1200 万元，省投资 300 万元。

龙山县里耶防洪工程

该工程位于酉水碗米坡水库库区，距龙山县城 117 千米。里耶镇酉水河段正常水位 237.11 米，多年平均流量 243 立方米每秒。由于地理位置优越，商贸经济一直非常活跃，在龙山县素有"北民安、南里耶"之称。由于"湖南湘西里耶秦简"的出土，更在我国享有"北有兵马俑、南有里耶秦简"的盛誉。

自 2002 年 6 月里耶发掘战国古城和出土 36000 余枚秦简以来，里耶古城遗址被国务院特批增补为第五批全国重点文物保护单位，里耶——乌龙山风景名胜区被湖南省人民政府评定为省级风景名胜区，里耶镇被国家命名为全国历史文化名镇。省重点工程碗米坡电站里耶防洪大堤的竣工，为里耶古城的防洪保安打下了坚实的基础，但其设计标准仅为 20 年一遇，古城防洪工作仍十分严峻。因此，提高里耶古城防洪大堤建设标准十分必要。

提高防洪标准的主要做法是在里耶镇原有的"1堤、2河、2泵、3桥、3坝、4路"的基础上进行提标加固。共需加固防洪堤 4.15 千米，河岸整修 2.68 千米，加固改造排涝泵站 2 处，工程静态总投资为 5551 万元。计划申报中央财政投资 80%，地方负责筹集 20% 的资金。工程完成后，不仅里耶古城防洪标准可提高到 50 年一遇，而且，其本身也将成为里耶文化旅游产业中一道亮丽的风景线，产生良好的经济效益和重大的社会效益。

花垣县边城镇防洪工程

该工程位于沅水二级支流花垣河中游，花垣县西南部，距县城 25 千米，全镇辖 15 个行政村，总人口 1.56 万人，镇政府所在地人口 5000 余人。花垣河边城镇段全长 1500 米，上游正常水位为 296.36 米，下游正常水位为 294.16 米，镇内大部分居民的商铺地面高程在 298.0 米左右，仅高出河上游正常水位 1.64 米。由于花垣河属山区河流，河床窄、弯道多，河水涨幅较大，而沿河又无防洪设施，边城镇洪水灾害发生频繁。

边城镇先后遭受大的洪水 6 次，集贸市场、街道和居民住宅普遍进水，受灾达 1000 余户，每次洪水均给镇直各单位和人民造成严重的财产损失，其经济损失在 800 万元以上。边城镇防洪堤工程属酉水支流花垣河工程整治项目，工程建成后，不仅可使镇内居民免受水害，保护历史文化遗产，而且还可以美化环境，为当地人民和外地游客提供舒适的游泳、避暑场所。

新建边城镇防洪工程建设规模为：防洪堤全长 1500 米，其中大河防洪堤 880 米，小河防洪堤 620 米；阶梯踏步长 600 米，防洪桥 4 处，码头 1 处，绿化带一条长 600 米。该工程 2002 年开工建设，建设批复总投资为 1018.46 万元。工程建成后保护镇区内耕地 28 顷，人口 1 万人。

第三节 河道治理工程

湘西州 8 县（市）2010—2012 年共安排中小河流治理项目 18 处，计划治理河流长度 171.401 千米，移动土石方 134.744 万立方米，浆砌石 37.4334 万立方米，混凝土或钢筋混凝土 8.3818 万立方米，保护农田 14220 顷，保护人口 36.722 万人，总投资 24713.9 万元。实际完成河流治理长度 168.052 千米，完成土石方 112.901 万立方米，浆砌石 35.9257 万立方米，混凝土或钢筋混凝土 6.69633 万立方米，保护农田 13640 顷，保护人口 34.502 万人，完成投资 19241.67 万元。

1. 武水河流治理矮寨镇防洪工程

武水河流治理矮寨镇防洪工程于 2010 年经湖南省水利厅以批复，治理范围为武水干流大龙洞—矮寨镇段 17.41 千米及其支流新寨河 0.71 千米河道，规划综合治理长度 18.115 千米，其中新建堤防 9.102 千米，河道清淤 4.023 千米，批复总投资 2057 万元，其中中央投资 1646 万元、省级配套 123 万元、市级配套 288 万元。项目于 2012 年 2 月开工，2012 年 10 月完工，完成投资 1769 万元，完成综合治理 18.115 千米，其中新建堤防 7.517 千米，河道清淤 4.023 千米，保护农田 1.6 万亩、人口 1.57 万人，防洪标准由原来的 5 年一遇提高到 10 年一遇。

2. 武水河流治理寨阳乡防洪工程

武水河流治理矮寨镇防洪工程于 2010 年经湖南省水利厅批复，治理内容为新建堤防 3.38 千米，河道清淤 2.8 千米，批复总投资 1106 万元，其中中央投资 885 万元、省级配套 66 万元、市级完成投资 951 万元，完成综合治理 13.05 千米，其中新建堤防 3.21 千米，河道清淤 2.8 千米，保护农田 1.0 万亩、人口 1.0 万人，防洪标准由原来的 5 年一遇提高到 10 年一遇。

3. 泸溪县太平溪合水镇河流治理工程

2010 年 9 月，湖南省水利厅对泸溪县太平溪合水镇河流治理工程初步设计进行了批复，总投资 858 万元。项目区涉及泸溪县合水镇和达岚镇两个乡镇的部分地区。太平溪合水镇河流治理工程的防洪标准采用 10 年一遇设计洪水标准，治理范围为合水镇段太平溪干流 10.2 千米及其合水溪支流 1.4 千米河道，整治河道总长 11.6 千米。主要设计建设内容为：浆砌石防洪墙 0.87 千米，浆砌石护坡 3.73 千米，河道疏浚 8.5 千米，拦沙坝 2 座，保护农田 0.87 万亩，保护人工 1.89 万人。防洪标准由原来的 5 年一遇提高到 10 年一遇。

4. 古阳河农科所河段防洪工程

古阳河农科所河段防洪工程于 2010 年经湖南省水利厅批复，治理范围为古阳镇树栖村到黑潭坪村河段，规划综合治理长度 10.557 千米，其中护岸（护坡）6.089 千米，河道清淤 3.647 千米，批复总投资 1612 万元，其中中央投资 1290 万元、省级配套 97 万元、县级配套 225 万元。项目于 2011 年 3 月开工，2012 年 4 月完工，完成投资 1612 万元，完成综合治理 10.557 千米，其中护岸（护坡）6.089 千米，河道清淤 3.647 千米，保护农田 1.53 万亩、人口 1.18 万人，防洪标准由原来的 5 年一遇提高到 10 年一遇。

5. 花垣县兄弟河花垣镇段河道综合治理工程

花垣县兄弟河花垣镇段河道综合治理工程于 2010 年经湖南省水利厅批复，治理范围花垣县花垣镇浮桥电站尾水至花垣河交界处和花垣河金垣电力集团下至与兄弟河交界处，规划综合治理长度 6.4 千米，其中新建堤防 1.278 千米、护岸 0.317 千米，河道清淤 1.693 千米，批复总投资 2531.43 万元，其中中央投资 724 万元、省级配套 54 万元、县级配套 1753.43 万元。项目于 2011 年 3 月开工，2012 年 4 月完工，完成投资 809.66 万元，完成综合治理 5.54 千米，其中新建护岸 0.3 千米，河道清淤 1.693 千米，保护人口 4.5 万人，防洪标准由原来的 10 年一遇提高到 20 年一遇。

6. 花垣县花垣河边城镇（茶洞镇）治理工程

花垣县花垣河边城镇（茶洞镇）治理工程于 2010 年经湖南省水利厅批复，治理范围为花垣县边城镇金窝村境内，规划综合治理长度 7.4 千米，其中新建堤防 0.75 千米、护岸 1.51 千米，河道清淤 7.4 千米，批复总投资 1017 万元，其中中央投资 813 万元、地方配套 204 万元。项目于 2011 年 12 月开工，2013 年 3 月完工，完成投资 772 万元，完成综合治理 5.4 千米，其中新建堤防 0.537 千米、护岸 0.186 千米，河道清淤 5.4 千米，保护农田 0.56 万亩、人口 2.68 万人，防洪标准由原来的 5 年一遇提高到 20 年一遇。

7. 保靖县白溪（涂乍河）工程

保靖县白溪（涂乍河）工程于 2010 年经湖南省水利厅批复，治理范围从保靖县水田河（镇）水田河村到中坝村，规划综合治理长度6.12千米，其中护岸（护坡）5.71千米，河道清淤5.74千米，批复总投资968万元，其中中央投资775万元、省级配套58万元、县级配套135万元。项目于2010年12月开工，2011年7月完工，完成投资968万元，完成综合治理6.3千米，其中护岸（护坡）5.71千米，河道清淤5.74千米，保护农田0.48万亩、人口0.65万人，防洪标准由原来的未设防提高到10年一遇。

8. 保靖县花垣河大妥乡治理工程

保靖县花垣河大妥乡治理工程于2010年经湖南省水利厅批复，治理范围从保靖县大妥乡（镇）山河村到马洛村，规划综合治理长度11.54千米，其中加固堤防0.623千米、新建堤防4.17千米、护岸（护坡）4.258千米，河道清淤9.54千米，批复总投资822万元，其中中央投资658万元、省级配套49万元、县级配套115万元。项目于2012年2月开工，2012年5月完工，完成投资822万元，完成综合治理11.54千米，其中加固堤防0.623千米、新建堤防4.17千米、护岸（护坡）4.258千米，河道清淤9.54千米，保护农田1.22万亩、人口0.88万人，防洪标准由原来的5年一遇提高到10年一遇。

9. 永顺县猛洞河治理灵溪镇防洪工程

永顺县猛洞河治理灵溪镇防洪工程于2010年9月经省水利厅下达《关于湖南省永顺县猛洞河治理灵溪镇防洪工程初步设计的批复》；2011年12月由省水利厅下达《关于湖南省永顺县猛洞河治理灵溪镇防洪工程初步设计变更的批复》，治理范围为永顺县灵溪镇鹭鸶庄村到北门冲村，规划综合治理长度7.244千米，其中新建堤防0.623千米、护岸（护坡）2.074千米，河道清淤4.293千米，批复总投资922万元，其中中央投资738万元、省级配套55万元、县级配套129万元。项目于2011年4月开工，2012年6月完工，完成投资793万元，完成综合治理6.33千米，其中新建堤防0.587千米、护岸（护坡）1.734千米，河道清淤4.009千米，保护农田0.2万亩、人口5万人，防洪标准由原来的5年一遇提高到20年一遇。

10. 永顺县澧水南源万坪镇河段治理工程

永顺县澧水南源万坪镇河段治理工程于2010年经湖南省水利厅批复，2012年12月由省水利厅下达《关于湖南省永顺县澧水南源万坪镇河段治理工程初步设计变更的批复》，治理范围从永顺县万坪镇龙寨村到下坪村，规划综合治理长度9.9千米，其中加固堤防2.89千米、新建堤防2.2千米，河道清淤2.63千米，批复总投资831万元，其中中央投资664万元、省级配套50万元、县级配套117万元。项目于2011年3月开工，2012年4月完工，完成投资714万元，完成综合治理9.9千米，其中加固堤防2.96千米、新建堤防2.24千米，河道清淤3.65千米，保护农田1.5万亩、人口2.8万人，防洪标准由原来的不到5年一遇提高到10年一遇。

11. 龙山县果利河治理工程

龙山县果利河治理工程于2010年经湖南省水利厅批复，治理范围从龙山县民安镇油菜坪村至南门三桥，规划综合治理长度6.9千米，其中新建堤防2.86千米、河道清淤6.9千米，批复总投资1199万元，其中中央投资960万元、省级配套120万元、县级配套119万元。项目于2010年12月开工，2011年12月完工，完成投资1173万元，完成综合治理6.9千米，新建堤防2.1千米。河道清淤6.9千米，保护农田1.2万亩、人口2.6万人，防洪标准由原来的不足 5 年一遇提高到 20 年一遇。

12. 泸溪县沱江河流治理工程

2011 年 12 月,湖南省水利厅以湘水〔2011〕201 号文件对泸溪县沱江河流治理工程初步设计批复,总投资 1092 万元。工程建设范围自岩落潭起,经场上村、解放岩乡集镇、水卡村至杨家滩,全长约 7.3 千米。主要工程内容包括岸坡防护、新建堤防及穿堤建筑物和河道疏浚,保护农田 0.5 万亩,保护人口 0.3 万人。防洪标准由原来的 2 年一遇提高到 10 年一遇。

13. 凤凰县沱江河流治理(一期)工程

湖南省凤凰县沱江河流治理(一期)工程于 2011 年经湖南省水利厅批复,治理范围从凤凰县沱江(镇)禾冲村到长坪村,规划综合治理长度 8.42 千米,其中新建堤防 3.844 千米、护岸(护坡)4.525 千米,河道清淤 5.3 千米,批复总投资 2270 万元,其中中央投资 1816 万元、省级配套 136 万元、县级配套 454 万元。项目于 2012 年 4 月开工,2013 年 7 月完工,完成投资 1816 万元,完成综合治理 8.42 千米,其中新建堤防 3.844 千米、护岸(护坡)4.525 千米,河道清淤 5.3 千米,保护农田 0.45 万亩、人口 1.01 万人,防洪标准由原来的 5 年一遇提高到 10 年一遇。

14. 保靖县白溪(涂乍河)治理工程

保靖县白溪(涂乍河)工程于 2011 年经湖南省水利厅批复,治理范围为干流黑塘河葫芦镇飘香村至尖岩村河段及支流两岔河和改道河河段,规划综合治理长度 9.74 千米,其中加固堤防 4.154 千米、新建堤防 0.362 千米、护岸(护坡)6.41 千米,河道清淤 6.312 千米,批复总投资 1020 万元,其中中央投资 816 万元、省级配套 61 万元,护岸(护坡)6.41 千米,河道清淤 6.321 千米,保护农田 0.35 万亩、人口 0.52 万人,防洪标准由原来的未设防提高到 10 年一遇。

15. 龙山县皮渡河治理工程

龙山县皮渡河治理工程于 2011 年经湖南省水利厅批复,治理范围从龙山县召市镇红卫村至方坡村,规划综合治理长度 8 千米,新建堤防 3.395 千米,其中护岸(护坡)1.325 千米,河道清淤 4.22 千米,批复总投资 1528.66 万元,其中中央投资 1184 万元、省级配套 106 万元、县级配套 238.66 万元。项目于 2012 年 3 月开工,2012 年 12 月完工,完成投资 1280 万元,完成综合治理 8 千米,新建堤防 3.395 千米,其中护岸(护坡)1.325 千米,河道清淤 4.22 千米,保护农田 0.68 万亩、人口 1.412 万人,防洪标准由原来的不足 5 年一遇提高到 10 年一遇。

16. 吉首市万溶江社塘坡乡段治理工程

万溶江社塘坡乡段治理工程于 2010 年经湖南省水利厅批复,治理范围从吉首市社塘坡乡云村到西门口村,规划综合治理长度 5.13 千米,其中新建堤防 7.219 千米,河道清淤 2.125 千米,批复总投资 1240 万元,其中中央投资 992 万元、地方配套 66 万元。项目于 2012 年 7 月开工,现工程正式施工,截至目前完成投资 800 万元,完成综合治理 5.13 千米,其中新建堤防 5.9 千米,保护农田 0.5 万亩、人口 1.05 万人,防洪标准由原来的 5 年一遇提高到 10 年一遇。

湘西州 2012 年中小河流治理工程情况表见表 11-1。

表11－1

湘西州2012年中小河流治理工程情况统计表

工程名称	规划数								完成数							
	治理长度（千米）	主要工程量（万立方米）			保护农田面积（万亩）	保护人口（万人）	总投资（万元）	防洪标准（P＝%）	治理长度（千米）	主要工程量（万立方米）			保护农田面积（万亩）	保护人口（万人）	总投资（万元）	防洪标准（P＝%）
		土石方	浆砌石	混凝土或混凝土						土石方	浆砌石	混凝土或混凝土				
吉首武水河治理矮寨镇防洪工程	18.115	8.5047	5.5125	0.4721	1.6	1.57	2057	10	18.115	7.7508	4.9052	0.3943	1.6	1.57	1769	10
吉首武水河治理寨阳乡防洪工程	13.05	3.33	3.21	0.2505	1	1	1106	10	13.05	3.8373	3.4169	0.2418	1	1	951	10
吉首万溶江社塘坡乡防洪工程	5.13	5.12	3.13	0.16	0.5	1.05	1240	10	5.13	4.13	2.8	0.15	0.5	1.05	800	10
泸溪县太平溪合水镇防洪工程	10.44	8.03	2.5	0.08	0.87	1.89	858	10	116	9.4	2.44	0.1	0.87	1.89	960	10
泸溪县沱江河流治理工程	7.3	4.66		1.3	0.5		1092	10	7.3	4.66		1.3	0.5	0.3	1100	10
凤凰县沱江河流治理（一期）工程	8.42	5.462	1.505	0.293	0.45	1.01	2331.57	10	8.42	5.462	1.505	0.293	0.45	1.01	1816	10
古丈县古阳河农科所河段防洪工程	10.557	2.84	1.71	0.32	1.53	1.18	1612	10	10.557	6.27	0.88	0.1	1.53	1.18	1612	10
古丈县丹青河默戎镇皮渡河治理工作	17.9	3.48	2.15	0.19	1.424	0.8	1079	10	17.9	3.99	2.26	0.16	1.424	0.8	1079	10
花垣县兄弟河花垣河段治理工程	6.4	38.31	2.64			6.5	2559.1	5	5.54	5.3387		0.785		4.5	809.6666	5
花垣县花垣河边城镇河段治理工程	7.4	15.32	4.95	0.5	1.1563	3.2	2566.59	5	5.4	7.35	6.43	0.5	0.56	2.68	772	5
保靖县白溪涂车河段治理工程	6.121	6.23	0.724	0.83	0.48	0.65	968	10	6.3	7.52	0.6421	0.8423	0.48	0.65	968	10
保靖县花垣河大妥乡河段治理工程	11.54	2.64	2.23	0	0.58	0.54	822	10	11.54	7.42	1.89	0.263	0.58	0.54	822	10
保靖县白溪涂车河段治理工程	9.74	3.47	2.01	0.3	0.35	0.52	1020	10	9.74	3.91	1.89	0.3	0.35	0.52	1020	10
永顺县猛洞河治理灵溪镇防洪工程	7.244	4.41	0.73	0.22	0.2	5	922	20	6.33	4.53	0.64	0.32	0.2	5	793	20
永顺县澧水南源万坪镇河段治理工程	9.9	8.56	1.86	0.18	1.5	2.8	831	10	9.9	10.37	1.71	0.11	1.5	2.8	714	10
永顺县猛洞河治理灵溪镇防洪工程	7.244	4.41	0.73	0.22	0.2	5	922	20	6.33	4.53	0.64	0.32	0.2	5	793	20
龙山县果利河治理工程	6.9	3.957	2.7332	0.3478	1.2	2.6	1199	5	6.9	8.8688	1.7411	0.4585	1.2	2.6	1173	5
龙山县皮渡河召市河段治理工程	8	6.0106	1.7487	0.0784	0.68	1.412	1528.66	10	8	7.543	2.1354	0.0584	0.68	1.412	1290	10
合计	171.401	134.7443	37.4224	8.3818	14.2203	36.722	24713.92	185	168.052	112.9011	35.9257	6.6963	13.624	34.502	19241.67	185

第十二章　水利工程管理

水利管理包括水源管理、工程管理和用水管理。20世纪80年代全国水利管理会议在桃源召开，提出"把水利工作的重点转移到管理上来"。湘西州人民代表大会常务委员会颁布《湘西土家族苗族自治州水利工程管理暂行条例》，对水利工程的组织管理和所有权作了明确规定。1998年州人民政府印发《湘西自治州水利工程管理暂行办法》，对水利工程管理作进一步明确规定。

第一节　管　理　体　制

一、组织机构

湘西州水利局是湘西州水行政主管机构，8县（市）设有水利局。区、乡、镇设水管站，工程设管理所（处）或设专管员。州管中型水库，县管小型水库，灌区大多建立灌区代表大会制，成立管理委员会决定灌区重大问题。1989年全州有23个区水管站137人，150个乡、镇水管站448人，9个中型水库管理处（所）926人，共有管理人员1511人，1996年有28个区水管站161人，177个乡、镇水管站487人，9处中型水库管理所（处）883人，共计1531人。1999年对区乡水管站实行"以县为主，县乡共管"的管理体制，县（市）水利（水务）局负责进行对乡镇指导和依法监督。2001年至2002年机构改革时，湘西州除凤凰县外，7县（市）已将乡（镇）水管站的人、财、物、事权均下放到乡（镇）管理。2010年全州625个水管站、管理所1250人全部纳入各级财政预算。

二、工程管理

水利工程经历了"五查四定"（查工程建设和投资使用，查工程安全、查工程效益、查综合利用、查管理现状；定任务、定措施、定计划、定体制）以及"三查三定"（查安全定标准、查效益定措施、查综合经营定发展规划）和水利区划，区乡（镇）水管站经历了"二表二图"（目标管理表、岗位责任表及水利水电工程分布图、水利工程灌区分布图）等一系列工作，澄清了家底，促进了管理。

1996年省水利厅要求，对上型水库进行注册登记。州县（市）乡三级组织专业技术人员，集中精力进行全面查实，并建立了水库登记卡片。全州有131座小（Ⅰ）型，472座小（Ⅱ）型共计603座小型水库，达到注册标准，为未达注册标准的工程维修和加固提供计划安排依据。

（一）工程观测与维护

1989年以来，湘西州对岩门溪、黄石洞、小排吾、卡排、龙塘河、杉木河、贾坝、卧龙9座中型水库开展工程观测，内容包括大坝变形、大坝渗漏、渗流、水文气象观测和工程外部检查等项目。通过对观测资料的分析和整编，将成果用于水库调度、治理和管理，初步形成了中型水库群的安全监测网络。即确保了大坝安全，又使水库充分发挥了效益。

1990年，泸溪岩门溪水大坝在埋设测压管中，通过钻孔发现大坝有4层泥层含水量高达30％～50％，存在隐患。在6月5日大暴雨中，72小时降雨量达标483.3毫米，最大1日降雨量320毫米，这个水库气象实测的资料，不仅为工程整治提供了资料，还为省防汛办绘制湖南省暴雨等值线图，确立暴雨中心提供了依据。

1992年龙山县贾坝水库通过测压管观测发现了工程隐患，经省水利工程管理局电测验证，确定了大坝核心墙加高到设计高度的处理方案，当即组织劳力施工，确保了大坝度汛安全。

1993年，湘西州水利水电局为大坝观测配备了工程观测车，设5万元专项资金，采用视线法埋设工作基点92个，固定观标100个，位移点203个，起测水位点50个，水库大坝建有观测房、气象园、雨量观测站，统一订购观测仪器；统一对观测设施进行分排编号；统一观测设施保护办法；统一观测方法；坚持自测与州局巡测相结合，定期检查校正；统一制定检查观测资料上报制度；并制定了《湘西州中型水库工程观测考核指标百分制》，按月向州局汇报。统一培训；统一整编资料。

全州中型水库基本上都能利用已观测的资料作出水库防汛和兴利调度方案，不仅确保了水库大坝安全，也提高了工程的经济效益。永顺县杉木河水库调度员吴让庭在1994年7月23日大暴雨期间，4昼夜坚守岗位，根据资料和观测经验，准确作出预报，并在交通、通讯中断的情况下，提前泄洪，拦洪削峰60.3％，使水库下游3千米内的主河道两岸未造成任何损失，而其他河道两岸损失严重。州局十分关心观测人员的工作和生活，1994年9月与州人事局共同将11名水库调度观测人员由工人转为干部。

1995年3月21—30日州水利局在吉首举办了全州水管理人员上岗培训和水库调度、工程观测会议。参加培训和会议的有各县（市）副局长、管理股长、中型管理单位所处长、水库调度员共49人。

这次培训教材系水利部组织专家教授编写的，纳入了全国"星火计划"丛书，共5册，80万字，即水文与水利计算复核、安全加固与检查、运行管理、防汛与抢险、小水库养鱼，并辅以48学时的教学录像，内容全面，适用性强。湘西州水利局根据实际，开展了水库调度、工程观测、病险水库成因和治理技术、水库养鱼技术讲座。

学员学习目的明确，积极认真，互帮互学，取得了较好的学习成绩。42人参加培训，全部考试合格。泸溪县水电局、古丈县水电局、花垣县水电局被评为学习先进单位，向远归等7位同志被评为优秀学员。

会议认真总结了1994年水库调度和工程观测工作，通过考核评比，龙塘河水库、杉木河水库、岩门溪水库被评为先进单位。向万珍等5位同志被评为先进个人。

1995—2012年，中型水库观测已进入常规，每年一次资料整编，每年一次水库调度会，每年都下达一次中型工程度汛方案，使水库工程观测和维护步入了规范化、科学化管理轨道。

大中型灌区的维护主体是大型灌区管理局、各中型水库管理处（所）。渠系工程维修以国家投入为主，县（市）每年从县（市）防洪保安资金、水利建设基金中落实安排一定数量资金用于渠系险工险段处理。

从2006年开始，国家实施小型农田水利专项工程和重点县建设，重点实施小水窖、小水池、小塘坝、水泵站、小水渠（流量小于1立方米每秒）。小水窖1户1窖，由受益农户自建、自用、自管。小水池根据容积大小由村组或群众管理，负责后期维护。小塘坝、小泵站、小水渠由村委会或家民用水户协会管理。

（二）用水管理

随着水利工程规模扩大，农村生产体制的变革，各项用水制度得到不断完善。从"一把锄头放水"送水到田，到"六先六后"的计划用水制度（即先灌远田后灌近田，先用活水后用死水，先用塘水后用库水，先用自流水后用提灌水，先灌胎禾后灌扁草，先灌干田后灌湿田），再到学习千金水库实行五统一的管水经验（即统一思想认识，统一管理水源，统一用水制度，统一工程维修，统一水费负担）。农村实行联产承包生产责任制后，对用水管理办法进行了完善。中型水库一般是由管理所核实基础水量和灌溉面积，编制年度用水计划，经灌区代表大会讨论通过，流量包段分级送水。干支渠设有配水员，推广安装了三锁闸门，村设管水员，负责支渠的分水工作，组设看水员，负责放水到田间，形成放水、配水、送水、接水、灌水一条龙的用水秩序。

花垣县广车水库是一座小（Ⅰ）型水库，1999年完成14千米干支渠续修防渗配套，2000年2月完工，麻栗场镇当即成立片区管理所，配备9名管水员分片包干，负责农业灌溉供水，农户与管理所签订了水费粮征收合同。2000年在长达38天的大旱中，由于管水员工作认真负责，灌区无旱情发生，当年粮食增产30%，管理所收水费粮1.1万公斤。

第二节　经营管理和水利经济

在中央"巩固改造，适当发展，加强管理，注重效益"的水利方针指导下，湘西州水利管理进入了一个新的发展时期。经营管理是水利综合经营的具体体现，主要来源于水费和水利综合经营收入。水利综合经营是充分利用工程管理范围内的水土资源，植树造林，发展水产、水电、航运、水利加工及其他农副产品加工生产。一水多用，综合经营。

1989年，全州水费收入105.34万元，亩均3.3元，1991年全州水利工程实收水费面积32千公顷，收粮440万公斤，亩均9公斤，折算为人民币约5.2元。龙山县每亩征收水费粮9～13公斤，落实征收面积5.46千公顷，永顺县每亩征收水费粮9公斤，征费面积5533公顷，吉首市政府把水费征收和工程保安纳入乡（镇）政府目标管理。

为落实湘西州委提出的"解放思想，加快速度，稳定脱贫奔小康"的号召，1991年5月州水利局组织全州各县（市）水电局长、管理股长和中型水库管理所（处）长30多人，赴山东引黄济青工程考察，学习他们的工程管理和水利综合经营经验。州县（市）水利水电系统工程管理单位统一思想，进一步强化产业意识，充分利用工程管理范围内的水土资源，一水多用，综合经营，转变机制，尽快把所有单位建成经济实体，减轻国家和群众负担，增加自身效益。

花垣县兄弟河引水工程管理所，在确保800公顷农田灌溉的同时，积极开展发电、养鱼、城市供水、加工等综合经营项目，年产值由原4.2万元，增加到42万元，1991年被水利部授予水利综合经营先进单位称号。龙山县红岩溪区水利电力管理站，管辖5乡1镇2个林场，区内有小型水库9座，小型引水渠8条、山塘15口，电管站8处，小水电站2座装机700千瓦，人饮工程39处，受益人口1.95万人，全站有干部职工8人，自办自来水厂1座和装机200千瓦的小电站，开展水利综合经营后，甩掉国家补贴的拐棍，新建了一栋630平方米的楼房，人均年产值达5000～7000元，多次受到州县表彰，1991年被评为全省水利综合经营先进单位。

1992年全州193个单位水利综合经营总收入达2874.4万元，超过州政府下达的2500万元的目标管理计划。全州有48个区乡（镇）水管理站和管理所（处）办了粮油加工、水泥预制品、建材矿产品加工厂，自来水厂，养殖场种植基地等综合项目。

要实现水利产业化就必须发展水利经济。水利经济是水利系统为自身稳定和生存发展进行一切经济所产生的效益。水利主管部门，要加快经营管理机构转换立足资源优势，围绕社会主义市场经济，为使投入机制的良性循环，尽快使机关事业单位转变职能办实体，积极开展技术有偿服务和经营服务，为逐步"断奶"奠定基础。州水电局于1993年2月组建了州水利电力开发经营公司。下设城镇供水、综合经营、机电排灌开发服务、水资源河道开发管理、地方电力开发、水电后勤服务7个分公司，水电局有近半数40人分流到公司。公司开发经营的项目有州、永顺、泸溪3个水电铁合金厂，龙山卧龙水库亭子堡，吉首黄石洞水库2个供水厂，花垣县佳民水电站，红卫水轮泵电站，永顺勺哈电站，保靖长潭电站镀锌厂，龙洞潭电站庄上电站6处电站，龙山红岩食品厂，永顺西米水泥预制厂，泸溪建材厂，古丈茄通茶场及王村培训中心等。技术咨询和技术服务项目由州水利水电学会科技咨询中心负责组织实施。

1995年湘西州水利局召开各县（市）局长会议，传达水利部广东会议精神，进一步统一思想，转变观念，把发展水利经济纳入水利基础设施的总目标。要求加大投入，加快步伐，一手抓水利建设，一手抓水利经济。1995年全州水利经济发电收入1.1亿元，冶炼化工业收入0.2亿元，城镇供水以及各类收入0.25亿元。

长期以来，水利水电行业在水利水电建设和管理的实践中锻炼和造就了一大批专业技术人才，加上广阔的水面和山地资源以及小水电资源，这是湘西州赖以生存和发展的基础和优势。近几年来，湘西州紧紧依靠这些优势起步，创办了一批实体项目，并逐步扩大经营规模，取得了一定的成效。①改造了一批小水电站，新增装机容量2200千瓦，年发电量1100千瓦时；②充分利用水面资源发展养殖业，增加经济收入，全州可利用水面510顷，目前已开发利用280顷；③大力开发山地资源，种植果、药、茶等经济林木，已开垦的山地面积达15顷，已收益的有5顷。凤凰县吉信水管站，充分利用水土资源，以水养水，以电养电，开展多种经营活动，1995年该站总贷款480万元，盖了一座1800千伏安的硅锰电炼炉，年产硅锰2500吨，产值850万元，并实行内部改革，对灌溉、发电、渔业、种植、供水等项实行目标管理和奖罚制，年总收入达44万元，比改革前增加10万元。

1996年全州水利经济收入2.1亿元，2010年总产值达3.97亿元，实现利税4064

万元。

　　水利经济发展存在着以下四个方面的问题：①发展不平衡。县（市）之间、重点工程管理单位之间，认识的差异带来了贫富的差异；②产业结构比例失调。农业、工业、服务业三个产业比例悬殊；③由于市场经济，不少单位亏损；四是管理体制制约了水利经济发展，乡（镇）基层管水单位和中型水库管理所（处）按自收自支单位设立。缺乏地方政府支持，承担了过重的公益性服务，水费收缴难度大。

第三节　小型水利工程产权制度改革

　　湘西州小型水利绝大部分始建于 20 世纪 50—70 年代，80 年代以来重点是续修配套，基本上是由国家和集体投资补助、群众投工投劳兴建的，产权归国家或集体所有，由水利部门或乡、村集体经营管理。其特点是：规模小、数量多、布局分散、维护管理难度大。

　　党的十一届三中全会以来，农村经济体制和经营方式发生了根本变革。农业生产由集体经营转变为以家庭经营为主的双层经营。但是农村水利管理体制改革滞后于农村经济体制改革，长期以来沿袭着传统的管理体制和经营模式，产权不明，责任不清，体制不顺，机制不活，管理不善。小型水利工程名义上归国家或集体所有，由国家或集体管理，但实际上国家管不到，集体管不了。国家的财力无力顾及众多的小型工程的建设、维护，乡村集体积累也没有能力承担小型水利工程的维修改造，农户只管用水，不管建设、维护，水价标准低，水费收缴难，管理单位举步维艰。水利工程设施处于建、管、用分离，责、权、利脱节的状况，使工程建设、维护缺乏资金，长期得不到配套，加大了水利工程管理的难度。有些工程长期处于有人用水，无人管理的状况，导致工程老化失修，设施损坏严重，有的工程设施被盗或人为破坏，有的工程长期带病运行，部分水利资产长期闲置或流失，工程效益逐年衰减，造成恶性循环。

　　随着农村经济体制改革的深入，各个县（市）在改革小型水利工程管理体制和经营机制方面进行了一些有益的探索。从各村组、各工程管理单位的自发改革到各级政府和管理部门有组织地正确引导，逐步规范，有了较好的势头。先后出现了以下几种形式：首先是开展了水面承包和租赁经营。随着农村土地的承包到户，集体所有的小水库、山塘的水面也逐步实行了承包经营，由农户向集体承包，上交承包费用，在保证灌溉的前提下，发展水面养殖。随后，一些国家管理的中小型水库也将水面租赁给其他单位或个人经营开发。据不完全统计，全州已有 150 多座水库、1200 多口山塘实行了水面承包和租赁经营。凤凰县牛堰水库总库容 320 万方，水面 646 亩，1998 年 1 月将水面租赁给县供销社开发经营，在不影响水质、灌溉、防洪等条件的前提下，乙方自主经营，期限 30 年，租金共 45 万元，目前已付租金 20 万元，吉首市跃进水库总库容 400 万元，水面 300 多亩，1996 年将水面及附近所属土地租赁给金帝有限公司开发经营，合同期限 30 年，租金共 54 万元。其次是农户独家或联户兴修水利工程。随着"谁建、谁管、谁所有、谁受益"的社会办水利政策的推行，出现了农户独家或联户兴办水利工程的新模式。如龙山县塔泥乡农民李绍光 1993 年独家投资兴修一座小（Ⅱ）型水库。凤凰县三拱桥乡拉务村石天恩等 5 户农户集资

2.04万元，联户修复一座河坝，整修渠道620米，恢复灌溉面积180亩等。再次是党的十五大召开之后，根据党的十五大关于公有制实现形式可以而且应当多样化的精神，小型水利工程产权制度改革进入了实质性阶段，开始出现了在明确所有权不变的前提下，拍卖、租赁、承包小型水利工程使用权、经营权和管理权。龙山县是湘西州山丘区水利大县，在深入调查，广泛征求意见的基础上，积极推进以产权制度改革为核心，以搞好管理权和经营使用权为重点，以盘活水利资产为主要内容的水利设施管理体制改革。在明确规定了拍卖的原则、范围、程序及买卖双方的责任、权利、义务和拍卖的收取、管理、使用等，并在实施过程中严格按规定程序操作后，1998年3月6日，龙山县内溪乡伴住村村民贾绍瑞与核村签订合同，以2万元资产买断了该村一座小型水库30年的使用权和管理权，敲响了小型水利工程拍卖第一锤，拉开了湘西州小型水利工程拍卖的序幕。以此为突破口，小型水利设施管理体制改革在该县迅速推开，至当年底，全县已拍卖小型水利设施88处，其中小（II）型水库16座，骨干山塘27口，小山塘33口，电站2座，自来水厂5家，电排5座，拍卖金额达82.44万元，承包小山塘10口，溪坝50座，承包费8.8万元。同时对贾坝、卧龙两座中型水库的水面也相继实行了租赁，租赁费5万元。

水利设施实行租赁、拍卖后，取得了明显成效，一是充分发挥了现有小型水利设施的效益，盘活了水利资产，实现了生产要素的优化重组，促进水库经济增长方式的转变。通过对小型水利设施进行管理体制改革，买主（或承包户）实现了责、权、利的结合，能够全力经营，盘活了现有资产。如巴子坪水库买主每年库内养鱼4万多尾，库边办了百头猪场，库外开发种植业，年收入在4万元以上。伴住水库买主贾绍瑞为提高灌溉效益和自身的经济效益，投入资金3000余元，劳力1800余个，新增高标准引水渠300余米，实现了个人效益和村民效益双丰收。龙山县华塘镇华烂水库地处龙山和来凤两座县城之间，有良好的区位优势，水库拍卖后，买主辛保荣修通了公路，养了鱼，年收入2万多元。尖岩水库买主杨顺民开发水库养鱼和网箱养鱼，年收入在3万元以上。龙颈坳水库租赁后，租赁户进行了养殖、种植开发，开办了休闲娱乐服务项目，提供了6人的常年生产岗位，养猪、养鱼、养鹅年收入在10万元左右；培育城市街道绿化苗35亩，价值在60万元左右；休闲娱乐项目年收入10万元左右，其收入十分可观。同时下游70顷稻田得到了及时灌溉、实现了旱涝保收。全县水库、山塘拍卖后，共为301人提供了生产岗位，解决了部分下岗职工的就业问题，年创产值80万元左右，其中养鱼收入就达40多万元，水费征收18万元，其他收入20万元。这种多形式、多渠道投资开发的水资源，有效地推动了水利经济和水利产业的发展，经济效益和社会效益都很明显。二是促进了整个农村经济、村级集体经济发展和农民收入的提高。龙山县小型水利设施过去大多采取口头托管或代管，管理者象征性地交纳一点占用费。管理者怕政策变，不去也不愿对水利设施加大投入，管理得不到加强，导致经营粗放，效益低下。农业灌溉喝的是"大锅水"，不用交费，水资源浪费严重。通过拍卖，小型水利设施经营向能人转移，实现了生产资料与劳动者最佳结合，一定程度上促进了水库的综合利用。买主通过资金、智力和劳力的投入，收入也较高，成为当地致富的带头人。三是增强了责任意识，小型水利设施的管理得到进一步加强。通过改革，小型水库设施产权更加明确，真正做到了责、权、利相统一。购买者既是小型水利设施的法定经营者，又是防洪、灌溉、维护水利设施安全的直接责任人，管理的好坏直接与购买者经济效益挂钩。通过对拍卖后的水库、山塘跟踪调查，大多数管理较好，水利设施遭受人为破坏的现象极少发生，在近几年，该县年年遭受特大洪灾袭击，但成功实现了不垮一座山塘水库。

1998年以来，湘西州以拍卖、承包、租赁、股份合作等形式，推进小型水利工程产权制度改革，明确产权，盘活资产，发挥建管效益。截至2012年，全州已累计改制水库、山塘、农村供水工程等小型水利工程共6584处，其中承包3088处，租赁810处，其他形式2686处。

通过产权制度改革，落实了小型水利工程管护主体和工程维修、养护及时，工程效益得到提升。但也出现了如下几个突出问题：一是承租方经济效益与群众利益的矛盾。小型水库山塘拍卖后，买主的真正目的是赢利，因而他们会全力经营。同时由于购买价远远低于成本价〔1座小（Ⅱ）型水库成本至少在100万元，而实施拍卖费2万～3万元〕，98％的买主效益较好。而水库、山塘拍卖的是经营管理权，其所有权仍属国家和集体所有。管理权与所有权分割，其个人利益和集体利益的矛盾便凸显出来，买主为了个人利益既要投入一定的生产经或成本，又很难对水利基础设施的维护做到最大投入，由于受到集体利益的制约，这种重个人利益投入，轻公共设施维护，使得多数小型水库公共设施买主很难做到自主经营，最大赢利。如白羊乡的新林水库，关系到库内淹田问题，老百姓不准蓄水，而不蓄水，则水库不能发挥效益，既损害买主的经济利益，也影响下游农户的农田灌溉。特别是旱季时农田需要用水，而水库养殖同样需要水。承租方与下游群众一旦产生矛盾，买主（承租方）首先考虑的自然是自身利益，养鱼与灌溉的矛盾就凸显出来。另外，为了更大获利，买主往往投入大量化肥，造成水质污染，影响下游群众的用水安全，引发矛盾冲突。如巴子坪水库、尖岩水库就多次产生过用水纠纷。

二是承租方效益与出租方利益的矛盾。水资源属国有资源，在水利设施管理体制改革中，应正确处理好国家、集体和个人三者关系，作出充分评估论证，防止国有资产流失，否则后患无穷。如卧龙水库水资源向县城镇供水公司的售水权及售水收费权和卧龙水库主干渠向县城供水公司售水的输水权租赁后，承租方只按每吨水0.03元的标准向出租方交纳租金，并接纳安置卧龙水库管理处正式职工12名，而卧龙水库每年向供水方供水600万立方米，其收入在70万元。但承租方实际支付甲方的总金额为24万元。承租方个人所得为46万元，国家、集体利益又受到很大损害，从而引发了诸多不安定因素和矛盾。

三是山塘、水库蓄水与防洪保安的矛盾。水库拍卖后，为了充分发挥工程效益，必须要有一定的投入，国家投入修建水库、山塘的主要目的是为了灌溉和防洪。防洪必须按调度计划控水，不允许在丰水期蓄太多的水。小型水库、山塘一旦拍卖，国家投入就会转向到一些大的工程上，投资渠道单一。通过调查，95％已拍卖的水利设施多年未得到国家投入。水库承租、拍卖后，受益的是业主，谁收益谁投入，从而导致所有权在乡镇、村级负责人对水库、山塘的维护和业主形成了相互推诿的局面，而乡镇、村级集体根本不想管，也不宜过多的插手，更无力花费资金进行投入，乡、村认为水库已拍卖，受益的是买主，应由买主负责，而买主养殖投入的主要目的是为了蓄水，并且为了不让鱼从溢洪道口跑掉，大部分买主都加设了拦鱼网，由于承租方和出租方各人的利益取向不同，山塘、水库蓄水与防洪灌溉的矛盾就日益凸显出来，严重影响了水库的防洪保安。买主（承租方）为了个人利益往往不按承租合同办事，不按科学调度，当个人利益与集体利益发生矛盾时，个人利益往往占上风。

四是建设、管理、使用脱节的矛盾。水库、山塘是国家投资建设，管理、使用为买主。购买者掠夺式开发水资源或工程设施，工程损坏后还得让广大群众收拾"烂摊子"，重新出资投劳。要买主对其所购水利工程实施彻底维修几乎是不可能的。一旦工程出现问题，其整治费用不是一笔小数目。对买主来说，就是有钱他们也不愿意将钱花在这上面，而老百姓更不愿在购买期内出资出力，因为使用权和经营权在买主（承包户）方，结果为了承担防洪抢险任务，国家不得不花大笔资金对其进行整治。从调查的情况看，90％的买主没有对水利设施进整治。

第四节　水利水电工程建设管理

一、项目法人责任制的实施

水利部1995年4月21日发布《水利工程建设项目实行项目法人责任制的若干意见》，对水利工程实行项目法人责任制提出指导性意见。实行项目法人责任制是适应发展社会主义市场经济，转换项目建设与经营体制，提高投资效益，实现我国建设管理模式与国际接轨，在项目建设与经营全过程中运用现代企业制度进行管理的一项具有战略意义的重大改革措施。根据文件精神，湘西州逐步推行项目法人制度。努力促进全州水利工程管理机制转变。要求项目法人组建要按项目管理权限报上级主管部门备案，项目法定代表人及其他负责人应保持相对稳定，并在工程项目建设的现场进行管理。组建项目法人要按项目的管理权限报上级主管部门审批和备案。

项目法人是项目建设的责任主体，全面负责工程的实施，并对项目建设的全过程负责，对项目建设的质量、安全、进度和资金管理负总责。项目法人要健全内部机构设置，根据工程需要设立具体实施工程建设管理班子，建立完善的管理制度，自觉履行水利工程基本建设程序，严格按照工程项目法人负责制、招标投标制、工程监理制和合同管理制要求，认真落实项目法人责任，切实加强工程建设管理，保证工程质量、进度与安全，确保工程按批准的实施计划完成建设任务。

二、建设项目招标投标制的实施

第九届全国人民代表大会常务委员会第十一次会议于1999年8月30日通过《中华人民共和国招标投标法》（中华人民共和国主席令第21号），自2000年1月1日起施行，《水利工程建设项目招标投标管理规定》（2001年10月29日水利部令第14号），《中华人民共和国招标投标法实施条例》（2011年12月20日国务院令第613号），自2012年1月1日起施行，招标投标法实施以来，全州依法必须招标的重点水利项目全部实行了公开招标或邀请招标，有效地规范了水利工程建设市场。

三、水利水电工程建设监理制的实施

按照国务院《建设工程质量管理条例》《水利工程建设项目监理招标投标管理办法》，2003 年 10 月 23 日发布《水利工程建设项目施工监理规范》（SL 288—2003）等有关规定，州内水利工程投资 100 万元以上应实行监理的重点项目全面实行了监理制。2000—2013 年，全州共实行监理的重点项目 369 项，工程投资达 206605 万元。实施水利工程项目监理制，使水利工程施工质量得到有效的保证。

第五节　水利水电工程质量监督

一、机构、职能

1992 年，湘西州机构编制委员会以州编发〔1992〕42 号文批复成立湘西州水电基本建设工程质量监督站，其任务是对自治州的水利水电基本建设工程的质量进行监督。1997 年，州编发〔1997〕75 号《关于州水电建设工程质量监督站加挂牌子的批复》设立湘西州水利水电建设管理站、湘西州水利水电工程招标投标办公室与湘西州水利水电工程质量监督站实行三块牌子，一套人员。1997 年州编制委员会下发《关于设立水利水电基本工程质量监督站各县（市）分站的函》，同意各县（市）设立水利水电基本建设工程质量监督分站。2000 年机构改革各县（市）分站取消后。龙山、古丈、保靖、永顺成立了县质量监督站。

1997 年经州编委下文同意设立湘西州水利水电建设管理站、湘西州水利水电工程招标投标办公室与湘西州水电建设工程质量监督站，实行三块牌子，一套人员。定编 14 人，机构为全额拨款事业单位。1998 年成立湘西州水电工程监理有限公司，对总投资 100 万元以上工程全部实行了招投标和质量监理。工程监理对保证工程质量，发挥投资效益，发挥了重要的作用。1999 年开始以来州水利局联合建委举行小型水利水电施工技术培训班 20 期，培训施工技术员、质检员、预算员、安全员 2000 多人次，州管水利水电施工队达 400 余家。2002 年州水利局制定了《湘西自治州水利水电工程建设项目招标投标管理办法》。规定公开招标时不得限制合格投标单位的数目，经资格审查后，认可的投标单位不得少于 3 家。

2001 年，州编制委员会下文批复州水利水电科技情报服务站、州水利水电总工程师室与州水利水电基本建设工程质量监督站合并，为湘西州水利水电工程质量监督站，核定全额拨款事业编制 15 名。保留州水利水电工程招标投标办公室、州水利水电建设项目管理站。州编制委员会《关于调整州防汛抗旱指挥部办公室人员编制的批复》，将质监站编制调整为 14 名。

水利建设项目的管理体制经历了一个由政府承包无限责任、投资包干和招标承包责任制、项目业主责任制到项目法人责任制的演变过程。水利工程质量监督，必须实施项目法人责任制、建设项目招标投标制和工程建设监理制。

2008 年 8 月，湘西州水利局组织全州水利系统专业人员通过学习相关招标投标法律法规知识，第一批审查通过进入省综合评标专家库共 101 人，获评委资格证 91 人，持证上岗，其中，有 87 人为省水利系统评标专家；第二批 2010 年 11 月有 33 人，通过评审进入省综合评标专家库；湖南省水利厅 2013 年 10 月建立水利评标专家库，全州进入水利评标专家库的专家 107 人。

二、水利水电工程质量监督与质量等级评定

《水利工程质量监督管理规定》《水利工程质量管理规定》《建设工程质量管理条例》等有关法律法规规章出台后，全州涉水工程基本上实行了政府质量监督，对重点水利工程全部实行了强制性监督。

1996 年出台《水利水电工程施工质量评定规程（试行）》（SL 176—1996），2007 年修订更名为《水利水电工程施工质量检验与评定规程》（SL 176—2007），工程质量评定实行施工单位自评、监理单位复核、项目法人认定、质量监督机构核定。实行质量管理与监督以来，湘西州水利水电工程合格率 100％，优良率 20％以上，从未发生过重特大工程质量与安全事故，确保了工程质量。

第六节　水利计划与资金管理

一、水利计划

湘西州的水利建设计划，是根据国民经济和社会发展规划与地区经济发展规划的总体要求，在批准的流域综合规划的基础上，结合湘西州西部开发水利水电总体规划（2001—2010 年）、水利发展"十一五"（2005—2010 年）规划、水利发展"十二五"（2011—2015年）规划，以及防洪、供水、水环境整治等专项规划，按照湘西州的区域特征及各县（市）现有的水利条件、各类水利工程建设需求的紧迫性进行编制的年度水利建设计划，报省及中央同意后下达各县（市）、水管单位执行。

水利发展计划，是湘西州水利部门积极践行可持续发展的兴水润州思路，扎实推进湘西州水利现代化建设，着力发展"平安水利、基础水利、民生水利、资源水利、生态水利、法治水利、数字水利、人文水利"，实现从传统水利向现代水利、可持续发展水利转变的指导性文件，水利发展规划事关湘西州经济社会全面协调可持续发展的全局和长远，对于明确湘西州水利发展和改革的总体思路、发展战略目标、发展布局和保障措施具有十分重要的意义。是引领湘西州水利事业建设的宏伟蓝图、是湘西州水利人共同奋斗的行动纲领。

在编制水利发展计划时，坚持以科学发展观为指导，把以人为本、全面协调可持续的发展要求贯穿于水利发展计划编制和实施的全过程。随着新时期经济社会发展对水利的要求，在水利发展计划编制过程中，做到了"五个注重"：

（1）注重人与自然和谐。尊重自然规律和经济规律，按照人口、资源、环境与经济社

会协调发展的要求，根据水资源和水环境承载能力，合理开发利用水资源。促进调整优化经济社会发展布局，妥善处理与防洪减灾、水资源开发利用和生态环境保护的关系。

（2）注重资源节约和保护，走资源节约、环境友好的可持续发展之路，继续把水资源的有效保护和节约利用放在突出位置，全面推进节水型社会建设，提高水资源利用效率和效益。

（3）注重以改革促发展。改革和创新水利发展与管理机制，切实转变政府职能，加强社会管理和公共服务，改革体制机制，克服水利发展中的体制性障碍，健全法制，依法治水，提高科学化、民主化程度，全面增强水利服务于经济社会可持续发展的能力。

（4）注重全面统筹协调。统筹考虑不同区域和城乡经济社会发展的特点和需求；统筹兼顾上下游、干支流、左右岸，水资源开发、利用、节约、保护和防洪排涝等关系。

（5）注重因地制宜、量力而行、突出重点。根据公共财政状况和投资政策，合理确定水利建设规模和投资规模，优化配置水利建设资金。坚持民生为先，结合新农村建设，优先解决涉及群众切身利益的水利保障问题。

计划目标：

总体目标：通过"十五"计划、2010 年计划和西部开发计划的实施，逐步建立湘西州现代化的防洪保安体系，水资源保障体系，生态环境保护体系和现代水利管理体系，改变湘西州旱洪灾害频繁、生态环境脆弱、人畜饮水困难的严峻形势，实现湘西州水利事业的可持续发展，逐步实现水利现代化。

计划指标：

（1）农田灌溉：到 2005 年湘西州有效灌溉面积达到 140 万亩，旱涝保收面积达到 115 万亩，人均 0.5 亩；到 2010 年，湘西州有效灌溉面积达到 155 万亩，旱涝保收面积 125 万亩，人均稳定在 0.5 亩以上。

（2）防洪保安："十五"期间，全面启动"一市三县"城市防洪工程建设；处理好 7 座中型和 36 座小型病险水库；到 2010 年基本完成"一市三县"城市防洪工程建设，分批启动 42 个重点乡（镇）防洪工程和 15.59 万亩农田防洪除涝工程建设；现有病险水库得到有效整治，所有水利工程均能正常发挥效益；防洪调度逐步实现自动化。

（3）农村人口安全饮水：到 2005 年解决现有 25.08 万农村人口的饮水困难；到 2010 年，湘西州 66.08 万农村人口的饮水困难得到基本解决。

（4）水土保持生态环境建设：2005 年在控制新增水土流失的基础上，治理水土流失面积 570.2 平方千米，2006—2010 年治理水土流失面积 824.6 平方千米，2011—2020 年治理水土流失面积 1500 平方千米，基本形成山清水秀的生态环境。

（5）乡镇供水：乡镇所在地的自来水普及率，由 2005 年的 33% 上升到 50%，到 2010 年达 100%。

（6）水电农村电气化建设："十五"期间，新增发电装机容量 11.21 万千瓦，村通电率达 100%，户用电率达 98%，人均年用电量达 860 度以上。2006—2010 年，新增发电装机 7.54 万千瓦，村通电率达 100%，户用电率达 99%，人均年用电量达 1202 度。

二、资金管理

随着水利在经济和社会发展中的地位日益提高，湘西州对水利建设的投入力度也不断增加，特别是近几年来每年水利建设资金投入都达 6 亿、7 亿元以上。面对前所未有的水利建设巨额资金，湘西州根据上级有关文件精神和规定，千方百计管好用好每笔资金，以发挥资金的最大效益。

（一）科学安排资金计划，保障水利事业发展需要

（1）根据水利事业发展需要，科学编制建设项目资金计划。在每年第四季度编制下一年度建设项目资金计划时，首先认真分析本年度计划执行情况，然后根据下一年度水利事业发展需要，经充分调查和分析论证，结合财力安排的可能，按轻重缓急原则进行科学遴选，最后编制确定下一年度建设项目资金计划。

（2）按照财政资金管理的要求，认真编制各部门预算等，规范财务核算行为，强化会计监督和内部约束，加强财务统一管理，管好用好各类水利资金，确保局机关和局属事业单位的正常运转。

（3）大力推进项目实施进度，合理调度使用各项资金。大力组织实施相关水利项目，确保项目进度按计划进行，并与资金的到位和使用相匹配。根据出现的新情况、新问题，合理调度使用各项资金，充分发挥资金的最大效益。

（二）加强建设项目管理，确保资金安全

（1）明确相互责任，科学合理分工。湘西州水利局根据面上水利工程和重点水利工程特点进行合理分工，以明确各自的责任。

（2）完善相关组织，建立健全制度。为确保项目顺利实施和切实加强资金管理，湘西州人民政府出台了《湘西州水利建设基金筹集和使用管理实施细则》，湘西州人民政府办公室出台了《湘西州口粮田建设资金管理办法》《湘西州口粮田建设"以奖代科"实施细则》，制订专门的财务管理制度，项目资金均通过专户核算，集中使用，严防资金体外循环，签订相关廉政协议。同时湘西州水利局相继出台了《湘西州小型农田水利工程建设项目资金管理办法》《湘西州农村安全饮水工程建设资金管理实施办法》《湘西州病险水库、堤防加固工程建设资金管理实施办法》等，以确保工程项目顺利实施，资金管理高效安全。

（3）规范建设程序，加强内外监督。坚持科学的项目决策评估认证，项目建议书、可行性研究报告审批制度，在符合流域规划、计划的前提下，尽可能使水利项目在技术上可行、经济上合理。每个重点水利项目都建立了重大事项制、设计变更会审制、工地例会制、联系单位审查制等，内部控制制度健全。项目实施过程中，发改委、财政局、审计局紧密配合。各项工程均实施项目法人责任制、工程招投标制、质量监督制。由于规范运作，近几年来的水利工程质量好、进度快，资金使用符合规范和要求，无擅自扩大支出范围、超标准等现象。

第十三章 水 库 移 民

　　1989 年，湘西州移民办为州水利电力局直属正科级机构。1994 年升格为副县级事业单位，1996 年 1 月成立湘西州移民开发局，隶属于湘西州水利局。2005 年 7 月，升格为正处级单位。2006 年 4 月，更名为湘西州水库移民开发管理局，内设办公室、法规科、安置开发一科、安置开发二科、计划财务科，隶属湘西州农办管理。2008 年 4 月，增设人事科。至 2010 年 12 月底，编制 17 名，实有干部职工 28 人。

　　1989—2010 年历任局长（主任）：谢旭怀、高从忠、杨胜刚、龙生贵。历任副局长（副主任）：符道余、田茂钊、谷加祥、王本刚、龙生贵；纪检组长、监察室主任：游杰。

第一节 安 置 移 民

　　1989 年，五强溪水电站库区泸溪县移民工作启动，淹没涉及泸溪县城和武溪、浦市、洗溪 3 镇与上堡乡，共 21 个行政村、52 个村民小组，需迁建州县直机关单位 163 个、工矿企业 58 家，淹没影响移民 3.48 万人，实际需要动迁 1.55 万人，核定生产安置人口 4131 人，实际需要生产安置 5514 人。泸溪县城需搬迁，浦市镇需围堤防护，武溪老城需改造。是年 10 月 1 日，在上堡乡白沙村岩坪举行泸溪县新县城建设奠基典礼。

　　1992 年，湖南省移民办安排凤滩库区移民维护资金 193.25 万元。1995 年 3 月 28 日泸溪县政府搬至白沙新城办公。1996 年 5 月 2 日，碗米坡库区淹没影响实物指标调查工作全面展开。调查确定淹没影响州内保靖、龙山 2 县 10 个乡（镇）、5 个居委会、124 个机关单位、53 个村、175 个村民小组，影响人口 1.68 万人；淹没房屋 53.12 万平方米，淹没耕地 406 公顷。保靖县清水坪镇、隆头乡、拔茅乡，龙山县里耶镇、长潭乡、隆头镇、苗儿滩镇等 7 个乡（镇）驻地受不同程度淹没影响。是年，泸溪县白沙新城累计开工建房 50.5 万平方米，竣工 40.7 万平方米，分别占总计划 96％和 77.3％；单位搬迁 142 个，居民搬迁住进新居 761 户，分别占应搬迁的 94％和 85％。1997 年，下达凤滩库区移民开发资金 1032.25 万元。1998 年 3 月，中南勘测设计院提交碗米坡水电站可行性研究阶段《水库淹没处理规划专题报告》（审定本）补偿投资概算湘西州部分静态投资 3.33 亿元。1999 年 5 月，进行碗米坡水电站库区初设阶段移民安置规划工作。

　　2000 年 5 月，湘西州移民局组织库区受淹指标复核工作，确定碗米坡水电站湘西州部分静态投资为 3.97 亿元。9 月 1 日，碗米坡电站库区移民工作启动。11 月 15 日，省政府批准实施凤滩库区移民安置遗留问题三年规划，湖南省直部门对凤滩库区扶持 4680 万元。凤滩库区移民兴建公路 84 千米，交通便道 173.7 千米，大小桥梁 18 座，码头 109 座，渡船 33 只，移民区 18 个乡镇全通班车；兴建水利电力工程 36 处，兴建人畜饮水工程 9 处，整修和新修学校 36 所，兴建水电站 3 座，架设 35 千伏输电线路 26 千米，兴建 2000 千伏安变电站1处，架设10千伏输电线路133.7千米和低压线路16千米；开发鱼种养殖3处，拦网养鱼23处。12月16日，《碗米坡水电站水库淹没处理补偿投资包干协议》签字仪式在长沙举行，协议碗米坡水电站水库移民补偿总投资3.4亿元。是年底，泸溪县白沙新城市政、武溪老城改造、浦市防护、319国道改线、白浦公路等移民标志性工程陆续建成，应搬迁163个单位和1292户居民共17680人已全部搬迁完毕，生产开发安置移民2850人，占核定应安置人数4131人和实际需要安置人数5514人的69%和52%；农村移民297户2040人搬迁任务全部完成。2001年5月，湘西州政府下发《碗米坡库区淹没补偿安置实施办法》，规定碗米坡库区淹没实物补偿标准。8月，安排碗米坡水库移民搬迁安置资金9000万元。11月16日，碗米坡水电站建设工程成功实现大江截流。是年，泸溪县移民局全面完成了库区坍岸滑坡地段的房屋、人口搬迁工作任务。2004年12月，碗米坡库区移民工程通过州政府初验，库区移民项目共计征用土地746.4公顷；拆迁移民房屋365307平方米；完成11个乡镇45个村141个组搬迁及建房2728户1.21万人；完成村庄建设742户3290人；完成山地开发333.3公顷，网箱养鱼1591口；库区培训67次、9098人次；迁建龙山县里耶、隆头乡、长潭乡和保靖县拔茅乡、隆头乡、清水坪等6个乡（镇），1500户7397人；建设用地72.49公顷；解决1.8万人饮水问题；复建公路9条6271.41米，桥梁长度361.41米；恢复电力设施38条，74.6杆千米；完成里耶、苗儿滩两处防护工程。2006年，竹篙滩水电站开工建设，涉淹花垣、保靖两县4个乡（镇）17个村36个组24户120人，规划搬迁121人。淹没房屋4549.08平方米，淹没影响土地62.2公顷。

2010年5月5日，湖南省移民局批复花垣县竹篙滩水电站建设征地移民安置规划设计报告。库区淹没耕地采用2年一遇洪水标准，农村居民点采用20年一遇洪水标准。库区规划搬迁人口为121人，生产安置人口796人。电站工程静态投资2.07亿元，移民安置补偿投资总概算为4206.9万元，此外每年需补偿稻谷324.971吨。移民房屋搬迁本着"因地制宜，有利于生产生活，少占耕地，后靠分散安置"原则，统一规划，分户实施。9月以后，花垣、保靖库区乡村分别召开移民搬迁动员会，移民搬迁安置正式开始（表13-1）。

表13-1　　　　　　　1989—2010年湘西州中型水库移民情况一览表

工程名称	工程类别	主体工程开工时间（年）	主体工程竣工时间（年）	坝址所在县	涉及移民总人数（万人）	原迁农村移民人数（万人）	水库容量（亿立方米）	装机容量（万千瓦）	年发电量（亿度）	现状人口（万人）	备注
松柏水库	水利	1964	1969	永顺	0.4262	0.4262	0.1166			0.4262	
贾坝水库	水利	1965	1976	龙山	0.2172	0.2172	0.139			0.2923	
小排吾水库	水利	1966	1975	花垣	0.039	0.039	0.135	0.04	0.015	0.0536	
岩门溪水库	水利	1966	1969	泸溪	0.287	0.287	0.251			0.287	

续表

工程名称	工程类别	主体工程开工时间（年）	主体工程竣工时间（年）	坝址所在县	涉及移民总人数（万人）	原迁农村移民人数（万人）	水库容量（亿立方米）	装机容量（万千瓦）	年发电量（亿度）	现状人口（万人）	备注
长潭电站	水电	1972	1982	保靖	0.1205	0.1205	0.6336	0.5	0.252	0.1205	
龙塘河水库	水利	1972	1975	凤凰	0.2129	0.2129	0.184	0.2635	0.08	0.2926	
杉木河水库	水利	1965	1970	永顺	0.2121	0.2121	0.2	0.092		0.2121	
卧龙水库	水利	1975	1979	龙山	0.2568	0.2568	0.117			0.3327	
小陂流电站	水电	1975	1978	泸溪	0.2816	0.2816	0.1	0.3	0.065	0.2816	
卡栅水库	水利	1977	1985	保靖	0.2188	0.2188	0.217	0.096	0.00166	0.2188	
黄石洞水库	水利	1974	1978	吉首	0.025	0.025	0.11	0.0525	0.05	0.0272	
河溪电站	水电	1978	1983	吉首	0.8727	0.8727	0.53	0.96	0.31	0.941	
白溪关电站	水电	1976	1980	古丈	0.4559	0.4559	0.1348	0.375	0.3	0.4758	
马鞍山电站	水电	1984	1986	永顺	0.3908	0.3908	0.284	0.8	0.35	0.4204	
双溶滩电站	水电	1992	1995	保靖	0.3467	0.3467	0.1721	0.8	0.4747	0.3467	
湾塘电站	水电	1984	1991	龙山	0.459	0.459	0.58	2.64	1.31	0.459	
大小坪水库	水利	1995	1996	凤凰	0.0861	0.0861	0.1202			0.0879	
狮子桥电站	水电	1985	1998	保靖	0.2821	0.2821	0.132	1.12	0.5187	0.2964	
海螺电站	水电	1992	1995	永顺	0.029	0.0297	0.1544	0.96	0.4491	0.0297	
长潭岗电站	水电	1988	1998	凤凰	0.595	0.595	0.997	1.2	0.31	0.6251	

续表

工程 名称	工程 类别	主体工程 开工时间 （年）	主体工 程竣工 时间（年）	坝址所 在县	涉及移民 总人数 （万人）	原迁农村 移民人数 （万人）	水库容量 （亿立 方米）	装机容量 （万千瓦）	年发电量 （亿度）	现状 人口 （万人）	备注
雷公洞 水库	水利	2004	在建	凤凰	0.2246	0.2246	0.242	0.5	0.3	0.2246	
黄莲溪 电站	水电	2005	在建	吉首	0.0683	0.0683	0.106	0.6	0.26	0.0683	
高家坝 电站	水电	2004	2009	永顺	0.4352	0.4352	0.8	1.26	0.4529	0.4352	
小河 电站	水电	2005	在建	龙山	0.108	0.045	0.222	0.5	0.182	0.108	
纳吉滩 电站	水电	2006	在建	龙山	0.0876	0.0578	0.38	5.1	2.15	0.0876	
红卫 水库	水利	1966	1970	花垣	0.0612	0.0612	0.1065			0.0754	
竹篙滩 水库	水电	2004	在建	花垣	0.9887	0.9887	1.52	4.2	1.83	0.9887	
兄弟河 水库	水电	1984	1988	花垣	0.6688	0.6688	0.788	1	0.35	0.7822	
甘溪桥 水库	水利	1984	1987	泸溪	0.3788	0.3788	0.136	0.5	0.2	0.3125	

第二节　移　民　扶　持

一、后扶直补

1996年以前，对湘西州内水库移民主要以供应水淹区定销粮和上级拨付少量后期扶持基金予以扶持。1997年，州政府下发《湘西自治州水电站、水库库区后期扶持基金解缴和管理办法》，规定1996年以后修建水电站，后期扶持基金按售电量每度提取1分钱。1996年以后修建水库，基金从灌区受益年提取。

1998年9月1日，全州移民口粮补贴开始核减。至年底，凤滩和五强溪库区泸溪县移民被核减15％；湘西州内中小库区移民被核减25％。1999年，州境水库移民后期扶持基金为 300 万元。2001 年，省下达湘西州移民口粮补贴为 1255.36 万元，后期扶持基金为 804.16 万元。2002 年，下达移民后扶基金古丈县 150 万元，保靖县 53 万元，永顺县 35 万元，泸溪县 50 万元。2003 年，湘西州移民人均纯收入达到 1080 元，解决移民脱贫人数 6000 人。2004 年，开展大中型水库移民后期扶持情况调查，摸清湘西州 8 个县（市）32 座大中型水库 18.95 万移民基本情况。全州库区移民人均纯收入达到 1100 元，未解决温饱贫困移民减少到 6 万人。2005 年，州政府第 44 次常务会议议定，从湘西州 27 座中型水电站每年上网的 7 亿度电费收入中，按 1 度电 1 分钱征收标准提取后扶资金，解决州内水库移民发展问题。

2006 年，湘西州制定《湘西自治州完善大中型水库移民后期扶持政策的实施方案》，按规定，人均每年扶持 600 元标准，对农村搬迁移民实行一定 20 年的直补和项目扶持。2007 年，州政府先后发文下达全州 32 座大中型水库移民后期扶持人口指标，保靖县 2.97 万人，泸溪县 2.76 万人，永顺县 2.28 万人，龙山县 2.19 万人，古丈县 1.75 万人，凤凰县 1.47 万人，花垣县 1.01 万人，吉首市 0.72 万人，湘西州本级及竹篙滩电站预留人口 1.08 万人。湘西州共计核定登记后期扶持人口 16.11 万人，政策兑现 16.11 万人，占省核定人数 100％。实行直补 361 个村，项目扶持 67 个村，直补和项目扶持结合 70 个村。是年，省财政厅下达湘西州小水库移民口粮补贴及移民困难扶助金 694.29 万元。2008 年，省后期扶持领导小组认定湘西州农村现状移民人口指标 15.99 万人。是年，除竹篙滩电站移民外，据实核定到全州 8 个县（市）113 个乡（镇）587 个村后扶农村现状移民 15.15 万人。2008 年，省财政厅下达湘西州小水库移民扶助金和移民困难扶助金 665.88 万元。2009 年 9 月，州移民开发局将省下达移民扶助金按各县（市）大中型水库移民人口指标比列进行分配，吉首市 38.87 万元，凤凰县 64.96 万元，泸溪县 133.18 万元，古丈县 76.07 万元，花垣县 48.26 万元，保靖县 124.20 万元，永顺县 112.74 万元，龙山县 102.72 万元。

2010 年 6 月，湘西州政府办公室将原预留竹篙滩电站 8377 人口指标，分配花垣县 5445 人，保靖县 2962 人。同时将留州 2423 人用于湘西州移民培训人口指标分解挂靠凤凰县 1316 人，吉首市 1107 人。是年，省定湘西州 15.99 万农村现状移民人口指标全部分解到库区 8 个县（市），其中保靖县 3.26 万人，泸溪县 2.76 万人，永顺县 2.28 万人，龙山县 2.19 万人，古丈县 1.75 万人，凤凰县 1.6 万人，花垣县 1.55 万人，吉首市 8335 人。落实 15.99 万人直补和项目扶持，共计拨付 8 县（市）移民后扶基金 1.08 亿元，移民人均纯收入由上年 1890 元增长到 2107 元，同比增长 11.51％。360 人避险搬迁和移民培训工作纳入省为民办实事范围，落实避险搬迁资金 458.4 万元，完成动迁 1049 人。

二、基础设施建设

1989 年 10 月 1 日，泸溪新县城正式奠基，破土动工，并完成朝阳路土石方开挖 3 万余立方米和县城至白沙 9 千米邮电通讯线路架设。1990 年 7 月，古丈罗依溪饮水工程动工。

1992 年，州移民办牵头组成调查组，对古丈、永顺、保靖 3 县出现滑坡问题进行调查勘测，并制定搬迁方案，共查出滑坡体 17 处，涉及移民 389 户 1972 人，房屋 392 栋 6.67

万平方米，分类排队，确定急需搬迁127户662人，房屋2.09万平方米。5月，古丈罗依溪饮水工程竣工。1993年，州移民办安排凤滩库区滑坡处理经费80万元。搬迁和处理危房100栋，人数533人，新建排洪沟1条650米，码头1处100米，人畜饮水1处。1994年，州移民办投入111.5万元处理滑坡体上712人搬迁工作。1996年4月，五强溪库区泸溪县浦市镇围堤防护工程动工，工程投资8900多万元。1997年，凤滩库区完成饮水工程7处，完成通路工程9处，完成码头修建3处，完成建改输电线路10处，完成抽水站1处，购变压器1台，新建学校1所，柑橘储藏库1座，人行桥1座。1998年，凤滩库区基础设施建设投入178.5万元，完成自来水改造工程1处，人饮工程3处，新建码头2处，完成4所学校新建教学楼2603平方米，完成储藏间配套工程1133平方米。11月20日，保靖县迁陵镇码头开工，工程投资245万元。泸溪县浦市防护堤坝平均高程已达123.5米，排洪隧道开挖已贯通，撑砌完成70%，排涝泵站主体工程完成，机电设备安装调试基本完成；回填成型贯通排洪渠2100米，南新街289户原房已全部拆迁完毕，安置移民3000余人。1999年4月8日，古丈县罗依溪引水管道工程开工。该工程引水管网全长3916米，总投资356.08万元。

2000年11月，湖南省政府批准实施凤滩库区移民安置遗留问题三年规划项目，由省直14个部门帮助解决资金4680万元。2001年4月，保靖县迁陵码头工程竣工验收。2002年，省移民局批准永顺长官大桥项目预算350万元；批准古丈县栖凤湖大坝工程，全年库区基础设施总投资1822万元；兴修库区公路83千米，修建桥梁5座，码头16处，兴建人畜饮水工程34处，修建学校、医院3所，架设输电线路26千米，安装闭路电视1200户，修筑灌溉堤坝15处，渠道3200米。2003年，凤滩和五强溪库区实施工程项目75个，竣工52个，在建23个，总投资2429万元。古丈县栖凤湖大坝完成土石方30万立方米，副坝、溢洪坝和交通桥已经形成，累计完成投资1950万元。泸溪县刘家滩村在省移民局协助下，筹集资金300万元，劈山凿洞，打通10千米长刘家滩大道。2004年，州移民局完成花垣县竹篙滩电站淹没实物指标调查。凤滩、五强溪库区实施工程项目108个，竣工83个，在建25个，投入移民资金1263.8万元，受益移民4.34万人。栖凤湖大坝工程建设全面完成，累计完成投资2770万元，形成水面333.3公顷，安置移民1200人，养鱼面积达到86.67公顷。长官大桥完工，累计完成投资450万元。2005年，完成库区基础设施工程项目24处，受益移民4.451万人。2006年11月底，湘西州移民局完成库区和移民安置区基础设施和经济社会发展五年规划编制工作；完成雷公洞水库淹没实物调查工作。古丈县启动镇溪滑坡搬迁工作，吉首市完成河溪库区永固滑坡体移民搬迁安置。2007年，库区新修公路187千米，桥梁23座，架设自来水管道138千米，输电线路66千米。2008年，湘西州移民局帮助库区120户无房移民建房，户均投资1万元。并与省电力公司签订镇溪滑坡体移民搬迁协议，争取资金200万元。永顺、古丈两县通过集中和分散安置办法，迁建房屋66栋，69户移民搬出滑坡地带。全州共计开工实施600元以内后扶项目400多个，完成农村道路修建和硬化215处280千米，完成饮水改造工程145处300多千米，学校、医院和防护工程等其他项目13处。2009年，州移民局新建库区交通设施137处。花垣县兄弟河拦坝养鱼项目开工。启动341人移民避险和改善生存条件搬迁安置。完成17个纯移民村1.4万人安全饮水项目。

三、产业开发

1989年，湘西州库区投入27.9万元，开垦橘园41.4公顷，柑橘培管140.3公顷，茶叶30.3公顷，板栗2.8公顷，葡萄1.3公顷；完成28个网箱养鱼，安装1台鱼种场孵化抽水机；河西购兔268.5对，发展到500多对；保靖养猪294头；永顺养牛10头，养羊40只，养兔30只。安排45万元给古丈电石厂，安排26.15万元投入保靖黄磷厂。

1990年，湘西州库区开发土地10公顷，柑橘改造13.3公顷，新开板栗20公顷，茶叶5.3公顷，柑橘培管2.67公顷；养牛71头，养猪350头，养鱼网箱4个。白沙新城建设征地90.6公顷，完成土石方59.5万立米，开发柑橘32公顷，定植柑橘66.67公顷，培管柑橘88公顷，建房9栋，修水、粪池38个等配套设施。1991年，州、县移民部门投入1.79万元，建示范网箱30个，在凤滩水面实行多点网箱养鱼试验。1992年，湘西州库区新开柑橘54.5公顷，柚园20.67公顷，茶园16.67公顷，板栗6.67公顷，柑橘培育111公顷，小水果33.3公顷，茶叶5.33公顷，造林13.33公顷。发展网箱476口，网箱养鱼产量达12.7万公斤，产值达72.4万元，户平产值0.41万元。8月，成立栖凤湖茶叶加工厂，到10月底止加工绿毛茶1.75万公斤，销售利税达3万余元。1993年，凤滩库区开发柑橘566.7公顷，茶叶180公顷，小水果124.5公顷，营造用材林380公顷，库区内放养养鱼网箱1500口。兴办移民企业6家，固定资产1200余万元，企业销售收入达到2500余万元，实现税利328万元。保靖黄磷厂年产黄磷480余吨、磷铁235吨、磷泥91吨，销售收入528万元，实现税收32万元，利润17.2万元，扭亏为盈。1994年，凤滩库区农业开发安排220万元，用于种植业203万元，完成柑橘开发6.7公顷，开发茶园42.7公顷，为移民征地13.3公顷，培育果苗80余万株。

1995年，湘西州移民企业9家，投资2000余万元，古丈冶化厂得到发展，保靖黄磷厂上半年生产黄磷284.6吨，销售收入293万元，吨黄磷降低成本302元。1997年，全州完成移民山地开发430公顷。凤滩库区和五强溪库区开发可耕作地84.5公顷。湘西州库区进行柑橘培管、改造153.3公顷，新购优质品种黑羊1500余只，围堤养鱼120公顷，购买捕捞船只及网具1套。湘西州库区果茶面积达1000公顷。1998年，凤滩库区共投入库区建设基金280万元，完成新开口粮田51公顷，完成柑橘开发45公顷，完成名、特、优小水果开发73.3公顷，完成柑橘培管86.7公顷，完成蜜橘品种换代25.2公顷。1999年，为移民征地14.6公顷，口粮田建设34公顷，山地开发44.7公顷。2000年，安排移民项目资金1040万元，其中基础设施建设资金744万元，生产开发资金296万元。

2001年，为移民新开水田13.3公顷、旱土32公顷、橘园120公顷，征荒山53.3公顷。2002年，征地26.7公顷，开发茶园、果园300.3公顷，提供优质种苗50万株。2003年，凤滩、五强溪库区新开山地200公顷，大棚蔬菜200个，征地46.7公顷。2004年，投入生产开发资金1120万元，为移民新征土地116.7公顷，培植专业大户350户。全年新增开发面积464.7公顷，完成柑橘培管及品改693.3公顷，其他水果320公顷，网箱养鱼3500口，拦岔养鱼11处80公顷，实现规模养猪32564头，发展蔬菜大棚1235个。湘西州"投资拉动、大户带动、协会推动"发展库区优势产业，促进移民脱贫增收经验在全省移民工作现场会上向全省推广。2005年，新培育养猪、养鱼等产业大户182户，完成柑橘等果木定植 150 万株，低改品改 333.3 公顷，发展网箱养鱼 2400 口，放养鱼种 350 万尾，新建库区产业合作组织 3 个。2006 年，新培育养猪、养鱼、种植等产业大户 60 户，开发柑橘等果木 5666.7 公顷，低改品改 100 公顷，发展网箱养鱼 4000 口，拦网养鱼 140 公顷；2008 年，新开山地 1866.7 公顷。2009 年，库区新开土地 1153.3 公顷。建成科普示范基地 1 个，面积 13.3 公顷。新建猕猴桃基地 1 个，面积 42 公顷。新建金银花基地 1 个，面积 67.7 公顷。新增网箱 887 口。移民人均纯收入由上年 1750 元增长到 1890 元。

2010 年，州移民局、团州委、州科协举办青年移民科技创业"启航行动"，推行"313"工程（即用 3 年时间，重点扶持 100 名青年移民，每户扶持 3 万元资金），帮助他们从事产业开发，带动库区移民开发致富，先期扶持 44 户移民共计吸纳民间资金和金融贷款投入 300 多万元。湘西州库区新建产业基地 7 个，面积 722.9 公顷。全年新开猕猴桃 346.7 公顷，茶叶 133.3 公顷，新开油茶 115.1 公顷，金银花 399.5 公顷，柑橘品改、低改新增 667.5 公顷，新增网箱 1164 口。帮助 1042 户移民与老爹公司等龙头企业签订农副产品购销合同。库区形成以柑橘、猕猴桃、茶叶为主 20 多万亩特色主导产业。打造古丈毛尖、泸溪椪柑、龙山比耳脐橙、永顺松柏富硒猕猴桃等一批畅销品牌。建成水产总量达 3 万余吨移民网箱养鱼基地 7 个。

四、移民培训

1989 年，湘西州移民办用于学校维修和技术培训资金 3.8 万元。1990 年，培训专业技术人员 1100 名。1993 年，安排培训费 1.3 万元，举办各类实用技术训练班 15 期 1000 余人次。1994 年，湘西州办直属企业培训职工 300 余人次。1997 年，湘西州库区开办 16 期移民培训班，培训 3000 余人次，送省、州内大中专院校学习 98 人次。1998 年，全州培训移民 1200 人次，移民干部受训面达 30%，乡、村、组干部达 40%，各县建立培训和技术服务网络。1999 年，举办移民和移民干部培训班 6 期 238 人。10 月 25 日至 29 日，州移民局在永顺县王村镇举办湘西州移民工作规范管理培训班。2001 年，湘西州累计完成培训任务 1800 人次。2002 年，州移民局聘请库内外专家和技术人员采取"请进来，带出去"等不同方式组织开展科技培训班 68 期，移民受训 4759 人次，到实地进行现场指导 73 人次，组织移民外出参观 480 人次，选派优秀青年到有关院校学习培训 11 人次，培养各级科技示范户 1720 户。2003 年，湘西州举办果树栽培、养猪、养鱼和大棚蔬菜等培训班 46 期，移民受训 3180 人次，选送 13 名移民子弟上大学。2004 年，湘西州移民局组织 3 期科技培训，受训移民 350 人次。2005 年，湘西州举办各类实用技术培训班 36 期，受训移民 3500 人。在凤凰县长潭岗库区鸭堡洞、胜花、上报三个移民村交界地"营盘"建立湘西州库区移民科技培训示范基地。基地集种苗、母本园、休闲、培训、示范、农业观光园为一体，占地 7 公顷，利用水面 53.3 公顷。2006 年，库区举办各种移民实用技术和劳动技能培训班 105 期，受训移民 1.13 万人次，劳务输出 1420 人。2007 年，新招"9+2"职业技术教育班 5 个，招生 400 人。完成移民实用技术和劳务技能培训 9 万余人，实现劳务输出 1.3 万余人，创劳务收入 2680 万元。2008 年，湘西州移民局举办各类实用技术培训班 48 期 4500 余人次，"9+2"职业技术教育招生 5 个移民班 254 人。2009 年，湘西州移民局制定湘西州库区智力移民工作七年规划和年度培训计划方案。"9+2"职业技术教育新招 3 个班 139 人，在校生达 570 人，新安置就业 194 人，人均月收入 1200 元以上。选送 31 人参加省移民局技能培训。举办州、县、乡三级移民干部培训 21 期 1100 多人次，库区移民实用技术培训 122 期 1.16 余万人次。2010 年 4 月 27 日，10 万移民大培训仪式在吉首启动，全年完成移民就业技能培训 1353 人次，实用技术培训 9.55 万人次。

第三节　移　民　管　理

　　1989 年，到位凤滩库区移民建设资金 252.15 万元。湘西州移民办总结移民项目管理经验，抓好计划制定，加强项目管理，严格资金发放。保靖县对周转金发放，实行定项目、定效益、定偿还时间、定资金占用费，签订财产抵押合同，进行法律公证，达到周转金能定期收回和有偿周转，发挥资金效益。

　　1990 年，湘西州移民办推行移民工作目标管理，实现库区管理一体化。各县移民办坚持按财金制度和一支笔审批原则，加强周转金发放和收回工作。1991 年，争取到凤滩库区网箱养鱼资金 1.79 万元，示范网箱 30 个。1992 年，湖南省移民办安排州移民办五强溪库区行政管理经费每年 3 万元，一定三年，包干负责。1993 年，湘西州移民局安排碛航补助 20 万元，行管费 16.8 万元，培训费 1.3 万元，车辆管理费 6 万元，业务费 6.7 万元。1994 年，湘西州移民资金总计划 9833.6 万元，其中五强溪库区泸溪县移民补偿资金计划 9500 万元，凤滩库区 333.6 万元。1995 年，安排移民项目资金 1.02 亿元。

　　1996 年，凤滩库区移民建设计划资金 120.2 万元。湖南省移民开发局拨付湘西州移民救灾经费 889 万元。1997 年，湖南省下达凤滩库区开发资金 1032.25 万元。1999 年，州移民局制定《关于进一步加强部、省属电站水库移民计划、项目、资金管理的实施办法》，提出"两个确保，四个到位，六个加强"工作思路和"12311"工作目标，制订计划、项目、资金三个管理原则，凡列入年度计划项目，均须进行审查和审批。是年，湘西州移民局组织全州库区突出抓无地少地移民征地工作和口粮田建设，为移民征地 14.6 公顷，口粮田建设 34 公顷，山地开发 44.67 公顷，2500 名移民受益。

　　2000 年，湘西州移民局发文，明确项目管理程序：30 万元以下移民工程，由湘西州移民局委托有资格的设计单位或设计人员勘察、设计，由县局与设计单位或设计人员签订勘察、设计合同，湘西州移民局审批，并形成审批文件；投资 30 万元以上移民工程，由州移民局委托有资格的勘察设计单位勘察设计，由县局与勘察设计单位签订勘察设计合同，州移民局提出初审意见报省局审批，并形成省局审批文件。2001 年，争取到位资金凤滩库区 2428 万元，五强溪库区 2820 万元，小水电资金 56.1 万元，移民口粮补贴 1255.36 万元，碗米坡库区 9000 万元，后扶基金 504.16 万元。2002 年，州移民开发局制定《湘西自治州水库移民工程竣工验收实施办法》。是年，到位资金 2.0717 亿元。2003 年，州移民局争取资金 2.43 亿元，其中凤滩库建基金 300 万元，五强溪库区淹没补偿金 3100 万元，移民口粮补贴 1147.4 万元，凤滩库区三年规划资金 1280 万元，后扶基金 2454 万元，碗米坡库区淹没补偿资金 1.2 亿元，行管费 37.2 万元。是年，州移民局荣获"2003 年度争取资金奖""2003 年度目标管理先进单位""全省移民工作先进单位""2003

年度全州信访工作先进单位""2003年度全省库区稳定工作先进单位"等荣誉称号，并获稳定工作奖金4万元。2004年，到位移民资金8465.67万元，其中凤滩库区三年规划尾欠资金170万元，六年规划资金280万元，五强溪库区淹没补偿费尾欠资金1080.75万元，移民口粮补贴1363.4万元，后扶基金2804.12万元，碗米坡库区淹没补偿资金2710万元，行管费57.4万元。争取对口支援碗米坡库区资金300万元。是年，州移民局荣获"湖南省优秀事业单位法人""2004年全州信访工作先进单位""碗米坡库区移民搬迁安置工作先进单位"等荣誉称号。2005年争取到位移民资金4605.7万元。8月，中央直属水库六年规划实施管理座谈会在吉首召开，推广湘西州项目管理、扶持方式和投入机制创新经验。是年，州移民局被评为全国农村妇女"双学双比"活动先进单位。

2006年，共申报移民项目1200多个，涉项资金3000多万元。到位各类移民资金5429万元，其中移民口粮补贴1309万元，后扶资金3461万元，库建资金610万元，其他49万元。争取到位计划外资金800多万元。2007年，共计到位移民资金11298.32万元，其中后扶基金1285.1万元，口粮补贴款327.6万元，直补扶持资金9685.62万元。资金总额超目标管理任务3298.32万元。2008年，州委、州政府决定建立重点移民村第一书记制度，5月，8县（市）从直属单位派出108名党员干部任108个重点移民村第一书记，开展为期3年的帮扶工作，当年争取到位移民资金10965.89万元。2009年，州移民局制定《湘西州大中型水库移民后扶基金项目管理细则》，规范移民后扶基金使用和管理。全年争取到位移民资金1.43亿元。其中移民后扶基金9595.04万元，后扶资金3756.82万元，移民扶助金904万元，其他资金66万元。是年，州移民局被评为全省移民工作优秀单位。

2010年，州县移民部门争取到位应急救灾资金1325万元。全年争取到位移民资金1.65亿元，其中后扶基金10765.04万元，库区基金2094.62万元，后扶结余资金2518万元，移民扶助金762万元，竹篙滩电站淹没补偿资金380万元。是年，州移民局被省政府评为全省移民工作绩效考核优秀单位。

第十四章　水　利　普　查

　　2010 年至 2013 年国务院部署开展第一次全国水利普查，普查的标准时间点为 2011 年 12 月 31 日。湘西州成立第一次水利普查领导小组，州委常委、副州长吴彦承、副州长何益群先后担任组长，水利、统计、水文、发改、财政、经信、国土、环保、住建、农业等部门为成员，统一领导、指挥、协调全州水利普查。聘任、培训 2398 名水利普查指导员和普查员，建立 19734 个取用水台账并进行台账数据收集处理，现场调查 151 个水保野外调查单元，水文调查河流 99 条，登记清查对象 51449 个，现场普查复核对象 16100 个。历经三年，首次澄清水利家底。为今后加强水利建设和管理，推进水资源合理配置和高效利用，实行最严格的水资源管理制度，增强水利公共服务能力，打下良好基础。

第一节　河湖普查结果

　　湘西州共有流域面积 10000 平方千米及以上河流 3 条，总长度为 2161 千米；流域面积 1000 平方千米及以上河流 8 条，总长度为 2910 千米；流域面积 100 平方千米及以上河流 57 条，总长度为 5068 千米；50 平方千米及以上河流 99 条，总长度为 5987 千米。其中沅江流域面积 90828 平方千米，长度 1219 千米，州境内流长 15.65 千米；澧水流域面积 17122 平方千米，长度 428 千米，州境内流长 81.4 千米；酉水流域面积 19370 平方千米，长度 514 千米，州境内流长 147.6 千米。

第二节　水利工程普查结果

一、水库

　　共有水库 686 座，总库容 16.64 亿立方米（详见下表）。其中：已建水库 681 座，总库容 15.91 亿立方米；在建水库 5 座，总库容 0.73 亿立方米（表 14 - 1）。

表 14 - 1　　　　　　　　　不同规模水库数量和总库容汇总表

水库规模	合计	大型			中型	小型		
		小计	大（Ⅰ）	大（Ⅱ）		小计	小（Ⅰ）	小（Ⅱ）
数量（座）	686	1		1	25	660	139	521
总库容（亿立方米）	16.64	3.78		3.78	8.37	4.49	3.31	1.18

二、水电站

共有水电站 230 座，装机容量 61.12 万千瓦。 其中：在规模以上水电站中，已建水电站 83 座，装机容量 50 万千瓦；在建水电站 8 座，装机容量 7.93 万千瓦（表 14－2）。

表 14－2   不同规模水电站数量和装机容量汇总表

水电站规模		数量（座）	装机容量（万千瓦）
合计		91	61.12
规模以上 （装机容量≥500 千瓦）	小计	0	0
	大（Ⅰ）型		
	大（Ⅱ）型		
	中型	1	24.00
	小（Ⅰ）型	9	16.87
	小（Ⅱ）型	81	17.06
规模以下（装机容量＜500 千瓦）		139	3.19

三、水闸

过闸流量 1 立方米每秒及以上水闸 53 座，橡胶坝 1 座（详见表 3）。其中：在规模以上水闸中，已建水闸 19 座；分（泄）洪闸 7 座，引（进）水闸 3 座，节制闸 8 座，排（退）水闸 1 座（表 14－3）。

表 14－3   不同规模水闸数量汇总表

水闸规模		数量（座）	所占比例（%）
合计		53	100
规模以上 （过闸流量≥5 立方米/秒）	小计	19	36
	大型	4	8
	中型	5	9
	小型	10	19
规模以下（1 立方米/秒≤过闸流量＜5 立方米/秒）		34	64

四、堤防

堤防总长度为 588.03 千米，其中 5 级及以上堤防长度为 104.01 千米（详见表14－4）。

表 14－4　　　　　　　　　　　不同级别堤防长度汇总表

堤防级别	1 级	2 级	3 级	4 级	5 级	5 级以下	合计
长度（千米）	0	1.60	0	58.30	44.10	484.03	588.03
比例（％）	0	0.3	0	9.9	7.5	82.3	100

五、泵站

共有泵站 404 座。其中：规模以上泵站 55 座，规模以下 349 座（表 14－5）。

表 14－5　　　　　　　　　　　不同规模泵站数量汇总表

泵站规模		数量（座）
合计		404
规模以上 （装机流量≥1 立方米/秒或装机功率≥50 千瓦）	小计	55
	大型	0
	中型	0
	小型	55
规模以下 （装机流量＜1 立方米/秒且装机功率＜50 千瓦）		349

六、农村供水

共有农村供水工程 33116 处，其中：集中式供水工程 2748 处，分散式供水工程 30368 处。农村供水工程总受益人口 162.31 万人，其中：集中式供水工程受益人口 93.30 万人，分散式供水工程受益人口 69.01 万人。

七、塘坝窖池

共有塘坝 48686 处，总容积 4.5 亿立方米；窖池 15000 处，总容积 30.84 万立方米。

八、灌溉面积

共有灌溉面积 252.91 万亩。其中：耕地灌溉面积 207.96 万亩，园林草地等非耕地灌溉面积 44.95 万亩。

九、灌区建设

共有设计灌溉面积 30 万亩及以上的灌区 2 处，灌溉面积 54.06 万亩；设计灌溉面积 1 万（含）～30 万亩的灌区 18 处，灌溉面积 22.19 万亩；设计灌溉面积 50（含）～1 万亩的灌区 4366 处，灌溉面积 126.17 万亩。

十、地下水取水井

共有地下水取水井 33760 眼，地下水取水量共 4031.48 万立方米（详见表 14 - 6）。

表 14 - 6   不同规模地下水取水井数量和取水量汇总表

取水井类型				数量（眼）	取水量（万立方米）
合计				33760	4031.48
机电井	灌溉	小计		7620	1645.46
		小计		0	0
		井管内径≥200 毫米			
		井管内径<200 毫米			
	供水	小计			
		日取水量≥20 立方米		93	1273.42
		日取水量<20 立方米		7527	372.04
人力井				26140	2386.02

十一、地下水水源地

共有中型（1 万立方米≤日取水量<5 万立方米）地下水水源地 1 处。

第三节　经济社会用水普查结果

经济社会年度用水量为 14.45 亿立方米，其中：居民生活用水 1.18 亿立方米，农业用水 10.13 亿立方米，工业用水 1.84 亿立方米，建筑业用水 0.01 亿立方米，第三产业用水 1.14 亿立方米，生态环境用水 0.15 亿立方米。

第四节　河湖开发治理普查结果

河湖取水口。共有河湖取水口 3829 个（详见表 14 - 7）。

表 14 - 7   不同规模河湖取水口数量汇总表

河湖取水口规模	数量（个）	所占比例（%）
合计	3829	100
规模以上（农业取水流量≥0.20 立方米/秒，其他用途年取水量≥15 万立方米）	262	6.8
规模以下（农业取水流量<0.20 立方米/秒，其他用途年取水量<15 万立方米）	3567	93.2

地表水水源地。共有地表水水源地 69 处（详见表 14 - 8）。

表 14 - 8　　　　　　　　不同水源类型地表水水源地数量汇总表

地有水水源类型	数量（处）	所占比例（%）
合计	69	100
河流型	42	60.9
湖泊型	0	0
水库型	27	39.1

治理保护　河流 100 平方千米以上河流有防洪任务的河段长度为 1357.01 千米，占河流总长度的 50.3%。其中，已治理河段总长度为 84.44 千米，占有防洪任务河段总长度的 6.2%；在已治理河段中，治理达标河段长度为 67.69 千米。

第五节　水土保持普查结果

土壤侵蚀　土壤水力侵蚀面积 3897.4 平方千米。按侵蚀强度分，轻度 1978.08 平方千米，中度 1243.84 平方千米，强烈 452.66 平方千米，极强烈 144.53 平方千米，剧烈 78.29 平方千米。

水土保持措施面积　水土保持措施面积为 3637.16 平方千米，其中：工程措施 1769.08 平方千米，植物措施 1868.08 平方千米。

第六节　水利行业普查结果

共有水利行政机关及其管理的企（事）业单位 321 个，从业人员 6128 人，其中：本科及以上学历人员 624 人，大专（高中）及以下学历人员 5504 人。

共有乡镇水利管理单位 92 个，从业人员 249 人。

第十五章　水生态文明建设

第一节　水利风景区

水利风景区是指以水域（水体）或水利工程为依托，具有一定规模质量的风景资源与环境条件，可以开展观光、娱乐、休闲、度假或科学文化、教育活动的区域。湘西州许多水利工程和水库，自然风景秀丽，人文景观独特，旅游资源开发前景广阔。截至 2012 年底，湘西州共有 5 处水利风景区，其中省级 2 处，国家级 3 处。

一、吉首市八月湖水利风景区

吉首市八月湖水利风景区，2003 年被第一批定为省级水利风景区。总面积 63 平方千米，景区内共有 4 条溪河、3 座水库，其中中型水库 1 座（黄石洞）小型水库 2 座（跃进水库、麻溪水库）。景区位于大湘西旅游圈的中心位置，毗邻国家森林公园张家界、接国家历史文化名城凤凰和乾州古城连为一体，交通便捷，距长吉高速公路出口仅 6 千米。

八月湖水利风景奇特，自然景观、人文景观众多。主要有：碧水云天的八月湖，恍若仙境的黄石洞，凄美传说的思郎溪、万燕飞舞的燕子山、原始味浓的石头寨、历史传奇故事的"贝子岩、天堂坡、平垅寨"等数个古战场遗址。

八月湖景区内曾发生过对中国近代史产大重大影响，并载入史册的大事件"乾嘉苗民起义"，留下许多有史学价值、观赏价值的遗址、遗物和历史传奇故事。景区是纯苗族聚集区，一直保持众多独特的生活习俗和民族风情，有着古老的丰富多彩的传统文化。苗家村寨至今保留着许多古老的建筑，如吊脚楼、石头楼、土墙屋和苗族民众日常生活凸显出的古老的傩文化、巫文化。

八月湖水利风景区是一个集旅游观光、生态观光、民俗观光、历史探奇；户外活动、野外探险、休闲娱乐、健身活动为一体的综合型的水利风景区。

二、永顺县杉木河水利风景区

永顺县杉木河水利风景区，2004 年被第二批定为省级水利风景区。位于万坪镇，是澧水之源、万福山麓中一颗灿烂的风景明珠。杉木河中型水库、国营林场、杉木河共同构成了一幅靓丽的风景画。

景区群山巍峨，连绵不断，雄奇壮观，森林百万亩，林荫蔽日。有一座高 120 多米的石柱从丛林的半山腰突兀刺出，高耸云天，自下而上不偏不倚，几近均匀，傲然挺立，号称"将军岩"。石柱下倚将军庙，每逢庙会，锣鼓鸣天，游人如织。庙对面有高矮不一的八根石柱，称"八仙岩"，有的似铁拐背驼蹒跚而行，有的似仙姑金莲玲珑生春，惟妙惟肖。站在瞭望台，万福山灵峰耸翠，颇有华山之险，石柱擎天，更具泰山之雄，湖光山色，决胜于西湖烟柳，雾雨群峰更甚于黄山神奇。水库水面宽阔，水色湛蓝，波光粼粼。库区游船穿梭来往，络绎不绝。水库两岸草地茵茵，可供游人自由憩息。

景区内古迹众多，有避秦之乱的古城墙，有明朝土司王在万坪征集粮食赈济云贵两省的石刻榜文，有清朝时赵大王的古王台遗址，有老苏区郭亮县县政府所在地等。游人可在此沐浴秦汉文化之风，对话土家族文化，感受土家文明的新奇。1998 年，为纪念水库除险加固整治竣工，在右坝观测房坪上建一亭，名龙禹亭，立一碑介绍工程规模和建设情况。时任湘西州水利局局长符兴武即兴赋楹联一副：治水兴水除水患众志成城千载业，安民利民顺民心移山建库万民碑。

三、大龙洞水利风景区

大龙洞水利风景区，2006 年 6 批被水利部定为国家级水利风景区。位于花垣县补柚乡，景区内有气势磅礴的瀑布群、葱茏苍翠的原始森林、蚩尤后裔祭祖的面傩洞、遇旱祈雨的雷公洞、云雾缭绕的峡谷天桥、剿匪遗址"清匪崖"、乾嘉苗民起义古战场、石达开西征时安营扎寨的翼王坡、形态奇特的河岛沙滩、石剑峰等景观。其特色景点有天下第一洞瀑——大龙洞瀑布，自悬崖峭壁喷流而出，落差 208 米，宽 88 米，最大喷流量每秒 398 立方米，瀑布声传数里之遥；距今 5 亿年的寒武系地质公园极具科普研究价值，翠竹长廊近 200 亩的翠山竹在拾级而上的 1000 多米的青石板路两旁自然形成拱门奇观；龙母宫位于洞瀑源头，殿内规模达数千平方米，千姿百态的钟乳石和形状各异的"千丘田"等喀斯特溶洞奇景尽观眼底。另外，还有令人陶醉的苗寨神奇传说、风情万种的苗家风情，可以大饱口福的苗乡特产等可谓是一处让人神往的旅游佳境。真谓是："苗岭深藏大龙洞，飞瀑雷鸣峡谷中。林茂竹青仙境地，观光游览胜龙宫。"

四、凤凰县长潭岗水库水利风景区

凤凰县长潭岗水库水利风景区，2008 年第 8 批被水利部定为国家级水利风景区。位于沱江上游 10 千米处，集雨面积 460 平方千米，库容 9970 万立方米，是一座以防洪为主，兼有发电、灌溉、供水、旅游等综合效益的水库。水库碧波万顷，水天一色，风光秀丽，山呈黛色，渔歌时隐，两岸景色，目不暇接，30 里水路充满诗情画意。

长潭岗水库尾水处有天龙大峡谷和古苗寨，地势险要，谷中美景成群。古苗寨有着悠久的历史和浓厚的民族风情，苗族古老的建筑艺术保存完好。古苗寨旁有南方长城遗址、兵营遗址等。这里不仅可以领略大自然的独特风光，还可以感受到苗族浓浓的风土人情。

五、花垣县边城水利风景区

花垣县边城水利风景区，2010 年第 10 批被水利部定为国家级水利风景区。是一个集自然风光、历史文化、人文景观、独特地理位置、神奇民风民俗于一体的风景区。因一代文豪沈从文的小说《边城》而闻名天下。

景区依托花垣河清水江防洪综合整治工程而建，属自然河湖型水利风景区。总面积406平方千米，水域面积1.75平方千米，涵盖了茶洞古街、苗家吊脚楼、翠翠岛、百家书法园、边城白塔、湖南西大门城楼等人文景观和清水江等自然景观。

景区自然风光优美，历史文化底蕴深厚，景点众多，民风纯朴。

翠翠是沈从文小说《边城》中的人物，在清水江上修建一座110米长拦河坝，其中橡胶坝长70米，蓄水时将橡胶坝体内注满水后即可提高水位2米，使原有沙洲变成了一个岛。称之为翠翠岛。

景区内森林、河流、岛屿等自然景观特色鲜明，生态环境良好。清水江边世代居住的苗族人民有着独特的民俗风情，有七月半、太阳会、赶秋节等，节庆活动有鼓舞、苗舞、狮子舞、接龙舞、绺巾舞等民族特色舞蹈，还有精美的苗族服饰、银饰、鞋垫、刺绣等，其美味食品也令人垂涎三尺。

第二节　水生态系统保护与修复试点

2007年12月，凤凰县编制完成《沱江流域水生态系统保护与修复规划》，2008年6月获得水利部批复（水资源〔2008〕210号），列为全国十个水生态系统保护与修复试点之一。之后，编制了《湖南省凤凰县沱江水生态保护与修复试点方案》，2010年12月7日获得《湘西自治州人民政府关于同意凤凰县沱江流域水生态系统保护与修复试点实施方案的批复》。成立凤凰县水生态保护与修复试点工作领导小组，副县长田小平挂帅，县农办主任龙国平、县水利局局长周良勇担任副组长，政府、水利、发改、建设、财政、林业、公安等15个相关部门负责人为成员，建立水生态系统保护与修复工作联席会议制度，各相关部门明确责任、相互沟通、密切协作。

一、工程措施

连续几年组织大规模的沱江清淤、疏浚工作。实施沱江河景区清淤除草工程和清淤除草二期工程，对河道中的淤泥、建筑垃圾、生活垃圾及水草进行清除。清淤河道上自长潭岗水库大坝，下至沱江大桥，全长13千米，其中最主要的清淤河段为南华大桥以下至沈从文墓地拦河坝段。清淤工程要求浅水段清淤深度达到1.5米（部分河段为岩面达不到1.5米深度），清除河内水草、草根、污泥及建筑垃圾，共清运河床淤填物6.8万多立方米，并将清除物堆放了指定地点。

河岸上，对乱堆乱放的建筑垃圾、生活垃圾，以及违法阻水建筑进行清障，在沿河两岸村寨设置垃圾集中收集点，从源头解决污染源，有效保护和修复沱江水环境水生态。

新建和恢复拦河低坝。沱江县城河段建设改造20处生态低坎拦河坝。各设航道及鱼道，逐段调节水位，保证河道正常水面，改善枯水期河床裸露现象，保护修复沱江水生态及水环境，减少水土流失。

生态低坎拦河坝的设计坚持水生态系统保护与修复和景观的协调统一，以保护和修复水生态系统为主线，兼顾实用性、景观性和周边环境协调性的有机结合与统一，设计时各

沱江河道清淤现场

坝设有鱼道、航道、人行通道（人行通道以跳岩为主），一坝一造型，保证了水生态系统鱼道、通航、旅游等主要功能，并体现与周围环境的协调性及人水和谐。

沱江生态低坎调节坝

污水收集管网建设。凤凰县污水处理厂一期工程建成并运行，进行二期配套污水管网建设；沿河两岸村寨设置垃圾集中处理点；完成沱江县城河段两岸污水管网建设，其中污水收集主干网 5.2 千米，支网 10.8 千米。

河道治理、城市防洪和沱江风光带第一、二、三期工程。对凤凰县土桥路河道进行改造，改造形式为土石方开挖、运输、回填，毛石河堤砌筑及勾缝，河底进行毛石干铺、找平、抹面，安置青石板踏步。新建沱江防洪堤 5.084 千米，沙湾、棉塞撇洪渠 2.25 千米；新建凤凰县城沱江右岸清明湾段防洪堤 541 米，凤凰大桥上游护坡段 291 米，下游挡墙段 250 米，并对该河段进行河道疏浚，增设 3 处亲水码头，新建 3 处自排水涵闸，工程完成后，该段范围防洪能力提高到 20 年一遇标准；整修土桥溪 4.15 千米河道；建成土桥溪跨河桥 26 座，总长 130 米。对沱江肉联厂段堤防进行加固，堤防加宽加固长度为 550 米，新建人行道路 550 米，在堤防段内增设了 3 处取水码头，建设绿化带 1100 米。在县城河段两岸新建堤防护岸总长 5.6 千米；在县城上游堤溪河段新建护堤护岸长 800 米。

修建沱江岸边青石板码头、铺设鹅卵石护坦，修建北门河岸 2500 平方米红岩井公园；在长潭岗至庄上河段两岸进行生态绿化林，栽植垂柳、水杉、桤木、桂花、丛竹等 25000 多株，其他绿化面积 2.6 万多平方米。2010—2012 年，实施沱江两岸生态旅游休闲道路、城市园林、绿地建设、县城区沱江两岸生态亮化及新景区建设工程，改善城市居住环境，美化景观，绿地面积增加335.6万平方米。

沱江生态护岸与亲水平台建设

退耕还林和"四边"绿化工程。完成退耕还林补植3万亩，完成长防林1.2万亩；"四边"绿化完成人工造林（防护林）12500万亩，林地补植3000亩，封山育林100600亩。

荒山植树造林前后

沱江两岸餐饮业整治。成立由环保、卫生、消防、建设、供电、执法等部门的15人组成的餐饮整治领导小组。发放76份凤凰县人民政府《关于规范餐饮和文化娱乐场所的通知》（凤政通〔2008〕2号），在凤凰县电视台滚动播放了15天。结合宣传教育活动、入户交流座谈对餐饮行业主做思想工作等形式提高广大群众和经营户对保护沱江河重要性的认识，从而自觉保护沱江水生态环境。由卫生、消防、环保、建设等部门，根据餐饮行业的相关法律法规，制定餐饮行业准入行政许可标准和要求，对餐饮行业进行规范。共搬迁沱江两岸餐饮业20处，整改12处。

沱江流域水土保持。土桥坳小流域治理的水土流失面积达13.67平方千米，其中水土保持林3030亩，经果林563亩，封禁治理16906亩；建成小型水利水保工程13处，其中拦沙坝1座，沉沙池7口，蓄水池3口，排灌沟渠240米。香炉山小流域治理及水源保护林建设，治理水土流失面积10.7平方千米，其中水土保持林199.6平方千米，经果林40.9平方千米，封禁治理894.3平方千米；建成小型水利水保工程20处，其中蓄水池6口，沉沙池12口，生产道路732米，排灌沟渠908米，土石生产便道1950米，每年减少水土流失量4.66万吨，人为造成的水土流失基本得到控制。

试点区内实施"小水电代燃料生态保护工程"。一方面在流域内划定保护区，在保护区内进行试点生态环境保护，保护区总面积90平方千米，其中退耕还林面积4.5万亩，天然林保护面积0.7万亩，自然保护林1.64万亩，水土流失重点治理面积1.9万亩。另一方面建成庄上生态代燃装机500千瓦，长潭岗生态股份装机1260千瓦，同时完成12个村供配电设施及配套设施的建设，实现到户电价0.38元/千瓦，激励燃料用户用电代燃，减少薪柴砍伐和植被破坏，对生态环境进行有效保护。

凤凰县城镇生活垃圾处理场工程。建成的城镇生活垃圾处理场位于凤凰县沱江镇高峰村三叉陇，占地约184.7亩，建设内容主要包括垃圾库、垃圾坝、截洪沟、防渗设施、渗滤液处理设施及相关辅助设施。填埋库容为150万立方米，进场道路3千米，垃圾中转站5个，日处理生活垃圾100吨，服务期限为36年。

二、非工程措施

建立完善水生态、水环境（水质与水量）监测体系，为行政决策提供科学依据。在沱江长潭岗水库、北门码头、沱江电站等地建设水位雨量一体站及雨量视频监测站共11个；在沱江奇梁洞后洞、棉寨等地设立水质监测站共4个。

河道划界。对沱江干流、主要支流及流域内重要城镇主要河流河段进行划界保护，划界总长度为215千米。

建立乡镇级宏观节水管理制度，建立污染排放总量控制与达标排放监督相结合的水环境管理制度。

调整产业结构，执行水价调整方案。根据行业用水定额标准，建立总量控制与定额管理相结合的水资源管理体制；推行超计划、超定额用水累进加价制度，以经济杠杆促进节水。

开展沱江最小生态流量与调度研究。通过对沱江水生态系统的研究确定沱江最小水生态流量，并在此基础上根据沱江水网系统提出科学的沱江生态用水调度方案。

如沱江水生态系统保护与修复的关键技术研究，包括"生态水库"和生物栖息地建设、沱江水环境监测与保护、生物生态治污技术、水安全与生态安全战略管理、生物监测网络等研究，形成较为完整的技术支撑体系。

三、监测与管理

在流域内实施以水质和水量为主的监测，在城市水源地取水口及县城下游出口凤凰县污水处理厂下游500米处设水质监测断面，定期监测沱江水质，正常情况为每月1次，出现严重水污染事件时，根据水质监测结果灵活增加水质监测次数。

在长潭岗出库断面和凤凰水文站设沱江水资源量监测断面，监测沱江水资源量。长潭岗出库水量监测由长潭岗水库管理所实施，凤凰水文站断面由凤凰水文站实施，记录长潭岗水库逐日平均出库流量和凤凰水文站的逐日平均流量，根据水文站实测流量大小实时调整长潭岗水库的出库流量，充分发挥长潭岗水库的调蓄作用，提高沱江干流生态用水的保证程度。

四、宣传与教育

生态沱江建设，政府引领，群众参与。为有效开展水生态系统保护与修复试点工作，让全民参与到工作中来，必须让广大群众充分认识沱江流域水生态保护与修复的重要性，树立水生态意识，倡导水生态新理念，达到人人自觉保护沱江水生态的目的。

凤凰县召开推动水生态系统保护与修复试点部署会，上下联动，全面动员；印发水生态保护宣传资料 12000 份，分发到各乡（镇）、学校、社区、县直单位，并在"五一""十一"旅游黄金时期向游客发放宣传资料，提高游客自觉保护沱江生态环境的意识；制作设立水生态系统保护与修复宣传石碑 1 块，沱江水体保护宣传石碑 5 块，在每年"世界水日""中国水周"期间，利用宣传车、电视、悬挂横幅、张贴标语等形式进行宣传；利用县电视、团结报、网络等宣传媒体大力宣传沱江水生态保护与修复的重要性。

水生态保护宣传碑

五、资金保障

沱江生态保护与修复工程资金来源主要依靠中央财政和地方财政。项目资金在分配的过程中以实施方案的规划投资为依据，在工程实施的过程中，根据工程实施难度和工程规模的实际需要，灵活调配投资规模。项目投资分为工程投资和非工程投资。工程投资包括：①河道治理、护堤岸建设：对凤凰县土桥路河道进行改造，两个标段的投资分别为 172 万和 236 万；利用国家"四水"治理项目，共 6 期 750 万元，建设回龙阁、金家园、清明湾、杜田等 4 段防洪堤；开展凤凰县城市防洪土建工程，总投资 6718 万元，其中外资 367 万元；利用中小河流治理一期项目 1800 万元，建成了杉木坪、亥冲口堤防工程。②水土保持工程：利用水土流失重点治理工程新增中央预算投资 320 万元，进行了沱江中游项目区香炉山小流域治理；开展土桥垅小流域水土保持治理工程，总投资 80 万元，其中国家拨款 70 万，地方筹款 10 万。③小水电代燃生态工程：利用以电代燃料生态工程项目，总投资 1400 万元，对沱江流域的小水电进行改造，通过以电代燃料使流域内 90 平方千米的草木植被得到有效保护，从而达到修复的目的。④生态低坎拦河坝：将中央、省水利厅支持的水资源费 640 万元投资修建了低坎拦河坝。⑤沱江风光带：县政府通过县财政安排一定数量专项资金、城建部门争项、旅游部门投资等多种方式，集中 1370 多万元实施了沱江风光带三期工程。⑥污水管网建设：投资 1000 万元在已建成污水处理厂的基础上全面完成污水收集配套管网工程建设。⑦河道清淤：投资 223 万元完成沱江主河道及支流小溪坑河的清淤疏浚。⑧垃圾处理厂：凤凰县垃圾处理厂建设垃圾库、垃圾坝、截洪沟、防渗设施、渗滤液处理设施、进场道路及相关辅助设施等的总投资为 3363.98 万元。

第四篇 ▶▶ 水 土 保 持

第十六章 水 土 流 失

湘西州是长江中游沅水流域水土流失最严重的地区，也是湖南省水土流失相对集中和严重的地区。据统计，湘西州水土流失面积已由50年代的2670平方千米上升到1989年的4097.8平方千米，占总面积的26.49%。其中轻度流失面积为1570.05平方千米，中度流失面积1966.25平方千米，强度以上流失面积561.5平方千米。年土壤侵蚀量3200万吨以上，平均土壤侵蚀模数一年达每平方千米3680吨，每年出境泥沙量达1661万吨，损失有机质50.79万吨，损失氮、磷、钾50.61万吨。

第一节 水 土 流 失 形 态

由于湘西州独特的气候和地貌条件，加上广泛分布的黄土、紫色土及人类频繁的经济活动，为各种外营力的侵蚀提供了场所，因此，在湘西州几乎各种侵蚀方式都可见到。

（1）水力侵蚀：是湘西州最普遍的一种侵蚀方式。侵蚀面积达4097.81平方千米，约占湘西州流失面积的90%。湘西州的地貌多斜坡、陡坡，地面覆盖多是疏幼林，土壤以石灰土、黄红壤占多数，加之丰富的降雨，都为水力侵蚀的发生提供了物质基础。坡面上线型小沟到处可见，处于山梁等沟间地之间的千沟百壑，更是与水力侵蚀密切相关。

（2）重力侵蚀：在湘西州较常见。主要分布在龙山、永顺、保靖、古丈、凤凰的山地、丘陵的沟壑边坡和土石山区的黄壤、红壤地区。多以滑坡（多见于35°以上的斜坡）、崩塌（多见于60°以上的陡坡）、泻溜（35°以上黄土坡面）为常见。该种侵蚀方式直接威胁到人民生命财产的安全，危害性极大。

（3）风力侵蚀：主要分布在湘西州北部龙山、永顺、保靖等县的板、砂页岩地区，土壤抗蚀力弱，稍遇大风，便灰尘飞扬，天昏地暗，即使在晴朗天气，砂页岩边坡也常见沙子下滑，当地俗称"鬼撒沙"。

（4）泥流侵蚀：主要发生在春夏时节，多分布于龙山的八面山、大安，永顺的羊峰山，保靖的白云山，凤凰的腊尔山等高寒山区以及暴雨多发地区。

（5）动物侵蚀：分布不广，且移动的土体距离、数量不大，但松散的堆积物易于被其他外营力侵蚀、搬运。这种侵蚀在居民点附近和矿区较为突出。

第二节 水土流失分布

州境内中强度以上侵蚀面积 2527.75 平方千米，占总流失面积的 61%，侵蚀模数为每年每平方千米 3680 吨。特别是坡耕地、崩岗、滑坡、泥石流和石漠化治理难度大。据统计，湘西州有 95 万亩坡耕地，有大小滑坡、崩岗点 1 万余处，泥石流沟道 70 多条，严重石漠化面积 261 平方千米。湘西州 8 县（市）都存在不同程度的水土流失，其中永顺县、龙山县和花垣县的水土流失最为严重；整体水土流失状况以轻度和中度侵蚀为主，强烈次之（表 16-1、表 16-2）。

表 16-1 湘西自治州各县（市）水土流失情况表 单位：平方千米

县（市）	水土流失情况			合计
	轻度流失	中度流失	强度流失	
吉首	176.07340	132.77220	34.75631	343.60191
凤凰	33.20999	313.53490	50.60883	397.35372
泸溪	241.84620	111.96990	28.95876	382.77486
花垣	347.78600	134.46340	84.19947	566.44887
保靖	167.49430	163.73680	85.46503	416.69613
古丈	26.78663	149.19720	12.46062	188.44445
永顺	102.35000	734.37000	102.69000	939.41000
龙山	474.51550	226.21210	162.35790	863.08550
合计	1570.06202	1966.25650	561.49692	4097.81544

表 16-2 湘西州水土保持规划分区范围表

县（市）	分区类别及范围		
	重点预防保护区	重点治理区	重点监督区
吉首市	吉首、万溶江、双塘、寨阳共 41 个村	己略、矮寨、社塘坡等乡镇的全部，其次是寨阳、马劲坳、白岩乡的部分共计 71 个村	丹青、排绸、排吼、太平、河溪 5 个乡的全部，其次是马劲坳、白岩、吉首、双塘等乡的部分共计 80 个村
永顺县	松柏乡、高坪乡、长官镇、回龙乡、小溪乡、朗溪乡、车坪乡、抚志乡、吊井乡、颗砂乡、勺哈乡、砂坝镇、对山乡	泽家镇、大坝乡、列夕乡、毛坝乡、万民乡、盐井乡、西岐乡、首车镇、两岔乡、永茂镇、青坪镇、润雅乡	灵溪镇、王村镇、塔卧镇、万坪镇、石堤镇

续表

县（市）	分区类别及范围		
	重点预防保护区	重点治理区	重点监督区
保靖县	涂乍乡、阳朝乡、碗米坡镇、比耳镇、国营林场、农场、苗圃及部分乡镇森林植被覆盖率高的地方	大妥乡、复兴镇、普戎镇、毛沟镇、清水乡、阳朝乡、清水坪镇、水银乡、水田河镇、夯沙乡、葫芦镇	迁陵镇、野竹坪镇、比耳镇（部分村寨）等乡镇及人为开矿、打岩打砂地区
花垣县	麻栗场、吉卫镇、长乐乡、道二乡、排碧乡、排料乡、雅酉镇、花垣镇、董马库	雅桥乡、补抽乡	团结镇、龙潭镇、民乐镇、猫儿乡、排吾乡、两河乡、边城镇
古丈县	高峰、高林、岩头寨、野竹、草塘乡	双溪、坪坝、河蓬、山枣、河西、茄通、断龙乡	古阳镇、罗依溪、城关乡、龙鼻乡
泸溪县	良家潭、八什坪、洗溪、潭溪及武溪、浦市两镇部分地区和军亭界林场	合水、石榴坪、达岚、解放岩、兴隆场、浦市、永兴场	武溪、白沙、白羊溪、小章两溪镇、两乡及兴隆场、浦市、永兴场两镇一乡的大部分地区
龙山县	石羔、华塘、兴隆、石牌、湾塘、白羊、老兴、桂塘、茅坪、农车、塔泥、大安、隆头等乡镇	洗车、苗儿滩、靛房、召市、贾坝、里耶、贾市、水田、茨岩等乡镇	三元、桶车、新城、洗洛、乌鸦、猛必、红岩、洛塔等乡镇
凤凰县	山江镇、麻冲乡、柳薄乡、米良乡、两林乡、禾库镇、腊尔山镇	竿子坪乡、三拱桥乡、吉信镇、木里镇、千工坪乡、都里乡、廖家桥镇、林峰乡、水打田乡、沱江镇、官庄乡、木江坪镇	阿拉镇、落潮井乡、茶田镇、茨岩乡、新场乡、吉凤工业园凤凰片、吉怀高速凤凰段、凤凰县城开发区

第三节　水土流失成因

一、地质地形，气候作用

（1）州内山地山原面积广，沟谷切割密度和深度大。湘西州山地山原面积12628.7平方千米，点总面积的81.5%，且25度以的陡坡地为849.77千公顷，占54.9%。州内溪河分布密度3.1千米/平方千米，沟谷切割深度在300~500米。由于州内山高坡陡，岭谷相间，溪河稠密，洪水极易冲刷，导致水土流失。

（2）州内成土母岩以石灰岩、砂页岩为主，土壤团粒结构差，抗蚀性能弱，易自然风化剥蚀，每遇降雨表土层便遭受严重冲刷。这类成土母岩在州内比重占66%以上。凤凰县茶坪界20万立方米的崩塌，其崩塌体附近基岩主要为砂页岩，岩石风化强烈，强风化厚度达 10～20 毫米。（3）暴雨强度大，雨滴溅蚀力强。湘西州多年平均降雨 1398 毫米，最大年降雨量达 2300 毫米，最大 24 小时降雨量为 470 毫米，汛期暴雨年均出现 6.5 次。由于雨量集中，强度大，土壤极易遭受雨滴溅蚀和径流冲刷。

二、森林植被破坏

新中国成立以来，湘西州森林经过 1958 年大跃进、20 世纪 70 年代"农业学大寨"和 20 世纪 80 年代的"三山变一山"林权改革等三次大的破坏，天然林面积锐减，森林质量下降。据 1975—1976 年湘西州第二次森林资源调查，1976 年全州森林活立木蓄积量仅为 1500.85 万立方米，比 1957 年的 2795.48 万立方米，缩减 1294.63 万立方米，天然林资源损失过半。另外，湘西州农村能源以生物能为主，年消耗量 28.2 万吨，超过薪柴可开发量的 15%。由于不合理的开发利用，湘西州的林缘不断退缩，2012 年湘西州森林植被覆盖率 66.86%。比 20 世纪 50 年代下降 19.5%，而且大部是质量低劣的次生林和疏幼林，林相单一，郁闭度小，保土保水效益降低。

三、陡坡垦殖加剧

州境人口密度已由 20 世纪 50 代 73 人/平方千米增加到 2012 年的 187 人/平方千米，同时，耕地面积却因城市建设、基础设施建设和农村建房不断减少，人均耕地由 1949 年的 1.84 亩降至 2012 年的 0.82 亩，临近联合国粮农组织确定的人均 0.8 亩的警戒线。农民为了解决温饱，对大量坡地进行垦殖。据统计，湘西州有坡耕地 95 万亩，占耕地总面积的 32.6%。大量的坡耕地存在，加上顺坡耕作等不合理的耕作制度，造成表土层的严重冲刷，水土流失量不断增大。

四、建设忽视水土保持

近年来，由于受资金投入、技术等各种因素制约，客观上存在一定的忽视水土保持问题。（1）基础设施建设中水土保持措施跟不上。近年来开展的村村通公路建设，基本没有采取水土保持措施，平均每千米弃土 1 万立方米。

（2）工矿生产区水土流失严重。花垣县锰矿年产量 75.2 万吨，铅锌矿年产量 60.5 万吨，废弃土、石渣 400 多万吨。

（3）城镇开发造成水土流失，湘西州因城市开发造成的水土流失面积达到 110 平方千米。

（4）丘岗开发过程中大量存在水土流失。湘西州开发油桐、柑橘、猕猴桃，都是采取全垦方式，极易造成水土流失，局部地区平均侵蚀模数达每年每平方千米 8000 吨。

第四节　水土流失危害

严重的水土流失，不仅造成了土地资源的极大破坏，而且导致了农业生产环境恶化，生态平衡失调，水旱灾害频繁，影响各业生产的发展。

一、破坏土地资源

土壤是人类赖以生存的物质基础，是农业生产的最基本资源。年复一年的水土流失，使本州有限的土地资源遭到破坏，土层变薄，大部分土壤缺氮少钾、严重缺磷、有机质含量低。地表不断"沙化""石漠化"，基岩裸露。湘西州有裸露岩山 261 平方千米，占土地总面积的 1.69%。而且由于毁林开荒，土体大量流失，使水源枯竭，致使有的山区群众天晴时间稍长就缺少生活用水。特别是以崩塌、滑坡、泥石流等地质灾害形式表现的剧烈水土流失，造成的损失更是难以估计。据统计，1993 年 7 月 23 日永顺县龙寨镇小寨村的 500 多万立方米的大滑坡，造成 14 户村民房屋毁灭，1998 年古丈县排若村在 1200 米的范围内发生大小滑坡 6 处，造成 3 人死亡、5 人受伤、16 栋房屋被损，1999 年又发生了 26 起较大的地质灾害，造成 7 人死亡，直接经济损失 1300 万元等。严重的水土流失已直接威胁到群众的生存。

二、淤积水利设施

水土流失产生的泥沙，大量淤积于水库、山塘等水利设施，影响了水利设施效益的发挥，降低了工程寿命。初步估计，湘西州由于泥沙淤积而损失的水库、山塘库容达 1135 万立方米以上，按每方库容 0.5 元计，直接经济损失约 567 万元。而由于水量减少，造成的灌溉面积、发电量等经济损失更难以估计。另一方面，水土流失导致可耕地面积日益减少，土壤肥力降低。湘西州现有中低产田面积高达 2.87 万公顷，每年因水土流失损失有机质 50.79 万吨，损失氮、磷、钾 50.61 万吨，尤其是 20 世纪 90 年代以来的 6 次特大洪涝灾害损毁农田达 0.67 万公顷以上，至今仍有 0.20 万公顷难以恢复。

三、生态环境恶化

由于大量的水土流失，使土屋变薄，土壤保水保肥能力衰退，生态环境恶化，水旱每年交替发生，次数频繁。据资料记载，湘西州大洪灾以 20 世纪 50 年代每十年一次，逐渐增加为 60 年代每五年一次，70 年代每三年一次，到了 90 年代，几乎年年都有大洪灾，有的县（市）甚至一年有几次大洪灾，对人民生产、生活造成了极大的危害。特别是由于泥沙淤积于河道，抬高河床，使近几年来的洪灾还出现了小流量，高水位，大险情，损失重的特点。如 1999 年 7 月，吉首水文站流量 1790 立方米/秒，属 30 年一遇，但却出现了 50 年一遇的 188.38 米高洪水位，致使吉首城区受淹，直接经济损失 17150 万元。此外，由于水土流失，导致泉井枯竭，稍遇干旱，山区人畜饮水就十分困难。

四、水土流失恶性循环

湘西州大部分地区的水土流失是由陡坡开荒、破坏植被造成的，且逐渐形成了"越垦越穷，越穷越垦"的恶性循环，自然资源日益枯竭，群众贫困日益加深，水土流失与贫困同步发展，而且由于人口的增长，使情况更加严重。

第十七章 规 划 与 治 理

第一节 机 构、设 置

根据《中华人民共和国水土保持法》等相关法律法规，水土保持工作由水行政主管部门负责。1989—2001年湘西州水土保持工作由湘西州水利局水利科确定专人负责。2001年湘西州水利局设立水土保持科，并成立了湘西州水保生态环境监测分站，水保科定编1人，水保站定编5人。各县（市）也先后组建了水土保持及执法监督机构。2005年，永顺县在湘西州率先成立水土保持局，升格为副科级机构。此后，龙山县、古丈县、保靖县、花垣县、凤凰县、吉首市、泸溪县都相继成立了水土保持局，并升格为副科级机构。2008年，由州农村水电及电气化发展中心划转编制3名，水保站编制增至8名。2011年，湘西州水土保持生态环境监测分站参照公务员管理。

2001年，湘西州水保站在永顺县西米和吉首市社塘坡建立水土流失监测点。

水土保持监督执法：1989年到2010年年底，湘西州所有建设项目基本上都按要求编制了水土保持方案报告书或报告表。2010年，湘西州人民政府以州政发〔2010〕6号文件，出台了《关于切实加强水土保持工作的意见》。

第二节 水 土 保 持 规 划

实施科学规划，明确重点治理目标。为了切实抓好水土保持生态环境建设，湘西州在2000年编制了《水土保持生态环境建设规划》（2001—2010年），2003年编制了《小流域治理规划》《重力侵蚀规划》《生态修复规划》《岩溶地区集雨保水规划》以及《石漠化治理规划》等的基础上，组织技术力量，重点编制了酉水、武水、澧水流域水土保持综合规划，坡耕地、崩岗、滑坡泥石流、生态修复、石漠化治理规划，峒河流域水资源保护与开发利用规划等，并在此基础上编制了一批小流域治理可行性研究报告。这些规划和报告，为湘西州争取项目和开展治理奠定了基础。湘西州水土流失治理规划共分三期，重点治理小流域58条。近期（2000—2010年）新增治理水土流失面积1443.6平方千米，治理程度达到30％，控制住人为因素造成的新的水土流失；中期（2011—2030年）新增水土流失治理面积2404.35平方千米，治理程度达到75％以上，水土流失及生态环境恶化势头得到基本控制；基本实现宜林地的绿化，坡耕地的梯田化，湘西州生态环境质量和容量明显提高，大部分地方实现山川秀美。"十二五"期，湘西州2个农发水保项目、3个革命老区水保项目、6个易灾地区小流域治理项目、7个坡耕地综合整治项目纳入了国家规划（表17-1）。

表 17-1　　　　　　　2003 年水土保持生态环境建设分期治理规划表

项目名称	单位	数量	原已有	近期目标		中期目标		远期目标	
				新增	达到	新增	达到	新增	达到
坡改梯	万亩	52.30	32.97	15.14	44.98	26.15	63.84	11.01	74.85
水保林	万亩	222.31	508.91	66.69	575.38	111.16	686.54	44.46	731.00
经果林	万亩	132.87	288.73	39.86	328.59	66.33	395.02	26.68	421.70
封禁补植	万亩	290.65	0	87.20	87.20	145.05	232.25	58.40	290.65
种草	万亩	16.62	80.53	4.99	85.52	8.31	93.83	3.32	97.15
保土耕作	万亩	7.07	0	2.11	2.11	3.55	5.66	1.41	7.07
恢复水冲砂压稻田	万亩	4.33	0	2.22	2.22	2.11	4.33	0	4.33
塘堰	座	1298	0	389	3859	649	1038	260	1298
谷坊	座	2311	110	693	803	1155	1958	463	2421
拦砂坝	座	614	24	245	269	307	576	62	638
蓄水池窖	千口	33.08	0	9.92	9.92	16.5	26.42	6.66	33.08
水平截水沟	千米	1076	0	323	323	538	861	215	1076
沉砂池	千口	47093	0.34	14.38	14.72	23.97	38.69	9.58	48.27
排灌沟渠	千米	2363	16	709	725	1181	1906	473	2379
防洪堤	千米	779	0	234	234	389	623	156	779
挡土墙	千米	32	0	11.2	11.2	16.6	27.8	4.2	32
封禁碑（牌）	块	217	5	65	70	108	178	44	222
管理房	平方米	3280	0	984	984	14640	2624	656	3280
监测设施	套	9	0	9	9	0	9	0	9
机耕道	千米	783	0	235	235	392	627	156	783
水土流失	平方千米	5221	5221	−1440	3781	−2404	1377	−969	408

第三节　水土保持规划实施

水土保持规划的实施依靠典型引路，从而带动治理。永顺县冒溪小流域治理被水利部命名为全国水土保持生态建设"十、百、千"示范工程，其业主杜述林被评为全省十大民营水土保持示范户之一；畔湖小流域被水利部列为首批生态清洁型小流域治理试点；猛洞河流域被水利部命名为全国水土保持生态环境建设示范区；湘西州水土保持科技示范园被水利部评定为第二批水土保持科技示范区，部门协作，合力治理。2000 年来，湘西州以小流域治理为基础，以退耕还林还草为重点，以能源建设为保障，水土保持生态环境建设取得了显著成绩。小流域治理方面，2001 年以来，湘西州水利部门争取国家投入资金 8783.22 万元，实施了 60 余条小流域综合治理，累计治理水土流失面积 599.1 平方千米。此外，林业部门在退耕还林和实施"八百里"绿色行动方面，农村能源办在发展沼气方面，水利部门在实施小水电代燃料生态工程建设方面做出了重要贡献。开展试验，科学治理。湘西州水土保持生态环境监测分站在湘西州科技示范园开展了水土保持植物引种研究，并成功申报省外专引智项目（基地）。花垣县水土保持局与吉首大学生物资源与环境科学学院联合，开展矿区水土保持生态修复研究，选育 16 种植物，其中野菊、紫云英、狼尾草等 7 种效果良好（表 17-2）。

表 17-2　　　　　　　　　　　　　　湘西州水土保持项目实施表

| 年份 | 资金来源 | 县（市） | 治理水土流失面积（平方千米） | 投资（万元） | | | | 实施小流域名称 |
				合计	国家	地方	群众自筹	
1997	长治	凤凰	26.88	80.00	40.0	40		三里湾、明星
		永顺	26.73	100.00	40	60		灵溪、冒溪、向家、摆里
1998	长治	凤凰	14.53	80.00	40.0	40		三里湾、明星
		永顺	12.02	88.00	36	52		灵溪、冒溪、摆里
	国债	凤凰	8.41	162.00	100.0	62.0		官庄、土桥垅
		永顺	8.31	100.00	38	62		万坪
		吉首	7.5	90	90			周家寨
1999	长治	凤凰	17.86	60.00	40.0	20.0		官庄、土桥垅
		永顺	17.31	87.00	50	37		灵溪、冒溪、向家、摆里
	国债	永顺	14.03	265.00	140	125		万坪、勺哈、冒溪
		泸溪	9.68	60.00	60			达岚、岩头河
2000	长治	凤凰	11.40	91.00	70.0	21.0		水打田
		永顺	18.18	154.00	110	44		灵溪、冒溪、向家、摆里
	国债	泸溪	16.315	100.00	100	0		岩头河、岩门溪
2001	长治	凤凰	14.45	111.00	85.0	26.0		竿子坪、土桥垅
		永顺	16.10	107.00	97	10		狮子桥、湖必、两岔
2002	长治	凤凰	14.11	121.00	85.0	36.0		都吾
		永顺	14.50	105.00	85	20		狮子桥、湖必、泽龙、阿捞河
	国债	保靖	9.1	120.20	50	70.2		甘溪河
		龙山	4.70	100.00	50.0	50.0		果利河
2003	农开	永顺	27.50	381.00	160	51	170	新华、西那、狮子桥、花桥
	国债	凤凰	16.09	160.00	80.0	80.0		竿子坪

年份	资金来源	县（市）	治理水土流失面积（平方千米）	投资（万元）				实施小流域名称
				合计	国家	地方	群众自筹	
2004	农开	永顺	23.61	306.50	140	46.5	120	观音堂、西那、花桥、龙头
	国债	凤凰	8.27	80.00	40.0	40.0		长潭岗
		龙山	7.95	80.00	40.0	40.0		下比河
		吉首	9.2	70	70			岷抗冲
2005	农开	永顺	23.33	325.00	140	30	155	西湖、观音堂、董坪、福建
	国债	凤凰	4.06	20.00	20			齐良桥
	基建	泸溪	0.00	20.00	20			五果溜
2006	农开	永顺	18.12	194.00	145	49		首车、骑斗湖、莲蓬
2007	农开	永顺	20.62	220.00	165	55		伴湖、龙西湖、勺哈
2008	农开	永顺	21.24	260.5	170.00	83.50	7.00	车禾、两岔、立列
	国债	凤凰	10.70	208.00	160.00	48.00		香炉山
	基建	凤凰	14.00	70.00	70.00			土桥垅
	国债	龙山	10.70	208.00	160.00	48.00		龙头沟
	国债	示范园	9.30	154.0	140.00	14.00		西那
2009	农开	龙山	15.47	232.50	155.00	77.50		卧龙、桂英
	国债	泸溪	6.40	130.00	100.0	30.0		麻溪口
2010	农开	龙山	12.50	332.50	244.00	75.0	13.5	龙洞、苦溪
	国债	花垣	3.6	166.21	120	46.21		下坝河
		泸溪	3	137.10	100	37.1		岩头河
2011	农开	凤凰	9.3	254.00	140	56	58	白土坪
		古丈	9.3	228.73	140	56	32.73	捉落溪
		永顺	8.05	244.00	120	48	76	亚东
	国债	花垣	3.70	141.00	140.00		1	懂绕河
2012	农开	古丈	10	322.02	200	83.50	38.52	马达坪、坐苦坝
		凤凰	10	267.86	200	48.00	19.86	磨岩溪
		永顺	9	198.1	180		18.1	兴隆、柯溪
	坡耕地	花垣	4.3	1048	1000	48.00		花垣镇、道二乡
	国债	保靖	3.78	143.0	120	14.00	9	夯吉
合计			599.105	8783.22	6085	1979.51	718.71	

第四节　水土流失治理效益

1989—2012年，共修建各类梯田2056.27公顷，营造水土保持林14352.52公顷，人工种草 70.4 公顷，封禁治理 36875.66 公顷，修建各类水土保持工程 5.13 万处，形成了坡、顶、沟兼治的立体防治体系。每年可增加蓄水能力 69.74 万立方米，拦蓄泥沙 59.39 万吨，60 条小流域达到国家治理标准，通过部、省验收。

一、生态效益

（一）蓄水保土效益

1. 塘堰（只计算蓄水效益）：按每座每年蓄水 1.7 万立方米计算：389 座×1.7 万立方米/座=61.3 万立方米。

2. 谷坊（只估算保土效益）：按每座每年拦沙 0.083 万立方米计算：639 座×0.083 万立方米/座=57.52 万立方米。

3. 蓄水池（窖）（只计算蓄水效益）：有效蓄水量按总容积 1/3 估算：84.38 万立方米×30％×1/3=8.44 万立方米。

4. 沉沙池（只估算保土效益）：每年每口沉沙 1.3 立方米估算：435 万口×1.3 立方米/口=1.87 万立方米。

5. 水平截水沟

A：保土效益：每千米保土 0.084 万立方米

0.0084 万立方米×709 千米=59.55 万立方米

B：蓄水效益：每千米蓄水 0.026 万立方米

0.026 万立方米×709 千米=18.43 万立方米

6. 砂坝（只计算保土效益）按每座每年拦沙 0.35 万立方米计：0.35 万立方米×245 =85.75 万立方米。

以上措施，每年共保土 391.16 万立方米，土壤容重按 1.45 吨/立方米计算，则每年保土 567.15 万吨。

（二）生态效益

以上水土保持措施，每年拦蓄大量的泥沙、降雨，可有效降低洪水流量，改善土壤理化性质，提高土壤肥力，增加地面林草被覆程度，促进野生动植物繁殖，特别是大面积森林能有效增加空气中的氧气含量，对降低温室效应改善空气质量作用显著。

二、社会效益

通过实施以上水土保持措施，对于提高农业生产、改善群众生活、改变贫困面貌、减轻自然灾害等方面作用显著，实践证明，水土保持工程的社会效益明显，具体表现在：

1. 保护土地资源，调整农村产业结构，为农业持续发展创造条件

通过实施水土保持措施，湘西州的农、林、牧用地比例由 3.75：23.25：1 调整为 2.43：21.13：1，而且配合相应的水利水保工程，能有效地保护耕地不被沟蚀破坏和岩漠化及沙化，减轻下游的洪涝灾害，减轻干旱对农业生产的威胁，对于发展山区经济，促进山区脱贫致富意义重大。

2. 促进社会进步，有利于社会主义物质文明和精神文明建设

由于以上措施的实施，改善了农业基础设施，促进农业高产稳产，使农村剩余劳力有

了用武之地，提高了土地生产率和劳动生产率。调整了农村生产结构，使农业生产适应市场经济规律，农民增产增收，有利于社会主义物质文明和精神文明建设。

第五节　典型小流域综合治理

一、凤凰县三里湾小流域

三里湾小流域位于凤凰县中北部的林里乡、齐良桥乡、吉信镇的结合部，距县城10千米，流域面积43.5平方千米，流失面积21.94平方千米，占流域面积的50％。

通过几年的治理，共完成治理面积19.83平方千米，其中坡改梯面积2394亩，水保林14100亩，退耕还林面积2000亩，经济果木林4840亩，保土耕作350亩，封禁面积8066亩，小型水利水保工程161处，其中塘堰2座，谷坊31座，拦砂坝1座，蓄水池11口，沉沙函116个，修渠道6千米，修公路6千米。

总投入资金480.37万元，其中国家投资47.37万元，地方配套64万元，群众自筹资金58万元，投劳折资335万元。

保水保土效益：年保水能力达329立方米，土壤侵蚀模数由原来的每年3350吨/平方千米减少到每年2250吨/平方千米，泥沙流失量减少4936万吨；生态效益：水土流失得到了遏制，强度流失基本消失，土壤有机质普遍提高，土地得到了合理利用，农业生产条件明显改善；经济效益和社会效益：1999年粮食总产量410万公斤，人均产粮305公斤，流域经济初具规模，土地利用率达90％以上，人均纯收入1200元。增产增收使群众吃粮用钱有了基本保障，群众生产、生活水平普遍提高。

二、凤凰县水打田小流域

水打田小流域位于凤凰县南部，与麻阳县接界，距县城17千米，流域范围为水打田乡的水田、东子山、五林、坪溪山四个村，流域总面积36.98平方千米，水土流失面积18.16平方千米，占流域面积的50.3％。

通过三年的治理，完成治理面积17.15平方千米，占流失面积的94.4％，其中坡改梯456亩，水保林6800亩。其中退耕还林1500亩，经果林2280亩，保土耕作290亩，封禁面积15913亩，完成谷坊45座，加固防洪堤20多处，修建村、组公路15千米，架人行便桥20座，架设供电线路5.4千米，架自来水管3.2千米。

共投入资金568.73万元，其中国家投入17.73万元，地方配套6万元，群众自筹资金45万元，投劳折资335万元。

保水保土效益：年保水能力达343.85万立方米，土壤侵蚀模数由原来的3385吨/平方千米·年减少到2285吨/平方千米·年，泥沙流失量每年减少8.3万吨，强度流失基本消失；生态效益：基本上控制了水土流失，稻田水冲砂压现象得到了遏制，土壤有机质普遍提高，植被覆盖率达80％以上，土地得到了合理利用，改善了生态环境，再现了山清水秀；经济效益和社会效益：1999年粮食总产量140万公斤，人均产粮260公斤，基本实现了自给。土地利用率达 90％以上，人均纯收入 1500 元。增产增收使群众吃粮用钱有了基本保障。

三、凤凰县香炉山小流域

香炉山小流域位于凤凰县中部，是凤凰县沅水流域沱江中游项目区水土保持生态建设项目区可研报告规划的七个小流域之一。小流域土地总面积 41.16 平方千米，其中流失面积 12.83 平方千米。涉及沱江镇和千工坪乡两个乡镇共 12 个行政村。

本项工程共投入资金 208 万元，其中中央财政 160 万元，省财政 48 万元。

完成水土流失治理面积 11.35 平方千米，其中：水保林 199.66 公顷，经果林 41.65 公顷，封禁 894.29 公顷；小型水利水保工程 21 处，其中：蓄水池 6 口；沉沙池 12 口；排灌沟渠 908.40 米；生产道路 732.70 米；土石生产便路 1950 米。

有效地控制了水土流失；工程措施和生物措施相结合，有效拦蓄降水，增加了土壤水分，提高了土壤有机质含量；通过开发荒山，土地资源优势转化为经济优势，农业生产结构得到调整，有利于解决农村剩余劳动力的就业，增加了农民收入，提高了农业综合生产能力，社会效益显著。

四、凤凰县土桥垅小流域

土桥垅小流域是凤凰县沅水流域沱江中游项目区水土保持生态建设项目区可研报告规划的七个小流域之一，位于凤凰县东南部，属沱江镇管辖。小流域面积 37.39 平方千米，其中流失面积 15.9 平方千米。涉及沱江镇的 7 个行政村。

共完成水土保持林 3030.9 亩，经果林 563.70 亩，封禁治理 16906.65 亩和小型水利水保工程 13 处（其中拦沙坝 1 座，山塘 1 座，沉沙池 7 口，蓄水池 3 口，排灌沟渠 240 米）。

本工程共投入资金 80 万元，其中中央预算内投资 70 万元，省配套投资 10 万元。

治理水土流失面积 13.67 平方千米，有效地控制了水土流失；由于水土保持各项措施的蓄水保土作用，可减轻沟道、河流和下游农田的洪水、泥沙危害；同时，随着植被覆盖率的增大，蓄水保水能力增强，在一定程度上可减轻干旱对农业生产的威胁，促进农业生产持续稳定发展。通过治理，完善农业基础设施，提高了土地生产率，为优质、高产、高效农业奠定了基础，增加了农民收入，人民生活条件得到了改善，人口、资源、环境与经济发展步入良性循环轨道。

五、永顺县观音堂小流域

观音堂小流域位于永顺县石堤镇境内，流域内土地总面积 48.59 平方千米，其中农业用地 1088 公顷（稻田 749.8 公顷，旱地 338.2 公顷），林业用地 2655.1 公顷，水土流失面积 21.84 平方千米，人均拥有土地资源 0.457 公顷。

小流域涉及石堤、保靖两个居委会和红色、冷水、大利、他沙、五里、别沙共 8 个行政村 44 个组。流域内总人口 10644 人，人口密度 246 人/平方千米，农业人口密度 219 人/平方千米。据 2002 年乡政府年报分析，全流域农业生产总值 2117.3 万元，农业产值

1143.1万元，占总产值的54％。人均年纯收入1410元。

治理前流域内水保设施保存面积1852.8公顷，其中水平梯土94.6公顷，有林地867.1公顷，经济林867.9.4公顷，水库、山塘面积19.7公顷，现有水保设施程度为总面积的38.1％。

流域综合治理工程在2004、2005两年完成，于2006年通过国家竣工验收。共治理水土流失面积1404公顷，其中坡改梯20公顷，新造经济果木林145公顷，植树造林524公顷，封—禁补植691公顷，保土耕作33.3公顷，拦沙坝1座，谷坊4处，排灌沟渠3千米，沉沙函60个，蓄水池14口，道路2千米。工程共完成投资77.52万元。

坚持综合治理，促进了人与自然的和谐发展。本着"统一规划、因地制宜、科学实施"的原则，以改善农村生活、生产、生态为切入点，注重小区域内生物措施、工程措施、保土措施的结合效益，控制小区域水土流失。

在流域治理中，采取集中连片综合治理的方式，实行国家资金有偿使用，鼓励扶持租赁、购买"四荒"的开发大户，在靠近村庄治理区域实行山、水、田、林、路综合治理，开发建设高效的农业，形成水保特色农业示范点。达到区域生态环境得到修复和改善，农村经济协调发展的目的。

通过小流域综合治理，水土保持措施发挥了显著的蓄水保土、防洪抗旱作用，新建水土保持措施增加蓄水能力313万立方米，年减少侵蚀量4.28万吨。随着小流域治理工程的展开，旱涝保收耕地面积不断增加，当地农民逐步改变了广种薄收的生产方式，有力地促进了退耕还林工作，流域内林草覆盖率由2003年的45％，提高到2006年的70％，人居环境大大改善。

流域地处中山区，水利资源匮乏，拦沙坝、谷坊的修建均结合农田灌溉，并配套沟渠等水利工程，增加了旱涝保收面积，提高了土地产出率和产出稳定性，在农耕面积减少的同时保证了粮食增产，2006年粮食亩产由2003年的431公斤增加到488公斤。流域共栽植椪柑2154亩，年可创效益64万余元，虹桥300亩坡改梯，承包户通过多方筹集资金，开发建成猕猴桃示范基地，年产值可达60万元左右。2008年流域内人均年纯收入为2100元，比2003年增加了30％。

六、龙山县龙头沟小流域

龙山县猛洞河上游项目区龙头沟小流域位于龙山县北部的茨岩塘镇境内，流域面积39.5平方千米，项目区内自然地形起伏大、坡陡，暴雨集中，水土流失严重，水土流失面积12.5平方千米，占总面积的31.6％，年土壤侵蚀总值4.46万吨，年侵蚀模数2795吨/平方千米。

2007年末流域内总人口5691人，其中农业人口0.56万人，其农业、林业经济收入在项目区内占主导地位，农业人均纯收入1518元。

龙头沟小流域水土保持项目（扩大内需新增投资项目）于2008年12月20日开始实施，至2009年2月28日竣工。

以治理水土流失，发展农村经济为目标，规划综合治理水土流失面积10.7平方千米，其中治坡工程：坡改梯16公顷，经果林15公顷，水保林120公顷，封禁治理919公顷；

治沟工程：拦沙坝 1 座，谷坊 4 座，沉沙池 13 口，蓄水池 32 口，排灌沟渠 2 处，生产道路 1 处。总投资 320 万元，其中中央投资 160 万元，地方配套 160 万元。

共完成拦沙坝 1 座、谷坊 4 座、蓄水池 7 口、沉沙池 15 口、排灌沟渠 1143.77 米、生产道路 2489.58 米，其他工程 882.2 米，坡改梯 16 公顷，水土保持林 120 公顷，经济果木林 15.3 公顷，封禁治理 919 公顷。

通过实施水土流失综合治理，小流域内逐步形成较完善的水土保持综合防护体系，水土流失综合治理度达到 90％以上，土壤侵蚀量减少 70％以上，生态环境步入良性循环；水土资源得到了有效保护和合理利用，极大地促进了当地特色产业基本的形成、农村经济的稳定发展、农民人均收入的增加。

七、泸溪县岩头河小流域

岩头河小流域位于泸溪县白沙镇岩头河村境内，距县城白沙 1 千米，属水土保持总体规划重点防治区内，该流域由两条小垅交汇而成，汇流直入沅江，干流长度 3.2 千米，该流域总面积 7.18 平方千米，水土流失面积 2.97 平方千米，该小流域治理于 1999 年至 2000 年，设计治理任务为：治理水土流失面积 2.67 平方千米，占流域总面积 30.1％，占流失面积的 90％。本项目的分目标为：①对流域内修建水利、扶贫开发工程，公路、开矿、基建要求实施水土保持方案制度达 100％。②拟建成水土保持生态休闲园和创建千条示范小流域。③建立健全监督执法体系。④提高流域内人民生活水平，人均粮食产量达 400 公斤，人均纯收入 934.65 元，泥砂流失减少 90％。⑤主要治理项目有：平地改水田 1.67 公顷，坡改梯 47.67 公顷，水土保持林 50.8 公顷，经果林 21 公顷，封禁 84.8 公顷，治理山塘 1 口，谷坊 2 座，拦沙坝 1 座，蓄水地窖 1 口，排水沟渠 3 千米，沉沙池 15 个。实际完成工程量：坡改梯 19.73 公顷，水保林 38.73 公顷，经果林 44.27 公顷，种草 0.07 公顷，封禁 160.13 公顷，山塘整治 1 口，蓄水池 5 口，沉沙池 26 口，排灌沟渠 3.485 千米，完成投资 72 万元。

八、泸溪县达岚小流域

达岚小流域位于泸溪县达岚镇境内，属水土保持总体规划重点防治区内，小流域出口与浦溪交汇流入沅水，干流长度 19.5 千米，该流域总面积 35.78 平方千米，水土流失面积 11.83 平方千米，该小流域治理于 1999 年，属 1999 年预算内专项资金，设计治理任务为：治理水土流失面积 10.62 平方千米，占流域总面积 29.6％，占流失面积的 89.77％。本项目的分目标为：①对流域内修建水利、扶贫开发工程，公路、开矿、基建要求实施水土保持方案制度达 100％。②拟建成水土保持生态休闲园和创建千条示范小流域。③建立健全监督执法体系。④提高流域内人民生活水平，人均粮食产量达 400 公斤，人均纯收入 883.01 元，泥砂流失减少 90％。⑤主要治理项目有：平地改水田 2.33 公顷，坡改梯 66.67 公顷，水土保持林 129.4 公顷，经果林 252.6 公顷，封禁 566.67 公顷，治理山塘 3 口，谷坊 2 座，拦沙坝 2 座，蓄水地窖 4 口，排水沟渠 4.8 千米，沉沙池 30 个。实际完成工程量：坡改梯 20 公顷，水保林 98.33 公顷，经果林 34.4 公顷，封禁 539.13 公顷，山塘治理 2 座，沉沙池 15 口，排灌沟渠 0.875 千米，完成投资 10 万元。

九、泸溪县岩门溪小流域

岩门溪小流域位于我县浦市镇岩门溪水库库区内，距县城白沙24千米，属水土保持总体规划重点防治区内，该流域由两条小垅交汇而成，汇流直入沅江，干流长度54千米，该流域总面积26.07平方千米，水土流失面积11.356平方千米，该小流域治理于2000年，设计治理任务为：治理水土流失面积10.788平方千米，占流域总面积41.38％，占流失面积的95％。本项目的分目标为：①对流域内修建水利、扶贫开发工程，公路、开矿、基建要求实施水土保持方案制度达100％。②拟建成水土保持生态休闲园和创建千条示范小流域。③建立健全监督执法体系。④提高流域内人民生活水平，人均粮食产量达400公斤，人均纯收入1097.3元，泥砂流失减少90％。⑤主要治理项目有：平地改水田8.33公顷，坡改梯17.53公顷，水土保持林60.73公顷，经果林338.53公顷，封禁551.6公顷，治理山塘4口，拦砂坝3座，蓄水地窖8口，排水沟渠4.8千米，沉砂池40个。实际完成工程量：坡改梯9.8公顷，水保林62.67公顷，经果林36.6公顷，封禁1453.33公顷，拦砂坝1座，蓄水池6口，沉砂池56口，排灌沟渠5.62千米，完成投资78万元。

十、泸溪县麻溪口小流域

麻溪口小流域位于泸溪县东部，距泸溪县城17千米，流域北邻白沙镇，南、西接浦市镇，东临沅水。流域土地总面积22.32平方千米，其中耕地297公顷，人均0.12公顷；林地1698.93公顷；荒山荒坡89.47公顷；其他用地146.6公顷。耕地中，基本农田100.2公顷，坡耕地126.2公顷；林地中，经果林268.2公顷。土地利用比例：农业用地13.31％，林草地76.12％，荒山荒坡4.01％，其他用地6.56％。流域仅涉及浦市镇麻溪口1个行政村，8个村民小组，2450人，其中农业人口2440人，共有劳动力1280人，农业人口密度109人/平方千米，人均纯收入1506元。流域现状水土流失面积7.6平方千米，占流域总面积的34.05％，其中轻度流失面积5.39平方千米，占流失面积的70.98％，中度流失面积1.31平方千米，占流失面积的17.26％，强度以上流失面积0.89平方千米，占流失面积的11.76％。主要流失地类为坡耕地、疏幼林和荒山荒坡。年土壤侵蚀总量4.61万吨，侵蚀模数3741.8吨/平方千米·年。该流域治理于2009年，实施计划为：治理面积640公顷，其中水保林39.6公顷，经果林56.53公顷，封禁治理543.87公顷，小型水利水保工程28处，其中：山塘整治1处，谷坊2道，蓄水池6口，沉砂池12口，排灌沟渠2千米，生产道路1条。计划投资200万元（中央投资100万元，省级配套30万元，市、县配套70万元）。

实际完成工程量为：完成水保林39.6公顷，经果林18.8公顷，封禁综合治理546.69公顷；整治山塘1座，新建谷坊2座，蓄水池6口，沉砂池12口，排灌沟渠2千米，生产道路1条2千米，落实工程宣传标志碑1块，封禁碑11块。主要完成工程量：土方0.48万立方米，石方0.5万立方米，混凝土445立方米，完成工程投资133.12万元（注：州、县配套未到位）。

工程完成后，大大改善了当地的生态环境，提高了当地生活水平，项目运行后可产生蓄水效益76.29万立方米，减蚀1.23万吨，在未来20年内预计可产生的直接经济效益现值为 3175.46 万元。人均纯收入达 3000 元。

十一、泸溪县田冲小流域

田冲小流域位于泸溪县南部，距泸溪县城 41 千米，流域东、北邻达岚镇，南接石榴坪乡，西临达岚田家溪小流域。流域土地总面积 13.17 平方千米，其中耕地 299.41 公顷，人均 0.11 公顷；林地 899.57 公顷；荒山荒坡 25.13 公顷；其他用地 93.21 公顷。耕地中，基本农田 224.33 公顷，坡耕地 48.47 公顷；林地中，经果林 13.13 公顷。土地利用比例：农业用地 22.7%，林草地 68.3%，荒山荒坡 1.9%，其他用地 7.1%。流域仅涉及达岚镇达岚坪 1 个行政村，9 个村民小组，3284 人，其中农业人口 2787 人，共有劳动力 1400 人，农业人口密度 211 人/平方千米。人均纯收入 2550 元。流域现状水土流失面积 3.31 平方千米，占流域总面积的 25.13%，其中轻度流失面积 1.51 平方千米，占流失面积的 45.60%，中度流失面积 1.55 平方千米，占流失面积的 46.81%，强度以上流失面积 0.25 平方千米，占流失面积的 7.59%。主要流失地类为坡耕地、疏幼林和荒山荒坡。年土壤侵蚀总量 1.08 万吨，年侵蚀模数 3249.5 吨/平方千米。该流域治理于 2010 年，实施计划为：治理面积 300 公顷，其中水保林 31.13 公顷，经果林 28.02 公顷，封禁治理 237.85 公顷，小型水利水保工程 18 处，其中：山塘整治 1 处，蓄水池 4 口，沉沙池 13 口，排灌沟渠 2.5 千米，生产道路 1 条。计划投资 153 万元（中央投资 100 万元，省、市、县配套 53 万元）。

实际完成工程量为：工程共完成治理面积 2.91 平方千米，治理度达 97%。其中：坡改梯 45.54 亩，水保林 325 亩，经果林 428 亩，封禁治理 3568 亩。兴建塘库整治 1 座，沉沙池 12 口，蓄水池 2 口，排灌沟渠 0.55 千米，生产道路 1 条，护岸 213.5 米，标志牌 7 块。完成主要工程量（仅小型水利工程工程量）：土方开挖 3701.5 立方米，土方回填 1384.67 立方米，浆砌块石 1058.27 立方米，混凝土 248.59 立方米，混凝土预制块护坡 43 平方米，坝坡面植草 324 平方米，制模板 1377.53 平方米。完成总投资 100 万元。

第 五 篇 >>> 水能开发与电网建设

湘西州水能资源理论蕴藏量为 2188 兆瓦（含凤滩电站）。其中技术可开发量 373 处，容量 1626.68 兆瓦，年发电量 55.66 亿度；经济可开发量 1607.07 兆瓦，年发电量 54.87 亿度。至 2012 年年底，已开发水电站 233 处，装机容量 1364.63 兆瓦（含凤滩电站 800 兆瓦），占全州技术可开发总量的 83.9%。

1989 年，8 县（市）拥有电站 216 处，装机 128.1 兆瓦，年发电量 3.92 亿度。1990—1995 年实施农村水电初级电气化建设，各县（市）兴建了一批骨干电站，由于水毁等各种原因，也报废了部分小水电站，至 1995 年底全州拥有电站 178 处，装机 168.9 兆瓦，年发电量 6.13 亿度；1996—2000 年五年间，小水电发展低迷，全州装机仅增长 8.8 兆瓦，年发电量仅增长 4403 万度；2001—2012 年，小水电进入快速发展期。2001 年全州小水电装机 190.17 兆瓦，年发电量 56502 万度。2012 年年末，全州已建成水电站 232 处，装机 564.63 兆瓦（不含凤滩电站），年发电量 18.48 亿度。其中碗米坡电站装机 240 兆瓦，年发电量 7.666 亿度。小型水电站 231 处，装机 324.63 兆瓦，年发电量 10.817 亿度。

水电农村电气化建设贯穿小水电建设发展的全过程。自 1989 年以来的 24 年中，全州实施了三轮水电农村电气化建设、小水电代燃料试点项目、送电到乡工程、农网改造等，受益范围遍及全州各个乡镇和农户，在实施全国第二批农村水电初级电气化 5 年间，8 县（市）共投入资金 39369 万元，其中中央投资及省筹资 14910 万元；在实施"十五""十一五"水电农村电气化期间，花垣、龙山、永顺、凤凰 4 个县共投资 13.67 亿元，其中国家电气化专项资金 3182 万元；送电到乡工程项目完成投资 2071 万元，其中国家补贴 1000 万元；从 2006 年中央启动小水电代燃料项目以来，该项目总投资 16584 万元，其中中央投资 7190 万元。花垣、永顺、龙山 3 个县农网改造投资 24488 万元，其中国债资金 6469 万元。2011 年开始实施"十二五"水电新农村电气化建设。

1989 年，全州人均用电量 132.9 度，户均生活用电量 96.9 度，到 2012 年年底全州人均用电量 1691 度，户均生活用电量 7747 度。全州工业总产值由 1989 年的 5.49 亿元增加到 2012 年的 352.99 亿元。农业总产值由 5.516 亿元增加到 98.88 亿元。

2012 年，全州小水电站固定资产 151492 万元，从业人数 5019 人，发售电总收入 144678 万元，上缴税金 11508.59 万元。

1989 年，全州 8 县（市）均已形成以县（市）为实体的独立电网。以吉首为中心，包括凤凰、花垣、保靖在内的州地方电网初具规模。州地方电网由州电力公司负责调度管理，并在乾州与省网一点并网。1993 年花垣花桥 110 千伏变电站及永顺杨公桥 110 千伏变电站建成，永顺并入州网，同时架设了吉首至铜仁 110 千伏线路，引进贵州电网电力，形成了以州电力公司为龙头，吉首地区为中心，110 千伏线路为骨架的州网。

1993年4月，吉首市政府与怀化电业局签订"电力行业管理协议"，市网及网内5座电站与州网解列，并入省网。1994年7月湖南省电力局湘西电业局在吉首挂牌成立。是年11月，州政府与省电力局签署了"关于湖南省电力工业局代管湘西自治州电力公司的协议"。1995年2月州电力公司与湘西电业局合署办公。随后，保靖、古丈、凤凰也分别由湘西电业局代管。至此州网已不复存在。花垣县电网与州网解列独立运行，并引进贵州、重庆电力；永顺县于2003年3月网站分开，由湖南省水利电力有限公司控股成立永顺电力有限公司，独立运行至2010年12月30日，其后由湘西电业局正式代管；龙山县在改造巩固县网的同时，引进湖北、重庆电网电力，坚持独立运行管理，直到2010年12月8日，县电力公司召开职工代表大会，通过《龙山县电力公司改革方案》，于2011年3月实行资产分离，发供分家，原公司主要电站成立湘源电力公司，属县办电力企业。各供电单位成立龙山县电力公司，直接由湘西电业局管理。

2000年，经州政府批准，湘西州电力公司无偿、整体划归省电力公司。之后泸溪、凤凰、吉首、保靖均划归省电力公司。至2012年年底，古丈、永顺、龙山仍属代管形式。花垣县电网成为全省最大的独立县网之一。

第十八章　水　能　资　源　开　发

第一节　水　能　资　源

湘西州位于湖南省西北部武陵山区，地处云贵高原向长江中下游平原过渡、鄂西山地向江南丘陵延伸的中间地带。地势由西北向东南倾斜，武陵山脉斜贯其间，成为湘西州武水与酉水的自然分水岭。

州内分布澧水、沅水两大水系。沅水水系在境内又分为武水和酉水两个支流。澧水水系主要流经龙山、永顺两县，干流从永顺境内润雅乡边缘流过。沅水水系武水覆盖吉首、泸溪、古丈、凤凰及花垣四县一市，酉水主要分布在永顺、龙山、保靖、花垣及古丈五县境内。

全州区域内流程在5千米以上的河流共368条。其中澧水水系46系，占全州总数的12.5％。沅水水系322条，占全州总数的87.5％。境内河流流域面积大于10000平方千米的河流有1条，为沅水干流，境内集雨面积14462.8平方千米；流域面积在5000～10000平方千米的河流1条，为沅水一级支流酉水，境内集雨面积9745.5平方千米。流域面积1000～5000平方千米的河流3条；武水集雨面积4717.3平方千米，猛洞河集雨面积1732平方千米，花垣河集雨面积1079.2平方千米。流域面积500～1000平方千米的5条；澧水干流（791平方千米）、峒河（908平方千米）、沱江（981平方千米）、洗车河（958.4

平方千米）、施河（895平方千米）。

湘西州属中亚热带季风湿润气候，具有明显的大陆性气候特征，夏半年受夏季风控制，降水充沛。冬半年受冬季风控制，降水较少，年平均气温16.4℃，年平均降水量为1398毫米。降水是湘西州水资源的主要来源，大部分河川径流经沅水流入洞庭湖。全州区域内多年平均径流量为125.3亿立方米，年径流系数为0.59，年径流深为811毫米。

1975年，全州水能资源普查成果为：水能理论蕴藏量为1681兆瓦，技术可开发量1040兆瓦。2002年，全省进行水力资源复查，对州境内沅水流域和澧水流域进行规划复核，通过对地下水能资源、理论蕴藏量在10兆瓦以上的各级溪河，包括总装机5千瓦至100千瓦的小型（微型）水电站进行调查，于2002年10月由湘西州水利局提出了《湖南省湘西州水能资源复查汇总》报告，全州水能资源理论蕴藏量为1790兆瓦，技术可开发量为1156兆瓦，年发电量为463500万度。

2006年12月，水利部《关于开展全国农村水能资源调查评价工作通知》要求，各省对辖区内所有河流上单站装机容量0.1兆瓦（含）～50兆瓦（含）的农村水能资源进行调查评价。2007年7月，湖南省第十届人民代表大会常务委员会第二十八次会议通过了《湖南省水能资源开发利用管理条例》。为了规范全省水能资源管理，湖南省水利厅委托湖南省水利水电勘测设计研究总院对湖南省境内的农村水能资源进行调查评价工作。湘西州根据水利部和省水利厅的要求并结合有关技术标准，编制了《湘西州水能资源调查评价报告》（2008年版，基准年为2005年），这次评价报告，全面复核了各流域水能资源的规划，对发生流域规划变更的河流进行复核和补充，对原规划受当时历史条件的影响认为开发条件不成熟，开发难度大，经济效益差等原因没有纳入规划的电源点以及部分没有纳入规划的岩溶地下水资源，均纳入到本次评价报告中。全州水能资源理论蕴藏量为2188兆瓦，其技术可开发量373处，总装机容量1627兆瓦，年发电量556598万度。经济可开发量1607.074兆瓦，年发电量548722万度。

水能资源特点，湘西州水能资源分属沅水、澧水两大水系。按年内径流划分，发电量在年内时空的分布同降雨分布、年径流分布基本相同，4—9月的发电量占全年发电量的58％以上。按年际径流变化划分，水能资源发电量年际变化程度同降雨量年际变化程度大致对应，丰水年的发电量比枯水年发电量往往多0.7～1.2倍。按河流流域划分，水能资源优势在沅水的武水和酉水水系，沅水水系技术可开发量1593.78兆瓦，占全州技术可开发量的98％，澧水水系技术可开发量32.9兆瓦，占全州技术可开发量的2％。按行政区划分，重点在花垣、永顺、龙山、凤凰及保靖5个县，其技术可开发量为1516.129兆瓦，占全州技术可开发量的93.2％。按电站的调节性能划分，已建电站95％以上不具有调节性能，只有凤凰长潭岗电站（12兆瓦）、永顺马鞍山电站（8兆瓦）、龙山湾塘电站（24.5兆瓦）、花垣兄弟河电站（10兆瓦）、竹篙滩电站（30兆瓦）等具有一定的调节性能。从地域分布上看，全州80％以上乡镇几乎都有可开发的水能资源，但装机容量不大，呈点多面广的特性（表18-1、表18-2）。

表18－1

湘西州水能资源流域分布情况表（2008年复查）

单位：装机容量：兆瓦　平均功率：兆瓦　年发电量：万度　电站数目：座

序号	流域名称	流域面积（平方千米）	理论蕴藏量 平均功率	理论蕴藏量 年发电量	合计 技术可开发量 电站数目	合计 技术可开发量 装机容量	合计 技术可开发量 年发电量	合计 已、正开发量 电站数目	合计 已、正开发量 装机容量	合计 已、正开发量 年发电量	单站装机容量>50 技术可开发量 电站数目	单站装机容量>50 技术可开发量 装机容量	单站装机容量>50 技术可开发量 年发电量	单站装机容量>50 已、正开发量 电站数目	单站装机容量>50 已、正开发量 装机容量	单站装机容量>50 已、正开发量 年发电量	50≥单站装机容量>0.5 技术可开发量 电站数目	50≥单站装机容量>0.5 技术可开发量 装机容量	50≥单站装机容量>0.5 技术可开发量 年发电量	50≥单站装机容量>0.5 已、正开发量 电站数目	50≥单站装机容量>0.5 已、正开发量 装机容量	50≥单站装机容量>0.5 已、正开发量 年发电量	0.5>单站装机容量≥0.1 技术可开发量 电站数目	0.5>单站装机容量≥0.1 技术可开发量 装机容量	0.5>单站装机容量≥0.1 技术可开发量 年发电量	0.5>单站装机容量≥0.1 已、正开发量 电站数目	0.5>单站装机容量≥0.1 已、正开发量 装机容量	0.5>单站装机容量≥0.1 已、正开发量 年发电量
	全州合计	15458.8	2188	1916416	373	1627	556598	202	1393	467715	2	1040	337800	2	1040	337800	149	536	199240	76	325	119709	222	51	19621	127	29	10206
1	沅水流域	14462.8	2143	1876689	342	1594	546010	191	1380	464071	2	1040	337800	2	1040	337800	140	507	190394	72	312	116461	200	47	17879	117	28	9810
其中	酉水流域	9745.5	1832	1604683	217	1440	486991	125	1257	417318	2	1040	337800	2	1040	337800	87	370	138029	38	197	72550	128	30	11162	85	20	6958
其中	武水流域	4717.3	311	272006	126	154	59082	66	123	46753							53	137	52365	34	115	43901	72	17	6717	32	8	2852
2	澧水流域	993	45	39727	31	33	10588	14	11	3644							9	29	8846	4	13	32478	22	4	1742	7	1	396

表18－2

湘西州水能资源流域分布情况表（2008年复查）

单位：装机容量：兆瓦　平均功率：兆瓦　年发电量：万度　电站数目：座

序号	地区	理论蕴藏量	合计						单站装机容量>50						50>单站装机容量>0.5						0.5>单站装机容量>0.1					
			技术可开发量			已,正开发量			技术可开发量			已,正开发量			技术可开发量			已,正开发量			技术可开发量			已,正开发量		
			电站数目	装机容量	年发电量	电站数目	装机容量	年发电量	电站数目	装机容量	年发电量	电站数目	装机容量	年发电量	电站数目	装机容量	年发电量	电站数目	装机容量	年发电量	电站数目	装机容量	年发电量	电站数目	装机容量	年发电量
	全州合计	2188	373	1626.7	8556598	202	1393.5	5467715	2	1040	337800	2	1040	337800	149	535.8	199240	76	324.6	119709	222	50.9	19558	124	28.9	10206
1	永顺县	997	97	934.4	307716	29	851.7	276849	1	800	258800	1	800	258800	46	124.2	45009	13	49.2	17202	50	10.2	3908	15	2.6	846
2	泸溪县	73	20	35.1	12691	16	30.6	11047							14	33.8	12181	12	29.8	10817	6	1.4	510	4	0.9	230
3	龙山县	239	40	126.3	47741	28	65.7	24671							18	120.2	45485	9	60.7	22845	22	6.1	2256	19	5.0	1826
4	吉首市	83	19	56.8	22007	16	51.6	20271							10	54.4	20994	8	49.7	19358	9	2.4	1013	8	2.0	913
5	花垣县	133	49	119.1	43722	35	84.6	29815							23	111.7	40468	17	796	27811	26	7.4	3254	18	5.0	2004
6	古丈县	56	34	18.6	7138	15	8.8	3733							4	13.0	4825	1	6.4.	2900	30	5.6	2303	14	2.4	833
7	凤凰县	116	72	50.3	19072	25	30.2	11109							23	39.2	15078	9	26.0	9876	49	11.0	3994	16	4.2	1233
8	保靖县	490	42	286.1	96511	38	270.2	90220	1	240	79000	1	240	79000	11	39.2	15191	7	23.3	8900	30	6.6	2320	30	6.9	2320

第二节　水能资源开发

根据《湘西州水能资源调查评价报告》，至 2005 年年底，全州已、正在开发的水电站 202 座，总容量 1393 兆瓦，年发电量 467715 万度，其中大中型电站 2 个（凤滩和碗米坡）装机 1040 兆瓦，年发电量 337800 万度，已、正开发的小水电 200 处，装机容量 354 兆瓦，年发电量 129915 万度。

至 2012 年底，全州已开发水电站 232 处（不含凤滩电站），装机容量 564.63 兆瓦，年发电量 184837 万度。其中中型（碗米坡）电站 1 处，装机 240 兆瓦，年发电量 87551 万度，小水电 231 处，装机 324.63 兆瓦，年发电量 97286 万度。正在开发的电站 6 处，69.92 兆瓦（其中洞潭 20 兆瓦，落水洞 25 兆瓦，黑大塘 10 兆瓦，江塘 10 兆瓦，金银山 2.52 兆瓦，将军山 2.4 兆瓦）。全州已经和正在开发的水能资源占技术可开发总量的 88.79%。

永顺县水能资源理论蕴藏量 967.56 兆瓦（含凤滩电站 800 兆瓦），占全州总蕴藏量的 44.3%。其中技术可开发 97 处，容量 934.4 兆瓦。已开发 41 处，容量 858.275 兆瓦。

泸溪县水能资源理论蕴藏量 73.1 兆瓦，占全州总蕴藏量的 3.3%。其中技术可开发 20 处，容量 35.145 兆瓦。已开发 18 处，容量 32.015 兆瓦。

龙山县水能资源理论蕴藏量 221.03 兆瓦，占全州总蕴藏量的 10.1%。其中技术可开发 40 处，容量 126.315 兆瓦。已开发 29 处，容量 68.695 兆瓦。

吉首市水能资源理论蕴藏量 83.42 兆瓦，占全州总蕴藏量的 3.8%。其中技术可开发 19 处，容量 56.7 兆瓦。已开发 17 处，容量 16.295 兆瓦。

花垣县水能资源理论蕴藏量 133.43 兆瓦，占全州总蕴藏量的 6.1%。其中技术可开发 49 处，容量 119.05 兆瓦。已开发 41 处，容量 78.58 兆瓦。

古丈县水能资源理论蕴藏量 55.79 兆瓦，占全州总蕴藏量的 2.6%。其中技术可开发 34 处，容量 18.67 兆瓦。已开发 19 处，容量 9.185 兆瓦。

凤凰县水能资源理论蕴藏量 116.41 兆瓦，占全州总蕴藏量的 5.3%。其中技术可开发 72 处，容量 50.275 兆瓦，已开发 27 处，容量 25.92 兆瓦。

保靖县水能资源理论蕴藏量 490.1 兆瓦，占全州总蕴藏量的 22.4%。其中技术可开发 42 处，容量 286.089 兆瓦，已开发 39 处，容量 270.665 兆瓦。

全州水能资源相对集中在酉水干流、花垣河、猛洞河、沱江、武水干流等几条主要河流上，开发条件相对较好的资源点大多已开发，部分水能资源已正在开发中。龙山落水洞电站、永顺五码头电站、保靖竹子坪电站等骨干电站已列入州内"十二五"重大项目建设范围，但未进入原先流域综合规划，需申报规划调整和复核。余下的水能资源如龙山飞瀑潭电站等条件相对较差，开发难度较大。

第三节 流域规划及开发

一、沅水流域

沅水流域覆盖全州八县（市），州境内流域面积 14462.8 平方千米。占全州总面积的 93.54％。沅水干流发源于贵州，州境内干流长度 45.7 千米，多年平均流量 1132.6 立方米/秒，坡降 3.96％。由于修建五强溪水电站，该段干流已经开发完毕。沅水一级支流在州境内主要为酉水和武水。

（一）酉水干流

酉水干流是州内沅水流域最大河流，属沅水一级支流，发源于湖北省宣恩县。酉水流域覆盖龙山、永顺、保靖三县地域，流域面积 9745.5 平方千米。占全州总面积的 63.03％。主要支流有洗车河、猛洞河、施河、浪溪河、白溪（涂乍河）、花垣河（松桃河）、酉溪草圹河、小溪河（猛洞河）。其水力资源丰富，流域规划主要为发电。已建的凤滩电站（800 兆瓦）及碗米坡电站（240 兆瓦）是酉水干流最大的两个电站。

梯级开发方案为：英雄电站（引水式 1.5 兆瓦）＋三元电站（坝后引水式 5 兆瓦）＋大岩堡（坝后 2.20 兆瓦）＋紫金山电站（坝后 0.75 兆瓦）＋落水洞电站（坝后引水式 25 兆瓦）＋湾塘电站（坝后式 24.5 兆瓦）＋碗米坡（坝后式，240 兆瓦）＋竹子坪（45 兆瓦）＋凤滩（坝内式 800 兆瓦），到目前，已建成碗米坡、英雄电站、三元电站、大岩堡电站、紫金山电站、湾塘电站（已装机 24.5 兆瓦，拟增装机 10 兆瓦）、凤滩电站。落水洞电站已完成前期工作及交通道路建设，计划于 2013 年开工建设。竹子坪梯级电站正在做项目前期工作。

（二）洗车河

洗车河是酉水河的一级支流，发源于龙山县水沙坪乡，全长 86 千米，流域面积 1276 平方千米。经西湖乡、红岩镇、洗车河镇、苗市镇、隆头镇、流入保靖县，进入酉水河，境内流程 86 千米，流域面积 958.4 平方千米，天然落差 676 米，平均坡降 7.86‰。

根据水电规划，确定其开发任务为发电及洗车镇防洪。

梯级开发方案为：西湖电站（引水式 0.8 兆瓦）＋五洞电站（坝后式 0.25 兆瓦）＋洗车河电站（坝后式 6 兆瓦）。已建成西湖电站、五洞电站。

（三）猛洞河

猛洞河为酉水一级支流，以猛必河为干流主源，发源于桑植县上河溪的马鬃岭西麓，经龙山、永顺注入凤滩水库，全长 160 千米，其中流经永顺的流程 112.1 千米。流域面积 2295 平方千米。永顺县内流域面积 1786 平方千米。

开发任务以防洪、发电为主，结合灌溉、城镇供水、旅游、水土保持等综合利用。

防洪：永顺县城位于猛洞河中游干、支三河交汇处的侵蚀堆积阶地上，地势低平，四面环山。1993 年以来，五年中有三年遭受特大洪灾，损失惨重。经技术论证，在县城上游修建防洪水库是解决防洪问题的唯一办法，猛洞河流域修建的马鞍山、高家坝水库其重要功能之一就是防洪。

发电：猛洞流域水力资源丰富，理论蕴藏量 60.26 兆瓦，规划建电站 15 处，装机 55.16 兆瓦。推荐的梯级开发方案为：飞瀑潭一级（440 米）＋飞瀑潭二级（421 米）＋高家坝（368 米）＋马鞍山（317 米）＋天台山（281 米）＋莲花塘（271 米）＋凤栖寨（267 米）＋勺哈（262 米）＋咱竹（258 米）＋甫口（254 米）＋富坪（250 米）＋鸳鸯庄（246 米）＋磨子滩（243 米）＋不二门（235 米）＋海螺（230 米）。其中高家坝、马鞍山、海螺电站具有调节性能，其余梯级均为低径流式。现已建成高家坝、马鞍山、勺哈、鸳鸯庄、磨子滩、不二门、海螺共 7 座电站，飞瀑潭一、二级（属龙山县境内，装机 2×16 兆瓦）等 8 处水电站尚待开发。

其他任务为永顺县城的城镇供水及国家级风景区不二门旅游区的开发，以不二门温泉最为著名，历来为游人向往。

（四）施河

施河又名灵溪河、牛路河，是猛洞河的最大支流。两岸植被繁茂，古木参天，为我国南方免遭第四纪冰川侵袭和人为破坏而唯一幸存的具有热带兼温带物种的常绿阔叶原始次生林。施河河床狭小，河道曲折，河内巨石高耸，两岸绝壁千仞，水流湍急，浪花飞溅，险滩纷呈，更有众多瀑布，或气势磅礴，或娟秀清丽，或跌宕起伏，或一泻千里。著名的旅游景点猛洞河"天下第一漂"便处于此河段上，河边还有八百年土司王朝古都老司城古文化探源区，自生桥生态区，旅游资源相当丰富，旅游已成为该河段开发建设的主要任务。

施河为酉水二级支流，推荐梯级开发方案为：格仁潭（354 米）＋自生坝（342 米）＋吊井（313 米）＋响潭（298/265 米）＋哈妮宫（262 米）＋张古桥（244.5/205 米），其中哈妮宫与自生坝具备调节性能，其余梯级均为低径流式。

已建成吊井、哈尼宫电站。自生坝水电站已完成可行性研究报告。响潭、张古桥梯级作为旅游资源生态区，不再作水电开发。

（五）白溪（涂乍河）

白溪（涂乍河）属酉水一级支流。位于古丈西北部，发源于花垣县境内排达鲁，经保靖流至古丈小白汇入酉水，流域面积 515 平方千米，干流长 59 千米，河流坡降 6.09‰。古丈县境内为下游段，叫唐家河。古丈县境内干流全长 15.7 千米，流域面积 85.97 平方千米，河流坡降 6.3‰，有 5 千米以上一级支流 1 条。

白溪（涂乍河）干流境内段流域水能资源较丰富，已建成的长潭电站（1.79 兆瓦）、白溪关电站（6.4 兆瓦），长潭电站和白溪关电站都在进行增容改造，改造完成后可分别增容 8.21 兆瓦、1.4 兆瓦，白溪（涂乍河）干流境内段流域的水资源开发，既缓解当前供电紧张局面，又促进了地方经济发展。

（六）花垣河（松桃河）、兄弟河

花垣河是我州境内较为重要的一条河流，发源于贵州省西北部的松桃县境内，系酉水一级支流，也是湘西自治州花垣县与黔、渝两省市及保靖县的界河。花垣河自花垣茶洞镇从重庆洪安流入我州境内，其花垣县境内全长 71.8 千米，花垣县内流域面积为 800.2 平方千米，狮子桥河口处多年平均流量 72.5 立方米/秒，自然落差 115 米。

花垣河支流兄弟河发源于花垣县内麾天岭一带，由西南向东北斜穿过花垣县大部，全长 45 千米，流域面积 438 平方千米，在花垣县城附近注入花垣河。兄弟河河口处年平均流量 12.1 立方米/秒，自然落差 563 米，技术可开发量 29.44 兆瓦，经济可开发量 29.44 兆瓦。

花垣干流规划梯级开发方案为：虎渡口（327 米）＋金银山（314.4 米）＋红卫（301.63 米）＋曲乐（295.2 米）＋骑马坡（290 米）＋将军山（284 米）＋江塘（277 米）＋黑大塘（266 米）＋竹篙滩（257 米）＋狮子桥（230 米）＋双溶滩（215.5 米）十一级电站，目前虎渡口电站已由贵州松桃县开发，金银山、骑马坡、红卫左岸、狮子桥、双溶滩电站已建成。曲乐电站属重庆市，已建成发电。竹篙滩由一级开发改为三级开发后，一级竹篙滩（257 米）已建成发电，二级黑大塘（266 米）电站在建，三级江塘（277 米）在筹建中，其余均在规划建设中。

兄弟河支流规划排吾（581 米）、牛头山（545 米）、酸汤（502 米）、兄弟河（485 米）、佳民（401 米）、塔里（390.5 米）、浮桥（240.5 米）等梯级电站已全部开发。兄弟河水库库容 7660 万立方米，属于年调节水库，其余为径流式电站。

花垣河流经茶洞镇，大文豪沈从文笔下的《边城》即以此地为背景写成，历史沉淀深厚，自然风景秀美，现已成旅游胜地。茶洞镇易名边城镇。

（七）酉溪草塘河

酉溪河属酉水一级支流。位于古丈县东南部，发源于古丈县境内高垴，经吉首、泸溪至沅陵县乌宿汇入酉水，流域面积 887 平方千米，干流全长 84 千米，河流坡降 2.1‰。其中古丈县境内为其上游段，又叫河蓬河，于古丈县苏家流出境外至吉首三坪。古丈县境内干流全长 21 千米，流域面积 93.5 平方千米，河流坡降 9.62‰，有 5 千米以上一级支流 6 条、二级支流 5 条、三级支流 4 条。

草圹河规划方案为：坪家（0.16 兆瓦）＋鲇溪（0.16 兆瓦）＋草圹一级（2.5 兆瓦）＋草圹二级（3.5 兆瓦）＋七层岩（0.64 兆瓦）等电站梯级开发。其中草圹一级、七层岩电站已完成初设报审批。

（八）小河溪（猛西河）

小河溪发源于龙山县洛塔乡乌都村和洛塔乡砂桥村，两河在猛西村汇合后，流入小河溪，经过洗车河镇注入酉水干流，干流全长 30 千米，流域面积 210 平方千米，天然落差 561 米，平均坡降为 18.7‰。

梯级开发推荐方案：砂桥电站（0.8 兆瓦）＋中寨电站（12.5 兆瓦）＋中寨二级（2 兆瓦）＋小河电站（5 兆瓦）。目前已开发中寨、中寨二级及小河电站。

（九）武水干流

武水属沅水一级支流，发源于贵州松桃县，沿湘川公路由西向东，州境内武水流域覆盖花垣、吉首、凤凰和泸溪四个县（市）地域，主要支流沱江、乌巢河、峒河、能溪河。

武水干流全长 54 千米，武水从西向东从吉首市境内流到泸溪县入五强溪水库出境，出口处控制集雨面积为 4717.3 平方千米，武水干流水量丰富，吉首市段干流长度 9.5 千米，泸溪县段干流长度 44.5 千米，境内多年平均流量 91.1 立方米/秒。吉首市段干流利用落差 5 米，泸溪县段干流自然落差为 32 米。

武水干流规划梯级开发方案为：黄莲溪（148 米坝后式，6 兆瓦）＋小陂流（131.5 米坝后式，2.8 兆瓦）＋洞口（129.8 米坝后式，3.2 兆瓦）＋甘溪桥（117.8 米坝后式，8.2 兆瓦）＋峒底（102.1 米坝后式，3.22 兆瓦）。除黄莲溪电站外，其余均已建成。

（十）沱江

沱江发源于凤凰县腊尔山，自西向东，流经凤凰县官庄乡、木江坪镇，转而向泸溪县，经解放岩乡，在吉首市河溪镇流入武水，沱江全长 208.1 千米，集雨面积 981 平方千米，天然落差 232 米，可利用落差 209.2 米，河流坡降 1.11‰，多年平均流量 37.95 立方米/秒。主要支流有乌巢河、龙塘河。乌巢河是沱江河的一级支流，发源于凤凰县腊尔山镇，自西向东流，在麻冲乡、千工坪乡地界内和龙塘河共同形成沱江河的源头，乌巢河全长 31.8 千米，流域面积 113.85 平方千米，天然落差 469 米。根据沱江河的自然地理特点和所处地区的社会经济情况，开发规划以发电、城市防洪、供水和旅游为主，结合灌溉、水面养殖等综合利用效益。

沱江流域规划 18 级开发。上游建有水库库容为 9970 万立方米的长潭岗电站，装机 12 兆瓦，是凤凰县城防洪控制性工程，兼顾城市供水，也为凤凰古城旅游增添了活力。

推荐沱江干流的梯级开发方案为：长潭岗＋黑冲口＋沱江＋红岩井＋道叉＋庄上＋龙潭＋官庄＋溪口＋坪口＋马岚滩＋猫儿口＋岩螺潭＋湘口溶＋港口溶＋大门角＋杨家滩＋河溪。已建成长潭岗、沱江、红岩井、马岚滩、岩螺潭、湘口溶、港口溶、大门角、杨家滩、猫儿口、河溪等 11 处水电站，其余为规划电站。

乌巢河规划一、二级电站待建。

（十一）峒河、能溪河

峒河又称牛角河，系武水一级支流，峒河发源于花垣县老人山，此河从西南流向东南，流经花垣县补抽乡、大龙乡，在矮寨镇流入吉首境内，经吉首市寨阳乡、吉首市区，在吉首市河溪镇注入武水。峒河全长 60 千米，流域面积 908 平方千米，天然落差 124 米，其中可利用落差 116.5 米，河流坡降 2.07‰，多年平均流量 23.9 方立米/秒。此河的深切作用十分强烈，在流经两岸一千米范围内高差达四百多米，且岩溶十分发育，泉井众多。

峒河干流规划 8 级小型水电站，其中寨阳、向阳、狮子庵、青山湾、阿娜、黄泥滩等电站已建成，古好、德茹电站待开发。上游利用地下溶洞水建有小龙洞、大龙洞、小龙口电站，建设中的雷公洞岩溶电站设计库容 2420 万立方米，装机 30 兆瓦，年发电量 11460 万度，是解决吉首市防洪、供水的控制性工程。

能溪河是武水一级支流，控制集雨面积 277 平方千米，干流长 54 千米，落差 190 米。规划建岩板滩（208 米河床式，2.5 兆瓦）及能滩（130 米河床式，6.4 兆瓦）两级电站。能滩电站已建成发电。

二、澧水流域

澧水为湖南四大水系之一，在桑植县南岔以上分为南、中、北三源，以北源为主干，发源于桑植县杉木界。澧水全长 390 千米，流域面积 18583 平方千米。州境内澧水流域属中上游位于州东北部，境内流域面积 996 平方千米。主要支流为乌鸦河、杉木河及桑植县贺虎溪。

（一）澧水干流

澧水干流在州境内主要流经永顺县润雅乡，规划可开发水电站为五码头电站。该站集水面积 3758 平方千米，多年平均流量 131 立方米/秒，装机 25 兆瓦，年发电量 8704 万度。由于涉及流域规划调整、地区边界及资源权益分配等问题，电站开发有待进一步协调。

（二）乌鸦河

乌鸦河为龙山县主要水电开发河流之一，规划开发方案为乌鸦河电站（10 兆瓦）、澧源电站（1 兆瓦）、乌鸦河二级（4 兆瓦）三级开发。前两级已建成发电，乌鸦河二级正在进行可研。

第十九章 农村电源建设

第一节 小 水 电

湘西州小水电开发起步于 20 世纪 50 年代。1953 年 3 月，永顺县在王村利用 15 米自然落差建成湖南省第一座木制水轮发电机组，装机容量 16 千瓦，揭开了湘西州小水电建设序幕。至 60 年代，小水电建设规模和速度不断发展，技术水平不断提高，1964 年建成第一座单机容量 360 千瓦、装机 3 台的龙山县英雄电站。1970 年，单机容量超 1000 千瓦、总装机 5000 千瓦的大龙洞高水头电站第一台机组投产发电，标志着小电站建设进入发展新阶段。全州装机容量由 1960 年的 950 千瓦增加到 1979 年的 72.5 兆瓦，增长 75 培。

进入 80 年代，中央制定的改革开放政策为小水电发展创造了更为有利的条件。1984 年 10 月，湖南省人民政府发布《关于积极发展小水电的规定》，进一步鼓舞各级办电积极性，全州各县（市）兴建一批骨干电站，到 1988 年，10 县（市）拥有小水电 350 处，526 台，装机容量 149.9 兆瓦，名列全省 13 个地市州第三位，占全省总装机容量 11%，年发电量 3.25 亿千瓦时。1989—2012 年 24 年间，小水电发展经历三个阶段：

一、全州农村初级电气化

1989 年，桑植、大庸两县划归张家界市，全州八县拥有电站 216 处，装机 128.1 兆瓦，年发电量 3.92 亿度。1991 年，8 县（市）实施全国第二批农村水电初级电气化建设，中央和地方共投资 3.72 亿元，兴建了永顺海螺（3×3.2 兆瓦）、凤凰长潭岗（3×4 兆瓦）、龙山湾塘（2×8.5＋7.5 兆瓦）、保靖双溶滩（2×4 兆瓦）、下溪（2×0.8 兆瓦）等 21 处电站，新增装机 53.45 兆瓦。

1992 年，竹篙滩电站完成初设、环境评价、移民调查等工作，1993 年水利部批准兴建，并下拨工程资金 800 万元，后因电网变化等原因而搁浅。由于水毁等原因，报废了一批小电站，至 1995 年，全州电站处数减少至 178 处，装机容量达 168.896 兆瓦，年发电量 61323 万度。是年，湘西州成为全国第一个实现农村初级电气化的自治州。

二、调整巩固电气化成果

经过"七五""八五"期间的较快速发展，小水电逐渐面临诸多困难和矛盾。国家对小水电基本建设投资由无偿投资改为拨改贷，到 1996 年，全州小水电累计贷款（含周转金）达 3.2 亿元，年利息达 3200 万元，加上小水电上网电价低，致使小水电企业负债经营，负担沉重，生存艰难。湾塘电站年发电量 7800 万度，上网电价 0.12 元/度，贷款

3255万元，年利息480万元，年利润372万元，远不够还息。至2000年年底，马鞍山、海螺、狮子桥、双溶滩、白溪关五电站的内外负债达1.7266亿元，连生产正常运转都难以维持。电力体制不顺，大小电网处于矛盾和动态变迁中，全州地方国营供电企业9家，自1993年起，已有5家先后由省网代管，1家与省网联营，传统的小水电建设资金渠道困体制未理顺而阻塞。三是税制改革后增加了税率为33％的所得税，降低了以电养电的自我发展能力。五年间，小水电发展低迷，全州装机仅增加8.8兆瓦，年发电量仅增长4403万度。

三、多渠道多元化办电

2001年，国务院批准实施西部大开发战略，湘西州被列其中，为全州水电事业发展提供了前所未有的历史机遇，州水利局迅速作出反应，立即组织人员编制了《湘西自治州西部开发水利水电发展规划》（2001—2010年）。同年，朱镕基总理在湖南、四川、贵州考察时多次强调要大力发展小水电，解决农村居民生活用燃料和农村能源问题。按照省水利厅《关于编制小水电代燃料生态工程规划的通知》，龙山、永顺、古丈、花垣、凤凰、泸溪被列入全国小水电代燃料工程规划。在此期间，根据水利部《中国水电农村电气化2001—2015年发展纲要》，组织编制了水电农村电气化规划。花垣、永顺、龙山被列入"十五""十一五"水电农村电气化县，同时，凤凰列入"十一五"水电农村电气化县。

为实施西部开发战略，湘西州政府制定了一系列招商引资、开发资源的优惠政策，明确规定：凡来湘西州进行资源开发的项目，企业在获利年度起三年内免征企业所得税；在州本级审批权限内免征耕地占用税；从事电力、水利等基础产业建设中资金缺口的可以以基础设施项目收费权或收益权为质押申请州内银行贷款；项目申报按照"一个窗口对外"一站式审批等原则进行服务等。政府的优惠政策为小水电发展注入了强大的推动力。

2002年12月11日，州内第一座民营股份制电站——泸溪大门角水电站投产。该电站装机640千瓦，王满军等14户群众筹资180余万元于2001年8月动工，一年内建成，开创了民营快速建设小水电的先例。随后泸溪的杨家滩电站（3×400千瓦）、湘口溶电站（3×400千瓦）、岩螺潭电站（3×400千瓦）均以民营股份制形式开发建设，一年左右时间建成发电。全州各县（市）掀起多渠道筹资、多元化办电热潮。

2005年，湘西州政府下发《关于加快小水电资源开发的意见》，为合理开发利用水电资源提出一系列政策措施，把小水电开发作为招商引资工作重点之一，鼓励多渠道筹资办电，实行优惠政策，促进小水电快速发展。为适应形势发展，2006年9月成立了农村水电及电气化发展局，挂靠州水利局，强化了农村水电建设管理。

龙山县在"十五"期间新建和在建电站11处，装机26.69兆瓦。其中民营个体开发的电站5处，招商或股份制开发3处，由县电力公司出资修建和改造的电站3处。"十五"期间全州农村水电建设总投资7.69亿元，新建水电站13处，新增容量52.74兆瓦。州境内装机容量最大的碗米坡电站（3×80兆瓦）也于2004年2月投产。

"十一五"期间，由引资或集资兴建的有：永顺县高家坝电站（2×10兆瓦）、哈尼官电站（2×1.6兆瓦）、七儿河电站（2×0.5兆瓦）、泸溪县能滩电站（2×3.2兆瓦）、龙山县中寨电站（12.5兆瓦）、小河电站（2×2.5兆瓦）、花垣县竹篙滩电站（3×10兆瓦）、红卫左岸（2×0.8 兆瓦）等。2012 年末，州内已建成水电站 323 座，装机容量 564.63 兆瓦，年发电量 18.48 亿度。水电固定资产 18.93 亿元，发售电总收入 14.47 亿元，上缴税金 1.15 亿元，从业人数 5019 人。全年用电量 48.99 亿度，人均用电量 1705 度（表 19 - 1、表 19 - 2、表 19 - 3）。

表 19 - 1　　　　　　　　1989—2012 年湘西州小水电情况表

年份	电源点建设			其中小火电		
	处	装机容量（千瓦）	年发电量（万度）	处/台	装机（千瓦）	年发电量（万度）
1989	218	137148	40492	2/3	9000	1300
1990	218	135890	41442	2/3	9000	1268
1991	206	143825	45758	2/3	9000	1194
1992	200	144687	40194	2/3	9000	1963
1993	199	166137	51509	2/3	9000	1018
1994	187	173919	50623	2/3	9000	1423
1995	180	177896	62517	2/3	9000	1194
1996	183	193212	68469	2/4	15000	1039
1997	183	193452	62182	2/4	15000	2767
1998	185	195437	68633	1/3	12000	2104
1999	179	201402	60236	1/3	12000	2134
2000	179	202032	62872	1/3	12000	1515
2001	174	202173	58377	1/3	12000	1875
2002	174	199622	76071	1/1	6000	1458
2003	177	201307	75372	1/1	6000	1724
2004	175	364142	125756	1/1	6000	1214
2005	186	448767	116876	1/1	6000	1546
2006	228	471957	110920			
2007	240	510488	151249			
2008	223	499599	137502			
2009	215	517735	128492			
2010	217	524320	181906			
2011	221	538105	106984.47			
2012	232	564630	184837.44			

注：2004 年以后含碗米坡电站。

表19-2

1989—2012年湘西州单机500千瓦及以上水电站基本情况

序号	县(市)	电站名称	流域面积(平方千米)	多年平均流量(立方米/秒)	开发方式	总库容(万立方米)	坝型	坝长(米)	坝高(米)	设计水头(米)	引用流量(立方米/秒)总计	引用流量单机	装机容量(台×千瓦)设计	已装	年发电量(万度)	设计总造价(万元)	始建年代	第一台投产
1	永顺县	高家坝	740	21.1	坝后式	8000	混凝土砌石重力坝	218	63.5	37	62.8	31.4	2×10000	2×10000	4970	22686	2002年5月	2010年5月
2	永顺县	白洋坳二级	58	1.18	引水式	1484	土坝/混凝土重力坝		31.3/20	83.2			1/500+1/200		248.5			2012年9月
3	永顺县	海螺	1236	36.33	引水式	1546	浆砌石拱坝	85.4	33	27.5	38.46	12.86	3×3200	3×3200	4451	5736	1992年3月	1998年12月
4	永顺县	哈尼宫	759	20.42	引水式	568	重力坝	78	26.1	13.8	28.6	14.3	3×1600	2×1600	1260	1626	2006年5月	2008年6月
5	永顺县	梓潭溪	10.3	0.15	引水式	110	均质土坝		12	215	0.63	0.315	2×500	2×500	350	491	2005年	2006年
6	花垣县	七儿河	28	0.74	引水式		重力坝	16	3	80.62	1.6	0.8	2×500	2×500	320	450	2006年5月	2008年8月
7	花垣县	天洞	32	0.93	引水式					140			2×500+2×250+1×125		476			2012年
8	花垣县	小龙泉	12	0.30	引水式					150			1×500+1×320		194			2012年
9	泸溪县	能滩	276	7.06	引水式	4051	双曲拱坝	174	57.5	51	17.8	8.9	2×3200	2×3200	2195	5211	2006年5月	2010年4月
10	龙山县	乌鸦河	58.7	2.42	引水式		重力坝	50	8	320	3.5	1.75	2×5000	2×5000	2400	4000	2003年4月	2005年5月
11	龙山县	湾塘	3060	98.6	坝后式	5200	空腹重力坝	267	48.8	34	108	36	2×8500+7500	2×8500+7500	14500	6300	1984年4月	1991年1月

续表

序号	县(市)	电站名称	流域面积（平方千米）	多年平均流量（立方米/秒）	开发方式	总库容（万立方米）	拦河坝			设计水头（米）	引用流量（立方米/秒）		装机容量（台×千瓦）		年发电量（万度）	设计总造价（万元）	始建年代	第一台投产
							坝型	坝长（米）	坝高（米）		总计	单机	设计	已装				
12	龙山县	中寨	66.7	2.2	引水式	15.5	浆砌石拱坝	40	20	370	3.7	1.7	2×5000+2500	2×5000+2500	3280	6000	2005年1月	2009年12月
13	龙山县	小河	280.6	6.756	引水式	2227	双曲拱坝	170	50	44	16	8	2×2500	2×2500	1816	3800	2005年1月	2009年4月
14	吉首市	上游	446	11.28	引水式	65	砌石重力坝	74	7.5	9.5	13.82	6.91	2×500	2×500	387	700	2004年7月	2005年10月
15	花垣县	红卫左岸	1560	40.2	坝后式	200	砌石重力坝	73	8	6.88	37.4	18.7	2×800	2×800	796	1083	2005年12月	2009年5月
16	花垣县	骑马坡	1819	49.4	坝后式	228	砼重力坝	130	8	7.23	32.4	8.1	4×400+800	4×400+800	825	1220	2004年11月	2006年3月
17	花垣县	竹篙滩	2151	57.35	坝后式	4524	砼砌石重力坝	298	37.4	28.24	135	45	3×10000	3×10000	10097	19603	2007年3月	2011年10月
18	凤凰县	长潭岗	460	9.98	坝后式	9970	浆砌石双曲拱坝	226	87.6	58.5	75.87	25.29	3×4000	2×4000	3725	12000	1990年1月	1994年11月
19	保靖县	下溪	80.7	1.7	引水式	2700		170		90	2.4	1.2	2×800	2×800	450	714	1993年12月	1996年
20	保靖县	双溪滩	2797	74.8	坝后式	721	砼重力坝	170	22.3	11.5	89	44.5	2×4000	2×4000	3200	5300	1992年	1996年5月
21	保靖县	魂米坡	10415	299	坝后式	37300	碾压混凝土重力坝	237	54	42	731.31	243.77	3×80000	3×80000	79000	280000	2001年5月	2004年2月

表 19－3

2012 年湘西州发供电情况表

县（市）	装机合计		其中单机 500 千瓦及以上			发电量（万度）		供电量（万度）				用电量（万度）	
	处	容量（千瓦）	处	台	容量（千瓦）	合计	其中单机 500 千瓦及以上	合计	其中			合计	其中农村用电量
									上农网电量	上国（省）网电量	上地方电网电量		
全州	232	564630	46	118	495590	184837	167600	179040	35972	143068			
泸溪	18	32015	5	14	23100	9723	7290	8820		8820			
吉首	17	16295	2	5	10600	4602	3599	4559		4559			
凤凰	27	25920	4	8	17390	9349	7249	8763		8763			
花垣	41	78580	9	27	62670	26743	21066	26709	17729	8980			
保靖	39	270665	5	13	260830	86876	85136	86589		86589			
古丈	19	9185	1	4	6050	2244	1833	2106		2106			
永顺	41	58275	11	24	48950	16178	14196	15273	15273				
龙山	29	68695	8	19	6100	25960	24068	23251		23251			
州直	1	5000	1	4	5000	3163	3163	2970	2970				

注：保靖县含碗米坡电站，装机容量 3×80 兆瓦，年发电量 76660 万度。

第二节 水电站选介

长潭岗水电站 位于沱江上游，距离凤凰古城9千米。设计装机3×4兆瓦。年发电量3677万度。双曲砌石拱坝，最大坝高87.6米，为省内同类坝型之最。1990年1月动工兴建，1994年11月简易投产，装机2×4兆瓦。2002年纳入病险水库治理项目，国家投入资金1590万元进行除险加固，完成大坝扫尾，防洪闸门安装，消力池施工等枢纽工程，大坝按设计参数运行，总库容9970万立方米，为改善凤凰古城的水环境创造了优越条件。

高家坝电站 位于沅水二级支流，猛洞河中上游两岔乡河边村，距永顺县城37千米，是永顺县城市防洪控制性工程，也是湘西州西部大开发十大标志性工程之一。总库容8000万立方米。2002年5月开工兴建，混凝土砌石重力坝，坝高63.5米，坝顶轴长228米。装机2×10兆瓦，年发电量4970万度，引用流量82.8立方米/秒，混流式水轮发电机组。总投资11400万元，2010年5月竣工发电。

海螺电站 猛洞河梯级开发电站，坝址位于抚志乡境内。流域面积1236平方千米。于1992年3月破土兴建，浆砌石拱坝，坝高33米，坝轴长85.4米，总库容1546立方米。引水式发电，装机3×3.2兆瓦，引用流量38.46立方米/秒，年发电量4451万度，总造价5736万元。1998年12月建成投产。

乌鸦河电站 位于龙山县乌鸦乡铁树村境内，是一座以发电为主，兼有农田灌溉的水利水电工程，控制流域面积59平方千米。于2004年6月开工兴建，浆砌石重力坝，坝高7米，坝顶轴长25米，引水式发电，隧洞长3100米，管道为F1000的压力钢管，全长1400米。设计水头320米，装机2×5兆瓦。引用流量3.5立方米/秒，年发电量3000万度。招商引资项目，工程总投资4561万元，由乌鸦河水电站有限责任公司开发。2006年3月竣工发电。

小河水电站 位于龙山县洗车镇大湾包子村，为酉水二级支流猛西河流域梯级开发电站。控制流域面积214平方千米，总库容2227万立方米。2005年1月破土兴建，大坝为砼双曲拱坝，坝高50米，坝顶轴长170米，设计水头44米，引水式发电，隧洞长160米，引用流量16立方米/秒，装机2×2.5兆瓦，年发电量1816万度，工程总投资5000万元，股份制电站，县水利部门入股800万元。于2010年6月竣工投产。

中寨水电站 位于龙山洛塔乡中寨村猛必河，利用上游洛塔河形成的地下暗河堵坝引水发电。工程的第一部分在距地下河出口屋檐洞约400米处封堵地下河道形成水库，通过右岸3100余米隧洞至厂房发电。堵体以上流域面积66.7平方千米。多年平均流量2.15立方米/秒，总库容375万立方米，设计发电水头268米，装机2×5兆瓦。电站另一部分利用猛必河右岸大洞取水，在洞内建拦水坝，用倒虹吸钢管引水至厂房前池，经压力钢管引水发电。设计发电水头233米，装机1×2.5兆瓦。电站共装机三台，总容量12.5兆瓦，多年平均发电量3665度，设计静态投资6000万元，由龙山湘能电力开发公司投资兴建，于2005年6月开工，2007年4月第一台机组投产发电。

能滩水电站 位于泸溪县洗溪镇能滩村，属武水支流能溪河梯级开发电站。控制流域面积 276 平方千米，总库容 4051 万立方米。于 2006 年 4 月动工兴建，混凝土砌石拱坝，坝高 60 米，坝轴长 195 米。装机 2×3.2 兆瓦。年发电量 2195 万度，引用流量 17.8 立方米/秒，设计水头 51 米，工程总投资 5211 万元，招商引资项目。由泸溪县能滩水电开发有限责任公司投资建设，2010 年 4 月投产发电。

竹篙滩电站 为酉水支流花垣河干流梯级开发的第三级，坝址距花垣县城 1.5 千米，控制流域面积 2151 平方千米，干流长度 156.4 千米。位于工业负荷中心，开发条件得天独厚。1991 年州计委批准分期实施，1993 年完成初设并经水利部批复。确定水库正常水位 277 米，有效库容 1.38 亿立方米，坝高 54 米，装机容量 3×14 兆瓦。多年平均发电量 1.54 亿度。后因电网变化，移民安置等原因未能正式上马。2006 年 7 月，花垣县提出将一级开发调整为梯级开发。州水电设计研究院于 2006 年 8 月完成了《湖南省沅水花垣河竹篙滩电站至马家寨河段规划复核报告》，将一级开发调整为 3 级开发方案，经经济技术比较，推荐竹篙滩（正常水位 257 米，装机 3×10 兆瓦）＋黑大塘（正常水位 266 米，装机 2×5 兆瓦）＋江塘（正常水位 277 米，装机 3×4 兆瓦）三级开发方案。2006 年州政府以州政函第 110 号文批准实施。三级开发中的竹篙滩电站由花垣春江发电有限公司于 2006 年 9 月开工建设，枢纽布置形式为右岸坝后式厂房。坝顶高程 261.5 米，最大坝高 35.5 米，坝顶轴长 233.74 米，左岸非溢流坝长 41 米，溢流坝段长 98 米，设 8 扇 10×10.3 米弧形工作闸门。厂房防洪墙高程为 241.5 米。库区淹没人口 163 人，稻田 180 亩，旱地 240 亩，园林地 265 亩，淹没处理投资 4247.5 万元。工程静态投资 20538 万元。股份制企业，北京桓裕投资集团控股。2010 年底，土建竣工，进入机电安装阶段，次年 10 月正式发电并网。

碗米坡电站 州境内单机及总装机容量最大的电站。位于保靖县拔茅乡境内，距县城 28 千米，是沅水一级支流酉水的第四个梯级电站。控制流域面积 10415 平方千米。由五凌公司开发，2000 年 8 月开工，2001 年 11 月 16 日完成截流。大坝为碾压混凝土重力坝，最大坝高 64.5 米，总库容 3.78 亿立方米，工程总投资 20.33 亿元（其中利用日本 OECF 贷款 68.33 亿日元）。坝后式厂房，装机 3×80 兆瓦，设计水头 42 米，引用流量 731 立方米/秒，年发电量 79000 万度。2003 年 11 月 30 日水库正式蓄水，2004 年 2 月发电并网。

第三节 小 火 电

1989 年，州内小火电两处 3 台，装机 9000 千瓦。其中龙山茅坪火电站装机 1 台/3000 千瓦，定编 61 人，分四个运行班组。1993 年龙山湾塘电站竣工投产后，供用电矛盾缓解，火电处于待机备用状态，仅枯水期发电，1998 年县网并入省网，电力丰枯矛盾基本解决，根据国家清理、停办小火电政策，于 9 月 3 日茅坪火电厂锅炉、汽机、发电机成套设备同时报废，改建为茅坪 35 千伏变电站。

永顺万坪火电厂，1989 年装有 2×3 兆瓦机组。1992 年经省水利厅批准将原 2 台 1500 千瓦待报废的机组扩建为 2×6 兆瓦。1996 年 11 月 1 台单机 6000 千瓦机组投入运行，总投资 1900 万元。1997 年发电量为 1767 万度。2002 年两台单机 3 兆瓦机组报废，仅一台 6 兆瓦机组运行，年发电量 1458 万度。2006 年，万坪火电厂全面停产报废，全部人员转移，厂址由凯迪公司接收，规划兴建生物质能电站，设计装机容量 30 兆瓦，正在筹建中。至此，湘西州火电历史结束。

第四节　风　能　发　电

一、风能资源

湘西州地处云贵高原东部，属武陵山脉中西部地区，境内山峦重叠，群峰交错，孤山气候特征十分突出，风能资源较为丰富。据气象部门多年观测及业内专业技术人员的实地考察，永顺县羊峰山风电场及龙山县八面山风电场具有良好的开发价值，两处风电场均已进行了实地搭建测风塔，并编制了《风能资源评估报告》等前期工作。

（一）羊峰山风电场

2005 年国家颁布实施《可再生能源法》，把风能摆在可再生能源发展首位。是年中南勘测设计研究所会同湘西宏力水利产业开发公司对永顺羊峰山风能资源进行系统调查研究和勘查，全面收集风能资源资料。2006 年 8 月在羊峰山北区建立两座 50 米高的测风塔，为兴建风电场提供科学数据。根据 2007 年 10 月由中南勘测设计研究院风能设计研究所完成的《永顺县羊峰山风能资源评估报告》，羊峰山风能资源初步规划总装机规模在 50 兆瓦以上，第一期可装机 20 兆瓦，是我省为数不多的可开发利用的风场之一。州水电设计研究院根据测风数据和区域整体规划编写了《羊峰山风力发电场项目建议书》，提出羊峰山风电场的规划总容量为 108.8 兆瓦，工程动态总投资 10.91 亿元。

（二）八面山风电场

八面山位于龙山县里耶古镇南部，平均海拔 1200 米以上。该地四面绝壁，孤峰耸立，孤山气候特征突出。据龙山县气象局连续 9 年观测，月平均风速为每秒 4.4 米，最大风速达每秒 27.7 米，4—7 月风速达每秒 6.5 米以上。风力发电开发潜力巨大。据测算，风电规划总容量为 100 兆瓦，项目投资总概算 12 亿元。

二、风力发电试验项目

（一）龙山惹迷洞风力发电站

1994 年，龙山县旅游局在火岩溶洞风景区惹迷洞右上方建了州内第一座 5 千瓦风力电站，后因对开发风力资源条件认识不足和缺乏可靠专业技术，经试运未能正式发电。

（二）龙山八面山风力发电站

2003 年 11 月，国家第一次风电前期工作会议后，湖南省选择城步南山牧场和龙山八面山两个重点区域作为普查点，并列为优先开发风电首选场址。2004 年 5 月在八面山安装了测风塔，并兴建了两台 10 千瓦的离网式风力发电站。该风力发电站的建成，结束了当地 168 户 675 人无电的历史，也为开发利用湘西州风能资源取得一定经验。

（三）永顺县羊峰山风力发电站

2006年10月，湘西州湘源水利水电开发有限责任公司在羊峰山兴建湖南省第一座并网式风力发电站，装机30千瓦，总投资58.3万元。机组采用沈阳工业大学风能研究所自主研发的国内首台小型并网风力发电机，叶轮直径12米，15米钢管塔架，智能控制，运行情况良好。

第五节　水电增容改造

增容改造试点

为贯彻落实2011中央1号文件和中央水利工作会议精神，提高农村水电综合能效和现代化水平，实现农村水电可持续发展，中央财政决定在可再生能源发展专项资金中安排资金支持农村水电增效扩容改造工作，并明确2011—2012年安排中央补助资金支持浙江、重庆开展农村水电增效扩容改造全面试点，湖北、湖南、广西、陕西开展部分试点，取得成效后再全面推开。湘西州永顺马鞍山电站和龙山三元电站是湖南省首批启动的21个试点项目中的两个。

全面改造后，马鞍山电站装机由4×2000千瓦增加为4×2500千瓦，平均发电量由原来3528万度提高到4200万度，工程共完成投资2627.6万元，其中中央补助1000万元。三元电站装机由4×1250千瓦增加为4×2000千瓦，年均发电量由原来1750度提高到2200万度，工程共完成总投资1900万元，其中中央补助600万元。两个电站均于2012年12月底工程完工并顺利通过验收，实现无人值班、少人值守，达到了国内农村水电自动化控制先进水平。

增容改造规划

国家对1995年及以前投运，单站装机容量5万千瓦及以下的农村水电站以补助形式进行增效扩容改造。要求被改造电站以电量计算的增效扩容潜力原则上需达到20%以上，对于惠农作用明显和综合效益较大的项目，增效扩容潜力不得低于10%，而对已享受"十二五"全国水电新农村电气化、2009—2015年全国小水电代燃料工程等其他财政补助的项目，不纳入支持范围。根据相关要求，湘西州最初编制的《"十二五"湘西州规划增效扩容改造规划》共规划改造项目94个，设计总装机156兆瓦，改造后可达203.5兆瓦，可新增装机容量47.1兆瓦。

2012年底，全国农村水电增效扩容改造试点任务全面完成，取得明显成效，得到了国务院领导的高度肯定，并要求在先行试点的基础上进一步扩大改造范围。根据水利部和财政部的要求，湘西州编制了全州农村水电增效扩容改造项目实施方案，全州共有59个农村水电增效扩容项目获得水利部、财政部批复。电站原有装机容量145.215兆瓦，扩容改造后装机容量达到177.49兆瓦，新增装机容量32.275兆瓦，新增发电量20921度，工程总投资56267万元，其中，申请中央补助资金17749万元。

国家计划于 2013 年上半年全面启动，并于 2015 年全面完成全州农村水电增效扩容改造任务，届时将明显增加水电站发电能力，对全州社会经济发展将会起到积极的推动作用。

<h1 style="text-align:center">第六节 微 型 水 电</h1>

湘西州溪河纵横，水能资源遍布各个乡村角落。据水能资源普查，全州拥有装机容量 5 千瓦至 100 千瓦的微型水电资源 268 处，总装机容量 12927 千瓦，平均年发电量 5128 万度，具有广阔的发展前景。对于偏远的农村山寨，发展微型水电是促进山区新农村建设的重要举措。

古丈县属国家扶贫开发重点县，典型的"老、少、边、穷"地区，崇山峻岭，2003 年以前近 20 个村未通路、通电、通水，一些边远村寨的少数户因线路远、线损大依然靠煤油灯照明。2003 年至 2005 年南京爱德基金会分 3 批为古丈县无偿援助 267 套微水电机组，其中 200 瓦/87 台，300 瓦/123 台，500 瓦/14 台，1000 瓦/17 台，1.5 千瓦/9 台，3 千瓦/5 台，10 千瓦/2 台，55 千瓦/1 台，100 千瓦/1 台，总装机容量 317.1 千瓦。由古丈县能源办和县委统战部组织安装实施，集中投放到高峰、高望界、岩头寨、山枣、默戎、坪坝等乡镇，先后使 1129 户、5729 人受益。

实施微水电项目后，这些偏远村寨均逐步解决了照明问题，如野竹森林站附近 5 户村民安装 5 千瓦机组后，照明、看电视等问题得以解决，山枣村一农户安装 500 瓦机组，白天发电打米，晚上照明，给村民生活带来极大方便。同时微水电的开发也使水能的梯级利用得以提高。这 3 批机组 20％以上都是利用小水电站落差进行梯级发电，其发电又较方便与上下游电站并网，葛根村在葛根电站下游建一个 10 千瓦二级电站，使葛根水电站的效益明显提高，为周边村民提供更多电能。微水电在湘西州具有大的发展潜力。

第二十章 农村电气化

第一节 水电农村初级电气化

一、农村初级电气化规划

1983年，国务院190号文批准龙山县列入全国第一批100个农村初级电气化试点县，由于龙山县重点电源开发点湾塘电站因资金等原因未能按时投产，因而未能验收达标。1989年水利部颁发了《编制以中小水电供电为主的初级农村电气化规划提纲》，州水利电力局及时组织各县（市）进行农村初级电气化规划编制工作，并完成初稿。1991年国务院批转水利部"关于建设第二批农村水电初级电气化县请示的通知"，正式批准花垣、泸溪、吉首、永顺、凤凰、保靖、古丈列为全国第二批农村水电初级电气化县。第一批未能按时达标的龙山县为后备县。

为了进一步做好规划工作，各县（市）成立了电气化工作领导小组，抽调县计委、县水利局等有关部门的工程技术人员，广泛进行调查研究和资料收集，本着从本县实际出发与国民经济发展"八五"计划和十年规划密切结合，充分利用土地资源，自力更生，国家补助为辅的指导思想，完成了全州水电农村初级电气化规划。

二、达标指标

规划以1989年为基准年，各县达标的确定，根据建设难易程度选取，最长不超过5年，整个规划在"八五"期内完成。

规划达到初级电气化县的主要指标为：

（1）全县用电基本普及，通电户率达90％以上（其用电保证率应该在85％以上）。

（2）全县人均用电量不低于200度（不含县境内地市及以上所属工矿企业用电量）。

（3）全县户均生活用电量不低于200度。对牧区、山区、林区、少数民族地区可适当降低，但必须大于150度。

（4）积极发展农村水电，全县自供电量（包括县外合办电源的供电量）占70％以上。

（5）电网布局合理，全县电网综合网损率在11％以下。

（6）全县发、供电设施主要设备完好率达95％以上。

三、水电农村电气化实施

进入实施阶段后，全州范围内掀起建设水电农村电气化热潮。各县（市）均成立了以县（市）长为组长，分管农业副县（市）长及计委主任为副组长的电气化领导小组，专职负责电气化建设工作。电气化领导小组下设电气化办公室，具体执行规划的勘测设计，施工任务。各重点电源点建设及电网建设成立工程指挥部，强化管理，精心组织，精心施工。

经过 5 年的努力，8 县（市）新建配套了一批电源点，建成了比较完善的输、变、配电网络。全州小水电装机容量由 1989 年的 137.1 兆瓦增加到 177 兆瓦，年发电量由 40167 万千瓦时增加到 62517 万度。建成了以吉首为中心，包括凤凰、花垣、保靖、永顺 5 县（市）地方电网，并与毗邻的贵州铜仁地区电网并联运行。全州通电户率达 88％，人均用电量 303 度，户均生活用电量 189 度。

龙山县 共投入电气化建设资金 10242.5 万元，其中自筹资金 3732.5 万元，1993 年湾塘电站建成投产，装机 24.5 兆瓦。至 1995 年，龙山共有电站 27 处，装机 51 台，总容量 40.34 兆瓦，年发电量 18715 度，兴建望城、红岩、茨岩、咱果、苗市等 5 座 35 千伏变电站，建设 35 千伏线路 7 回共计 28 千米，新建改造 10 千伏线路 1978 千米。新建集遥测、遥控、办公于一体的湘西州规模最大的电力调度中心。县电网覆盖全县 49 个乡（镇）。95.5％的村，90.6％用户通电，用电保证率 88.3％，户均生活用电量 222.1 度，网损率从 1989 年的 13％下降到 10.6％。基本满足了工农业的生产用电。1994 全县工农业总产值和财政收入已达 11.316 亿元和 1.29 亿元，分别是 1989 年的 3.97 倍和 1.5 倍。

永顺县 永顺县在电气化建设期间扩建万坪火电厂，装机 6 兆瓦。新建海螺水电站装机 3×3.2 兆瓦，因资金不能及时到位，未能按时投产。至 1995 年底全县装机容量 27.61 兆瓦，年发电量 6719.5 万度，总用电量 6941.55 万度，人均用电量 152 度，户均生活用电量 163 度，达到农村初级电气化对少数民族贫困县达标验收标准。期间新建杨公桥 110 千伏变电站，石提西和塔卧 35 千伏变电站，联通了县网与州网。新增通电村 201 个，通电户 49054 户。建立了县电力调度中心，实现了对县属电站、骨干变电站的载波通讯调度。全县村通电率由 60.54％提高到 95.7％，户通电率由 59％提高到 94.59％。工农业总产值由 2.08 亿元增加到 5.4 亿元；乡镇企业产值由 0.16 亿元增加到 1.7 亿元；县财政收入同比增加 2257 万元，农民人均收入增加 283.6 元。

古丈县 电源建设一是对白溪关电站进行改造，新增装机 1.25 兆瓦。二是对笔架山、长潭等电站设备更新，提高其他电站设备完好率。1995 全县装机容量 7.24 兆瓦，年发电量 2142.7 万度，期间新建罗依溪、岩头寨两座 35 千伏变电站，对县城中心变进行改造，新架罗依溪至岩头寨 35 千伏线路。时与省电网一点并网。1995 年全县行政村通电率 93％，户通电率 91％，总用电量 7844.3 万度，人均用电量 531 度，户均生活用电 189 度，均达到或超过初级电气化验收标准。与 1989 年相比，工业总产值增长 178%，农业总产值增长 80%，农村人均收入增加 240 元，县财政收入增长 52.8%。

凤凰县 新建长潭岗电站装机 2×4 兆瓦，完成马岚滩电站及庄上水电站配套及改造，增加出力 410 千瓦。至 1995 年底全县装机容量 24.4 兆瓦，年发电量 7075 度，人均年用电量 152 度，户均生活用电量 109 度；全县 90% 农户、95% 行政村用上电。期间新建吉信、禾库、阿拉 35 千伏变电站；架设凤凰至乾州 110 千伏线路；禾库至吉信、沱江至长潭岗 35 千伏线路；建设县电力调度大楼。

保靖县 自筹资金 959.1 万元，总投资 5180 万元，兴建了双溶滩电站，装机 2 台，共 8 兆瓦。新建 10 千伏线路 10 条，共 250 千米，完善了调度通信设施，形成了以县城关变电站为中心，狮子桥、长潭、卡棚、双溶滩等国有电站为主体，35 千伏线路为骨架的电力网络。通电村率 86.7%，通电户率 90.6%；人均用电量 244 度，户均生活用电量 163 度，以电代柴户数占总数 4.63%。综合线损率 10.4%

泸溪县 筹集资金 1100 万元重点抓了县电网建设，新建小章、达岚两座 35 千伏变电站，架设了甘溪桥至小章，武溪至白沙、浦市至达岚 35 千伏线路，新架 10 千伏线路 262 千米。1994 年全县装机 17 兆瓦，年发电量 7176 度。时已与省网联网，年用电达 18907 度，人均用电量 825 度，户均生活用电量 228 度。村通电率 100%，户通电率 95%，综合网损率 10.2%，丰水期户以电代柴率 15.25%，与 1989 年相比，全县工农业总产值增长 2.61 倍，县财政收入增长 1.745 倍，农村人均纯收入达 568 元，同比增长 1.76 倍。

花垣县 电气化建设期间新增发电装机容量 2 兆瓦，新增 35 千伏线路 5 条，新增改造 35 千伏变电站 4 座，架设 10 千伏线路 30 条，共 153 千米。2004 年全县电站装机量 30.98 兆瓦，年发电量 14513 万度，已与州网联网，用电量 21363 度，人均用电量 839 度，户均生活用电量 266 度。100% 乡镇、92.9% 行政村、90.5% 农户通电，生活电热户占总户数 8.01%，综合电损率 10%。建立了电力调度室，对骨干电站及 35 千伏变电站所实现载波通讯调度。

吉首市 电气化建设期间新建电站 1 处，装机容量 3.325 兆瓦，新建 35 千伏变电站 3 座，共计 15250 千伏安，架设 35 千伏线路 2 条，共 25 千米，10 千伏线路 30 条，共 180 千米。至 1995 年年底，全市拥有发电装机容量 13.8 兆瓦，年发电量 4442 万度，用电量 9381 万度，人均 372 度，户均生活用电量 204 度。用电村普及率 97%，户通电率 94.6%。综合线损率 9.7%。

至 1994 年年底，全州 8 县（市）完成农村初级电气化建设投资 35876 万元，其中自筹资金 12304 万元。

根据水电农村初级电气化标准，8 县（市）于 1995 年相继验收达标，成为国家第一个水电农村初级电气化州。湘西州政府召开总结表彰大会，授予龙山县电气化办、州电气化办等 7 个单位为湘西农村水电初级电气化建设先进集体称号；给予何松高、符兴武、曾绍尹等 73 名个人记三等功奖励。同时举办了湘西水电农村初级电气化成果展（表 20-1～表 20-4）。

表 20－1

1989 年湘西州第二批农村水电初级电气化县基本情况表

县(市)	全县人口(万人)	全县户数(万户)	工农业总产值 合计(万元)	工业(万元)	农业(万元)	可开发装机(兆瓦)	现有装机(兆瓦)	1989年发电量(万度)	年用电量 用电量(万度)	人均(度/人)	年生活用电量 生活用电量(万度)	户均(度/户)	通电面 通电户(万户)	通电户率(%)	网损率(%)
全州	227.34	53.30	123136	68750	55196	608.17	127.0	33476	30209	133	5167	96.94	37.87	71	14.27
吉首	21.95	5.4	13032	9436	4366	38.3	10.2	3488	3646	192	1219	225.7	4.603	85.2	16.0
泸溪	23.79	5.45	14461	8961	5500	33.5	16.7	6836	8664	363	690	126.7	4.401	80.8	10.9
凤凰	32.10	7.05	22864	14633	8231	41.4	14.0	3443	1908	59.5	598	84.78	5.30	74.2	18.8
花垣	22.90	5.13	9505	5253	4252	75.0	24.7	5056	3876.91	169.2	530.22	103.37	4.169	71.3	12.5
保靖	25.39	6.06	10922	5415	5507	250.8	16.3	4304	2458	96.8	322	53.2	4.18	69	12.5
古丈	11.83	2.79	4592	1744	2848	16.57	6.0	2281	2450	207	206	73.4	1.776	63	13
永顺	42.55	9.76	20843	9431	11452	78.6	22.1	3135	2550	61	658	67.4	5.7585	59.0	17.4
龙山	46.83	11.66	26917	13877	13040	74.0	17.0	4932	4656	99.5	944	81	7.86	67.4	13.1

表 20-2   湘西州第二批水电农村初级电气化达标验收情况表

县（市）	全县人口（万人）	全县总户数（万户）	工农业总产值 合计（亿元）	工业（亿元）	农业（亿元）	装机容量（兆瓦）	年发电量（万度）	年用电量 用电量（万度）	人均（度）	年生活用电量 生活用电量（万度）	户均（度）	通电户率（%）	合格户通电率（%）	自有电占总用电量比率（%）	综合网损率（%）	设备完好率（%）	以电代柴户率（%）	完成投资 合计（万元）	自筹资金（万元）	达标年限
全州	247.50	61.81	63.05	36.73	26.32	168.9	61323	74863	302.5	11688	189	88						35876	12304	1995
吉首	25.25	6.46	14.36	11.51	2.81	13.8	4442	9381	372	1319	204	82		47.5	9.72	96		1447	514.7	1995
泸溪	26.11	6.37	5.27	1.38	2.89	17.0	7176	18907	825	1452	228	80.77	75.8	37.8	10.2	97	15.2	1100	220	1994
凤凰	35.80	7.92	6.75			24.4	7075	5456	152	863	109	90.0	83	100	14.2		15.0	8522	2738	1994
花垣	25.44	6.23	5.87	3.58	2.29	30.98	14513	21363	839	1657	266	89.0		60.0	10		8.01	2252.8	1621.3	1994
保靖	26.42	6.87	3.14	1.52	1.62	24.65	6405	4622.4	244	1121	163	91.6	90.6	90.1	10.4	98.3	4.63	5180	959.1	1994
古丈	13.07	3.47	2.173	0.915	1.258	7.24	2142.7	6939.3	531	655.8	189	91	90.5	27.3	10.9	97.9	1.4	1135.4	794.4	1994
永顺	45.61	11.27	5.408	2.776	2.632	27.61	6719.51	6941.55	151	1837.0	163	94.59	90.06	83.41	10.07	96.93	14.57	5996.26	1724.26	1994
龙山	49.27	12.53	11.32	6.4	4.92	42.4	14833	13090	265.6	2783	222.1	90.6	88.3	99.3	10.6	97.7	12.1	10242.5	3732.5	1994

表 20 - 3   "州农村水电初级电气化县建设先进集体"名单

龙山县电气化办公室	凤凰县电气化办公室
州电气化办公室	凤凰县长潭岗水电站工程指挥部
花垣县电气化办公室	保靖县双溶滩水电站工程指挥部
永顺县电气化办公室	

表 20 - 4   全州农村水电初级电气化县建设奖励名单（共 73 名）

龙山县	何松高	尚光友	吴文忠	王学庆	黄一田	胡基林
永顺县	彭善荣	符辰益	张艺洪	彭泽清	袁国文	田宏恩
凤凰县	龙玉昌	田金儒	满维新	杨四海	滕昭君	
保靖县	龙顺英	向邦楹	刘家华	张顺志	姜合龄	
花垣县	李光胜	龙照云	麻文珍	周仕荣	段 钢	
古丈县	张荣显	李祖顺	袁新华	杨椒林		
吉首市	杨再喻	杨明祥	周 建	黄立发		
泸溪县	王胜良	孙自忠	杨昌斌	罗新华	马建亚	
电气化办	符兴武	曾绍尹	叶志东	陆少培	秦湘建	
州水电系统	谭斌生	颜泽友	陈代友	李学平	陈玉梅	邓启宪
	石利聪	陈诗玖	向玉生	莫克明	罗 刚	邓胜永
州计委	李世忠	秦建平	李德松	张晓敏		
州农行	覃大喜	杨昌发				
州中行	刘予明					
州政府办	唐双发	孙必宽				
州物价局	吴纪元					
州环保局	彭 军					
州建行	邹至新					
州工商行	陈 刚					
州财政局	陈本水					
州建行	田仁清					

第二节 "十五"水电农村电气化

一、规划

1999 年，水利部门制定《中国水电农村电气化 2001—2005 年发展纲要》，在原初级电气化的基础上提高农村电气化水平。坚持"一县一网""一点并网"，实行按行政区域供电的原则进行规划。州内花垣、永顺、龙山县列入规划范围，并于 2000 年编制了"十五"

水电农村电气化规划报告。规划基准年为 1999 年，水平年为 2005 年，建设期为 2000—2005 年。2015 年为规划远景年。规划目标实现全县通电率 100％，户通率 98％，30％以上用户使用电炊，40％以上以电代柴，人均年用电量达到 450 度，户均生活用电量达到 300 度。2001 年水利部正式批准 3 县列入全国"十五"水电农村电气化范围。

二、实施及达标验收

花垣县　花垣县在电源建设方面投入资金 1338 万元，新建坝后、牛星、两岔、上游 4 座电站，增加发电量 732 万度；扩容改造塔里、牛头山、小龙洞电站，年增加发电量 840 万度；电网建设投入资金 9394 万元，新建溪坪 100 千伏变电站 1 座，龙潭、猫儿、排碧 35 千伏变电站 3 座。对全县 185 个村进行农网改造，架设改造低压线路 1904 千米。对调度通讯系统进行改造。

全县国内生产总值从 54870 万元增加到 104800 万元，增长 91％，财政收入从 6168 万元增加到 16070 万元，增长 160％；农村人均收入从 1078 元增加到 1456 元，增长 35.6％；发展电炊户 14260 户，占总户数的 21％；全县通电户率占 95.5％；人均用电量 1545 度，户均生活用电量 564 度；丰水期代燃料户占总户数 21％；高压网损率从 11％降到 8％；低压网损率从 14.5％下降到 11％；发供电设备合格率 100％，全县电压合格率 98％，建立了县电力调度中心，实现了综合自动化调度。

永顺县　永顺县于 2001 年 1 月开始实施"十五"水电农村电气化建设，2005 年 8 月通过验收。此期间，电源点建设完成投资 658.76 万元，完成匀哈、盐井、梓潭溪 3 座电站改造，年发电量 695 万度。在建电站 1 处，装机 18.9 兆瓦。电网建设与改造完成投资 5276.12 万元，新建 110 千伏变电站 1 处，35 千伏变电站 2 处，更新改造 35 千伏变电站 1 处，架设改造变压线路 387 千米，新建改造配电台区 249 个。

全县国内生产总值增加到 13.1 亿元，增长 31.1％，县财政收入增加到 6380 万元，增长 51.9％；农民人均收入增加到 1530 元，增长 14.3％；发展电炊户 26740 户，占总产数的 20.6％。新建变电站全部采用微机全自动控制系统。全县通电率达 99％，合格通电户率占 97％。人均用电量 439 度，户均生活年生活用电量 446 度，丰水期代燃户占总户数 20.6％。高压网损率从 11.2％下降到 9.4％；低压网损率从 13.8 下降到 11.6％；发供电完好率 100％。

龙山县　"十五"水电农村电气化建设始于 2001 年。近五年间电源建设共完成总投资 7084 万元，新建电站 8 处，装机容量 5.69 兆瓦。新增年发电量 998 万度。电网建设完成总投资 8435 万元，新建 110 千伏变电站 1 座，35 千伏变电站 3 座，改造 35 千伏变电站 5 座，架设改造高低压线路 1932 千米，新建变电台区 216 个，改造通讯调度系统 1 处。

全县电力企业年总收入 5799 万元，实现利税 500 万元，全县国内生产总值从 11.27 亿元增加到 14.5 亿元。增长 28.65％，县财政收入从 9555 万元增加到 11157 万元，增加 17.7％，人均纯收入从 1290 元增加到 1465 元，增加 13.6％。发展电炊户 27737 户，占总户数的 20.1％；全县通电率 96％，合格通电户率占 94％；人均用电量 423 度，户均生活用电量 372 度。丰水期代燃户率占总户数 20.1％。高压网损率从 6.9％下降到 5.2％；低压网损率从 11.8％下降到 9.8％。设备完好率 100％，电压合格率 98.3％。

经过五年努力，花垣县、永顺县、龙山县在电源建设、电网建设、负荷发展等方面均取得了显著成效。"十五"电气化期间 3 县完成总投资 3.243 亿元，其中国家电气化专项资金 1187 万元。2005 年湖南省农村电气化建设领导小组办公室组织省、州有关部门组成的验收小组进行验收。各县均达到了水利部颁发的《水电农村电气化标准》（SL 30—2003）所规定的各项指标和要求，验收合格（表 20 - 5）。

表 20 - 5   "十五"水电农村电气化达标县主要指标完成情况表

项目			花垣县		永顺县		龙山县	
			2000 年	2005 年	2000 年	2005 年	2000 年	2005 年
全县总人口		万人	26.87	27.26	48.69	49.308	51.99	53.78
全县总户数		万户	6.58	6.7903	12.81	12.976	13	14.22
发电装机		兆瓦	32.235	34.765	31.923	33.773	33.750	39.420
年发电量		万度	10213	11015	10120	11938	12339	19084
通电面用电量	户通电率	%	95	98.7	91	99	89	96
	合格户通电率	%	92	95.5	90	97.02	88	94
	总用电量	万度	22279	95573	12115	21350	12300	22750
	人均用电量	度	829	3506	249	433	297	297
生活用电量	生活总用电量	万度	2816	3830	3291	5793	2955	5291
	户均生活用电量	度	428	564	257	446	228	372
丰水期小水电代燃料	代燃料户	户	5790	14260	16540	26740	14297	27737
	占总户数比重	%	8.8	21	13	20.61	11	20.1
网损率	高压网损率	%	11	8	11.2	9.4	6.5	5.2
	低压网损率	%	14.5	11	13.8	11.6	11.8	9.8
设备完好率		%	95	100	98	100	100	100
农村水电提供电量比重		%	100	100	100	92.6	100	100
国民经济	国内生产总值（GDP）	万元	54870	175800	99935	131000	112713	167500
	县财政收入	万元	6168	32200	4200	6380	9555	11197
	水电企业上缴税收	万元	445.25	532.3	327	609	261	261
水电企业经营	水电企业总收入	万元	7275	13642	5452	10649	4352	5799
	实现利税总额	万元	305	980	695	1491	315	500
投资	总投资	万元		10844		5935		15647
	其中电气化专项资金	万元		517		250		420

第三节 "十一五"水电农村电气化

一、电气化规划

2006年，经国务院批准，水利部、发展改革委在全国选择400个县组织开展更高标准的水电农村电气化县建设。在此背景之下，州水利局积极开展前期工作，编制了《湘西州"十一五"小水电及农村电气化规划》规划涉及全州8个县（市）。总体规划思路是优先对现有电站进行技改增容，再新建一批水电站，对农村偏远山区考虑新建一批小型径流水电站，规划新建一批风力发电站、抽水蓄能电站。全州规划新建水电站装机容量297.2兆瓦；改扩建水电站增加装机容量62.7兆瓦；新建风力发电装机容量160兆瓦，建抽水蓄能电站2处装机容量120兆瓦。最终，国家确定在我州龙山、永顺、花垣、凤凰4个县进行"十一五"电气化建设，但总体规划没要求修改。

二、实施情况

"十一五"水电农村电气化是实施水利部《中国水电农村电气化2001—2015年发展纲要》的组成部分。在启动建设过程中，按照"全面规划、综合利用、择优开发、分步实施、协调发展、多元投入"的发展思路，积极做好水资源的开发利用，积极推进投资体制改革，坚持多元化融资格局，提倡股份制办电。4县"十一五"电气化建设期间完成总投资10.427亿元，其中国家电气化专项资金1995万元。完成电源建设19处，装机容量55.39兆瓦，在建电站4处，装机55.409兆瓦。各项指标均达到《水电农村电气化标准》的要求。通过了湖南省农村电气化县领导小组办公室组织的检查验收。2011年，水利部以水电〔2011〕183号文下发通知，经国务院批准，"十一五"期间，全国最终建成432个水电农村电气化县，永顺、龙山、花垣、凤凰名列其中（表20-6）。

花垣县 期间完成电源建设总投资15949万元，新建竹篙滩、骑马坡、金银山、红卫左岸、小龙口、天洞等6座电站，装机20台共38.945兆瓦，年增加发电量2220万度；电网建设投入资金17516万元，新建猫儿110千伏变电站1座，新架卡地到团结、卡地到洞溪坪2条110千伏线路16.5千米；新架猫儿110千伏变电站到龙潭变电站35千伏线路6千米；城网改造新架线路8.06千米。农网改造新架10千伏线路66.25千米；新架0.4千伏线路47.8千米；新建变电台区51处，改造到户5155户。

永顺县 期间完成电源建设总投资7084万元，新增农村水电装机28.37兆瓦。新建高家坝、哈妮宫、七儿河等9处水电站，新增装机容量25.82兆瓦；对不二门、钓鱼台等4处水电站进行了扩容改造，新增装机容量2.55兆瓦。在建电站5处装机容量21.67兆瓦。电网建设与改造完成投资7840万元，新建高家坝—杨公桥变电站110千伏线路23.78千米，红石林变—杨公桥变110千伏线路36千米，改造杨公桥110千伏变电站，新增变电容量21500千伏安；新建35千伏变电站2座，容量14300千伏安；更新改造35千伏变电站2座，容量5850千伏安；新建35千伏线路99千米，10千伏线路126千米；改造配电台区 92 个，新增变配电容量 5800 千伏安。农网改造到户 2766 户。

龙山县　期间完成电源建设总投资 13740 万元，新建小河、黄土坡、中寨电站，改造澧源电站，新增装机容量 19.2 兆瓦，年发电量 7095.4 度。在建小河二级电站装机 1.26 兆瓦，设计年发电量 410 万度。电网建设完成总投资 16742 万元，新建里耶 110 千伏变电站，茅坪 35 千伏变电站，更新改造洗车、苗市、里耶、三元等 4 处 35 千伏变电站；新建 110 千伏线路 70 千米，35 千伏线路 127 千米，10 千伏线路 101 千米。新建变电台区 116 个，农网改造到户 12527 户。

凤凰县　期间完成电源建设投资 1987 万元，新建及改扩建电站 4 处装机 3.02 兆瓦，增加年发电量 1300 万度。电网建设完成总投资 15757 万元，新、改建 110 千伏变电站 2 座，新改建 35 千伏变电站 3 处，110 千伏线路 98.8 千米，35 千伏线路 63 千米，10 千伏线路 340 千米，低压线路 342 千米。新增和改造配电台区 258 个，农网改造 199 个村，7.8 万户。

表 20－6　　　　　　　"十一五"水电农村电气化达标县主要指标完成情况表

项目			花垣县		永顺县		龙山县		凤凰县	
			2005 年	2010 年	2005 年	2010 年	2005 年	2010 年	2005 年	2010 年
全县总人口		万人	27.26	28.37	49.308	56.666	53.78	55.99		40.9
全县总户数		万户	6.7903	7.5215	12.976	14.305	14.22	14.96		10.3
发电装机		兆瓦	34.765	43.540	33.773	54.769	39.420	67.215		28.780
年发电量		万度	11015	13215	11938	17366	19084	26179		13780
通电面用电量	户通电率	%	98.7	99.02	99	99.58	96	99.9		99.9
	合格户通电率	%	95.5	96.8	97.02	97.59	94	95.6		99.5
	总用电量	万度	95573	188000	21350	30726	22750	35549		20970
	人均用电量	度	3506	6633.7	433	606	297	423		635
生活用电量	生活总用电量	万度	3830	5315	5793	7518	5291	9305		26009
	户均生活用电量	度	564	706.6	446	526	372	622		512
丰水期小水电代燃料	代燃料户	户	14260	18352	26740	39590	27737	46222		35924
	占总户数比重	%	21	24.4	20.61	27.68	20.1	30.9		35
网损率	高压网损率	%	8	7	9.4	9.36	5.2	5.0		5.4
	低压网损率	%	11	9	11.6	11.4	9.8	9.4		10.6
设备完好率		%	100	100	100	100	100	100		100
农村水电提供电量比重		%	100	100	92.6	93.8	100	100		78

续表

项目			花垣县		永顺县		龙山县		凤凰县	
			2005年	2010年	2005年	2010年	2005年	2010年	2005年	2010年
国民经济	国内生产总值（GDP）	万元	175800	475700	131000	296120	167500	324821		282600
	县财政收入	万元	32200	61500	6380	16200	11197	18536		21000
	水电企业上缴税收	万元	532.3	1120	609	923	261	338		180
水电企业经营	水电企业总收入	万元	13642	28176	10649	15382	5799	10600		9262
	实现利税总额	万元	980	2212	1491	2307	500	684		850
投资	总投资	万元	10844	33465	5935	27080	15647	25981		17744
	其中电气化专项资金	万元	517	235	250	350	420	780		630

第四节 "十二五"水电新农村电气化

一、电气化规划

根据2009年《国家发展改革委、水利部关于加强小水电代燃料和水电农村电气化建设与管理的通知》和2011年水利部《关于印发"十二五"水电新农村电气化县建设实施方案编制要求的通知》，州水利局于2012年编制了《湘西自治州"十二五"水电新农村电气化县建设实施方案》，湖南省水利厅对该实施方案进行批复。

"十二五"期间，湘西州4个电气化县实施方案共规划电源项目42个，其中新建水电站项目13个，改扩建水电站项目29个。计划新增装机120.6兆瓦，工程总投资97861.3万元，其中计划申请中央补助资金15198.05万元，省级补助资金13168.05万元。分县（市）情况看，保靖县规划电源工程项目11个，均为改建水电站项目、改建后计划新增装机1.6兆瓦，总投资3597万元。永顺县规划电源工程项目11个（新建水电站项目7个、改扩建水电站项目4个）。计划新增装机35.3兆瓦，总投资26750万元。花垣县规划电源工程项目15个（新建水电站项目7个、改扩建水电站项目10个），计划新增装机57.4兆瓦，总投资42435万元。龙山县规划电源工程项目5个，其中新建水电站项目1个，改扩建水电站项目4个，计划新增装机26.3兆瓦，总投资25080万元。

二、实施

各县根据自身实际情况，正在抓紧实施电气化项目建设。国家按政策给予相应的资金补助。2011年下达保靖县排香水电站、花垣县竹篙滩水电站两个项目。2012年下达保靖县下溪、永顺县洞潭电站两个项目。截至2012年年底。除永顺县洞潭电站正在建设外，其他3个项目均已完成。

第五节　小水电代燃料试点

一、项目规划

2003 年根据朱镕基总理在四川、贵州、湖南考察时多次强调要发展小水电解决农村、居民生活用燃料和农村能源问题的指示，国家正式启动小水电代燃料工程，8 个县（市）被列入小水电代燃料工程规划。根据国家相关要求，编制了《湘西州"十一五"小水电代燃料规划》，涉及全州 8 个县（市），共规划电源工程 67 处，新增总装机容量 99.8 兆瓦；规划新建输、配电线路 12158 千米，其中 110 千伏线路 255 千米，0.4 千伏线路长度 8092 千米。新增变电容量 94.02 万千伏安（不含升压变），其中 110 千伏及以上的 29 万千伏安，35 千伏/32.85 万千伏安，10 千伏/32.18 万千伏安，计划总投资 100133 万元，其中电源工程投资 51649 万元，电网工程投资 48484 万元。在争取到两个小水电代燃料试点项目后国家不再严格按此规划安排建设项目。2009 年，按照上级部门要求，又编制了《湘西州"十二五"水电代燃料规划》，共规划小水电代燃料项目 8 个，即泸溪县解放岩、古丈县白溪关、龙山县洗车河、保靖县水田河、吉首市黄莲溪、保靖县双溶滩、永顺县自生坝、大龙洞等代燃料项目区。共涉及 11 个生态电站，总装机容量 36.36 兆瓦，可实现代燃户 30329 户，107500 人受益。工程总投资 28875 万元，争取国家投资 13735 万元。所有项目均已完成可研，部分项目完成初步设计。项目实施后，可保护退耕还林面积 36.31 万亩，自然保护林 17.69 万亩，将长期稳定地解决我州小水电代燃料项目内农民的能源问题，巩固项目区内退耕还林成果。

二、项目实施

在全国启动第二批小水电代燃料试点项目中，湘西州占湖南省 7 个试点项目中的两个，即凤凰官庄、永顺老司城项目。随后陆续争取到龙山县洗车、古丈县断龙、泸溪洗溪等 3 个项目。5 处小水电代燃料项目，涉及 7 个乡镇 35 个村，代燃户 14205 户（表20-7）。

官庄代燃料项目总投资 1404 万元，其中中央投资 490 万元，地方配套 702 万元，银行贷款 212 万元。电源点为庄上电站和长潭岗电站。2010 年 12 月通过国家验收。

老司城代燃料项目总投资 1372 万元，其中中央投资 480 万元，地方配套 492 万元，银行贷款 420 万元。电源点为海螺电站。2010 年完成建设任务。

洗车代燃料项目于 2009 年立项，总投资 968 万元，其中中央投资 430 万元，地方配套 100 万元银行贷款 438 万元。电源点新建小河二级电站，装机 1.26 兆瓦。2012 年完成建设任务。

断龙代燃料项目于 2010 年立项，计划总投资 3800 万元，其中中央投资 1710 万元（已下达 650 万元）。电源点为白溪关电站，项目正在实施中。

洗溪代燃料项目于 2010 年立项，计划总投资 3188 万元，其中中央投资 1435 万元

（已下达 360 万元）。电源点为洞底电站，项目正在实施中。

表 20 - 7　　　　　　　小水电代燃料试点项目基本情况表

项　目	乡（镇）	村	户	人	建设资金			资金来源			
					总投资（万元）	电源点（万元）	项目区（万元）	合　计（万元）	中央投资（万元）	地方配套（万元）	银行贷款（万元）
永顺县老司城	2	4	2083	8015	1372	1158	214	1372	480	492	400
凤凰县官庄	2	12	2812	10685	1404	1195	209	1404	490	702	212
龙山县洗车	1	3	1260	4386	968	780	188	968	430	100	438
古丈县断龙	1	8	4950	13944	3800	3200	600	3800	1710	380	1710
泸溪县洗溪	1	9	3100	11945	3188	3093	95	3188	1435	318	1435
合计	7	36	14205	48975	10732	9426	1306	10732	4545	1992	4195

第六节　"送电到乡"工程

一、工程规划

　　"送电到乡"工程是党中央、国务院为解决交通闭塞、电网难以覆盖的边远山区群众生活用电而采取的一项举措，于 2002 年启动。2003 年编制了湘西州"送电到乡"规划，规划共涉及龙山县靛房、八面山，永顺县小溪、盐井、西米，花垣县两河、补轴，古丈县山枣、高峰，凤凰县落潮井，泸溪县石榴坪和保靖县水田河等 7 个县 12 个乡（镇）。规划新建小溪、盐井、山角岩、牛星、两岔、大河、报龙、山枣、高峰、水田河、双溪口 11 座水电站和八面山风能电站，装机容量 2.405 兆瓦（其中风能电站装机 20 千瓦），架设 10 千伏线路 924 千米，低压线路 104.8 千米，安装配电变压器 37 台/3035 千伏安。计划项目总投资 2071 万元，其中项目资本金 414.6 万元，国家补助资金 1000 万元，银行贷款 658.4 万元，2003 年湖南省发展改革委以湘计基础〔2003〕199 号文以予批复。

二、项目实施

　　2003 年，全面启动了"送电到乡"工程项目，建设过程中对规划项目作了局部调整，经过三年实施，最后建成大河、高峰、水田河、报龙、两岔、盐井、山枣、牛星、双溪口等 9 座水电站，小溪乡农网改造和羊峰山、八面山两座风能发电站，总装机容量 2.12 兆瓦（其中羊峰山风能电站装机 30 千瓦、八面山风能电站装机 20 千瓦）。共完成 10 千伏线路 56.4 千米，低压线路 160 千米，配电变压器 12 台，1 个乡实施了农网改造，12 个乡（镇）100%的村、95%的农户用上了电，解决了 6186 户、24640 人口的用电问题。2005 年全面完成建设任务，验收合格。

表 20-8　　　　　　　　　　　　送电到乡工程基本情况表

项目名称	所在县（市）	建设内容				解决用电	
		电站名称	装机容量（千瓦）	10kv 线路（千米）	低压线路（千米）	户	人
靛房乡工程	龙山县	天河电站	200	11	13	473	1890
高峰乡工程	古丈县	高峰电站	200	10	8	664	2416
水田河乡工程	保靖县	水田河电站	250	13.4	11.5	625	2482
落潮井乡工程	凤凰县	报龙电站	320	5	13.5	473	1890
补抽乡工程	花垣县	两岔电站	200	3.8	17.5	618	2474
盐井乡工程	永顺县	盐井电站	200	0.8	12	356	1428
山枣乡工程	古丈县	山枣电站	200	1.76	18	410	1643
两河乡工程	花垣县	牛星电站	250	3.1	11	660	2646
石榴坪乡工程	泸溪县	双溪口电站	250	1	9	816	3856
小溪乡工程	永顺县			6.523	12.52	753	2636
八面山风力电站	龙山县		20		17.5	120	516
西米乡风能电站	永顺县		30		16.5	218	763
小计			2120	56.383	160.02	6186	24640

第七节　农村电气化促进可持续发展

湘西州地域、自然、经济条件差别大，农村用电面广、分散，需求各不相同，而水力资源遍布各个乡村角落，蕴藏量较为丰富。大力发展小水电，充分利用小水电资源为不同地域、不同层面、不同特点的城乡用电需求，是促进州域经济可持续发展的客观需要。自 1989 年以来的 24 年中，湘西州实施了三轮水电农村电气化建设，小水电代燃料试点项目、送电到乡工程项目以及农网改造工程等，受益范围遍及全州 8 个县（市）各个乡（镇）、村，使全州的农村水电开发和电网建设迅速发展、为促进州域经济发展、生态环境保护、社会进步及广大农民脱贫致富等发挥了重要作用。

一、增加地方经济总量

在实施全国第二批农村水电初级电气化的 1990—1995 年间，全州 8 个县（市）共投入水电建设资金 39369 万元，其中中央投资及省筹资（含贷款）14910 万元；在实施"十五""十一五"水电农村电气化期间，花垣、龙山、永顺、凤凰 4 个县共投资 13.67 亿元，其中国家投资的电气化专项资金 3187 万元。三轮农村电气化建设总共投入 17.607 亿元，为全州兴建了一大批水电站和电网建设工程。"送电到乡"项目完成投资 2071 万元，其中中央补贴 1000 万元；小水电代燃料项目总投资 16584 万元，其中中央投资 7190 万元；花垣、永顺、龙山 3 个县农网改造工程完成投资 24488 万元，其中国债资金 6469 万元。1990 年至 2010 年间，全州地方电力建设总投资 20.9172 亿元，其中中央投资 3.2757 亿元。较大规模的资金投入不仅增加了各县（市）的优质资产，而且拉动了全州社会固定资产增量，从而带动相关产业的发展，延伸产业链条，扩大了产业门路。1989 年全州用电量为 33475 万度，人均用电量 132.9 度。到 2012 年年底，全州用电量已达到 489900 万度，人均用电量 1691 度，同比增长 13.6 倍、11.7 倍。其中州内水电站年供电量为 19497 万度，占全州总用电量的 37.7%。水电事业的发展促进了经济社会的发展，全州工业生产总值由 1989 年的 5.49 亿元增加到 2012 年的 352.99 亿元，增长 63 倍，农业生产总值由 5.516 亿元增长到 98.88 亿元，增长 16.9 倍。

2012 年，全州小水电固定资产 151492 万元，从业人数 5019 人，发售电总收入 144678 万元，上缴税金 11508 万元，成为地方经济发展和财政收入增长的重要组成部分。

二、改善农村生活条件

农村电气化的实施已使全州 100% 的乡（镇）、村，99.7% 的农户通电，及时解决了农村，尤其是偏远贫困山区的用电问题，在空间和时间上对农村经济发展起到不可替代的作用，被老百姓誉为光明工程、致富工程、民心工程。农村电气化结束了"油灯柴火"的历史，农村家用电器的普及率大大提高，彩电，冰箱、洗衣机进入千家万户，文化教育和生活用电量得到保证，有效促进山区科技进步和精神文明建设；推动了社会经济发展和农民脱贫致富进程。电气化也带动了城乡第三产业的迅速发展，乡寨旅游，水利风景区旅游、农业产业化、城乡经济园区建设等促进了农村的经济结构调整和新农村建设。

三、促进生态环境保护

农村水电的明显优势是不污染环境，是可再生的清洁绿色能源。农村电气化建设与小流域综合治理、生态环境建设有机结合，走"以水发电，以电护林，以林涵水"的良性循环和可持续发展路子。在实施农村电气化的同时推进小水电代燃料工程及送电到乡工程项目，使边远偏僻山区农村用电量不留死角，促进生态环境保护。凤凰县在实施"十一五"电气化建设期间，以电代燃料用户达 3.59 万户，占总户数的 35%。森林覆盖率由 2005 年的 41.1% 增加到 2010 年的 45%，使退耕还林工程退得下，稳得住，不反弹。

农村小水电的发展对于改善和保护社会生态环境的作用十分明显。2012 年全州农村小水电发电 10.82 亿度，相当于节约标准煤 37.6 万吨，向大气减少污染碳粉尘 26.46 万吨，减少二氧化碳排放 97 万吨，二氧化硫 2.92 万吨。对于清洁空气，减少酸雨物质的作用明显。促进了生态建设，环境保护和可持续发展。

四、推动社会各项事业

农村电气化的重要内容之一是水资源的可持续利用，是治水办电，中小河流开发治理和水利工程综合利用。其服务方向是农业、农村、农民，同经济建设、江河治理、生态保护、扶贫开发相结合，保护和改善生态环境和社会经济可持续发展，为贫困山区全面建设小康社会提供支撑和保障，同时带动了其他公共事业的发展，把资源优势转化为经济优势，除发电直接效益外，还能带来其他间接效益，包括旅游、娱乐、防洪、供水、灌溉等，如吉首河溪电站，除发电和灌溉农田之外，利用水面环境和自然风光同时开发旅游项目，包括划船、垂钓、游泳、野炊等，带动了当地经济的发展。凤凰县长潭岗电站建成后，为凤凰古城旅游增添了活力和生气，全县间接从事乡村旅游的村民达2万多人，直接从业人员500余人。全县农民人均收入由2005年的1768元增加到2010年的3450元。

中央把农村水电确定为重点支持的"周期短、见效快、覆盖千家万户，促进增收效果显著"的农村公共设施，实施农村电气化的过程就是落实中央这一指示的重要举措。在落实进程中充分发挥了农村水电扶贫性、生态性、基础性、公益性的特点，发挥经济效益、生态效益、社会效益高度一致的优势，坚持农村水电与经济建设、江河治理、生态建设、扶贫开发相结合的新思路，为全州的经济建设和可持续发展提供支撑和保障。

第二十一章 地 方 电 网

第一节 地 方 电 网 构 成

一、1989 年地方电网

1. 州网

1989 年，以吉首为中心，包括凤凰、花垣、保靖在内的地方电网初具规模，并网的大小电站 43 处，总装机 6.6 万千瓦。500 千瓦以上电站 8 处 23 台，容量 53.25 兆瓦；35千伏以上骨干变电站 10 处，容量 9.6 万千伏安；110 千伏输电路 1 条 45.2 千米。35 千伏输电线路 22 条 350 千米。电网固定资产约 1.1 亿元，有职工 1600 人。1989 年供电量24277 度，最大负荷约 50 兆瓦。在乾州与省网一点并网。地方电网的调度管理由州电力公司负责。

2. 县网

1989 年，全州 8 县（市）均有各自的供电企业电力公司经营管理本县（市）电网，厂网合一，隶属于县（市）水利电力局领导（表 21 - 1、表 21 - 2）。

泸溪县电网拥有 35 千伏输电线路 75.1 千米，35 千伏变电站 3 处，变压器容量21850 千伏安，并网小水电站 7 处总装机容量 15.655 兆瓦，最大负荷 11 兆瓦，与省电网一点并网，自行调度管理。

古丈县电网拥有 35 千伏线路 4 条共计 42.2 千米，35 千伏变电站 5 座，变压器容量 20400 千伏安，并网小水电站 2 处总装机容量 4.07 千瓦，最大负荷 4 兆瓦，时与省网花果山 110 千伏变电站联网。

永顺县独立电网拥有 35 千伏线路 7 条共计 141 千米。35 千伏变电站 5 座，变压器容量 10700 千伏安，并网小水电和小火电站 9 处总装机容量 22.03 兆瓦，最大负荷 6.6 兆瓦，年供电量 2121 万度。独立运行管理。

龙山县独立电网拥有 35 千伏线路 7 条共计 86 千米，35 千伏变电站 4 座，变压器容量 1000 千伏安，入网小水电和小火电站 6 处总装机容量 10.52 兆瓦，最大负荷 7兆瓦，年供电量 3413 万度，独立运行管理。

表 21－1

1989 年湘西州农村电网输变配电设施统计表

县(市)	高压线路(千米)				低压线路(千米)	变电站(所)					配电变压器	
	合计	110千伏及以上(条/千米)	35千伏(条/千米)	10千伏(千米)		总容量(千伏安)	110千伏及以上		35千伏		数量(台)	变压器容量(千伏安)
							处数	变压器容量(千伏安)	处数	变压器容量(千伏安)		
全州	6178.6	1/45.2	43/716.5	5417	6409	138225			40	138225	2790	144729
泸溪	648.5		5/98	550.5	419	2815			3	28150	345	32655
吉首	394.3		1/22.5	371.8	386	560			1	560	204	12140
凤凰	913.2		5/108.6	804.6	367	8000			3	8000	307	15825
花垣	648.9	1/45.2	6/34.9	568.8	568.8	18380			4	18380	225	15515
保靖	695.8		5/85.8	610	627	14025			5	14025	302	24244
古丈	497.2		4/42.2	455	482	20400			5	20400	193	12500
永顺	949.7		7/141	808.7	1042	10700			5	10700	404	26250
龙山	1140.5		7/88.5	1052	2276	23610			10	23610	532	41960
州直	290.5		3/95	195.5	220.8	45800	1	30000	2	15800	278	43640

表 21－2　　　　　　　　　　湘西州 1990 年度水电经营及资产数据

县（市）	全年经营情况		固定资产			从业人员	技术人员
	发售电总收入（万元）	利润总额（万元）	合计（万元）	其中小型水电站（万元）	电网（万元）	人	人
全州	3802.61	1181.0	23377.46	16051.17	3616.12	3565	435
泸溪	685.75	234.8	3373.32	2543.89	518.12	462	54
吉首	302.00	173.0	2037.00	1843.00	149.00	192	17
凤凰	332.64	243.0	2141.01	1364.88	627.73	320	25
花垣	1047.19	753.2	2984.54	1571.62	842.35	530	51
保靖	544.50	371.0	2873.52	2143.52	390.00	372	102
古丈	268.45	189.4	1938.00	1528.00	283.00	266	47
永顺	192.26	124.3	4050.19	2759.65	345.95	556	37
龙山	429.82	264.4	2697.20	1869.00	208.80	477	49
州直			1282.68	427.61	251.07	390	53

二、州电力系统规划

1988 年，省水利水电厅委托省水电设计院对湘西自治州电力系统进行规划，历时 12 个月，于 1989 年提交了规划报告。

系统规划原则为：

（1）规划设计水平年为 1995 年，远景年为 2000 年。

（2）系统范围由吉首、花垣、凤凰、保靖、永顺、龙山组成自治州电网。1998 年前永顺并入州网，2000 年前龙山并入州网。

（3）规划标准：部颁《农村电气化发展纲要》。

（4）并网原则：各县电网与州网一点并网，州电网在乾州 110 千伏变电站与省网一点并网。

经过负荷预测及电力电量平衡，1995 年网内夏季最大负荷 121.3 兆瓦，电网出力 114.4 兆瓦，缺电力 6.9 兆瓦；冬季最大负荷 79.87 兆瓦，电网出力 75.66 兆瓦，缺电 4.21 兆瓦，由省电网补充。1990 年需省网补充电量 500 万度。2000 年电力电量平衡有余。

电源开发方案："八五"期间需新建猫儿口、长潭岗、河溪、黄连溪、浮桥、双溶滩、不二门、湾塘、海螺、骑马坡、富坪火电等 11 处电站；"九五"期间需新建沱江、长潭、飞瀑溪、竹篙滩、伍家堡、富坪火电续建等 6 处电站。

根据网络规划，1995 年前永顺县纳入南部电网，龙山县 2000 年前并入电网运行，最终形成由五县一市组成的地方电网。规划在 1991 年前架通花垣至永顺富坪的 110 千伏线路，在花垣建一座 110 千伏开关站作为保靖、花垣的并网点，线路可作为富坪火电厂送出并可作永顺的并网线路；规划在 1997 年左右架通富坪火电厂至飞瀑潭电站的 110 千伏线路，用于飞瀑潭电站送出和龙山县的并网。

三、州地方电网调度机构

按照湘西州电力系统规划，在加强电源点建设的同时，加快了地方电网建设。1992 年，州电力公司所属的花垣花桥 110 千伏变电站及永顺杨公桥 110 千伏变电站先后建成投运。1993年花垣至永顺杨公桥变电站110千伏线路建成，永顺并入州网，同时架设了吉首至铜仁110千伏线路，引进贵州电网电力。至此形成了以州电力公司为龙头，吉首地区为中心的湘西州地方电网框架，时称州网；网内发电站53座，装机容量98.2兆瓦。110千伏变电站3座共计9.15万千伏安；35千伏变电站11座共计9.94万度；110千伏线路3条共计199千米，35千伏线路530千米；10千伏线路4100千米，低压线路8399千米。电力企业固定资产3亿多元。1993年州网内年供电量6.04亿度，全民发供电企业实现利润2000多万元。1996年龙山县开始架设新城110千伏变至永顺杨公桥变的110千伏输电线路，1998年8月竣工投运，总投资2200万元，龙山县网与州网正式联网。至此湘西自治州地方电力系统骨干网络规划目标基本完成，形成了以吉首为中心北至龙山、南至凤凰、外联贵州的州电网。

湘西州地方电网的电力调度和运行管理由州电力公司承担。

州电力公司隶属于州水利电力局领导，担负整个州电网的电力调度、输变电运行、供用电管理并协助全州"三电"工作。曾先后获得省级"计量达标三级合格证"，水利部"部优企业""省优秀电网"等称号。至1988年年底，公司职工总数为298人，其中工人238人，干部60人。专业技术人员52人，其中高级3人，中级14人。管理职能部门设有政工、财供、行政、生计、技术、用电（三电）6个科室；生产部门设调度、变电、修试、线路、营业5个车间。拥有固定资产777.7万元。1989年实现利润210.4万元，上缴税金190.6万元。1993年全州地方小水电发电量5.15亿度，供电量8.85亿度，其中地方电网供电量6.04亿度，州网内供电4亿度，其余为省网直供和转供。

州网调度室设在州电力公司，实行两级调度，即州调度室对县调度室调度，每月一次调度例会，平衡、协商网内各单位的相互关系。州网各并网企业都是独立经济实体，按电力趸售量进行经济结算，每月结算一次。按现行体制，州网和县网分级建设和管理，州网对县网在行业上、业务技术上进行必要指导。

四、省网引入

地方电网的形成和发展对促进全州经济社会发展起到了重要作用，同时也面临很多矛盾和困难。一是由于原规划"八五"期间兴建的11处电站有5处（包括富坪火电厂）不能按时投产，加上小水电径流电站多，火电比重小，电网电能总量不足，丰枯矛盾突出，电力供应不能适应全州经济的快速发展。据州"三电办"统计预测，1992年全州缺电量约3.75亿度，根据"八五""九五"经济发展目标，预计到2000年全州用电需求量达20亿度，用电负荷将达400兆瓦，用电缺口将达14亿度。电力供应已成为州域经济发展的瓶颈。因此引进大电网，增加大电网的供电量比重势在必行。二是省网引进后不同意与州网一点并网实行趸售电量的办法增加供电指标，而是积极发展直供负荷，因此省州、电网为争抢负荷发生了不少矛盾，从而形成大小电网网架交叉，管理混乱，安全隐患增加等问题，大小电网矛盾凸显，州政府提出的"大小并举，两条腿走路"，大电网不在小电网内发展直供用户的方针难以实施。

1992年9月，泸溪县率先与省网商谈联营，于1993年元月1日挂牌成立"泸溪县电力联合经营公司"。1993年4月，吉首市政府与怀化电业局（属省网）签订"电力行业管理协议"，成立了吉首市电力联合经营公司，9月12日，市网及网内5座市属电站与州网解列，并入省网运行。1994年7月28日，湖南省电力局湘西电业局挂牌成立，标志着省网正式入驻湘西自治州。

五、州网省网交融合并

1994年11月21日，州政府、省电力工业局、州电力公司、湘西电业局共同签署《省电力工业局、州人民政府关于湖南省电力工业局代管湘西自治州电力公司的协议》。1995年2月28日，州电力公司与湘西电业局合署办公，实行"两块牌子，一套人马"的联合运行机制，实现了大小电网"统一规划、统一调度、统一经营、统一管理"的模式。1995年8月11日，州政府以州政发〔95〕33号文批转州经委等部门关于州电力公司由省电业局代管后有关问题的协商意见。明确了州水电局、州电业局和州电力公司的关系：州电力公司仍属地方企业，继续归口州水电局管理。在代管期间州电力公司接受双重领导，业务上以州电业局管理为主，行政、党务以州水电局管理为主。州电业局主管省网直供区、联营和代管区内的供用电；州水电局主管地方其他小水电系统的供用电和全州所有地方发电企业的发电。随后保靖、古丈、凤凰县电力公司也分别于1996年、1999年由湘西电业局代管。至此，州电网已不复存在。五县（市）电力公司及电力公司由湘西电业局联营代管基本情况见表21-3。

表21-3　　　　　　　全州五县（市）电力公司联营代管基本情况

县（市）	代管（联营）时间	电力企业资产												
		110千伏变电站		110千伏线路		35千伏变电站		35千伏线路		10千伏线路长度（千米）	低压线路长度（千米）	配电变容量（千伏安）	固定资产（万元）	从业人员（人）
		座数	容量（千伏安）	条数	长度（千米）	座数	容量（千伏安）	条数	长度（千米）					
古丈	96.9代管	0	0	0	0	4	5950	5	58	735	913	17880	1205	110
泸溪	92.9联营	0	0	0	0	4	27350	8	120	723	535	32010	1206	200
吉首	93.9联营 95.12代管	0	0	0	0	2	13150	3	40	531	478	23200	838	42
保靖	96.4代管	0	0	0	0	2	10800	4	59	840	915	42100	1622	120
凤凰	99.8代管	0	0	0	0	4	13000	6	124	934	987	44540	1806	260
州电力公司	94.11代管	3	91500	2	154	2	15800	4	68	208	225	49035	2562	350
合计		3	91500	2	154	18	86050	30	469	3971	4053	208765	9239	1082

2000年，经州政府批准，湘西州电力公司无偿、整体划归省电力公司。2004年，泸溪县电力公司上划省电力公司。2006年，凤凰县电力公司、吉首市电力公司，2008年保靖县电力公司划归省电力公司。花垣、永顺、龙山三县电网仍独立运行，由相应的县电力公司实施管理。

六、永顺、龙山、花垣电网

2006年，湖南省人民政府办公厅批复湘西州人民政府，同意龙山、永顺县电力公司以及湖南金垣电力有限责任公司（花垣县电力公司）暂由湖南省电力公司代管，并就具体操作事项作了六项指示。但由于受多种因素制约，此方案并未及时实施，在 2010 年底，龙山、永顺、花垣电力公司仍独立经营。

永顺县电网　1989 年底，永顺县水电装机 35 座总容量 16.7 兆瓦，年发电量 1842 万度，拥有 35 千伏变电站 3 座，35 千伏输电线路 101 千米，10 千伏线路 412 千米，供电范围达 29 个乡（镇），形成以小水电为主，火电为辅，丰枯互补的县独立电网。1993 年州、县在城区建成杨公桥 110 千伏变电站，县网并入州网，厂网分开，供电由县电力公司负责。1996 年马鞍山、海螺、万坪火电厂、洞潭等发电企业与供电公司合并成立永顺电力有限公司。从 1998 年开始实施农网改造项目，新建城南 110 千伏变电站及王村、石堤、澧南、永茂等 4 座 35 千伏变电站。2003 年 3 月厂网分开，由湖南省水利电力有限公司控股成立永顺电力有限公司。2010 年高家坝电站蓄水发电，永顺县总装机容量 35 处共计 55.90 兆瓦，年发电量 18053 万度，网内拥有 110 千伏变电站 2 座共计 8.3 万千伏安，35 千伏变电站 8 座共计 3.07 万千伏安，110 千伏线路 56 千米，35 千伏线路 209 千米，10 千伏线路 1468 千米。供电量 2.074 亿度。2010 年 9 月，永顺县电力企业厂网分家，成立永顺县电力公司及永顺县猛洞河水电开发建设有限责任公司。2010 年 12 月 30 日，永顺县电力公司正式由湘西电业局代管。猛洞河水电开发建设有限责任公司属县办企业。

龙山县电网　1989 年，龙山县已形成由三元电站、英雄电站、西湖电站、洛塔电站、茅坪火电厂为骨干电源，民安、洗洛、西湖变电所为结点的县独立电网。1990 年望城 35 千伏中心变电站建成，1991 年湾塘第一台 7500 千瓦机组投产发电，形成以望城变电站为枢纽的小水电系统运行网络，网内有发电站 6 座，装机 15 台，变压器容量 18.02 兆瓦；35 千伏输电线路 6 条长度共计 64.5 千米，35 千伏变电站 4 座，变压器容量 23600 千伏安。1998 年，电网延伸至全县各乡镇，有电站 14 座，变压器容量 34.67 兆瓦，35 千伏变电站 7 座，装机容量 49810 千伏安，35 千伏线路 188 千米，10 千伏线路 1193 千米，架设了龙山至永顺 110 千伏输电线路，兴建新城 110 千伏变电站，县网并入州网。2002 年龙山县政府投资 1300 万元，架设湖北来凤红山变电站至宝塔变 110 千伏线路，兴建了宝塔 110 千伏变电站，引入湖北电网电能。2007 年，里耶 110 千伏变电站建成投产，并架设重庆秀山县石堤电站至里耶 110 千伏线路 16 千米，工程总投资 2000 万元。同年架设天堂湾变电站至里耶 110 千伏线路 34 千米，至此县网形成多网供电格局。2010 年，龙山县拥有 110 千伏变电站 3 座共计 11.45 万千伏安，35 千伏变电站 12 座共计 64950 千伏安，110 千伏路线 199 千米，35 千伏线路 273 千米，10 千伏线路 1817 千米。全县生活用电量 7822.07 万度，比 2004 年增长 45.57%；农业用电量 2471.65 万度，占全县总电量的 7.45%；工业用电量 22499 万度，比 2004 年增长 63.93%。2010 年 12 月 8 日，县电力公司召开七届七次职工代表大会，通过《龙山县电力公司改革方案》，于 2011 年 3 月实行资产分离，发供分家，原公司主要电站成立湘源电力公司，属县办电力企业，各供电单位成立龙山县电力公司直接由湘西电业局管理。

花垣县电网　1989 年，花垣县电网初具规模，形成以塔里电站，下寨河电站等为骨干电源、厂网结合、发供合一的独立电网。1991 年州电力公司在县城建成花桥 110 千伏变电站，县网并入州网。1992 年拥有 110 千伏输电线路 1 条共计 45.3 千米，35 千伏变电站

5 座，变压器容量 59350 千伏安，35 千伏输电线路 8 条共计 77.8 千米。1997 年省网在城郊建成佳民 110 千伏变电站，县网纳入省网，1999 年县网与省网脱离。是年 10 月成立以县供电公司为母体的金垣电力有限公司，实行发电、供电、供水企业合一。2002 年 4 月各发电、供水企业退出金垣集团。9 月公司将 51％净资产划转省水利电力有限公司，供电公司更名为花垣县供电有限责任公司。1998 年起实施农网改造，至 2004 年共投资 11490 万元兴建 110 千伏变电站 2 座，35 千伏变电站 4 座，并先后与重庆秀山、贵州松桃、州大龙洞电站等联网，引入西南大电网电力。2008 年 3 月，花垣格山 220 千伏变电站建成投产。

2010 年，公司拥有固定资产 22563.24 万元，职工人数 746 人。网内小水电装机容量 45.80 兆瓦，年发电量 11534 万度，供电量 93791 万度，销售收入 39048.56 万元，上缴税金 568 万元，实现利润 238 万元。拥有 220 千伏变电站 1 座/36 万千伏安，110 千伏变电站 3 座/28.6 万千伏安，35 千伏变电站 9 座/15.23 万千伏安，220 千伏线路 2 条/163 千米，110 千伏线路 6 条/148 千米，35 千伏线路 11 条/188 千米。电网覆盖全县 18 个乡镇中的 16 个乡镇，252 个村，占全县总面积的 85％，成为全省规模最大的县级电网之一。

从 2006 年起，花垣县连续 5 年进入“全国最具投资潜力中小城市百强”行列。公司先后获“全省水利系统优秀电网”“全省标准化地方电网”等 20 余项荣誉称号。董事长张嗣顺被评为全国水利系统先进个人、州县优秀企业家，全州“十佳青年”。

第二节 农 网 改 造

1998 年，国家实施“两改一同价”（即农网体制改革，农网改造及城乡同网同价）工程。资金主要来源是国债和农行贷款。湘西州实行一州两贷。省电业局负责联营代管的 5 个县（市），省分配资金 1.952 亿元。州水利部门负责花垣、永顺、龙山 3 县，省分配资金 2.2 亿元。州政府提出先网改后体改，体改实施先试点后展开的方针，逐步实行由县公司直管到户的目标。

一、项目规划

农网改造计划规模：新建 110 千伏输电线路 6 条，共计 181 千米，35 千伏线路 22 条，共计 256.7 千米，10 千伏线路 579 千米；新建 110 千伏变电站 3 座，共计 16 万千伏安，35 千伏变电站 17 座，共计 12.86 万千伏安。更新改造 10 千伏线路 1386 千米，110 千伏变电站 2 处，共计 5 万千伏安，35 千伏变电站 17 处，共计 8.09 万千伏安，配电台压改造 719 处，更换高耗能配电变压器 956 台，共计 4.73 万千伏安。

计划安排花垣、永顺县 1999 年达标验收，龙山县 2000 年达标验收。

资金计划：3 县总规模 2.2 亿元，1998 年 12 月下达第一批资金 4800 万元（花垣 2450 万元，永顺 2350 万元）。

农电体制改革：实行先网改后体改，体改先试点后展开的方针。

城乡同网同价计划：1998 年 5 月份，州水电局、州物价局、州计委联合召开会议，按一县一价具体部署了电价重新核算工作。经州物价局审核后 3 县照明用电每度分别为：花垣 0.55 元，永顺 0.60 元，龙山 0.60 元。

具体做法和措施：由州政府研究制定具体政策和措施下发到县，主要措施是"一强、二促、三严"，即强化领导和强化责任；用优惠政策促进工程进度和环境改善，用优先原则促进乡、村、农民积极性；严格贯彻执行"三制"，严肃工作纪律，确保资金使用，严格质量把关。

二、项目实施与达标

花垣县　花垣县第一、二期农网改造于 1998 年 9 月开工，2004 年 2 月验收达标，总投资 10380 万元，其中银行贷款 7952 万元，国债专项资金 2428 万元。新建 110 千伏变电站 2 座，共计 183000 千伏安，35 千伏变电站 4 座，共计 54200 千伏安；架设、改造 10 千伏以上高压线路 545 千米，新建、改造 0.4 千伏低压线路 1419 千米。新建、改造配电台区 676 台，共计 37800 千伏安；完成农网改造 18 个乡（镇）275 个村，占全县村数 62%，抄表到户 47200 户，低压改造入户率 66%。实现了 34 个无电村通电。

农村改造后，综合网损率下降 8%，增加供电量 0.7 亿度。基本实现同网同价。综合电价由改造前的 1.2 元/度降低到 0.588 元/度。

永顺县　农网改造于 1998 年 12 月开始，到 2004 年 12 月已到位资金项目全部完工。完成投资总额 6085.25 万元，其中国债投资 2049.8 万元。主要工程新建城关 110 千伏变电站 1 座，新建王村、石堤溪、澧南、永茂 35 千伏变电站；新建及改造 10 千伏配电台区 215 台，总容量 17455 千伏安，架设城关至万坪 110 千伏线路 26.8 千米，颗砂至塔卧、王村至高坪、海螺至抚志、万坪至澧南、石堤至洞潭等 35 千伏线路 91.7 千米，建 10 千伏线路 299 千米，低压线路 586 千米。电网综合线损率平均下降 15%。

全县 46 个乡（镇）中 38 个完成农电体制改革，4 个乡（镇）实现抄表到户，23 个乡（镇）由电力公司供电到配电台区，17 个乡（镇）供电到乡镇电管站，分别执行不同电价。直接到户电价由 1.24 元/度，下降到 0.65 元/度，全县平均电价由网改前的 1.14 元/度，下降到 0.95 元/度。

龙山县　从 1999 年 10 月开始，2004 年 3 月底结束。完成总投资 8023 万元。其中国债资金 1991.4 万元，一期工程突出建设全县电网骨架，新建宝塔 110 千伏变电站，洗车、水田、召市、三元、咱果等 35 千伏输变电工程 7 处，装机 10 台，总容量 10800 千伏安。改造和新建 10 千伏线路 372 千米，低压线路 399 千米。二期农网改造重点是改造 10 千伏及以下工程，新建改造 10 千伏线路 433 千米，低压线路 525 千米，改造台区 82 个村 132 台。至 2004 年，全县低压改造面 54390 户，占总户数的 41.8%，直收到户率 30.5%。农村平均电价由原来的每度 1.1～1.5 元下降到每度 0.55 元。

通过农网改造和农电体制改革，调整了台区布局，农村低压电网平均网损率由改造前的 50% 左右下降到 25%，农村电力充足，计量准确，供电安全可靠，供电量增加 6000 万度，社会经济效益明显，2004 年通过了省州水电部门验收。

农村水电供电区"两改一同价"农网工程建设，大幅度降低了农民到户电价，直接减轻了农民负担，并通过优质服务和加强农电管理，严格实行"五统一""四到户""三公开"，让农民群众真正得到了用电实惠（表 21-4）。

表 21 - 4

龙山、永顺、花垣县农网改造项目完成情况汇总表

县(市)	变电站 110千伏新建 座	110千伏新建 千伏安	110千伏改造 座	110千伏改造 千伏安	35千伏新建 座	35千伏新建 千伏安	35千伏改造 座	35千伏改造 千伏安	线路 110千伏 新建 千米	110千伏 改造 千米	35千伏 新建 千米	35千伏 改造 千米	10千伏 新建 千米	10千伏 改造 千米	低压 新建 千米	低压 改造 千米	增加补偿电容 千乏	新配建电改台造区 台	新配建电改台造区 千伏安	乡网改造 个	台区村网改造 个	调度改造 个	到位资金 万元	完成投资 万元	农网改造后电价 元/千伏安	综合线损降低 %	增加供电量 万千瓦时
合计	4	223000			11	67150	6	23400	1168		211	5	910	611	2041	889	32350	1107	75545	97	526	2	23879	24488	0.596		
龙山	1	20000			3	5000	6	23400	9		62	5	470	345	619	305	9450	216	20290	41	116	1	7398	8023	0.55	2	6000
永顺	1	20000			4	9550			26.8		92		146	153	299	288	2900	215	17455	38	135	1	6101	6085	0.65	15	
花垣	2	183000			4	54200			81		57		294	113	1123	296	20000	676	37800	18	275		10380	10380	0.588	8	7000

第二十二章　小水电管理

　　1987年11月11日，州政府批转州水利电力局"关于加强电力管理的意见的通知"，强调全民发供电单位全面推行厂长责任制，乡、镇、村小水电实行政企分家、独立核算和企业管理。1989年起，小水电先后实行承包经济责任制、工效挂钩、目标管理责任制等。在电站、电网管理上推行"一查五定""千分制"考核、创建优秀电站、电网等活动。进入新世纪后，农村水电站建设迅猛发展，管理重点转为规范水资源有序开发，清理"四无"电站等。小水电管理贯穿小水电发展的始终。

第一节　管理机构

一、电力科（州电力管理站）

　　电力科是州水利电力局的电行政管理机构。州电力管理站是1996年实施"三定"方案和《自治州国家公务员非领导职务设置办法》时设置的机构，属事业编制，与电力科"一套人马，两块牌子"，行使全州电力管理职能。主要职责是：全州水利资源开发管理；贯彻落实电力法律法规；电力建设、电力安全管理；电价及电力计量监管等。2004年电力科更名为水利经营与农电管理科。

　　各县（市）水电局仿照州局电力科职能设立电力股。

　　2010年，根据州政府关于州水利局内设机构和人员编制的规定，设立"农村水电建设与水利经营管理科（加挂安全监督科牌子）"。其职能是：负责全州水能资源开发利用的统一监督管理；会同有关部门编制水能资源开发利用规划，并监督实施；负责农村水电建设项目初步设计审批工作，负责全州水能资源开发利用权有偿取得工作，组织协调农村水电电气化和小水电代燃料工作，指导并组织实施水利行业的供水、水电、养殖、旅游等综合经营，负责水利行业对外合作和招商引资工作，指导并监督全州水利行业安全生产，水利水电工程建设安全监督、安全事故调查、承办局行政诉讼、行政复议和行业普法宣传等工作。

二、州农村水电及电气化发展局

　　为了加强水利资源管理和农村电气化建设，2006年9月27日湘西州机构编制委员会同意湘西自治州地方电力与水利经营管理站更名为湘西自治州农村水电及电气化发展中心，加挂"湘西州农村水电及电气化发展局"牌子。其主要职责为：

　　（1）负责全州农村水能资源开发利用管理的有关工作，负责编制全州河流水能资源开发利用专业规划并监督实施。

（2）参与拟定全州农村水电发展战略、中长期发展规划并监督实施。

（3）依照国家法律法规和技术标准，参与涉及社会公共安全与公共利益的农村水能利用工程进行监督管理，参与对农村水能资源利用项目的审查、核准或审批。

（4）按照规定权限，对全州水电站建设目标组织竣工验收。

（5）负责全州农村水电安全生产的监督管理工作。

（6）负责组织实施水电农村电气化县建设、代燃料生态保护工程、无电地区光明工程等农村水电建设项目的建设和管理。

（7）指导全州地方电网建设、管理和改革；指导农村水电行业技术培训。

（8）承担全州水能资源调查评价、信息系统建设和全州农村水电统计工作。

（9）组织水利行业的招商引资和对外经济合作与交流工作。

三、"三电办"

"三电办"是20世纪80年代中期为适应电力供应紧张，不能满足国民经济发展需要而成立的宏观电力调控机构，主要工作职责是计划用电、节约用电、安全用电（简称"三电"）。由州经委牵头，成立由水电主管部门、供电机构、主要用户参加的"三电"管理办公室。州"三电办"成立初设在州电力公司，后移至州经委。"三电"办的主要任务是负责负荷计划安排，推广节能产品和宣传安全用电知识。每年不定期召开"三电"管理工作会议。1991—1993年，"三电"办主任董继兴，副主任杨世成、胡绍轩、陈诗玖、颜泽友、彭世明。1997年以后，电力体制改革逐步完善，电力供需矛盾缓和，"三电"工作转由电力部门自行负责，"三电办"撤销。

第二节 水能资源开发管理

水能资源属国家所有，水能资源的开发利用及发展规划归县级以上水利电力局（后为水利局）管理。随着水电事业的发展，制定了小水电开发建设的审批制度，并逐渐完善，形成统一规划、分级管理的格局，以维护水能资源的合理开发和利用。电源点开发选点的依据是经上一级水行政主管部门批准的水能资源流域规划。从20世纪60—90年代末期，按照省、州、县水行政主管部门的规定，水电资源开发按以下原则实行管理。

单机100千瓦及以下，总装机500千瓦以下的电站，由县水利局审批，并由县水利水电勘测设计室设计，建设单位自行组织施工。

单机100千瓦以上，总装机500千瓦以下的电站，可由县水电勘测设计室设计，经县水电局审查，报湘西州水电局审批。计划部门同意列入建设计划后，建设单位组织施工，县水电局进行业务技术指导。

单机500千瓦以上，总装机2.5万千瓦以下电站的开发建设，由县水电局呈报项目建议书，由具有国家乙级水利水电设计资质证书的州水电勘测设计院设计，州水电局组织审查，报省水利水电厅审批，计划部门批准立项后，方能动工兴建。

2005年5月16日，州政府出台《湘西州人民政府关于加快小水电资源开发的意见》

（州政发〔2005〕5 号），文件规定：总装机 5000 千瓦（不含 5000 千瓦）以下或单机 1000 千瓦以下的小水电项目初步设计，由县（市）水行政主管部门审批，报州水行政主管部门备案；装机至 10000 千瓦或单机 1000 千瓦以上的小水电项目初步设计由州水行政主管部门审批，报省水行政主管部门备案。

进入新世纪后，随着州政府关于加快小水电资源开发各项改革开放政策的出台，全州掀起了水电开发高潮，随即出现了水资源开发管理失调的现象。一是违背规划，无序、盲目开发。不按流域规划方案选点，而且随意更变方案，改变设计参数建站。二是无正规设计，前期工作简单粗放，建设方急于求成，一哄而上，圈地圈水现象时有发生，或设计、施工单位不具备相应的设计、施工资质。三是不履行审批程序，盲目施工。开工前未办理计划部门批准立项和水行政主管部门审批等程序，盲目动工。花垣县排碧乡小龙洞电站，既无正规设计，又未办理任何审批手续，花垣县水利局多次下达停工通知，业主置之不理，强行施工并私自试机，最终酿成事故。

针对以上问题，2004 年州政府下发"关于加强农村水电开发管理工作的通知"，明确提出必须坚持统一规划、合理开发的原则，同时在全州范围内对在建和报建农村水电站进行彻底清理，在清理过程中发现问题和重大安全隐患采取措施整顿，杜绝"四无"电站。要求各县（市）水利局要严格执行法定建设程序，按照"谁审批、谁管理、谁负责"的原则，把好水电建设项目审批关。在水力资源开发管理上提出以下新的规定和政策：

一、规范管理农村水电开发权

水资源属国家所有，各级水行政主管部门代表国家行使水资源开发权管理。各县（市）水利局要大胆行政，建立和规范农村水电资源的开发许可制度；流域开发必须遵守流域规划，杜绝无序开发和掠夺式开发，逐步推行农村水电资源开发权有偿使用制度，按规定的程序对开发商的资格和资质进行审查，确保农村水电资源有序、合理开发和生态环境协调发展。

二、坚持开发与保护相结合

8 县（市）水利局在制定水资源开发方案时，必须坚持开发与保护相结合，按流域综合规划、水资源保护规划和社会经济发展要求，注意维持江河的合理流量和湖泊、水库以及地下的合理水位，维护水体自然净化能力，确保下游生活、生产和生态环境用水流量。建造引水式电站要尽量避免堤后河道断流；引起部分河道断流的电站，必须在规划、可研阶段和水资源论证中进行重点讨论，确定下游必需的保证流量。

三、坚持开发增量和盘活存量相结合

在加强农村水电建设行业监督的同时，注重开发增量和开发存量结合，鼓励、引导各类投资开发主体参与现有发供电企业的改革改制。对参与现有发供电企业改革改制或消化处理现有发供电企业问题有贡献的开发商，可优先批准水电资源开发权。并加强对水电资源开发权的动态管理，对已经签订开发协议，一年内未编制可研并立项，两年内未动工的，可收回开发权或清理后重新签订协议。

第三节　水电建设管理及清理

在"八五""九五"期间及实施全国水电初级电气化过程中，全州的水电建设由州、县（市）水电部门负责实施。州、县（市）水电局根据社会经济发展需要制定电源建设和电网建设规划，审定水电建设项目，按不同管理权限向县、州、省经委（发展改革委）申报项目，经相关计划部门审批后组织实施。自20世纪90年代中后期，州地方电网逐渐由省电网代管或合并后，州内的电网建设逐步改由湘西电业局负责实施。相对独立的花垣、永顺、龙山3县的电网建设及州内小水电开发仍由水利部门负责。为适应全州电力体制改革的需要，协调电源开发和电网建设中的各种矛盾，2004年，州政府成立了"湘西自治州电力体制改革和水电资源开发领导小组"，时任州长杜崇烟任组长，副州长李德清、秦湘赛、胡章胜任副组长。成员有州经委主任张来林、州计委主任叶红专、州水利局局长翟建凯，州电业局局长罗俭仔。

在实施水电农村电气化期间，小型水电站（单机100千瓦及以下，总装机500千瓦以下）的建设一般由电站所在乡（镇）组织农建队施工，县（市）水电局负责技术指导和质量监督。重点项目由各县（市）政府组织工程建设指挥部，指挥部下设办公室、工程技术处、物资供应处、财务后勤处等，分工负责日常事务、技术指导、物资采购、资金筹措等工作，由专业施工队伍施工。州县（市）水电部门主要负责业务技术指导和工程质量监管。

1998年，重庆綦江大桥垮塌事件受到全国关注，成为全国进行工程建设管理体制改革的转折点。国务院颁布了一系列关于以确保工程质量为核心的政策法规，主要举措就是强制性推行"三制"，即项目法人责任制、建设监理制、招标投标制。结束了以政府部门成立"工程指挥部"进行项目建设的管理体制。自此，水利部门自上世纪末开始，以及在实施"十五""十一五"电气化建设过程中均实行"三制"，严格执行工程质量法人负责制，明确工程质量终身追究制，从材料采购、施工队伍的选择到设备定货均实行招投标竞争机制。

为适应水利水电建设管理的需要，州水利局设置了质量管理站，负责全州水利水电工程的质量监管，不定期到施工现场进行督查，组织工程项目竣工验收的质量评定。举办水利水电建设管理培训班，学习有关工程管理文件、规程规范、质量管理等。州水电勘测设计院成立了"州水利水电建设监理有限责任公司"。根据有关政策规定，2011年州水利水电建设监理有限责任公司与州水电勘测设计院脱钩，更名为湘西自治州武西源水利水电建设监理有限责任公司，独立核算，自主开展水利水电工程监理业务。水电建设管理逐步规范。

2008年，根据省水利厅的安排部署，全州开展"四无"水电站的清理整顿工作。清理"四无"电站（无立项、无设计、无审批、无管理）是规范水电工程建设和工程管理行为的重要举措。是保护生态环境，实现水能资源合理开发利用，保障水电建设项目工程安全和公共安全的重要保证。为此州水利局及时成立了治理整顿组织机构，制定了清理整顿原则和范围及主要内容。

为开展全州"四无"电站清理整顿工作，州政府成立了以副州长吴彦承为组长，州水利局、州发展改革委、州物价局、州安监局、州环保局等部门主要领导为成员的"四无"水电站清理整顿工作领导小组，制定清理整顿工作实施方案。州水利局专门成立了专家评审咨询委员会，负责全州水电建设项目的审查、评估。

2008年，全州共清出"四无"或存在相关问题的水电站22处，其中属省电力部门建设的电站4处（中寨电站、乌鸦河电站、高家坝电站、竹篙滩电站），州属管理的水电站3处（能滩电站、骑马坡电站、哈尼官电站），县属管理的水电站15处。

根据清理情况，针对不同类型、不同问题的水电站给予分类指导。对问题突出的电站下达停工整改通知书，督促及时整改。对手续不健全的，限期补办手续。通过几年的清理整顿，小水电建设逐步走向正规。为了加强小水电行业政策法规指导，促进全州小水电建设健康有序发展，州水利局投入20余万元资金组织编写了《小水电政策法规指南》一书，发放给全州8县（市）的水利局、电力公司和农村水电站负责人、安全生产管理人员。

第四节 "一查五定"管理

"一查五定"工作始于20世纪80年代，历时10余年，其主要内容是对小水电站全面开展"查经济效益、定安全指标、定生产任务、定材料消耗、定规章制度、定人员编制"工作。基本要求是以提高小水电经济效益为中心，严格设备管理、制定各项规章制度，确立人员机构设置，达到安全、稳定、经济运行。为此省水电厅制定了"一查五定"达标、验收办法，湘西州水电局随即召开"一查五定"工作会议，在全州范围内全面展开。

"一查五定"的基本内容包括：经济效益、安全生产、设备管理、生产技术与运行管理、生产经营管理、管理体制及精神文明建设六个大项。每个大项又分解为若干小项进行细化，涵盖电站管理的方方面面。

"一查五定"工作分三阶段进行。第一阶段主要对象是单机500千瓦以上的骨干电站。州里以龙山三元电站及州直大龙洞电站为示范电站。三元电站率先普查摸底，共查出水工建筑物、机电设备等存在问题252项，按存在问题分类作出整改计划，共解决泄漏点2134个，使用资金7.89万元，使设备完好率达到100%。制定各项制度17项，工作票、操作票合格率达到98%，从而提高了全员劳动生产率，发电成本由0.018元/度降低到0.009元/度，厂用电率从0.41%降到0.32%。按照"轴见光、沟见底、设备见本色、窗明几净、场地清"的要求和各项技术管理规程，对生产场地实行安全文明生产现场管理。1987年被评为全国20个优秀电站之一，1989年水电部授予全国优秀电站称号，1990年至1991年又授予水电部先进企业称号。带动了全州"一查五定"工作的开展。第二阶段是抓"一查五定"复查工作，主要解决如何巩固"一查五定"成果，进一步提高管理水平，对通过复查验收合格的电站颁发"一查五定复查合格证"。大龙洞电站、河溪电站、猫儿口电站、塔里电站、下寨河电站、狮子桥电站、长潭电站、马鞍山电站、洞潭电站等均取得复查证书。第三阶段从20世纪90年代初期开始，重点是单机100千瓦以上的小水电站，这部分电站隶属于各乡镇、基础设施、设备条件、技术力量均较薄弱，加上资金困难，达标难度较大，整个工作由县（市）水电局组织实施。经过几年努力，部分电站达标，其他电站面貌及管理均有所改观。

20世纪90年代初期，国家对企业厂长、经理推行目标责任制。水电系统在开展"一查五定"的基础上实行目标管理。目标管理以物质文明建设和精神文明建设为主要内容。物质文明建设包括：生产任务、经营指标、上缴利润、安全生产、环境建设等。精神文明建设包括组织建设，政治学习，开展学雷锋、树新风活动，职业道德、纪律、技能教育，领导班子建设，党、团、工、妇活动，基层文化阵地建设等十几个分项。年度考核采取100分制，把总分分解到各分项，经济指标由县（市）水电局下达，年终进行评分。考核优良的电站，县政府给予精神和物质奖励。为了进一步加强全州小水（火）电站及电网目标管理，及时总结经验，提高管理水平，州水电局决定从1991年起对各县（市）电力股（站）管理工作进行考核评分，制定了评分考核办法（试行稿）。《办法》规定考核评分总分为100分，其中班子建设（12分），计划管理（12分），基础工作（65分），资料和信息管理（11分）。四大项中又分解到若干子项，清晰明确，便于操作。年终对目标管理完成情况进行了年度考核评分，发给目标管理奖。

"一查五定"及目标管理是第一次群众性的企业管理练兵活动，各电站通过实践，掌握了电站管理的基本知识和要求，促使广大水电职工爱业爱岗、热情学习专业技术，也培养和造就了一大批管理人才，使不少职工成为技术尖子或专业能手，有的成为企业领导干部。同时也为小水电企业管理积累了经验，为后来的标准化、规范化管理打下了基础。

第五节 "千分制"考核管理

1988年初，湖南省水利水电厅在电力管理"一查五定"的基础上，制定了地方电力管理"千分制考核办法"。这一办法的实施主要是根据近10年来，小水电得到了蓬勃发展的形势，各县（市）均已基本上形成了地方电网，区域电网正在进一步发展，为了将地方电力管理推向一个新的阶段，使电力管理的考核方法更加细化、量化到每个项目，故将原"一查五定"的达标项目重新划分为精神文明、技术经济指标、生产管理、经营管理、现代化管理、标准化和职工生活等六个大项目，以评分形式进行量化。这样，既便于考核人员掌握考核尺度，又便于企业掌握考核标准，为地方电力管理提高提出了一个新的要求。

一、考核对象

根据湖南省水利水电厅《关于颁发〈湖南省地方电网管理考核评分办法〉（试行）的通知》，其考核的对象是地（州、市）、县（市）小水电公司（包括电力公司、供电公司、供电所、电力站、发电总厂、小水电管理所、站等，以下统称公司）。它是电网管理工作和"双文明"建设创优活动及开展社会主义劳动竞赛的依据。该办法适用于全省地（州）地方电网、农村电气化试点县、县电网及现已列入基建计划在1990年前网内小水、火电总装机可达15000千瓦以上的县电网。对于网内装机规模较小的县电网及县内分散的局部电网，各地可参照本办法规定考核评分标准。农村电气化试点县的电网管理工作，在验收时，尚需达到水利电力部颁发的 SD 178—86《一百个农村电气化试点县初级阶段验收条例》要求。

二、"千分制"考核的主要内容

电力管理"千分制"考核共分为六大项目：

精神文明建设：包括坚持四项基本原则，领导班子建设，思想政治工作，民主法制教育、民主管理、职工教育、党的建设和工、青、妇组织，领导作风及厂容、厂貌、职工文体活动等 12 个事项，共计 200 分。

主要经济技术指标：包括售电量、售电成本、产值及利税、线损率、负荷率及电费回收率等 7 个事项，计 100 分。

生产管理：分为安全指标及管理（11 个事项）100 分，设备管理（9 个事项 100 分），技术管理（6 个事项 80 分），调度管理（10 个事项 100 分），用电管理（6 个事项 150 分），共五个项目 42 个事项 530 分。

经营管理：分为计划管理 30 分（4 个事项），财务管理 30 分（6 个事项），物资管理 30 分（4 个事项），综合经营 20 分（4 个事项），共四个项目 18 个事项 110 分。

现代化管理及标准化：分为内部经济责任制 30 分（5 个事项），推行目标管理、全面质量管理、网络技术应用等三种现代化管理办法 10 分（4 个事项），共两个项目 9 个事项计 40 分。

职工生活。包括职工住房、生活物资供应、子女上学及职工食堂等，4 个事项计 20 分。

以上共六个大项 92 小项总计 1000 分。

1988 年及格分数为 700 分，而后每年提高 50 分，1990 年及格分数为 800 分。在此期间评分达 850 分以上者（其中精神文明建设评分不得少于 170 分），方可参加全省优秀单位评比。

三、"千分制"考核的具体做法

（1）州水电局按照该办法对本州符合上述规定的地方电网，每年组织一次检查评分，省小水电公司进行必要抽查，并在检查评分的基础上进行总结和评优活动。

（2）各县（市）水电局在每年 7 月对上半年安全、设备大检查的基础上对照《办法》考核的各项内容进行全面自查，以推动全年创优活动的开展。次年 1 月份对上年度电网及电站管理工作自行评分。州水电局在 2 月份完成全州各县（市）电网、骨干电站的检查评分工作，并将检查评分总结及推荐为省年度优秀电网的评分表报省小水电公司，省厅拟在评定当年优秀电网、电站中，择优推荐给水电部，以参加全国小水电评比竞赛活动。

（3）为了促进管理水平的提高，实评总分的及格分数，采取逐步提高的办法：地级地方电网及农村电气化试点县的县电网 1988 年及格分数为 750 分，到 1990 年为 850 分。在此期间评分达 900 分及以上者（其中精神文明建设评分不低于 170 分），推荐参加全省优秀地方电网评比。

1990年，通过"千分制"考核评比，龙山三元电站、州直大龙洞电站、泸溪甘溪桥电站、古丈白溪关电站、吉首河溪电站、凤凰樱桃坳电站等6个电站报湖南省水利厅批准为省优秀电站；州电力公司、龙山水电公司、花垣供电公司3个电网达到省优秀电网标准。其中三元电站和大龙洞电站被评为部级优秀电站。州电力公司评为部级优秀电网。三元电站和州电力公司被评为水电部先进企业。与此同时，在全州开展变电站标准化。各县（市）集中技术力量，自筹资金213.79万元抓35千伏以上变电站标准化工作。至1990年底，有州直乾州110千伏变电站，吉首市石家冲35千伏变电站，泸溪的武溪、浦市，花垣的城郊、麻栗场、民乐等8处35千伏变电站达到标准化并验收颁证。其中乾州110千伏变电站获"省花园式变电站"称号。

1992年，根据省厅1991年"千分制"考核安排，湘西州与怀化地区交叉检查。州水电局于1992年4月17—13日组织各县（市）26人，怀化地区水电局派2人参加，共28人分成4组，对全州单机500千瓦及以上电站和州、县电网进行了"千分制"考核，考核评定结果：三元、大龙洞、下寨河、甘溪桥、猫儿口、塔里、狮子桥、河溪、樱桃坳、小陂流、洞口和马鞍山等12处电站评为1991年度州优秀电站。州电力公司、龙山水电公司、花垣县供电公司3个电网被评为1991年度州优秀电网。推荐三元、大龙洞、下寨河、甘溪桥、猫儿口、塔里、狮子桥、河溪、樱桃坳、小陂流和洞口11个电站和花垣供电公司、州电力公司、龙山水电公司3个电网参加1991年度优秀电站和优秀电网评比。

四、"千分制"考核的意义和成效

（1）"千分制"考核使地方电力管理走向规范化、标准化、制度化。"千分制"考核内容丰富，覆盖面广，使整个电力管理工作细化和量化，通俗易懂，可操作性强，便于发动广大干部职工全员参与，有目标、有方法、有考核标准，为小水电规范化管理提供了依据。根据"千分制"考核内容，各企业单位陆续制定了行政管理、经济管理等各项规章制度，组织学习各种技术规范、专业技术法规，提高了全员素质，极大提高了广大职工参与企业管理的积极性。一批变电站成为标准化变电站，一些企业计量上等级达标，档案管理达标。州电力公司、龙山水电公司连续多年被省、部评为优秀电网，并定为计量二等企业。"千分制"考核先后实行近10年，州水电局规定每年春节前后开展"千分制"考核工作，各单位抽调主管生产的领导交叉进行。省小水电公司要求各地、州间也交叉进行，这样不仅使这项工作形成制度，而且为各单位间，地、州间互相学习、互相交流、互相促进提供了极好机会，电力管理水平不断提高。

（2）"千分制"考核促进了精神文明和物质文明建设，网、站面貌焕然一新。"千分制"考核评分，精神文明建设占200分，各单位十分重视。龙山县三元电站1991年的精神文明建设和思想政治工作目标以经济效益为中心，教育干部职工树立"团结奋斗、从高从严、开拓进取、争创一流"的企业精神，对职工进行党的基本路线、反对和平演变和遵纪守法三个教育，把好计划生育、社会治安、劳动纪律和保证监督四个关，使全站人人讲奉献，好人好事不断涌现。义务为农民修理农机具76台件，安装电排站1座，架设自来水管1条，累计做义务工150个，人均2.5个。为当地灾民捐款捐物，受到群众好评。被州县评为学雷锋先进单位。党支部书记田树发被评为学雷锋先进个人，以后又多次被评为全州水电系统学习标兵。永顺洞潭电站地处边远深山峡谷，条件差，站里发动职工艰苦创业，自力更生改变生产生活条件，1991年完成上下班路面和厂房地面改造，垦复荒地20余亩，栽果树3000余株，修建了职工宿舍。全站职工精神面貌和生产生活环境大为改观。同时各站管理工作上新台阶，塔里电站维修了进站公路。改造中控室和升压站，完成了档案达标，完成了幼儿园建设和环境绿化等17项工作。1991年由于加强了管理基础工作和安全生产，全州500千瓦以上电站年发电量达到3.537亿度，比上年增长14.5％，州县电网供电量增长13.1％。

（3）"千分制"考核提高了企业的安全运行水平和经济效益。安全生产是电力行业的生命，"千分制"考核把安全指标及管理放在十分重要的地位。1998年12月，省小水电公司又出台了"安全生产管理考核评分办法"，在"千分制"考核的基础上制订专项技术考核办法，全州各网、站在抓经济效益的同时，狠抓了安全、设备、运行、调度、用电等管理工作。针对设备老化和缺陷情况落实整改措施，排除事故隐患；针对运行操作事故，严格"双票"制度；针对用电管理混乱，采取分线考核、奖罚到人的责任制等。州大龙洞电站是全州最先兴建的单机500千瓦以上电站，设备老化，运行条件差，事故率高。1989年州局投资40万元对厂房及机组设备进行改造，引进微机监控技术，更新控制保护系统，大大提高了设备运行的安全性、可靠性和现代化水平，改善了职工劳动条件，噪音由原来的98分贝降到54分贝。龙山县水电公司1990年"千分制"考核中安全指标及管理标准分100分，考评实得99.5分，实现了连续安全运行1175天，被评为省优秀电网。由于重视调度管理，把安全生产放在第一位，全州没有发生重大安全事故。1990年大旱年景，全州单机500千瓦以上电站完成发电量3.09亿度，州、县供电公司完成供电量3.81亿度，全民发供电企业实现利润1266.78万元。

"千分制"考核是地方管理的一种模式，它为地方电力管理水平的提高起到重要作用，这种管理办法一直沿用至新世纪。1999年，全州开展"百日安全无事故"活动，龙山县湾塘水电站着力"抓、促、管"，连续两年提前完成考核目标任务，使全州最大水电站步入规范化管理新台阶。河溪、下寨河、狮子桥、大龙洞、甘溪桥、猫儿口6电站被评为"省优电站"，花垣县电力公司被评为"省优电网"。

第六节 地方电网管理

一、管理体制

湘西自治州地方电网管理体制与州、县电网的形成、发展、变迁相关联，在大小电网相互依存、矛盾、碰撞中改革和变化。大致分为三个阶段。

20世纪90年代中期，湘西州电网形成并初具规模，省电网与州电网实行一点并网，形成大小电网并存，小电网自管，大电网不在小电网内发展直供用户的体制。1989年省政府办公厅"关于目前湘西自治州电力网有关问题的通知"指出：根据自治州大小电网现状供电区划分暂不变动。州电网在乾州与省网并网，以趸售电量方式结算。州网与上网的各县（市）电网则根据国家对小水电的政策，以县为经济实体，实行"谁建、谁管、谁受益"的原则，实行分级建设和管理的体制。各县（市）电网在乾州110千伏变电站一点并网，与州电力公司按趸售电量结算，州电力公司设调度室，协调电力调度和供用电管理工作。1990年，省网对州网供电量为1.5亿度，占供电总量的26％，小水电的供电量为4.1亿千瓦时，占供电总量的74％。

从1994—2010年，十几年间，以湘西电业局正式成立为标志，省电网正式进驻湘西州，州电力公司由省电力局代管。随后凤凰、吉首、保靖、古丈也由湘西电业局代管。花垣与州网解列。永顺、龙山相对独立运行，并与省水利电力有限公司实行股份制经营。因此在全州形成代管、联营、股份制、县网独立等多种形式的复合型管理体制。

根据代管协议，省电力局按照所有权与经营权分离的原则代管州电力公司。代管期间，州电力公司属地方企业，党务、行政管理归州水电局，业务及经营管理归湘西电业局。各县（市）被代管企业仿照此规定。

实行股份制的花垣、永顺、龙山3个县仍实行自建、自管、独立经营的管理体制。花垣县与贵州省网、重庆市网联网，龙山县与湖北省网、重庆市网联网均采取一点并网方式，不涉及管理体制变化。

2000年，湘西州电力公司无偿整体上划省电力公司，吉首市电力公司、泸溪县电力公司、凤凰县电力公司、保靖县电力公司也分别于2004年、2006年、2007年上划省电力公司。2010年年底，永顺县电力公司正式由省电力局代管，龙山县电力公司交由湘西电业局管理。至此结束了全州多重电力管理体制并存的局面。除花垣县外，电网由湘西电业局统一规划、建设和管理，电站由州、县水利局负责规划、建设和管理。

2010—2012年，全州电力体制改革基本完成。湘西电业局取消行政管理职能，成为电力企业。湘西州电力行政管理由湘西州经贸委负责。湘西电业局负责电网建设和管理，州水利局负责小水电开发和管理。湘西州人民政府成立州电力建设协调领导小组，州经贸委主任担任办公室主任，负责电力建设中征地、拆迁、补偿等协调工作。

花垣县电力公司在改革中求发展，仍实行自建自管，与外省（市）联网的运行管理体制，是全省最大的独立县网之一。

二、发电调度管理

湘西州发电生产按照行政区域产权隶属关系组织发电生产和调度。县（市）属小水电和小火电由县（市）电网调度所组织电站生产，按计划上县（市）电网。未联入县（市）电网的乡（镇）水电站由乡（镇）供电组建的自供电网组织发电生产和调度。自治州地方电网逐渐由省电网代管或合并后，全州重点水电站发电生产由州501调度中心统一指挥，枯水期做到低谷蓄水，高峰满发，削峰填谷，提高供电效益。各电站实行独立核算，自负盈亏。相对独立的花垣、永顺、龙山3个县管理模式大致相同。永顺、龙山电力总公司实行站网合一，发供电统一调度的管理体制。上网电站的生产任务由县"三电办"按月用电计划会同县电力总公司生技科下达，指标由县电力总公司供用电科考核。全公司统筹盈亏，本着相互调节、互利互惠、统一调度的原则进行管理。花垣县电力公司未实行网站合一，各电站是独立经济实体，上网电站与县电力公司签订上网协议，会同县"三电办"或县经委下达生产任务，由县电力公司实施调度管理。

三、经营管理

电力生产经营是将发、供、用电三者有计划地组织起来，对电力资源实行合理调配来完成电力生产经营的过程。各县（市）电力公司的调度所和州电力调度中心是电力生产的组织者和指挥者。湘西州电力生产经营的方式是：各县（市）小水（火）电发电上网与各县（市）电力公司签订上网协议，上网电量按计划调度指标生产的电量计算，电价按国家规定的电价执行；各用户与县（市）电力公司签订供电合同，缺电时按政府电力主管部门下达的计划用电指标执行，按国家规定的电价结算；州电网各并网单位都是独立的经济实体，分属州、县（市）、乡（镇）所有，州电网和县电网之间为趸售经济关系，执行省政府小水电上网电价政策。丰水期按规定比例上网。枯水期做到合理调度，削峰填谷，州电力公司适当让利，提高县电网上州网电量的电价，电量按月结算。

据 1989 年州水电局对州电网调查资料，州地方电网（吉首、凤凰、花垣、保靖、州直联网）的年发电量为 14524 万度，供电量 15613 万度，线损率 12.43%。州网与省网一点并网，丰水期 4－7 月上省网电价 0.05 元/度，枯水期 8 月至次年 3 月电价 0.07 元/度。州网用省网电价为 0.123 元/度。电量结算方式以月互抵后结算。州网与县网一点并网，丰水期电价 0.05 元/度，枯水期 0.07 元/度，上、下网电价相同，以月互抵后结算。销售电价：城市照明为 0.2 元/度，农村照明 0.18 元/度。工业用电各县（市）略有区别，普通工业用电每度 0.13～0.15 元，大宗工业基本电费每千伏安 4 元，电度电量电价每度 0.08～0.1 元，此电价水平一直维持到上世纪 90 年代末。

由于小水电电价偏低，与大电网联网的上网电价与下网电价相差悬殊，同时枯水期用大电网电量受指标限制，丰水期上大电网电量受调度控制而大量弃水，小水电经济效益低下，很多电站利润甚微，甚至亏损严重，资不抵债。从 90 年代起，各发供电企业除依靠抓企业管理以提高经济效益外，依靠自身优势发展高能耗工业、乡（镇）供水等产业。吉首市以河溪电站为依托兴建电解锰厂，保靖县以双溶滩、狮子桥、下溪电站为依托兴建铁合金厂，州电力公司在乾州 35 千伏变电站建铁合金厂，泸溪县在洞口电站建铁合金厂，花垣县塔里、下寨河电站分别建铁合金厂，凤凰县水电部门创办供水公司等。2001 年，全州水利经济实现总产值 3.1328 亿元，其中小水电收入 2.26 亿元，高耗能工业 8128 万元，供水企业 600 万元。

2000 年，全州年发电量 62872 万度，年供电量 97985 万度，其中，地网供电量 62025 度，省网供电 35960 万度。总装机 1000 千瓦及以上电站执行上网电价在每度 0.18～0.25 元之间；总装机 1000 千瓦以下电站执行上网电站在每度 0.17～0.22 元之间。

2010 年，全州总年发电量 18.1906 亿度，其中碗米坡电站 8.7551 亿度，小水电年发电量 9.4355 亿度。上国网平均电价碗米坡 0.2867 元/度，小水电 0.2268 元/度。平均售电价 0.6096 元/度，县城居民到户电价 0.5977 元/度，农村居民到户电价 0.5771 元/度。小水电固定资产 12.0759 亿元，上纳税金 4702.97 万元，从业人数 4677 人。

2011 年 4 月 22 日，湘西州物价局对全州地方电网小水电站上网电站电价作了调整，102 处电站中 67 处执行丰水期 0.205 元/度，枯水期 0.255 元/度；18 处执行丰水期 0.25

元/度，枯水期 0.3 元/度；17 处电站上网均价在 0.3 元/度以上。

2012 年，州内水电站 232 处，总装机容量 564.6 兆瓦，其中碗米坡 240 兆瓦；小水电 231 处，324.6 兆瓦。全州年发电量 18.4837 亿度，其中碗米坡电站 7.666 亿度，小水电 10.8177 亿度。碗米坡上网电价 0.35 元/度，小水电平均上国网电价 0.3218 元/度，上农网平均电价 0.3291 元/度。小水电站固定资产 15.1492 亿元。上缴税金 11508.59 万元，从业人数 5019 人。全年用电量 48.99 亿度，平均售电价 0.5981 元/度。县城居民到户电价 0.5880 元/度，农村居民到户电价 0.6063 元/度。

第六篇　　教育与科技

　　1986年，经省教委批准创办湘西州水利电力职工中等专业学校，成为全日制成人教育和专业技术培训基地。到1988年为全州水电系统输送了117名电气专业中专毕业生，成为职工队伍的第一支技术骨干。

　　1989年开始，水利水电教育以学校教育为重点，同时积极开展在职职工继续教育，提高职工队伍的自身素质和学力水平。学校教育以州水电职工中专为依托，加大教育经费投入，扩大学校规模。

　　1994年8月，经省人民政府批准，成立"湘西民族水利电力工业学校"，属全日制普通中等专业学校，面向全省招生。

　　1996年，建校10周年时，学校固定资产达550万元，有教职员工85人，共招收学生1706人，毕业1002人。

　　1998年，湘西州教委批复同意该校申办"北京水利水电函授学院湘西函授站"，学制4年，共培养湘西州大专层次的学员680人。同时也承办各种类型的专业技术培训班，形成集普通教育、成人教育、技工教育和短期培训相结合的多层次、多形式办学格局。

　　1996—2006年，从学校毕业的大、中专学生达6685人。职工教育以开展多种形式的专业培训、岗位培训为重点，鼓励在职职工参加继续教育以提升学历层次。"八五"期间，水利系统参加各类岗位、技术培训职工达5000余人次，有600余名科技人员分期分批进行知识更新或对口向大专院校送培。进入新世纪，加大了职工教育培训力度。

　　2004年、2006年、2009年、2011年、2012年统计数据，5年中共举办各类培训班244期，培训10508人次，其中专门业务培训7352人次。

　　依靠科技进步，加速水电事业的发展，是进行水利水电建设和管理的基本指导思想。20余年间，以州水电勘测设计研究院为依托，以州水利学会为纽带，充分调动广大专业技术人员的积极性，引进推广新技术、新材料、新工艺，为水利水电建设和管理服务；与国内外科研单位、高等院校合作，开展科学研究。运用现代科技手段，探索开发利用岩溶地下水资源的优化方案；在岩溶发育地质条件下修建薄体浆砌石双曲拱坝技术，研究改造治理泉渍低产田的技术措施；引进水力自动控制翻板溢流坝建筑技术；探索大坝在特殊地质或运行工况下溢流的消能方式等课题，取得了显著科技成果。在长期工作实践中，大力推广应用水利水电实用科学技术；在岩溶山区兴建各类中小型水利水电工程的地质勘察技术；岩溶水库防渗堵漏治理技术；岩溶地下水资源开发利用；防汛抗旱及水土流失治理技术；水电站、变电站微型计算机监控技术等方面均取得可喜成绩。1989—2012年间，共获水利部、省水利厅、省科委、州科委各部门颁发的科技成果奖47项。其中优秀勘测设计奖8项，工程施工技术奖9项，科技进步奖22项，科技情报奖8项。

第二十三章 水利水电教育

第一节 专业技术人员结构

1988年，湘西州水电系统8县（市）共有职工3432人，其中专业技术人员862人，占职工总数的25.1％；按文化结构分：本科毕业63人，占1.8％；大专毕业262人，占7.6％；中专毕业412人，占12％；按职称结构分：具有高级技术职称28人，占0.82％；中级职称189人，占5.5％；助理级368人，占10.72％；科员级277人，占8.34％。

1990年7月，全州水电系统有212人获得各类任职资格，其中高级21人，中级63人，助理级88人，员级40人。

2004年，全州水利系统职工总数7282人，其中专业技术人才2844人，占职工总数的39％。按文化结构分：大学本科毕业生387人，占5.3％；大专毕业1433人，占19.7％；中专毕业2041人，占28％；高中及以下毕业3421人，占47％。按职称结构分：高级18人，占0.25％；中级745人，占10.2％；初级2081人，占28.6％。所学专业包括水利类、经济类、法律类、管理类等。

2004年，工人总数5338人，占职工总数的66.9％。按文化结构分：具有大专学历的30人，占0.56％；中专学历473人，占8.7％；高中及以下学历4835人，占90.6％。按技能结构分：具有高技能人才423人，占工人总数的7.9％。

2012年，由于电力体制的改变，水利系统职工队伍结构有了较大变化。职工总数为4772人。其中专业技术人员1608人，占职工总数的33.8％。按学历结构分：大学本科及以上学历356人，占7.5％；大学专科950人，占20.0％；中专1466人，占30.7％；高中及以下2000人，占41.9％。按职称结构分：具有高级职称29人，占0.61％；中级245人，占5.13％；初级651人，占13.6％；科员级687人，占14.4％。2012年工人总数3218人，占职工总数的67.4％。其中具有大学本科学历78人，占2.4％；大专学历467人，占14.5％，中专学历964人，占30％。具有高技能人才98人，占工人总数的3.05％。

第二节 学 校 教 育

一、湘西民族水利电力工业学校概况

湘西民族水利电力工业学校，其前身为州水电职工培训中心，1986年2月经省教委批准建立了湘西自治州水利电力职工中等专业学校，内设水电站水工建筑、电气设备、电力

系统自动化 3 个专业，学制 3 年，隶属于湘西州水利电力局。

1994 年 8 月，经省人民政府批准，成立了湘西民族水利电力工业学校，属全日制普通中等专业学校，面向全省招生，由省水利厅和湘西州政府联合办学，归口州水利电力局管理，业务上接受省教委指导，确定在校生为 960 人以上的办学规模。招生和毕业生分配纳入全省普通中等专业学校统一计划管理。学校所需基建资金和实验设备经费由省水利水电厅和州水利电力局共同筹措解决，正常教育事业经费由州财政局负责安排。

1996 年 2 月，经州人民政府批准，湘西民族水利电力工业学校升格为副县级。升级后仍归口州水利水电局管理。是年 9 月 9 日，学校举办建校 10 周年庆祝活动，时拥有固定资产 550 万元，有教职员工 85 人，共招生 10 届共 1706 人，毕业 7 届 1002 人。校庆活动邀请 45 个单位、160 余人参加庆典。

1998 年，湘西州教委批复同意该校申办"北京水利水电函授学院湘西函授站"，开设大专层次的水电站动力及电气设备、水利工程建筑、水利技术经济管理、农田水利机电排灌、计算机应用等专业，学制 4 年，共培养自治州大专层次学员 686 人。

2005 年 12 月，州扶贫开发办批复同意，将学校"9＋2"教育试点纳入劳务技能扶贫培训范围，决定将永顺县松柏乡坝溶村首批 28 名"9＋2"教育试点学生纳入劳务技能培训范围，并按照每人 1800 元，共计 50400 元解决劳务技能培训费用。

2006 年 9 月 10 日，学校举办建校 20 周年大庆，邀请 200 余人参加庆典。时学校校园占地 85 亩，建筑面积 2.1 万平方米，总资产 3100 多万元。建有 9 个完善的专业实验室及金工车间，拥有先进的计算机中心、多媒体教室和 1380 平方米的图书馆，在校学生 1600 人，班级 23 个，开设工业企业电气化、水利工程建筑、水利工程管理、水电站电气设备、电算会计、数控技术、计算机应用等骨干专业 7 个。学校有教职员工 122 人，其中具有高、中级技术职称的 54 人，双师型老师 11 人。

校园地处吉首市南郊的雅溪村杨家坪，环境优雅，拥有"花园式学校"的美称，是湖南省文明卫生单位和湖南省园林式单位。二十年来，学校为湘西州及湖南省和周边地区培养了实用型中等技术人才 1 万余人。

2006 年 4 月 21 日，经州委常委会研究，湘西民族水利电力工业学校并入湘西民族职业技术学院，仍保留校名和建制。2011 年终止以该校名义招生。

二、学校招生、学制与专业设置

1986 年秋，学校开始招生。招生对象主要是州内 10 县（1989 年前包括大庸、桑植两县在内）水电系统的在职职工。1988 年开始，先后招有零陵、郴州、怀化、益阳、邵阳等地、市水电系统在职职工。1994 年改建为普通中专后，学校招有普通班、职工中专班、技工短训班等几个层次的学生。除技工班在州内招生外，普通班和职工中专班招生扩展到省内 9 个地、州、市。1999 年，教育部、国家计委、水利部同意，面向贵州省铜仁地区招收普通班学生 109 人。学校开办大专层次的电大班、函授班在州内招生，参加全国成人教育高考录取。

凡被录取的中专统招学生必须参加全省升学考试。职工中专班招生参加全省成人中专考试。技工班招生参加全省技工招生考试，分理论考试和技能测试两门。择优录取，经政审、体检复查后到省教委注册备案。

职工中专学制 3 年，其中两年在校学习，一年回单位生产实习。普通班学制 3 年或 4 年。技工班学制两年。短训班按具体情况，一个月至一年不等。1986—1988 年，学校共招收学生 320 人，其中电大班 58 人，职工中专班 262 人。1989—1995 年共招生 1088 人，其中职工中专班 389 人，普通中专班 431 人，技工班 268 人。1996—2006 年共招收普通中专及大专函授班学生 7102 人。

学校开设的专业根据社会需要和办学条件设置。普通中专班开设工业企业电气化、水利工程建筑、水利工程管理、水电站电气设备等 4 个专业。职工中专班开设发电厂及电力系统、水利工程建筑两个专业。技工班开设电气运行专业。电大班开设电力系统及其自动化专业。函授站开设大专层次的水电站动力及电气设备、水利工程建筑、水利技术经济管理、农田水利机电排灌、计算机应用等专业。短训班开设电气运行、新工人上岗培训、电脑培训班等。

1986—1995 年，各专业毕业人数 673 人，其中电大班 58 人。其余为职工中专毕业生。电大班及职工中专学生大部分为在职职工，少部分为自费生，而这些自费生大多是水电系统职工的子弟。在职学生除带薪就读外，其学费、书籍费等均由所在单位报销，毕业后回原单位工作。自费生则费用自理，毕业后大多分配在水电系统工作。1996 年至 2006 年，学生毕业人数为 6685 人。其中中专生 4853 人，大专生 1832 人。普通中专生学费自理，可享受奖学金。毕业后按国家有关政策实行计划内分配或就业指导。

三、学校管理与办学效益

学校坚持社会主义办学方向，贯彻党的教育方针，以"团结、奋进、开拓、进取"为校训，在不断深化教育改革，探索学校管理和办学的新路子方面作了许多努力和尝试，造就了一大批在政治思想、职业道德、专业技术及实践能力等方面均达到岗位规范要求的实用型初、中、高等技术人才。

坚持科学化、民主化、制度化和规范化是学校管理的基本原则。科学化管理就是力求以科学的手段和方式使管理在人、财、物上以最小的投入获取最大收益。1993 年，面对计划经济向市场经济转轨的新形势，制定了四大发展思路，即一讲规模效益，搞好基础建设；二讲育人质量，制定目标管理；三讲自身造血，兴办经济实体；四讲联合办学，拓宽招生门路。遵循这一思路，1994 年学校由职工中专转为普通中专，1995 年先后兴建了女生宿舍和行政办公楼，又先后与保靖和花垣县水电局开办了职工培训班，连续 4 年招收技工班，使学校在规模效益上得到长足发展。民主化原则就是实行党委领导下的校长分工负责制，充分发扬民主，充分发挥教职工的主人翁精神，成立校务委员会研究决定学校发展和教学的重大事项。制度化和规范化原则就是学校为建立良好的管理系统，制定完善的管理规章制度，如《学校领导和各职能机构的工作职责》《教职工奖惩暂行条例》《班主任工作条例》《考试规则》《老师职业道德规范》等。遵照规范化原则，推行承包合同制，试行教师工作量制，落实岗位责任制。

学生管理工作实行党委统一领导下的校长分工负责制。由一名副校长主管，设立学生科，通过学生会——班主任——班委会和团委——团支部两条线多层管理。在加强思想政治工作的基础上制定相关管理制度。如《学生操行评定实施细则》《文明班级、文明寝室、文明个人评比竞赛条件及方法》《考试规则》等，促进校风建设和学生德、智、体全面发展。

教学管理以制定教学计划为中心环节。对各个专业每一门课程都制定了实施性教学计划。同时组织教师学习教育科学理论，进行教学内容和教学方法的改革，把传授理论知识、搞好实验、实习和设计有机结合，每学期由教务室制订教学质量检查计划，由学校领导、教研组负责人和教师组成检查组，通过听课、开座谈会、查阅教案、分析试卷等方法进行检查和评估，促进教学计划的落实和教学质量的提高。

先进的办学理念和科学的管理创造了良好的办学效益。截至 2006 年年底，学校建筑面积达 2.1 万平方米，总资产 3100 多万元。建有 9 个完善的专业实验室及金工车间，拥有先进的计算机中心、多媒体教室和 1380 平方米的图书馆。开设 7 个骨干专业，办学模式多样。有教职员工 122 人，其中具有中、高级职称的 54 人，双师型教师 11 人。1989 年，王鲁平、冷建鹏被湖南省水利水电厅授予优秀教师称号。1991 年罗寯安被州教委授予优秀教师称号、全国水利系统优秀教师称号。2005 年，校长刘辉被教育部等七部委授予全国职教先进个人。2000 年学校被评为全州唯一一所"湖南省普通中专学校招生就业工作先进单位"。2001 年获"省级优秀函授站"称号，州政府授予学校为全州"十个十"先进典型单位之一。

20 年来，学校为湘西州、湖南省各地市及周边地区培养了实用型中等技术人才 1 万余人。尤其为湘西州水电系统输送了一大批技术骨干，改变了职工队伍人员结构。1988 年，州水电系统中专以上学历的职工人数占职工总数的 21.4%，到 2012 年其比例上升到 58%。1990 年，全州水电系统专业技术人员占职工总数的 25.1%，2012 年该比例上升到 33.8%。学校毕业生大多成为各县（市）水利水电行业技术骨干或企业管理人员。八六级电气二班学生胡刚任保靖县水利局副局长，龙明林任保靖县电力公司副总经理。八六级电气一班学生向开银、于立慧于 2010 年花垣县金垣电力集团副总经理，明承伟任花垣县金垣电力集团总工程师。罗吉卫任湘西电业局农电部部长。

第三节　职工教育和岗位培训

改革开放以来，水电事业迅速发展，迫切需要提高水利水电职工队伍的政治、文化、技术、业务素质。国务院颁布《关于加强职工教育工作的决定》以后，职工教育由州、县、市局领导分管，人事科（股）、科教科（股）专管，建立了以学校教育、基地教育、岗位培训为主的多层次、多形式的水利水电职工教育体系。湘西民族水利电力工业学校除具有普通中等专业学校的功能外，也是职工教育的基地，承担电大、函授教育、专业技术培训、岗位培训等任务。同时鼓励企事业单位采取自培互学、送培深造的方式提高职工文化、技术素质；鼓励在职干部报考高等院校的函授教育以提升自身学力；采取派出去、请进来的办法选派技术骨干和基层领导到河海大学、武汉水利电力大学、职业学院进行对口培训学习等。1991 年，全州水电系统参加岗位培训和学历教育的共 996 人。1995 年 6 月，根据省水电厅科教〔1995〕5号文《关于对水利行业职工教育工作进行评估的通知》，州水电局成立了以局长符兴武为组长的职工教育评估工作领导小组，组织科教、人事、财务等部门参加，对湘西州水利电力工业学校和全州水利行业进行了全面的职教评估工作。"八五"期间全州进行各种的岗位培训5000多人次，对600多名科技人员分期分批进行知识更新和补缺培训。投资400余万元创办的州水电职工中专学校初具规模，为自治州和邻近地区输送了近千名水利水电专业技术人才。进入新世纪以来，加大了职工教育力度。据2004年、2006年、2009年、2011年、2012年统计，5年中共举办各类培训班244期，培训10508人次，其中专门业务培训7352人次。

一、电大、函授教育

1990年秋，州水校招收电力系统及自动化专业电大班1个，招收学生48人，1991年9月转入湘西州电大。1998年，州教委批复在州水校开办"北京水利水电函授学院湘西函授站"，开设大专层次的水电站动力及电气设备、水利工程建筑、水利经济管理、农田水利机电排灌、计算机应用等专业，学制4年。2004年，华北水利学院、中央电大在湘西州办班，招收专科升本科学员30人。州水电学校1996年至2006年毕业的大专生1832人，其中湘西州学员680人。

二、职工中等教育

州水电职工中专是以职工中等教育为主的学校，招收有一定实践经验的在职职工入学。1989年至1995年，共招收在职职工中专班10个，培养发电厂及电力系统、水利工程建筑专业的人才389人。在系统内职工子女中招收两年制技工中专班4个，培养电气运行专业技术人才268人。1996年，招收技工中专班2个，学生116人。

三、短期培训

短期技术培训是为水利水电企业单位解决一线工人不能适应岗位职责而开展的职工教育。根据不同要求有针对性地设置课目，主要有电气运行、新工人上岗培训、电脑培训等。培训时间一个月到一年不等，培训期满经考试合格，发给结业证书。1989年，州水校为花垣县水电站举办短训班1期，学员50名，培训时间1个月。1993年秋，为花垣县塔里电站和电力公司举办电气运行培训班1期，为期1年。1996年，为保靖县双溶滩电站举办1期为时1个月的电气运行短训班，学员40人。举办电脑培训班9期，培训500人次。全州举办各类培训班21期，培训780人次。2000年举办CAD技术培训班1期，27人参加培训。

四、岗位职务培训

20世纪90年代，各部门以进行岗位培训为主。州水电局每年根据不同时段的工作重点召开不同的专业会议或培训班，如汛前的防汛工作会，冬修前的水利大会，年终的水利局长会，对各县（市）分管局长和技术负责人进行岗位培训，交流工作经验，提高管理水平。选送技术骨干到水利部丹江口职工大学、新安江水电工程管理学院、长江水利工程学院、河海大学等高等院校进修，提升学历。水电农村初级电气化期间，举办各种专业培训班10余期，培训300余人次。1991年全州参加岗位培训和学历教育的996人。1995年，州水电局会同州财政局在龙山举办水利工程管理单位新财务会计制度培训班，参加学员70余人，培训10天。同年在吉首举办全州水库管理人员上岗培训和水库调度、工程观测培训班，由总工程师邓声棠主讲，参加培训的有各县（市）分管水利的副局长、管理股长、中型水库管理处（所）长、水库调度员共49人。1996年，全州举办各类培训班21期，培训780人次。为加强水利建设管理，1999年，举办全州水利水电建设管理暨施工技术培训班2期，398人参加培训。

进入新世纪，职工教育进一步加强，形式不断创新。一是采取"走出去，请进来"的办法，组织业务科室和县（市）水利局长到外地学习先进的治水理念，组织防汛办人员到云南考察山区防洪抗旱指挥决策系统建设新技术。选送州、县水利局班子成员及业务骨干到水利部、省水利厅挂职锻炼，到河海大学、湖南省水利职业技术学院进行培训。邀请外地专家、学者来州开班讲学。将乡镇水管员送到湘西职业技术学院集中进行业务培训等。不断提高不同层次水利管理人员的业务水平。二是积极鼓励干部职工参加继续再教育，参加相关资质考试及开展技术创新。2012年州局本部1人正在就读函授本科，2人就读硕士研究生，1人博士研究生毕业；10余人已通过二级建造师资质考试。全州50余人报考一级建造师资质，20余人报考招标师资质，1人获湖南省科技进步二等奖。三是强化在职干部岗位培训。2000年，举办水利建设管理暨施工技术培训班4期，培训872人次；举办招投标评委培训班1期，116人参培；水行业执法培训班1期，50人参加培训。2004年全州举办各类培训班142期，培训3224人次，其中专业业务培训2300人次。2006年举办各类培训班57期，培训1875人次，其中专业培训1451人次。2008年在吉首举办全州农村水电安全管理人员培训班，200余人参加培训。2009年举办培训班45期，培训1512人次，其中专业培训1307人次。2011年全州培训1148人次，其中专业培训791人次。2012年培训2256人次，其中专业培训1050人次。

第二十四章　水利规划与勘测设计

第一节　水　利　规　划

科学谋划水利水电事业的发展方向，发展目标和发展战略是科技兴水的重要举措。20余年中，根据形势发展的需要，选择国家经济发展的每一个重要节点，适时组织编制水利水电发展综合规划和专项规划，为水利水电事业描绘发展蓝图。

一、综合规划

（一）水利电力发展规划（1985—2000 年）

1986 年，在贯彻落实以经济建设为中心的指导方针、改革开放不断深入的形势下，州水利电力局组织编制了"水利电力发展规划（1985—2000 年）"。规划分"水利资源和水利规划""水能资源及开发规划"两部分，在全面调查全州水资源和水能资源的基础上，分析了水利工程和水能资源开发利用现状，提供了水资源供需预测以及水能资源开发利用和经济效益分析的翔实资料。

规划提出，2000 年前水利建设完成 441 处小（Ⅱ）型和 8 处小（Ⅰ）型水库的续建配套（含大庸、桑植，下同），新建中型水库两座，小（Ⅰ）型 3 座，小（Ⅱ）型 55 座，有效灌溉面积达到 192.29 万亩。电力建设全州总装机容量达到 46 万千瓦，年可发电量15.84 亿度。

（二）中、小型水电开发及农村电气化规划（1989—2015 年）

1989 年，大庸、桑植县划归张家界市。国家制定"八五"计划及国民经济中长期发展计划，州水利电力局即组织编制"中、小型水电开发及农村电气化规划（1989—2015年）"，为湘西州脱贫致富及发展国民经济提供支撑。

1989—2015 年，全州规划开发中、小水电站 99 处，装机 199 台，容量 216.17 兆瓦，总投资 13.54 亿，在开发电源点的同时建成以吉首市为中心，包括凤凰、花垣、保靖、永顺、龙山在内的地方电网。规划按三阶段实施，"八五"期间新增装机 76.62 兆瓦，"九五"期间新增装机 59.02 兆瓦（不包括碗米坡电站）。2000—2015 年新增装机 60.94 兆瓦。至 2015 年末，全州总装机达到近 400 兆瓦，年发电量约 13 亿度。

规划要求花垣县、泸溪县在 1990 年前达到农村初级电气化标准，其他各县（市）在1995 年以前达到初级电气化标准。同时提出了人才与科技发展规划。

（三）湘西州西部开发水利水电发展总体规划

2000 年，国家实施西部大开发战略，湘西州列入西部大开发范围，州水利水电局及时成立了西部大开发湘西州水利水电发展规划领导小组，时任局长符兴武任组长，相关业务副局长及总工程师任副组长，组织全州水电系统主要技术骨干 30 余人，在深入调查研究的基础上，编制了西部开发湘西自治州水利水电发展总体规划和 12 项专项规划。

规划基准年为 1999 年，水平年分 2005 年和 2010 年。其规划目标为：通过规划的实施，改变湘西州旱洪灾害频繁、生态环境脆弱、人畜饮水困难的严峻形势，逐步建立现代化的防洪保安体系、水资源保障体系、生态环境保护体系和现代水利管理体系。

综合规划的内容主要包括：水资源开发利用及保护，灌溉，防洪，解决农村人口饮水困难及乡镇供水，病险库治理，水土保持生态环境建设，水电农村电气化等。

随后建立了"湘西自治州西部开发水利水电工程项目库"。

（四）"十一五"水利规划

湘西州"十一五"水利发展规划于 2005 年完成，规划基准年为 2004 年，近期水平年为 2010 年，远期水平年为 2020 年。规划以贯彻落实党的十六大和十六届三中全会精神为指导，坚持以人为本、可持续发展观、坚持水利与社会经济协调发展原则，因地制宜、突出重点、统筹兼顾、促进水利事业全面发展。规划确定了水利发展和水利体制改革总体目标。包括防洪减灾目标、供水目标、节水目标、农村水利发展目标、水能资源开发目标、水土流失治理目标、水利信息化建设目标、水利经济发展目标、水利体制改革目标等。分类编制了防洪工程规划、水资源工程规划、水土保持及生态环境建设规划、农村水电及水利经济规划等。同时提出了 2011—2020 年水利发展总思路。

2010 年，州水利局组织人员编制了"十二五"水利发展规划和三个专项规划，通过反复论证筛选，确定了 35 个重大项目，规划总投资 289 亿元。

二、专项规划

1998 年，根据水利部《城市防洪规划编制大纲》（修订稿）的通知，州水利局组织各县（市）编制了"城市防洪规划"。规划以保障县（市）城镇防洪安全为重点，以城镇所在河流域和地区的防洪规划与城市总体规划为依据，参照国家防洪标准，确定不同类型的防洪规划方案。工程措施与非工程措施相结合，为城市防洪安全、城镇建设和社会经济发展提供保障。

2000 年，编制的西部大开发湘西州水利水电发展专项规划有：《湘西州水资源开发利用规划》《湘西州水资源保护规划》《湘西州武水大型灌区续建配套与节水改造规划》《湘西州酉水大型灌区续建配套与节水改造规划》《湘西州雨水积蓄利用发展规划》《湘西州防洪规划》《湘西自治州解决农村人口用水困难规划》《湘西州水土保持生态环境建设规划》《湘西州病险库除险加固规划》《湘西州水电农村电气化规划》。

2001 年 7 月，州水利水电局组织编制"再生能源规划——小水电"。规划提出，在"十五"期间全州小水电代柴覆盖面达到 20.25%，"十一五"期间达到 30%，以改善农村能源结构，保护生态环境，确保经济可持续发展。2002 年 3 月，按照水利部《关于编制小水电代燃料生态工程规划的通知》，州水利局成立了以局长为组长的领导小组，各县（市）也相应成立了分管农业副县长为组长的组织机构，组织全州 100 余名专业技术人员编制小水电代燃料生态工程规划。

规划以 2000 年为基准年，2005 年为近期规划水平年，2010 年为远期水平年。规划提出 2005 年代燃料户达到 20.03 万户，占总户数 29.8％。2010 年代燃料户达到 37.90 万户，占总户数的 54.1％。

三、水利灌区建设规划

1998 年，国家实施以工代赈水利项目计划。针对湘西州骨干水利工程偏少，小型水利工程量多面广、灌溉效益低下的局面，提出了发挥集约优势，小型水利上规模的新思路。即把全州水利工程以小流域为纽带划分为七个片区。各片区以相互串联的多个小型水库为龙头，与山塘、堤坝、泵站、洞水等多种水利设施联合规划配套，形成蓄、引、提结合，灌、供、排兼顾的集中连片水利项目区。

古丈县接龙渠引水工程是按新思路规划设计的第一处试点工程。该工程由两处洞水（水源点）、3 座小（Ⅰ）型水库和 16 口山塘串联而成，工程主干渠总长 2.79 万米，支渠总长 4 万米，总投资 1200 万元，工程竣工后解决两个乡 8280 亩稻田灌溉，5000 余人、6000 余头牲畜饮水困难，新开田 4700 亩。取得接龙渠成片开发的经验以后，保靖县塘口湾水库群以更大规模再树全州水利规划成片开发样板。该工程以塘口湾水库为龙头，串联 13 座小型水库，102 口山塘，81 处溪坝，134 口泉井，形成一个统一调度、分区供水的联合灌区，总蓄引水量 1291 万立米。

在总结以上两个项目区建设的基础上，制定了 1989—2000 年基本农田建设水利工程重点片区建设规划。凤凰县大小坪水库灌区，花垣县莲花山水库灌区，龙山县双潭溪蓄引联合灌区，吉首市白岩洞水库灌区，永顺县万坪苏区水利灌区，泸溪县龙头冲水库群灌区等先后投入建设。

联合灌区建设把分散的小型水利变成集约型的上规模水利，有利于重点投资建设，把具有蓄、引、提不同性能的水利设施结合为一体，优势互补，以发挥最大效益。把零乱的无序管理变成规范的有序管理，有利于建立新的管理体制。

2000 年，结合编制西部大开发湘西州水利水电发展规划，全州七大片区进行了整合，规划成武水大型灌区和酉水大型灌区。州水利局成立灌区管理局，终结了湘西州没有大型灌区的历史，是科技兴水的重要成果。

第二节 勘 测 设 计

一、州水电勘测设计研究院概况

州水电勘测设计研究院是经建设部审查认证的国家乙级勘测设计研究单位。现有职工 57 人，其中高级工程师 11 人，工程师 16 人。5 人获全国职业资格证书，其中注册电气工程师 1 人，注册二级结构工程师 1 人，注册咨询工程师 3 人。设有水文、工程规划、水工结构、水库移民、农田水利、工程地质、工业与民用建筑、水土保持、水利机械、送变电工程、工程勘察、概预算等 12 个专业。持有水利行业设计乙级、电力行业（水力发电、送电、变电）设计丙级资质证书、水资源论证专项资质证书、测绘丙级资质证书和水土保持乙级资质证书。1991 年全面质量管理达标验收合格。2003 年通过北京中禹质量体系认证中心审查，取得质量管理体系认证证书。

二、设计与科研成果

1989 年以来，湘西州水电设计院先后完成 400 余项工程的规划、勘测、设计及工程咨询业务。累计完成中型以上水库枢纽及灌溉工程 20 处，灌溉面积达 126 万亩。完成 500 千瓦及以上水电站 22 处，装机 176 兆瓦。完成 110 千伏变电站 9 座，110 千伏线路 17 条。35 千伏变电站 30 余座，35 千伏线路 40 余条。业务范围涉及州内及本省的永州市、张家界市、怀化地区、贵州铜仁地区等地市。在中小型水轮泵站、水电站、水库枢纽、灌溉排涝、城市防洪、供水、山区防洪和大坝除险加固、高压输变电工程勘察设计等方面积累了丰富经验，具有明显优势。

坝工技术是该院独具特色的一项技术。先后完成了数十座各种类型大坝。均质土坝、心墙砂壳坝、刚性斜墙堆石坝、楔形体堆石坝、宽缝隔墙填碴坝、砌石拱坝等各具特色。在湖南省砌石拱坝学术交流会议上，湘西州被誉为"砌石拱坝的摇篮"。凤凰县长潭岗电站砌石双曲拱坝，坝高 87.6 米，厚比高 0.172，为全州同类坝型之最，在全省同行业中处领先水平。

湘西州水电设计院致力于同科研单位、高等院校合作，提高专业技术水平。聘请著名砌石坝专家黎展眉当顾问，引进砌石拱坝优化设计电算软件，为在岩溶山区建设薄体混凝土砌石拱坝提供技术支持。同湖南省交通研究院合作，引进水力自控翻板门溢流坝建筑技术。聘请武汉大学科学技术部王均星教授等研制用于大龙洞暗河堵洞的特殊坝型——球冠形薄壳堵体。与中南勘测设计研究院合作，首创反拱形底板水垫塘消能方式，用于长潭岗大坝坝后消能。贺龙水电站大坝采用溢流面鼻坎高低差动式、前后错开布置方式设计，为解决单宽泄洪流量过大的消能问题提供了经验。在设计中大量引进和自编计算机软件，使勘测设计更加科学、快捷和规范。如 PKPM 建筑设计软件、工程水文分析和应用软件、工程概预算编制软件、导线应力弧垂计算软件、输电线基础设计计算软件等。

湘西州水电勘测设计研究院先后获得省、州有关部门科技成果奖 29 项。其中长潭岗电站大坝反拱底板水垫塘消能获省科委三等奖；花垣县兄弟河水电站工程岩溶渗漏改变坝址地质勘察获省科技进步三等奖；凤凰长潭岗电站拱坝河床宽大断裂带基础处理技术获省科技进步三等奖；小孔经光面预裂、梯段微差爆破技术在长潭岗电站的应用获省科技进步二等奖；花垣县桐溪坪 110 千伏变电站工程设计项目获湖南省建设厅优秀设计三等奖。

第二十五章 工程勘察与设计应用

第一节 工 程 勘 察 技 术

一、岩溶山区水利水电工程

1. 利用地下暗河兴建水利水电工程

在地下暗河的进出口或中间部位的洞内筑坝蓄水，形成地下、半地下或地表水库，用以灌溉发电，如州大龙洞电站、花垣县小龙洞电站都是采用这种方式开发利用岩溶地下水资源的实例。

2. 利用多层岩溶地质条件开发地下水资源

在多层状溶洞区，张裂隙比较发育，采用直接引地下河水出洞或在洞内筑坝抬高一定水位后再开洞引水。如丹寺洞引水工程是在寒武系灰岩地层中发育的 60 米垂直深的落水洞内建 14 米拱坝，抬高水位后通过 570 米隧洞 7400 米渠道引水灌田 2400 亩。中寨电站工程是屋檐洞地下河 400 米处封堵河道形成地下水库抬高水位，利用 3000 余米隧道引水发电。

3. 利用溶蚀洼地、漏斗地质条件兴建水利水电工程

在溶蚀洼地、漏斗成群地区，勘察到暗河水流的总出口后砌坝堵洞，水位上升至地表溶洼，形成地下地表蓄水水库。如凤凰县樱桃坳水电站，是在下寒武系灰岩地层中，沿构造线发育的 8 个溶洼落水洞之下的暗河中修筑 28 米高的坝，堵洞地下暗河上升到 104 米高的地表溶洼，构成地下地表水库，蓄水 670 万立方米，凿洞发电。装机 2350 千瓦。

4. 在岩溶发育，具有特定裂隙、溶沟地质条件下兴建水库

凤凰县长潭岗水库是州内中小型水库中库容量最大、坝最高的水库。库区地质条件复杂，岩溶发育强烈，类型齐全。地表有溶沟（槽）、石茅、溶坑、洼坑、漏斗、丘峰等各种形态。地下落水洞、溶洞分布面广。库区内平均每平方千米有落水洞 4～8 个，大小溶洞近 30 个。工程技术人员通过数年的勘察和工程地质条件及岩溶发育特征的研究，遴选坝址方案，优化坝工设计，科学制定岩溶渗漏处理方法和施工方法，建成了坝高 87 米，蓄水 9960 万立方米的中型水库。为探索在岩溶发育地区建筑高坝提供了有益经验。在引用新技术方面，设计人员学习贵州同类工程新技术，运用 PDCA 循环，优化坝基处理设计，采用小口径预裂爆破技术，减少清基开挖量 2.1 万立方米，减少回填混凝土 0.41 万立方米。基础帷幕采用悬挂式，减少帷幕灌浆 3636 米。引进电算程序做坝肩稳定分析，利用岩石的地质力学特征，减少固结灌浆 445 米。新技术的引进为工程节省资金 137.6 万元，缩短工期 6 个月。

二、流域开发方案

1. 竹子坪电站开发方案

西水流域水利资源开发方案，自20世纪50年代开始先后编制了多个流域开发报告。1987年原水利电力部水利水电规划设计管理局批准同意由中南勘测设计院编制的《西水河流规划报告补充意见》，其梯级开发方案为湾塘（430米）、塘口（389.6米）、石堤（380米）、碗米坡（260米）、凤滩（205米）、高滩（118米）6级。1994年，保靖县水电局工程技术人员，在收集整理凤滩水库14年逐日运行水位记录的基础上，又收集了西水流域长系列的水文实测资料进行分析研究，提出利用凤滩水库水位降落拦河筑坝、引水建厂发电的设想。随后由县水电技术队进行地质勘探、测绘等外业工作。1995年8月，由州水电勘测设计研究院编制了《保靖县竹子坪水电站可行性研究报告》。

竹子坪水电站利用凤滩电站水库运行过程中的降落水位获取水头进行发电，即在凤滩与碗米坡两级中间插入一级，不影响原有梯级开发方案的实施，又使水能资源得到充分利用。且该电站技术上可行，经济指标好。设计总装机4.5万千瓦，枯水期出力1.7万千瓦，多年平均发电量1.58亿度。电站建成后与县城隔河相望，成为水利旅游新区，将促进县城各项事业的发展。

2. 五码头电站开发方案

永顺县五码头水电站坝址位于永顺县东北部的润雅乡合心村境内。属于澧水干流上的梯级开发电站之一。在原中南勘测设计院编制的澧水河流规划报告中没有这一级。1983年永顺县人民政府组织编制的《永顺县农业水利区划》及2002年永顺县水电局进行水力资源复查中，提出了在澧水干流花岩至鱼潭电站河区间增加五码头水电站的开发方案，2003年湖南省水利水电勘测设计研究院完成了《湖南省澧水鱼潭至花岩河段规划复核报告》，并得到省水利厅和水利部水利规划总院的支持。

该工程以发电为主，兼有航运、养殖、防洪功能。设计装机容量3万千瓦，年发电量1.14亿度。保证出力5500千瓦。具有显著社会经济效益，为水资源优化配置和合理利用提供了有益经验。

3. 竹篙滩电站开发方案的优化

竹篙滩电站属花垣河干流五级开发方案中的第三级，其他四级均已建成发电。由于竹篙滩电站水库淹没实物指标较高，占用国土资源多，移民安置及土地补偿投资比重偏大，是造成历经15年没有得到开发的重要原因之一。

2006年1月，花垣县水电工程技术人员提出将竹篙滩一级开发调整为梯级开发的设想，并组织人员进行实地勘察和方案论证。2006年8月，州水电勘测设计研究院完成了《湖南省沅水花垣河竹篙滩至马家寨河段规划复核报告》，提出三级开发方案。后又经多个方案比对，最后确定采用竹篙滩（257米）＋黑大塘（266米）＋江塘（277米）三级开发的方案。

经论证，分三级开发的综合经济技术指标均优于一级开发方案。尤其是水库淹没实物指标大大降低；迁移人口由3591人下降到163人。淹没耕地由3545亩下降到1005亩。房屋搬迁由87785平方米下降到3985平方米。

该工程一级竹篙滩电站已于2011年10月发电投产。二级黑大塘电站正在施工中。

优化流域开发方案，其前提是不影响原有河流的整体规划，有利于水资源的优化配置并取得水行政主管部门的批准。沱江河中游猫儿口至河溪电站区间原规划为解放岩两级开发，后变更为杨家滩＋大门角＋港口溶＋湘口溶＋岩螺潭五级开发，也取得较好成效。

第二节　水　工　建　筑　物

一、坝工建筑

湘西州坝工建筑历史悠久，种类齐全，技术独具特色。至 2012 年，境内共建水库 686 座，其中 30 米以上大坝 50 余座，50 米以上大坝 12 座。筑坝材料有土石坝、砌石坝和混凝土坝三大类型。土石坝一般用于建设中小型灌溉水库的挡水建筑物。砌石坝和混凝土坝大多为挡水河坝以修建水电站。坝型有均质土坝、心墙砂壳坝、钢性斜墙堆石坝、宽缝隔墙填渣坝、过水土坝、浆砌石重力坝、空腹重力坝、单曲拱坝、双曲拱坝等。在湖南省砌石拱坝学术会议上，湘西自治州被誉为"砌石拱坝的摇篮"。凤凰县长潭岗电站为砌石双曲拱坝，坝高 87.6 米，原高比 0.172，为全州同类坝型之最，在全省处领先水平（图 25 - 1）。

20 世纪 90 年代以后，坝工技术不断进步。浆砌石双曲拱坝技术在州内外得到推广。橡胶坝、水力自控翻板门溢流坝、球冠型薄壳堵体、支墩连拱坝等新型坝在州内应用。长潭岗水库大坝的后拱形底板水垫消能防冲工型被列入"八五"国家重点科技攻关成果。贺龙电站水库大坝采用的坝顶溢流方式，其单宽流量达 117.18 立方米/秒，为目前国内同类型拱坝坝顶泄洪消能中之最。随着国力的增强和科学技术的发展，进入新世纪以后，筑坝材料逐步采用混凝土现浇。竹篙滩电站选用混凝土重力坝坝型，碗米坡电站采用碾压混凝土新材料、新技术，都为现代坝工建筑的设计、施工和管理模式提供了经验。

1. 混凝土砌石双曲拱坝

砌石拱坝在石料质量好，坝址窄狭的地方采用。这种坝型由于具有工程量小，投资省，就地取材，施工布置简单，坝身可溢流，安全度大等优点，在湘西州内得到广泛应用，已建成 100 余座，其中 50 米以上坝高的 9 座。自 20 世纪 90 年代以后，由于计算机的应用和施工技术的提高，混凝土砌石双曲拱坝的技术含量不断提升。凤凰长潭岗水库大坝在设计中引进优化电算程序和方法，进行坝肩稳定分析和优化坝基处理方案，设计了在国内具有先进水平的薄体砼砌石拱坝，标志着砌石坝工技术的新起点。

长潭岗水库位于沅水二级支流沱江的长潭岗峡谷，坝址控制集雨面积 460 平方千米，水库正常水位 398.0 米，总库容 9970 万立方米。水库大坝为 C15 小石子混凝土砌石双曲拱坝，坝顶高程 401.6 米，坝顶宽 5 米，坝顶弧长 226 米，坝底高程 314.0 米，坝底宽 15 米，坝底弧长 70.86 米。最大坝高 87.6 米，厚高比 0.172，是当时国内第三高而薄的砌石坝。大坝采用坝顶泄洪，设 4 孔 10×6.3 米弧形钢闸门控制，溢流坝表孔采用折流墩短悬臂鼻坎挑流消能。设计下泄流量 1096 立方米/秒。校核下泄流量 1885 立方米/秒。泄流最大挑距 48.0 米。

（主要设计人员：田儒琴、齐贵和、王佩璜、吴利蓉、王济民）

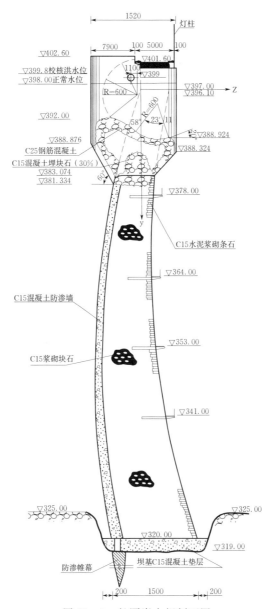

图 25-1 长潭岗大坝剖面图

泸溪县能滩电站大坝属同一类型。该电站位于武水一级支流能溪河下游。控制流域面积 276 平方千米，总库容 4374 万立方米。坝顶高程 179 米，坝顶宽 4.0 米，坝顶轴弧长 185.35 米，坝底高程 124 米，底宽 12 米，轴线弧长 56.69 米，最大坝高 55 米。厚高比 0.22。大坝外侧采用 300 毫米厚 C15 混凝土，内墙为 C15W6 混凝土防渗面板。坝体填充 C15 二级配砌 Rs40 块石。采用坝顶泄洪，挑流消能（图 25-2）。

（主要设计人员：田儒琴、田伟）

2. 混凝土重力坝

混凝土重力坝因其结构简单，质量好，坚固耐用，便于流水作业和机械化施工而得到

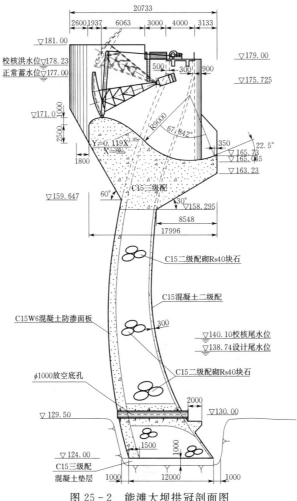

图 25 - 2　能滩大坝拱冠剖面图

广泛采用。混凝土重力坝又按其混凝土材料配方不同分为纯混凝土重力坝、混凝土砌石（块石）重力坝、碾压混凝土重力坝等类型。

竹篙滩水电站一级为混凝土重力坝。由河床溢流坝段和左、右岸非溢流坝段组成，坝顶轴长233.74米。其中左、右岸非溢流坝段长分别为94.7米和41米，溢流坝段长98米。坝顶高程261.5米，顶宽9米，最大底宽26米，最大坝高35.5米。溢流坝段设置8扇10×10.3米弧形闸门，设计洪水下泄量3735立方米/秒，校核洪水下泄流量5797立方米/秒。采用底流消能，设置综合式消力池，以保证大坝及坝后厂房安全（图25-3）。

（主要设计人员：田儒琴、刘合书、田伟）

永顺高家坝水电站大坝为细石子混凝土砌石重力坝，坝顶高程373.5米，最大坝高63.5米，坝顶宽6米，坝顶全长218米。其中溢流坝段长40米，左、右岸挡水坝段长分别为81.25米和96.75米。溢洪坝设有带胸墙表孔3个，孔口尺寸10×13米，设钢质弧门控制水位。采用鼻坎挑流消能，先冲后护，两岸防冲采用锚喷支护及混凝土护岸。

［主要设计人员：刘合书（初设）、省水电勘测设计院（技设）］

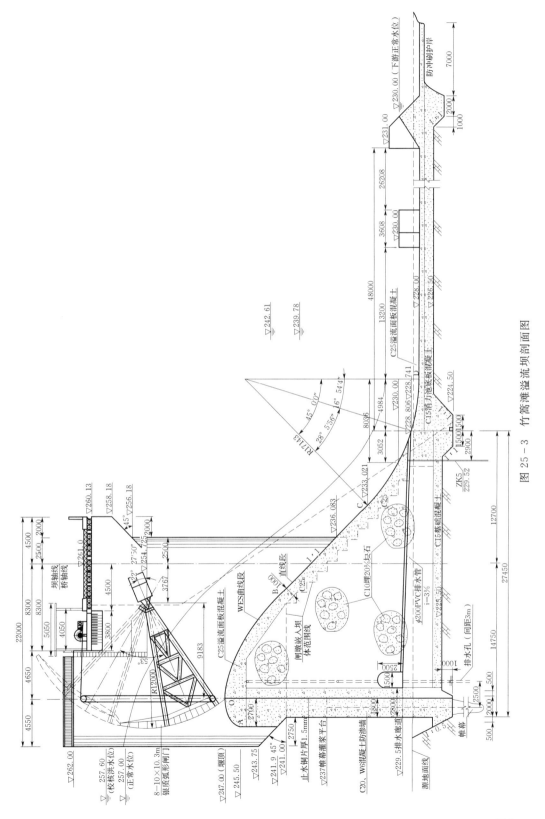

图 25 – 3　竹篙滩溢流坝剖面图

3. 定圆心混凝土单曲拱坝

1992年，州水电勘测设计院设计的桑植县贺龙水电站大坝采用定圆心混凝土单曲拱坝坝型，因其溢流堰下泄单宽流量为国内同类型拱坝顶泄洪消能之最大者而受到业内人员关注，成为单曲拱坝设计的新亮点。

贺龙水电站是澧水流域规划的第二级梯级电站。坝址以上控制流域面积2470平方千米，总库容7785万立方米。大坝为定圆心混凝土单曲拱坝，坝顶高程294.6米，顶宽3.5米，轴线弧长160.58米。坝底高程247米，轴线弧长54.27米，大坝高47.6米。采用坝顶溢流。溢流堰顶高程279米，溢流前缘总宽100米，设置10扇10×9.3米弧门。设计下泄流量8304立方米/秒，校核下泄流量11718立方米/秒，单宽流量117.18立方米/秒米。由于受坝址地形限制，坝顶溢流段宽100米，与河床基本等宽，溢流宽度无法加大，且无法增加其他泄洪方式。为了论证大坝消能方案，选定合理的溢流坝面曲线，经中南院整体水工模型试验后，将设计方案进行调整，设计出大坝溢流面高低鼻坎交错的差动坝顶溢流拱坝，解决了在特殊地形条件下的大坝泄洪和消能问题，为坝工建设提供了有益的经验和借鉴。该工程经多年运行，大坝安全可靠（图25-4、图25-5）。

（主要设计人员：刘合书、邓小春、满益强）

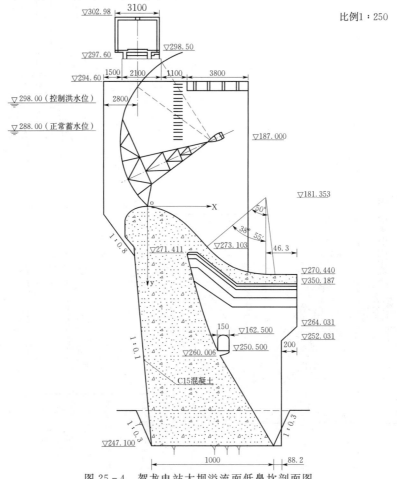

图25-4　贺龙电站大坝溢流面低鼻坎剖面图

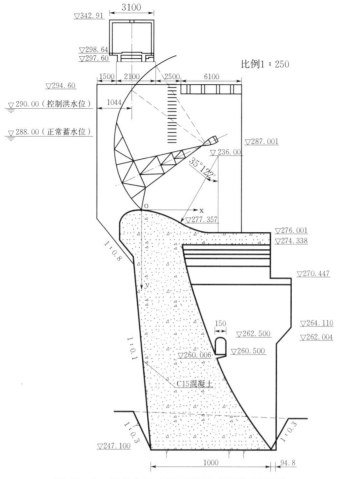

图 25-5　贺龙电站大坝溢流面高鼻坎剖面图

4. 水力自控翻板门混凝土溢流重力坝

水力自控翻板闸门是近年研制的一种新型泄水建筑物。与传统的钢结构闸门比较有以下优点。一是结构简单、制造方便，门体为钢筋混凝土结构，可现场浇筑，施工方便。二是闸门自动开启和关闭，不需启闭设备和启闭机室，节省投资。三是自控水位准确，运行稳定、安全，管理方便，维修费用低。特别适用于河面较宽、坝轴线较长的低水头电站。近年来在州内外得到广泛应用。

吉首市黄泥滩水电站是 2006 年兴建的工程。该电站位于武水干流上游，峒河与万溶江汇合处。坝址控制集雨面积 1300 平方千米，水库正常蓄水位 156.3 米，相应库容 79.0万立方米，总库容 149.0 万立方米。大坝为混凝土溢流重力坝，溢流段总长 90 米，布置在左岸，最大坝高 16.3 米。溢流坝采用驼峰型实用堰顶泄洪，堰顶高程 151.8 米，堰孔口宽度 90 米，堰顶安装 9 扇 10×4.5 米水力自控翻板门，设计洪水下泄流量 2680 立方米/秒，校核洪水下泄流量 3160 立方米/秒。溢流坝采用底流消能（图 25-6）。

（主要设计人员：田儒琴，省交通研究院：周经渊）

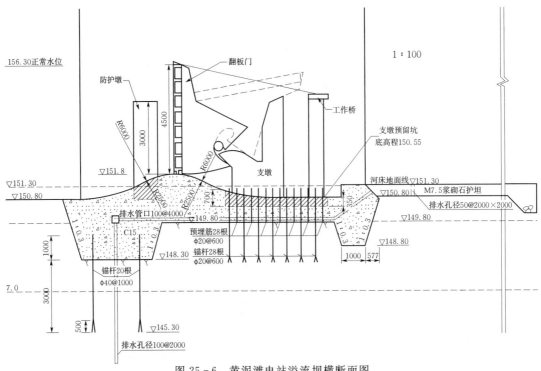

图 25－6　黄泥滩电站溢流坝横断面图

5. 浆砌石支墩连拱坝

在河床宽、两岸坝肩地质条件较差或交通运输不便的地段建库筑坝，选用浆砌石连拱坝坝型具有较多优点。结构简单，施工方便，就地取材，造价低廉。在州内多处小型水库中得到采用。

花垣县兰家坪水库大坝因其"9连拱"而最具代表性。该水库是一座以发电为主，结合防洪等综合效益的重点小（Ⅰ）型水利工程。位于吉卫镇新寨村境内，控制集雨面积7平方千米。总库容130.7万立米。大坝由支墩连拱坝和浆砌石重力坝组成。右岸为浆砌石结构的支墩连拱坝，9个连拱。堰顶轴长92.7米，连拱坝顶高程815.68米，最大坝高11.0米，连拱拱圈为混凝土，净垮8.3米，顶厚0.65米，底厚0.8米。支墩为浆砌石。坝顶设置2米人行道。大坝左岸为浆砌石重力坝，坝顶轴长38米，宽1.8米。最大坝高10米。坝顶不溢流。在大坝右端设正槽式溢洪道，设计泄洪流量32.9立方米/秒，校核泄洪流量50.5立方米/秒（图25－7）。

（主要设计人员：龙家和）

6. 球冠形薄壳堵洞坝

球冠形薄壳堵洞坝是为兴建雷公洞防洪水库在大龙洞暗河堵洞而设计的特殊坝型。由于水库位于岩溶发育山区，岩溶暗河体系复杂，所选坝线断面狭窄，地形、地质、施工条件限制，设计水头高等因素，设计人员对堵洞体的型式做了多方案设计比较，提出拱坝堵体、实心重力式堵体、上游斜面堵体、球冠形薄壳堵体等方案。2007年又委托武汉大学水利电力学院对堵体进行优化设计及泄洪洞水工模型试验，提交了《雷公洞防洪水库工程堵体设计及三维有限分析报告》，最终选择球冠薄壳堵体方案。

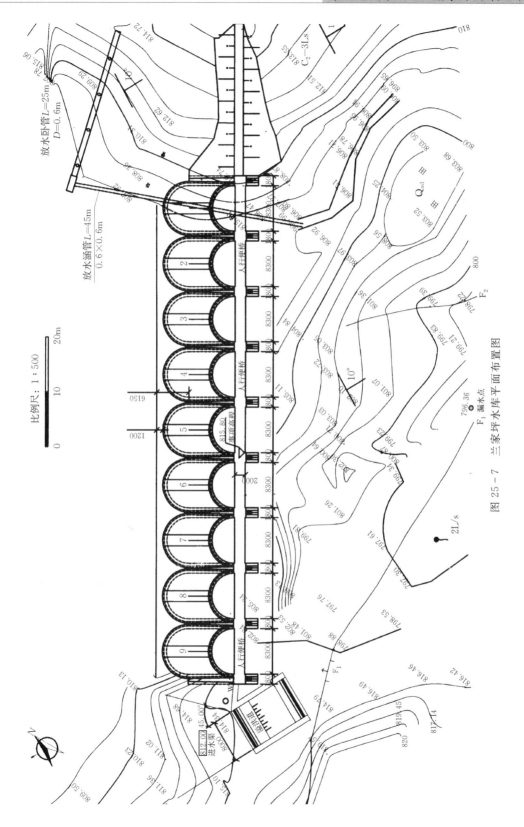

图 25-7 兰家坪水库平面布置图

该坝体由武汉大学科学技术部王均星教授、李泽博士等设计，一共做了5个方案比较，最后选择堵体内弧圆心角162.15°，内弧半径15.286米，外弧圆心角94.97°，外弧半径30.519米，顶部厚度10米，坝肩厚度14.16米，最大坝高47.18米。坝体混凝土方量为20680立方米。坝体以下为基础混凝土，方量12000立方米（图25-8）。

大坝采用深水隧洞，闸门控制泄洪，泄洪洞布置在堵体右岸。该工程仍在建设中。

（主要设计人员：刘合书、满益强。王均星、李泽（武汉大学））

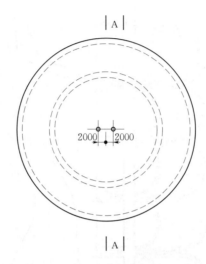

图25-8　雷公洞水库堵体下游面正视图

7. 橡胶坝

橡胶坝适用于低水头、大跨度的闸坝工程。主要用于灌溉、防洪和改善环境。具有造价低，节省三材，施工期短，抗震性能好，水下结构简单，止水效果好等特点。花垣县水利局在古镇茶洞治理整修花垣河（清水江）时，采用了橡胶坝为拦水闸坝，并修建了园林工程"翠翠岛"，为"边城"建设增添了一幅靓丽风景。也是州内第一座橡胶坝。大坝全长110米，坝高4.5米，坝底宽6米。其中橡胶坝段长70米，坝袋高2米，溢流坝段长40米。工程总投资131.97万元。2004年3月建城。

（主要设计人员：全显民）

二、消能工型式

根据坝工型式和坝后地质条件的不同，消能工型式主要有挑流消能、底流消能及组合式消能等。湘西州由于特殊的岩溶地质及暴涨暴落的山洪特性，工程技术人员不断探索适合山区不同坝型的消能工型。如坝高63.5米的高家坝电站大坝采用鼻坎挑流，挑角35℃。下游河床为挑流消能，先冲后护。竹篙滩电站大坝采用底流消能，设置综合式消力池。长潭岗水库及贺龙电站水库大坝由于其特殊地质和水文特性，消能设计备受关注，各具特色。

1. 长潭岗水库大坝

采用组合式消能方式。一是溢流坝孔采用折流墩短悬臂鼻坎挑流消能。折流墩为三角形，长 6.134 米，尾宽 2.1 米，墩尾与各孔鼻坎末端齐平，开闸溢流时通过折流墩减冲水流动能。二是坝后采用反拱形底板水垫塘消能。以对坝下河床沿河 61 米宽的断层破碎带进行防护。

反拱形底板位于坝下 0+036 米～0+081 米，共分 3 块，每块宽 15.0 米，水垫塘剖面轮廓呈圆形，径向厚度 1.10 米，内半径 30 米，矢高 6 米，以拱坝对称线为中心左右对称布置。反拱形底板上、下游各设 12.0 米宽过渡段，向两岸延伸与反拱形底板端齐平。

此方案为"八五"国家重点科技攻关项目。于 2002 年通过专家验收。运行 10 余年来工况良好。

2. 贺龙电站水库大坝的消能工型

贺龙电站水库大坝坝高 47.6 米，采用坝顶溢流，校核下泄流量 11718 立方米/秒。由于受坝址地形限制，坝顶溢流段宽 100 米，与河床基本等宽，溢流段宽度无法再加大，且无法增加其他泄洪设施。大坝的消能问题成为设计的最大难题。后经中南水电勘测设计院科研所进行水工整体模型试验，对大坝设计方案进行优化，解决了这一难题。一是大坝在平面布置上，减小了溢流坝段中心线与下游河道中心交角，减小了两个溢流表孔之间的夹角，从而减轻了拱坝溢流时流量向心集中程度。二是将溢流面鼻坎高程由原来的同一高程改为间隔一孔的差动式鼻坎，即 4 孔高鼻坎，6 孔低鼻坎，高低鼻坎高程相差 5.55 米。鼻坎末端位在平面布置上，高低鼻坎相差 3～4 米前后错开布置。此方案使大坝消能效果有了很大改善，再通过一些相应的工程措施，解决了大坝的消能问题。多年运行表明，工程是安全的。

三、渠系建设及附属建筑物

1. 渠系建设的发展情况

湘西州灌溉工程多属盘山渠道，灌区小而分散，渠道长、分支多、石渠多、附属建筑多，渠系建设艰巨复杂，工程量大而分散。几十年来，随着水利事业的不断发展，科技的不断进步，国家对水利投入的增多，渠系建设也有了飞速发展，并积累了山区渠系建设的丰富经验。在规模上，由近距离引水发展到远距离引水；从本流域引水，发展到穿山过沟跨流域引水；从以单库为单元的小片区灌溉发展到群库联合的大中型灌区。在水源组合上，由单一水源发展到多种水源的组合利用，形成"长藤结瓜"、蓄、引、提结合的灌溉系统。渠系的建筑技术和建筑物的规划运用也形成了山区渠系建设的独特风格。

隧道工程一般只用于穿山过岗减少深砌石方和绕线工程，但在州内的渠道运用上却有独特的处理方式。凤凰县龙塘河水库的总干渠，打盘山隧洞 8000 余米，随地形由悬崖凹弯处分头掘进，施工安全，出渣方便，加快了工程进度，降低了工程造价。龙山的卧龙隧洞、黄石洞的龙牙隧洞绕过地质条件不利的渠段，或避开房舍、良田、交通要道等地段，使很多险难渠段化险为夷。花垣县政府利用国债资金于 1997 年在吉卫高地兰家坪村修建了古牛排涝隧洞，全长 2250 米，使这个素有粮仓之称的"小平原"免受洪涝之灾。

倒虹吸管是越沟跨山的输水建筑物。以往以松木圆管、凿石圆管、铸铁管等为材料，过水量小，适用水头低。后逐渐用钢筋混凝土替代，在州内兴建了一大批倒虹管。泸溪潮地水库在干支渠上安装预制钢筋混凝土倒虹管长达 8000 余米，其中一处沿马鞍形山脊安装了长达 1300 余米的低水头倒虹管代替填方渠道，大大降低了工程量和造价。吉首市炎家桥倒虹吸管曾先后采用铸铁管加木管、钢筋混凝土管的尝试，均未取得成功。1998 年改用螺旋形无缝钢筋，使这座州内设计水头最大的倒虹吸管投入运行。

渡槽在减省渠道水面落差，增加自流灌溉面积方面具有优势，在州内渠系建设中得到广泛采用。渡槽从简单的木渡槽、石拱渡槽发展到钢筋混凝土渡槽、装配式预制构件渡槽等。跨度从数十米至上千米，形式多样。凤凰县龙塘河水库必攻冲渡槽是州内跨度最大的砌石拱渡槽，跨度 80 米。龙山卧龙水库灌区石羔尧坪渡槽长 1800 米，为州内渡槽长度之最。永顺县杉木河水库胜天坝渡槽是全州最早采用折线拱的渡槽。现在无绞折线拱结构已在中小跨度建筑物中得到广泛应用，正在向装配式预制构件采用吊装施工的方向发展。

2. 项目区续建配套建设实例

从 20 世纪 90 年代末开始，全州除进一步完善 9 处中型水库灌区外，小型水利工程规划了 7 个跨县城的项目片区，后来又发展到 11 个。这些片区打破行政区域限制，以流域为纽带，以小（Ⅰ）型水库为龙头，串联其他小型水库、山塘、泉井形成联合灌区，进行渠系配套建设，形成"分散蓄水，统一调度，水量互补，联合运行"的灌溉调节网络，达到水资源优化配置和合理利用的目的。

泸溪县岩门溪项目区是以岩门溪中型水库为骨干水源，通过渠道布置将项目区内的 1 座小（Ⅰ）型水库，8 座小（Ⅱ）型水库，44 口山塘联合起来的灌区。区内共有渡槽 19 座，倒虹吸管 10 处，隧洞 21 条，支干渠道 11648 米，灌溉农田 1.9 万亩。渡槽形式多样，19 座渡槽中，石拱渡槽 10 座，混凝土拱渡槽 2 座，排架渡槽 7 座。新建的桥头倒虹吸管总长度 430 米，最大水头 28.9 米，设计流量 0.1 立方米/秒，采用预应力钢筋混凝土管，管径 0.4 米。21 条隧洞总长 4261 米，其中主干渠 2 号隧洞长 256 米，设计流量 2.959 立方米/秒，坡降 1/5000。

3. 典型附属建筑物案例

（1）卡棚水库折线拱渡槽。该渡槽槽身断面为 U 形，纵向为简支，下部采用等截面八字形无绞折线拱支撑结构。拱脚下部采用排架，渡槽最大高度 15 米，最大跨度 30 米，过流量为 3 立方米/秒。进口处采用虹吸自动泄水装置，便于自动化管理。该工程造型美观，集薄、轻、巧、强、省于一体，时居国内先进水平。

（2）岩门溪水库岩边渡槽。采用钢筋混凝土结构。渡槽全长 250 米，分成 6 拱，每拱跨度 30 米，矢高 7.42 米，拱半径 17.76 米。渡槽进口段采用 3 跨 10 米简支结构，渡槽出口段有 4 跨 10 米的简支结构，排架高度 8 米。槽身为矩形设计，水深 0.7 米，设计流量 0.949 立方米/秒。该工程结构新颖，造型美观，坚固耐用，居省内先进水平。

（3）炎家桥倒虹吸管。吉首市炎家桥倒虹吸管是白岩洞水库灌区主干渠之重要输水建筑物，设计水头 204 米。跨越 70 余米宽的司马河，管身总长 1184 米，管内设计流量 0.21 立方米/秒，设计流速 1.07 米/秒。由于水头高，管线长，曾经几次试验均未成功。1998 年，工程技术人员在总结原有经验教训的基础上，采用螺旋形无缝钢管作为输水管道。同时将跨越司马河的设计改为在河床上架设悬链线变截面肋拱桥，倒虹管沿桥面敷设，既减少了 8 米设计水头，又避免了河道洪水的冲击，使工程更安全可靠，维护方便。输水钢管按水头变化选用 8 毫米、6 毫米、4 毫米厚不同级次管型，内径 0.5 米，采用混凝土镇墩。

进水口设拦污栅及沉沙池，出水口前布置消能池，伸缩节兼检修孔。整个设计周全科学，省工省料，工程雄伟壮观。2000 年获省水利厅科技进步三等奖。

第三节　机　电　工　程

一、计算机监控

自 20 世纪 90 年代初大龙洞电站实现水机和电气两级微机实时监控，州电力公司与南京自动化研究所合作开发研制了电力调度微机监控系统（遥测、遥控、遥信），建立了州电网调度中心，湘西自治州水电站和变电站设计开始进入微机化的新时期。机组的开停机操作，附属设备的投切，系统及设备的保护，事故、故障报警及处理，运行参数的记录等均通过微机来完成。随着微机技术的发展和进步，自动化水平不断提高，无人（或少人）值守的水电站（变电站）得到推广应用。

1. 全微机监控水电站

花垣县竹篙滩电站安装 3 台 11000 千瓦的立式水轮发电机组，机端电压 10.5 千伏。由 110 千伏线路送出并入电网。控制方式采用全计算机监控。电站设中控室。

电站计算机监控选用 MTC－3 型综合自动化系统。采用分层分布开放式结构，设主控级和现场控制级两层。主控级设 2 台主机兼操作员工作站和 1 台通信工作站，GPS 卫星钟等。现地单元控制级由 3 套机组 LCU、1 套开关站及公用 LCU、1 套溢洪闸门进水口LCU 组成。机组单元控制级以可编程控制器为核心组成的控制系统，机组辅助设备如调速器、励磁机等均由现地控制单元控制。主控级与单元控制级之间采用光纤以太网连接，采用双网结构。

主控级功能是采集电站主要设备的运行参数，对电站各控制点和监视点进行自动安全检测、越限报警，事件顺序记录，事故、故障报警等。具有界面灵活友好的人机接口；实现机组的自动顺序起停控制及自动电压调整，有功无功调节，断路器及其他自动保护控制等功能。

每台 LCU 均是一套完整的计算机控制系统。与系统联网时作为系统的一部分，实现系统指定功能。而当与系统脱离时，则独立运行，实现 LCU 的现地监控功能。

由于电站的全计算机监控技术的实施，电站值守人员仅需 9～12 人，也可采取无人值守、定时巡视的办法。

2. 无人值班变电站

花垣县工业园 110 千伏变电站是州水电勘测设计院设计的无人值班变电站之一。设计规模为：主变压器容量 2×50 兆伏安，110 千伏输电线路 4 回，10 千伏线路 6 回，4 组 10千伏无功补偿电容器。综合自动化装置按变电站无人值班标准配置。变电站通过 110 千伏线路与花垣 220 千伏枢纽变电站相连并入南方电网，自动化系统的远动信息与远方调度通过光纤通道连接，实现数据的远传和接收。

该站采用计算机监控系统，按微机保护监控、分层分布方式布置，具备遥测、遥信、遥调、遥控等功能，具有与调度中心交换信息的能力。远动信息传送至湘西地调，远动通信规约适应于不同调度端要求。计算机监控系统对变电站所有设备实现实时监视和控制，数据统一采集处理，资源共享。保护动作及装置报警等重要信号采用硬接点方式输入测控单元。计算机监控系统具备"五防"功能。户外常规配电装置的电气防误操作采用单元电气闭锁、监控系统五防共同完成。

变电站满足无人值班要求。操作控制功能及操作权限均按集控中心（调度端）、站控层、间隔层、设备级分层操作和权限层层下放原则。在运行正常的情况下，任何一层的操作，设备状态都处于计算机的监视之中。

无人值班变电站的建成投运是湘西自治州水电科技发展的标志之一。

二、光纤通讯

湘西州水电系统电网的调度通讯过去一直沿用高压载波通道配置程控电话模式。自新世纪以来，光纤通信因其传输容量大、速度快、不受外界条件干扰等优点，在电力通信网络中得到推广应用。电网体制改革后，湘西电业局率先建立了湘西地区光纤通讯环网。2011年州水电勘测设计院为永顺洞潭电站设计了光纤通讯站，架设了该站至杨公桥变电站24千米光缆线路，选用12芯ADSS光缆。配置标准型OSN1500设备一台。接入设备选用FA16型，可与湘西地调联网。2012年，花垣工业园110千伏变电站的调度通信系统也采用光纤通讯方式，在变电站新建光纤通信站，结合110千伏线路架设至花垣220千伏变电站的ADSS光缆。变电站自动化远动信息与远方调度之间由调制解调器通过光纤通道连接，实现数据的运传和接收。同时在工业园110千伏变电站安装一部固定电话，就近接入当地公用通信网，作为伟兴变的备用调度电话通道。光纤通讯已成为现代电网调度通信的发展方向。

三、水轮发电机组技改增容

湘西州水电站水轮发电机组大部分是20世纪70、80年代生产的产品，经数十年运行，机电设备普遍老化、锈蚀，水机转轮汽蚀，发电机绝缘老化，机组效率降低，出力不足。探索水轮发电机组技改增容技术是一项新课题。花垣县塔里电站装机两台6300千瓦机组，于1979年投产，立式混流型水轮机，经近20年运行，机组出力不足6000千瓦，且由于转轮汽蚀严重引起振动，机组噪音大。后与制造商研究技改措施，经模型试验后决定调整水轮机叶片角度，并选用新型材料，更换新转轮后，不仅超额定工况运行，而且噪音降低，运行环境得到改善。古丈白溪关电站装机4台单机容量共1250千瓦，1987年投产。经多年运行后，效率降低，出力减小，丰水期弃水严重。2007年经技术人员反复论证，制定了技改增容方案。一是选用中国水科院研发的JF 3165 - LJ - 100型转轮代替原有的HL 263 - LJ - 100型转轮，提高水轮机的额定出力与效率。二是更换水轮发电机，选用SF - J1600 - 16型代替原先的FS 215/36 - 6型，发电机容量由1250千瓦增加到1600千瓦。三是更换推力瓦，将原来的钨金瓦更换为弹性氟塑料瓦，以确保轴瓦安全运行。对其他相关配套设备也作相应改进和调整。技改完成后，电站总装机容量由原5000千瓦增加到6400千瓦，年发电量增加30％左右。龙山县湾塘电站安装3台混流立式水轮发电机，总容量24500千瓦。设计年发电量1.218度。1990年建成投产，经20余年运行，机组效率逐年下降。2009—2011年3年平均年发电量为1.037亿度，比设计年发电量下降15%。经径流调节计算及对机组效率等多方面复核分析，其原因主要是下游尾水淤积和机组效率降低。2012年决定以更换水轮机转轮和尾水清淤为重点，对电站进行技术改造。经与中国水科院和制造厂研究，采用HLJF 3636转轮替代原转轮，配合尾水清淤后，机组额定出力可增加到10000千瓦，额定工况下机组综合效率可达88.9%，多年平均发电量增加到1.359亿度，比改造前提高31%。

第二十六章　课题研究与施工技术

第一节　岩溶地下水资源研究

湘西州碳酸盐类即岩溶裸露面积占总面积的 49.2％，岩溶地下水丰富。水利区划资料和中国西南岩溶地区湘西州脱贫振兴经济论证报告提供的地下水年渗入补给量为 51.1 亿立方米/年，枯季径流量为 18.9 亿立方米/年。按多年平均降水量和 P＝75％ 频率计算，总地表径流量为 132.8 亿立方米，地下水资源量为 26.8 亿立方米/年，截至 20 世纪末全州已建成的各类水利工程总蓄、引、提水量为 9.66 亿立方米。岩溶水的开发利用存在极大潜力。

新中国成立以来湘西州水利水电技术人员长期与岩溶作斗争，研究探索在岩溶区兴建水利水电工程的经验和病险库治理技术，成功修建了一大批中小型水利水电工程，为改善岩溶地区的生产条件和社会经济发展起到了重要作用。20 世纪 70 年代国家科委把"洛塔岩溶发育规律及其开发利用"列入全国重点科研项目，拨出 230 万元专用经费，由国家岩溶地质研究所与州人民政府牵头，来自全国科研、高等院校及省、州 21 个单位在洛塔进行岩溶科研。州水电局派出 30 余名工程地质人员参与其中，历时两年多，提出了《洛塔岩溶发育规律及其开发利用研究报告》，为洛塔岩溶水的开发利用提供了科学依据。是年，中国人民解放军建字七三〇部队对湘西地区进行岩溶地质普查，绘制了 1∶20 万吉首幅区域水文地质图及相应报告，为湘西南区岩溶水开发利用提供了翔实资料。随后工程技术人员在州内进行了多项课题研究。

一、雷公洞地下水开发利用研究

大龙洞地下暗河是武水干流峒河的主源，发源于苗族聚居的腊尔山台地。岩溶地下河系统控制流域面积 186 平方千米，多年平均降水量 1800 毫米，多年平均产水量 1.82 亿立方米。地下河出口位于高出河床约 200 米的悬崖上，距吉首市 42 千米。通过封堵大龙洞岩溶地下暗河，修建雷公洞水库，利用暗河洞穴和地表溶蚀洼地拦蓄洪水，进而解决州府吉首市的防洪、发电、供水、灌溉等问题一直是水利水电工程技术人员重点研究和探索的课题，几代人为此付出了数十年的不懈努力。

从 20 世纪 50 年代初湖南省第二水利工作队对大龙洞瀑布进行初勘，提出开发大龙洞地下河水资源的设想到大龙洞水电站建成投产，经历了近 20 年。70 年代到 80 年代，州、市水利电力局工程技术人员继续做了大量的地质勘察工作，进行了两次消水沱—雷公洞连通试验，州水电局工程师贺奇响、郑传勋等做了大量的野外调查和研究，提出了进一步开发大龙洞水利资源的报告，建议修建雷公洞防洪水库。90 年代初，州水利水电局组织编制了雷公洞防洪水库可行性研究报告。1992年，省水利水电厅批准州水电局，同意作为试验性工程在米良乡雷公洞村地下暗河内建坝，工程总概算480万元。经过几年奋战，于1996年完成了大坝、导流洞、交通洞等建筑。是年6月2日蓄水试运，当水位上升到595米高程时，坝基砂砾石夹泥层溃决穿孔。1996年9月至2000年3月，继续对坝基进行高压灌浆及加固回填处理，随后作第二次蓄水试验，大坝再一次溃决。

失败没有阻止水利人探索开发地下水资源的脚步。州局领导组织工程技术人员反复研究，提出了另选坝址的方案。2001年1月，决定委托湖南省水利水电科学研究所对雷公洞溶蚀洼地至大龙洞出口段进行地质岩溶调查、物探探测和地形测量等工作。同时委托湖南兴银工程加固公司再次进行地质踏勘和检测，并对暗河狭窄段地表进行地质钻孔、压水试验和水质分析等。2001年10月，省水利水电勘测设计研究院提交了《湘西自治州大龙洞水电站工程坝址可行性研究阶段工程地质勘察报告》。2001年5月至2012年12月，湖南省水科所、州水电勘测设计院对雷公洞防洪水库进行重新选址，拟在距大龙洞出口约450米处建坝，设想了640米、660米、700米3个正常蓄水位方案，并投入了一定的物探、钻探及试验工作，编制了正常蓄水位为640米的可行性研究报告及初步设计。

为了更系统地对流域内地质构造、岩溶发育特征、山体稳定性、岩溶库岸及坝基（肩）的渗漏、库区地质环境等进行研究，为大龙洞地下河流域水资源开发和生态环境整治提供科学依据，2003年1月州水利局报请州政府同意，以州政府名义请求中国地质科学院岩溶地质研究所（桂林）将本工程列入国家科研项目。2003年6月，中国地质调查局向中国地质科学院岩溶地质研究所下达"西南典型岩溶流域地下水调查和地质环境整治研究"工作项目。研究所即成立了以袁道先院士、蒋忠诚博士、裴建国院长为顾问，何师意博士、盛玉环研究员为项目负责人的课题组，率领10余名地质专家从2003年7月起开展大龙洞地下河流域的地质调查，调查面积200平方千米。同时委托湖南省地勘局水文工程、地质一队承担该流域1/5万水文地质调查以及库岸1/1万和坝区1/2千综合地质调查，进行了多方法地面物探、工程地质钻探及井内物探与压水试验等工作内容。

2004年3月16日至4月3日，桂林地科所和州水利局共同组织中美专家联合对大龙洞地下河系统进行洞穴探险。目的是调查地下河管道及与其可能连通的竖井、落水洞的空间发育特征。探险活动队长为美国水文地质家、调查员PatKambesis，美方队员有洞穴潜水员、工程地质学家、水文学家、洞穴研究学者、GIS专家、河流水文地质家、摄影师、翻译等美方学者11人，以及桂林地科所专家8人。探险队进行了5次潜水，穿过了350米大龙洞地下通道，绘制了通道纵剖面图。同时对库区鬼尸洞、科甲竖井等6个溶洞进行了探测摄影。事后编写提交了洞穴探险报告。

本科研项目历时一年半，中外数十位地质专家、工程技术人员参与，采用多学科交叉渗透，联合攻关的技术路线，利用3S及计算机技术、现代物探技术、现代示踪技术和自动化探测技术等手段，以岩溶水系统为单元，区域调查与重点调查相结合，通过洞穴探测、物探、钻探、监测、试验、岩样分析等方法，共完成实物工程量28项，于2004年7月提交了《雷公洞防洪水库综合地质调查报告》，为大龙洞地下河流域的开发利用提供了严谨的科学依据。"报告"通过雷公洞水库成库地质环境条件可行性综合分析与研究及成库方案比选，推荐在距大龙洞出口约450米处建坝，正常蓄水位680米，总库容9883万立方米，其中地下库容约2883万立方米，引水隧道经雷公洞—米良洼地垭口至大兴寨，在禾排桥一带设泄洪坝。随后经省水利水电工程咨询公司对"报告"进行评估后，提交了《雷公洞防洪水库综合地质调查评估意见》，报省发展改革委、省水利厅审批后组织实施。

2006年，州水电勘测设计院在原初步设计的基础上，依据综合地质调查评估意见进行技术施工设计，坝址选定综合地质报告推荐方案，确定水库正常蓄水位为640米，总库容2420万立方米，装机3×8000千瓦，多年平均发电量9544万度。同年进行招投标，工程进入施工建设期。由于资金等多方面原因，工程完成施工道路及交通隧道后暂停施工，现属续建工程。

二、屋檐洞溶洼水库工程研究

屋檐洞地下暗河在龙山车水坪、洛塔一带形成溶蚀洼地，控制流域面积65.8平方千米，多年平均降水量1694毫米。屋檐洞出口高程501.3米，进口高程593.1米，暗河全长3.3千米。据1979年及1980年实测资料，洞口排泄水量分别为6875万立方米和10319万立方米，具有良好的开发利用价值。20世纪70年代国家科委进行洛塔岩溶科研会战时，将其列入重点研究项目，1981年9月编写了《湖南洛塔屋檐洞溶洼成库白家坳地段渗漏研究初步报告》。以后水利水电工程技术人员一直在探索开发利用屋檐洞地下水方案，提出在白家坳下部高程535米处建坝，形成约6000万立方米的水库，在下游建两级电站，装机8500千瓦，发电尾水供改善农田灌溉1.8万亩。

1993年，州水电勘测设计院会同龙山县水电局着手进行堵暗河建电站尝试。1994年元月完成《龙山洛塔电站蓄水工程扩大初步设计书》，同年洛塔乡政府组织建坝试堵。1995年试蓄水成功，但由于淹没处理没有解决，涉及面大，被迫炸坝空库。

2003年，开发利用屋檐洞岩溶地下水建设中寨电站再次提上议事日程。由州水电勘测设计院完成可行性研究报告。2004年初又委托省水电勘测设计研究院作进一步的可行性论证，并组织专家对项目进行评审后于2004年12月由湖南省南方水利水电勘测设计院完成初步设计报告。为确保工程安全，投资人在初设地质报告的基础上，委托桂林岩溶地质科研所对电站成库条件进行补充勘察和论证。2005年3月，湘西州水利局批复中寨水电站初步设计报告。

设计方案在屋檐洞封堵地下河道形成地下河水库后，通过3100米地下隧洞将水引至猛西河岸进入厂房发电，水库正常蓄水位646米高程，总库容375万立方米，设计发电水头268米，装机2×5000千瓦。同时利用猛西河右岸大洞地下溶洞取水，用压力钢管引至厂房发电，装机2500千瓦。电站于2009年建成发电。

三、川河介腊洞水库工程研究

在保靖县川河介腊洞暗河中筑坝建库是水利技术人员自20世纪70年代以来一直探索和研究的课题。

川河介腊洞水库地处新华夏系构造第三隆起带的西南段，蛮子腰—水井湾向斜处。库区出露岩石为二选系灰岩，底部隔水层为泥盆系砂页岩。库区控制集水面积 20 多平方千米，多年平均降水量 1534 毫米，年产水量 1473 万立方米。建库成功可增灌稻田 3500 亩，余水经 450 米高差进入卡棚水库库尾发电，装机 3200 千瓦，年发电量 1279 万度。库内淹没损失小，人口搬迁已完成。20 世纪 70 年代曾在暗河中筑坝堵水，但由于地质情况复杂及技术条件制约，水库部分蓄水后，从坝基及坝侧压通，以致不能蓄水。1990 年省九三学社专家组赴湘西岩溶地区考察，对该工程进行调查踏勘后，提交了《湖南省保靖县腊洞溶洼蓄水成库项目建议书》。2001 年，保靖县水电局邀请桂林岩溶地质研究所林玉石研究员及张美良高工，在腊洞做了部分地质调查，并建立了 3 个地下水观测堰，1 个地表水观测堰，1 个雨量站，以后又陆续进行了一系列地质勘察工作。至 2012 年，中南勘测设计院在进行勘测设计工作。地研所的地质环境研究课题仍在继续进行。

四、召市余水洞排涝工程研究

召市位于龙山县中部，属典型岩溶山区洼地，耕地集中，是湘西自治州重要商品粮基地，全镇总人口近 2 万人，人口密集，是该县中部政治、经济、文化中心。贾坝河由东向西贯穿召市，经该镇万坡村地下溶洞余入下游火岩彼渡河。余水洞以上汇集贾坝乡、瓦房乡、辽叶乡、召市镇 187 平方千米的地面径流，由于召市境内地势平坦，上游泥沙淤积河床，万坡余水洞天然暗河口径小，一遇洪水召市镇便洪涝灾害，十年九涝。1998 该地遭受 4 次洪灾，其中最大一次洪水，导致召市镇积水深达 5 米，龙山—召市—吉首公路被淹，中断交通 5 天，沿河两岸 4000 余亩农田受淹 72 小时，冲毁农田百余亩，直接经济损失近 500 万元。当地政府、人大代表曾多次请求整治扩宽过水溶洞，解决排涝除害问题。省委书记杨正午、省水利厅厅长王孝忠，对此十分重视，在要求解决此问题的请示报告上作了批示。

1999 年，龙山县水利电力局组织有关专家及技术人员进行专题研究，寻求治理洪涝灾害方法，经过年余的勘察和调查研究，提出了扩大万坡余水洞天然暗河洞径，增大排涝流量方案。其建设内容为：扩大疏通洼地余水洞进口至下游火岩皮渡河出口 4 千米岩溶隧道，并在出口新建 1000 千瓦水电站一座，从而保护当地 12000 人的生命财产安全，保护农田 3500 亩，新增农田 1600 亩，年发电量 350 万度，同时改善下游火岩风景区旅游资源环境。

第二节　渠道防渗技术

一、渠道防渗发展概况

据 1998 年统计，全州设计干、支渠 1319 条，长 6785 千米，已建 944 条，长 4126 千米。由于历史原因和老化失修，渠系大多存在不同程度的渗漏，渠道利用系数为 0.4 左右。从 20 世纪 70 年代起，在发动群众大搞灌区配套的同时，因地制宜做了一些渠道防渗工作，由于水泥等材料缺乏，只能用三合土及砌块石或条石勾缝的方式进行防渗。实践证明，三合土（黄泥、石灰、山砂）防渗最多可使用两年，浆砌石和条石勾缝防渗效果也不好。从 80 年代中期开始推广混凝土防渗技术，比较适合山区，且经久耐用。90 年代以后，大力提倡高标准渠系建设，从渠道防渗结构形式、材料选用、混凝土标号、施工工艺等方面都提出了更高要求，提出建设"直如线、弯如月、平如镜、坚如铁"的高标准渠道。永顺县松柏水库灌区，通过 5 年配套建设，南、北、中三干渠 117.7 千米、支渠 253 千米、斗渠 375 千米作高标准防渗，渠系利用系数由原 0.26 提高到 0.7～0.9。古丈县接龙渠、保靖县塘口湾水库干渠、龙山县在小型水库推行的"U"形渠，都成为自治州防渗渠道的标准形象工程。

二、渠道防渗技术应用

（1）防渗结构多以矩形断面为主，局部土渠地段也采用梯形断面。在一些新开的渠道中也有采用微梯形断面或采用预制的混凝土 U 形渠。微梯形断面侧墙坡度在 1∶0.2～1∶0.5 之间。这种形式既减少了开挖量，也利于砌体及防渗体的稳定。

（2）防渗材料主要有混凝土、水泥砂浆、浆砌块石、浆砌规格石，同时也试验用 XD-103 防水柔毡。

混凝土防渗是普遍采用的形式，适用于山区渠道的特点，分为预制和现浇两种。现浇混凝土防渗效果好，可减少渗漏量 70% 左右。现浇混凝土板防渗又分几种形式，一种是岩渠或土渠开挖成型直接打上混凝土板。二是浆砌块石后打混凝土板。三是浆砌河卵石后打混凝土板，几种形式根据取材的不同条件选用。

水泥砂浆防渗在 70 年代至 80 年代应用较多。这种形式操作简单，适宜搞群众运动，但缺点是水泥砂浆收缩率高，易产生干缩裂缝，耐久性差。

浆砌块石防渗对于利用当地材料是适宜的，但用这种材料由于防渗砌体不够密实，勾缝的耐久性差而产生渗漏。浆砌规格石防渗虽然可以提高渠道防渗性能，但手工开凿量大，费工费料，不便大规模推广。

为探索防渗新材料在湘西山区的应用，在小排吾水库灌区引进了防水材料厂研制的 XD-103 防水复合柔毡进行试验。该材料防渗效果好，抗破坏能力强，保温防冻害能力好，其造价与混凝土防渗相比可降低 20%～30%。应用前景广阔。

（3）施工工艺。在山区渠道防渗中使用的混凝土骨料大部分由机械碎石而得，为提高工效，用碎石机粉料时采取将筛条焊成稀密相错的办法，所得骨料为粗细混合料，制成的混凝土能满足设计要求。

在浇注矩形断面渠道侧墙的混凝土时，必须立模浇筑，横板采用木模和钢模两种。一般中型水库工程都使用钢模，多数小型水库使用木模。施工时主干渠一般采用机械振捣，支渠或斗渠采用人工插钎并在模板外用锤子敲震的办法。

对于混凝土防渗的渠道是否应沿程设置伸缩缝的问题，当时在湘西州内尚处在争论阶段。一般对于过流量在 1 立方米/秒以上的较大渠道基本上都设置了伸缩缝。伸缩缝填料为沥青杉木条，每隔 10～20 米设一道，施工时与混凝土同浇在一起。对于已成型多年的岩砌渠和在原基岩上开凿的渠道，用混凝土防渗时一般未设伸缩缝，经运行多年来未出现开裂现象。

第三节 病 险 库 治 理

湘西州自新中国成立以来至 1998 年共建灌溉水库 612 座（不包括电站水库），其中中型 9 座，小（Ⅰ）型 104 座，小（Ⅱ）型 499 座。1998 年进行水利普查，全州共有病险水库 208 座，占水库总数的 34％。据专业技术人员对水库大坝进行安全鉴定统计，病险库成因分五类：一是渗漏类，包括坝体、坝基、坝肩和岩溶渗漏，属这一类的有 99 座，其中 32 座已成险库。二是输水涵卧管断裂、垮塌损坏或堵塞类，属这一类的有 70 座，其中 14 座已成险库。三是溢洪道泄洪能力不足，局部滑坡和垮堵类，此类水库有 35 座，其中 29 座已成险库。四是坝身裂缝及坝体局部塌陷类，这一类有 5 座，其中 4 座为险库。其余为白蚁地鼠等动物危害类。2000 年，国家颁布了《水库大坝安全评价导则》（SL 258—2000），州水利局先后组织专家进行了多次水库大坝安全鉴定。至 2012 年，全州共有水库 689 座（包括灌溉水库和电站水库），其中中型 24 座，小（Ⅰ）型 140 座，小（Ⅱ）型 525 座。鉴定结果，共有病险库 590 座，其中中型 16 座，小（Ⅰ）型 109 座，小（Ⅱ）型 465 座，占水库总数的 86％。病险库已成为威胁人民生命财产安全的隐患。

湘西州是一个岩溶山区，岩溶面积占总面积的 50％。在已建的水库中，有 50％的水库坐落在岩溶地基之上。因岩溶地质问题致使 40％的水库成为病险库。对这类水库的治理多采用"灌浆""堵塞""铺盖""围截""压脚""排气""开挖"等技术进行综合治理。

1. 大坝止漏技术

主要技术手段是灌浆。一是对岩溶地基进行固结灌浆及对坝基进行帷幕灌浆止漏。二是对土坝进行劈裂灌浆，用压力将土坝沿轴向劈开成缝，灌注黏土浆液，当压力释放后，土体回弹挤密形成黏土帷幕止漏。三是冲抓套井回填，利用机械将土坝体内渗漏层旧土料取出，更换新的防渗土料，无数新的土柱相套形成防渗体以降低坝体浸润线。四是铺盖，用黏土、水泥砂浆、三合土砌石、浆砌石、土工合成材料等对漏水区段进行铺盖止漏。

花垣县小排吾水库是一座蓄水 1231 万立米的中型水库，建库后由于岩溶渗漏，长期不能发挥效益，且多次出现险情，4 处岩溶渗漏总量达 4.1 立方米/秒。在治理过程中，坝体采用劈裂灌浆，坝基采用帷幕灌浆，对溶洞进行填料堵塞，大坝内坡采用柔毡及混凝土铺盖等综合措施进行治理，现工程已投入正常运行。灌溉面积已达 3 万亩。永顺县松柏水库为均质土坝，坝高 31 米。蓄水 1329 万立方米。工程建成后大坝外坡浸润面积达 2700 平方米，占外坡总面积的 11％。坝身、坝脚漏水点 28 处，漏量 50 升/秒。通过劈裂灌浆治理后经满库蓄水考验，浸润面减少到 100 平方米，减少 96％。渗漏点 10 处，渗漏量仅 0.9 升/秒，减少 98.1％。

龙山贾坝水库蓄水 1374 万立方米，黏土心墙堆石坝，坝高 32.1 米，地基为砂页岩。工程建成后存在三大安全隐患：一是大坝坝坡过陡，心墙错位，外坡脚 2 处漏水量 0.04 升/秒。二是坝体内钢筋混凝土涵管气蚀严重，漏水点 20 处，混凝土剥落曾两次爆裂。三是溢洪道泄洪河堤多次滑动崩垮。治理中采用劈裂灌浆，封堵老涵管，新开 200 米隧道作压力涵管，大坝内外坡翻新整形和疏通加固溢洪道泄洪河等技术措施，使水库投入正常运用。

凤凰县龙塘河水库蓄水 2323 万立方米，均质土坝，坝高 48 米，地基为白云质灰岩。大坝运行 30 年后，在不同坝高段出现漏水，坝外坡渗漏面积达 2144 平方米，漏水量 0.629 升/秒。采用冲抓套井回填、XD－103 防水复合柔毡铺盖及坝脚反滤层返修、外坡开挖导渗等方法进行治理，使大坝浸润面积减少到 128 平方米，渗漏量仅 0.021 升/秒。

2. 涵卧管防渗止漏技术

水库涵卧管渗漏十分普遍，由于其工作面小而长，施工难度也较大。治理方法：对于严重老化垮塌或堵塞的涵卧管采取翻新重修的办法；对于涵卧管与坝体或山体结合面引起的渗漏采用顶压灌浆的办法，效果较好。对于工作面较大、便于施工的混凝土结构涵卧管或压力管，采用硅粉砂浆全断面处理进行补漏已在实际运用中取得成功经验。即在水泥砂浆中掺入一定比例的硅粉，改善砂浆的物理力学特性。1991 年在兄弟河电站压力管补漏中应用，取得良好效果，其特点是施工简便、造价低、工期短，防渗补强效果好。

2003 年，泸溪县技术人员在治理水库涵卧管的实践中，采用 PVC 塑料管替代木模在洗溪镇茶溪水库进行试验，取得理想的应用效果，从而推广到全县其他小型水库的涵卧管处理，工艺简单，节省投资，缩小工期。此项目获 2010 年度全国水利水电科技成果奖。

3. 库区岩溶防渗技术

因工程老化和施工粗放引起库区岩溶渗漏的现象在湘西州十分普遍。其渗漏特点主要有以下几种类型。一是溶蚀裂隙型渗漏。因施工时大面积库盆取土填坝，岩石裸露，经风雨冲洗、风化溶蚀，产生裂隙，构成坝基与库盆良好的漏水通道，出现坝后新泉点。二是悬托河谷型渗漏。大多分布在峰丛洼地边缘，库盆多位于包气带或邻近包气带的一侧，岩溶发育强烈，产生渗漏面广的溶洼水库。三是邻谷型渗漏。成库前地下通道被泥土充填、半充填，蓄水后长时间浸泡，泥团软化，颗粒变细，库底发生塌陷造成渗漏。四是覆盖型渗漏。由于基础清理不彻底而构成沿覆盖土层与基岩交界面隙缝漏水。

针对以上情况，技术人员在实践中总结出以下治理方法：

（1）帷幕灌浆法。对于水库基础清基不彻底发生渗漏和坝端漏水的工程进行帷幕灌浆处理，止漏率可达 90％以上。

（2）充填挤压式灌浆法。对绕坝渗漏、邻谷漏水及坝后管涌等问题，采用漏点开挖到基岩，用钢管插入漏水通道内，用混凝土回填固结待凝。灌浆时浆液通过浆路对坝体或渗漏处裂隙、洞隙等通道予以填实和挤压密实，达到止漏目的。

（3）铺堵法。对于库盆天然隔水层破坏严重引起的漏水，涵卧管老化引起的漏水采用铺盖、翻新处理，产生管涌的用浆砌或混凝土堵塞的办法。

凤凰县在治理岩溶水库治漏的实践中取得较大成功，如杨柳冲水库、樱桃坳溶洼水库、锡皮水库、塘桥水库等。大小坪溶洼水库更是典型范例。该水库利用四面环山的自然溶蚀洼地作库盆，截堵伏流溶洞并在入口处建坝蓄水，由于坝基、库区岩溶发育强烈，水库于 20 世纪 60 年代建成后 30 多年因渗漏严重而无法蓄水。90 年代后，水利专家、技术人员经过三年多的勘察、论证，利用钻探、物探等技术手段，找出了 13 个渗漏洞，总断面 380 平方米。后采用充填、帷幕灌浆、深孔水下爆扩挤压回填混凝土、柔毡防渗等进行综合治理，于 1996 年实现了水库正常蓄水。灌溉农田 2.2 万亩。

4. 大坝预应力锚固技术

应用预应力锚杆（索）加固大坝是一种高效经济的加固措施，也是一种新的施工技术。永顺县马鞍山水库大坝最大坝高 31 米，安全鉴定为三类坝，其中最主要的危险因素是：按核定的洪水及坝基参数复核，大坝沿建基面的抗滑稳定安全系数不满足规范要求。设计人员经反复论证，该大坝即使采取新开溢洪道及加强坝基固结灌浆等措施也不能满足抗滑稳定的要求，必须采用预应力锚固设计方案。这是州内除险加固工程的首次尝试。

整个大坝共设预应力锚索 45 孔，其中 2000 千牛的 41 孔，3000 千牛的 4 孔，孔深共计 1994.7 米，锚索选用公称直径为 15.20 毫米钢绞线，锚根采用胶结式内锚头，内锚固段长度为 6 米，所有内锚固段均用 C45 水泥沙浆灌注。实施锚固后，最高坝体沿基建面的抗滑稳定安全系数均满足了规范要求。

锚固坝体方案简单、经济、先进，施工不受洪水影响。与选择加厚坝体方案比，可节省工程投资 15％，缩短工期 40％～50％。本方案主要设计人员为湘西州水电勘测设计院刘宏健工程师。

第四节 计算机应用技术

水情信息服务及计算机区域网络技术是 20 世纪 90 年代以来发展并推广应用的新技术，就是将位于服务器中的各种水情信息通过网络系统传送到查询用户界面，为防汛抗旱指挥部门提供实时信息。这些信息包括水文报汛信息，水情遥测信息，卫星云图信息，水情文档资料等。防汛抗旱指挥中心可以根据所收集的信息资料，经综合分析后下达防洪减灾指令，速度快、简单便捷，时效性强。

1997 年，湘西州水利局在州防汛抗旱指挥中心进行了防汛计算机网络建设，配置了先进的软硬件设备，构建了州、县（市）网域系统。同年 7 月，州防汛抗旱计算机网络指挥系统投入运行。该指挥系统通过网络传递卫星云图、气象信息、水文信息，也可以传递文件报表。其结构是：州局建立局域网，通过拨号方式进入省防汛计算机网络，调取网上信息，传递卫星云图、水文、气象信息。从此，州防汛指挥中心进入了现代化管理的新阶段。随后，全州首届防汛计算机培训班在州水电学校结业。各县（市）防汛办主任及统计人员 16 人参加了培训。

1998 年，全州遭到特大洪涝灾害，防汛网络系统发挥了无可替代的作用，为防汛决策指挥中心动员全州人民防洪抗灾提供了科学依据。

2008 年，州防汛指挥中心着手建设远程视频会商系统，至 2009 年 5 月，全州 8 县（市）都建成了县级远程视频会商系统。2010 年与珠江委社会科学研究院合作在 8 个县（市）重点水库和河段安装了 16 套全天候雨旱、水位视频监测系统，与北京远景三维矿产勘探软件技术有限公司联合开发了湘西州地理信息系统，建立了实时视频信息采集系统，并购置了 3 套移动远程尖兵系统。至 2012 年，湘西自治州山洪灾害监测预警信息管理和共享系统已逐步完善，进一步提高了防汛决策支持的信息化和现代化水平。实现了山洪灾害预警监视、雨情信息查询、预警响应信息查询、基础信息查询、工情信息查询、气象和国土信息查询、山洪灾害快报、县级平台运行状况监视、系统管理等功能。湘西自治州旱情、水情实时监控及防汛抗旱指挥系统现代管理技术得到全面提升。

第五节 水土保持科技示范园

湘西州水土保持科技示范园位于永顺县高坪乡西米村，建于 2003 年，其目的是探索适合湘西州水土流失治理模式，提高治理水平，展示治理成果，加强水土保持宣传。2004年编制完成园区建设的可行性研究报告，湖南省发改委以湘发改农〔2005〕207 号文进行了批复，批准项目总投资 544.80 万元，规划面积 113.33 公顷。主要建设内容为水土保持监测实验区 1 处，植物引种培育实验示范区 10 公顷，水土保持产业开发示范区 36.66 公顷，生态修复示范区 66.67 公顷。

园区自批准建设以后，已累计投入各项建设资金 510 多万元，逐步建立和完善了园区内基础设施、科普展示设施及科学试验设施。一是明确了科技示范园区范围，租用了为期30 年的土地 200 多亩，确保水土保持监测区和植物引种培育实验示范用地，与当地政府及村委会商划保护区面积 66.7 公顷。二是加强了水土流失监测试验的土建工程及观测设施设备配套。完成了水土流失监测试验径流小区建设和试验、管理用房和附属实验设施建设，配备了气象、水文、土壤、植被等观测设备仪器，并于 2006 年 1 月 1 日开始开展水土流失和水保效益监测。2008 年与中国农业大学雷廷武教授合作，在径流小区内安装了LWT－1水土流失自动监测系统。同时制作安装了全州水土流失沙盘，添置了多媒体展示设施。三是引进、培育、推广、保护水土保持植物。对园区土壤进行针对性研究，选择既具有较好的水土保持作用又有较高经济价值的作物开展适应性栽培研究。引进优良经济、绿化苗木 10 余种 3 万余株。如从西安引种的阿富汗大果型黑仔甜石榴，从东北引种的香花槐，从浙江引种的红枫等已获得成功，并在有关县（市）推广采用。在园区建成的苗木繁育日光温室内进行水土保持树种无性繁殖试验，已成功培育了桂花、茶花等观赏性树木的苗木以及葡萄等水土保持经济果木林树种。2010 年在高坪乡羊峰山发现珍稀植物野生的巨花紫檀，在园区通过扦插方式培育了 20 余亩，长势良好。四是开展探索农户庭院经济模式。根据猪—沼—稻—鱼之间的相互关系初步建立了园区种养一体化的农产品生产模式。

科技示范园制定了科学、系统的管理体系和管理制度，配备了专职管理人员和技术顾问。整个园区建设和试验管理井然有序，基本形成了苗木、花卉培育为主的绿化施工产业。除正常的科学试验外，每年培育杉木、马尾松等水保苗木 5 万余株。同时在园区内套种玉米、辣椒，发展生猪、水产养殖和园区绿色旅游等。每年可实现产值 15 万余元。基本实现了自我发展的良性循环轨道。

第二十七章 获奖项目及论文

第一节 获 奖 项 目

1989—2012年，湘西州水利系统广大科技工作者注重科学技术研究与实践，把科技兴水作为第一要务。在勘测设计、施工管理中推广应用新技术、新材料、新产品、新工艺等方面取得了可喜成绩，共获水利部、省水利厅、省科委、州科委科技成果奖48项，其中优秀勘察设计奖8项，工程施工技术奖9项，科技进步奖23项，科技情报奖8项。1993年州水利水电局被水利部授予科技先进单位称号。2001年被省水利厅评为全省水利科教工作先进单位。2003—2006年连续4年被评为省水利科技工作先进单位。2008年9月在省水利科技大会上，州水利局被授予"省水利科技先进集体"称号。

一、优秀勘察设计奖

获优秀勘测设计奖的项目有：陈武元、刘锡初等完成的"兄弟河水电工程岩溶渗漏改变坝址地质勘探"获省水利厅优秀勘测一等奖；杜德文、杨才树等主持设计的龙山县官渡U型渠道工程获省水利厅三等奖；彭大凤、谢建钢设计的折线拱渡槽获省水利厅三等奖；向清芳、刘贤元等主持完成的山区田间排水工程优化设计研究获省科委三等奖；陈昌儒、孙春雷等主持完成的RTS-200实时多任务电力监控系统在龙山电网中的应用获省水利厅三等奖；李学平、黄兴隐等设计的永顺杨公桥110千伏变电站获省水电厅优秀设计二等奖；符辰益、邓启宪等主持设计的马鞍山电站厂房获省水利厅优秀设计三等奖；黎新吉主持设计的花垣县洞溪坪110千伏变电站获省建委优秀设计三等奖。

二、科技进步奖

获水利部科技进步奖的有：刘正清、陆少培等完成的大龙洞水电站技术改造和两级微机实时监控系统研制；栗荣林等完成的PVC塑料管代木板内膜在小型水库涵卧管混凝土浇筑中的应用。

获省科委、省水利厅科技进步奖的有：秦湘界、陈化钢等完成的防雷配电变压器研制；杨永茂、姚波完成的小排吾水库水文特征与岩溶水关系研究；王力平、唐高华等完成的硅粉砂浆在压力钢管混凝土管修补工程中的应用；张明柱、彭先传等完成的湘西岩溶山区泉渍田治理工程试验研究；苏友仁、田应坤完成的杨柳冲水库岩溶坝基漏水灌浆处理；唐世水、李兴文完成的水库斜井式自记水位装置；段维政、姚元祥等完成的湾塘水电站1号、2号机组改造增容；文体武、李绍章等完成的古丈县接龙渠工程；杨永茂、王力平等完成的竖井式开发利用夯彩岩溶地下水工程；杜德文、陈良荣等完成的龙山县凤溪小流域综合治理；肖功伟、袁新民等完成的中小型水库封闭式取水设施研究及应用；田劲松、田昌荣等完成的集水窖饮水安全工程技术应用研究；张一龙、石远景等完成的兄弟河水库启闭台整体抬升技术；肖功伟等完成的大坝外坡封闭式防畜板和防盗式放水卧管推广应用；田军等完成的湖南省风能资源开发利用研究。

获州科委科技进步奖的有：刘兴元、刘川元完成的湘西3779粮援项目水利工程研究和利用；孙中全、杨必好等完成的内水压水导瓦及内水压主轴密封技术；谷加祥、朱维美等完成的农村人畜饮水工程引水管道的水量控制研究。

三、工程施工技术奖

姚波、张齐湘等完成的小排吾水库岩溶防渗堵漏工程获省科委四等奖；彭南龙、邓远衡等完成的马鞍山水电站空腹填渣碎石坝获湖南省水电厅二等奖；王力平、唐高华等完成的兄弟河水电工程牛角屯大坝施工获州科委三等奖；田应坤、龙海七等完成的锡皮水库岩溶渗漏特征和处理技术获湖南省水电厅三等奖；刘子光、田应坤等完成的龙塘河大坝综合治理获省水利厅三等奖；肖功伟、田儒琴完成的凤凰县小孔径浅孔预裂光面爆破技术获湖南省水利厅二等奖；刘川云、张仲文等完成的江泽折线拱支撑式倒虹吸管工程获湖南省水电厅三等奖；黄富贵、王佩璜等完成的长潭岗电站基础处理获湖南省水电厅二等奖；游承云、周笃竹等完成的吉首白岩洞水库炎家桥高水头倒虹管研究及实施获湖南省水利厅三等奖；田开文、马忠荣等完成的古丈县对门冲岩溶地下水堵漏工程获省水利厅三等奖。

四、水利水电科技情报奖

获省科委、省水利厅科技情报奖的项目有：彭先传、邓德好等主持完成的《绿水奏凯歌》科教录像片；张齐湘、罗日新等主持完成的《湘西水利水电》科教录像片；唐高华、谭子玉等完成的"科技情报在竖井施工中的应用"；吕忠源、王佩璜等完成的"搜集加工情报服务长潭岗拱坝基础设计"；沈新平、姚寿春等完成的"QJ系列潜水泵在自治州干旱死角地区应用"；彭先传、彭南龙等完成的"利用科技情报为水利水电建设服务"；莫克明、滕建帅完成的"利用科技信息为防汛服务"（表27-1）。

表27-1　　　　　　　　水利水电科技成果项目一览表

序号	成果名称	完成单位	主要完成人员	奖励时间	奖励等级
一	优秀勘测设计奖				
1	山区田间排水工程优化设计研究	花垣县水电设计室 花垣粮援办水利组	向清芳 刘贤元 张树清 石远景 谭成武	1991年	州科委三等奖 省科委三等奖

续表

序号	成果名称	完成单位	主要完成人员	奖励时间	奖励等级
2	兄弟河水电工程岩溶渗漏改变坝址地质勘探	州水电勘测设计院 花垣县水利电力局	陈武元 刘锡初 邓声棠 唐高华 万明海	1992年	省水电厅优秀 勘测一等奖 省科技进步三等奖
3	龙山县官渡"U"型渠道工程设计	龙山县水电局城郊区水管站 龙山水电设计室	杜德文 杨才树 彭继善 王建国 罗德孝	1993年	省水电厅三等奖 州科委三等奖
4	折线拱渡槽工程设计	州水电局农水站 保靖县粮援办 水利指挥部 保靖县水电设计室	彭大凤 谢建刚 文兴举 喻兴旺 吴凤祥	1994年	省水电厅三等奖 州科委二等奖 省科委四等奖
5	永顺县杨公桥110kV变电站设计	州水电勘测设计院	李学平 黄兴稳 邓启宪 张先满	1995年	省水电厅优秀设计二等奖
6	永顺马鞍山电站厂房工程设计	州水电勘测设计院	符辰益 邓启宪 刘丽琼 王其祥 杨昌俊	1995年	省水利厅优秀设计三等奖
7	RTS-200实时多任务电力监控系统在龙山电网中的应用	龙山县水电公司	陈昌儒 孙春雷 吴文忠 向宏政	1995年	省水电厅三等奖 州科委二等奖
8	花垣县洞溪坪110千伏变电站设计	州水电勘测设计院	黎新吉	2005年	省建委优秀设计三等奖
二	工程施工技术奖				
1	马鞍山水电站空腹填碴砌石坝设计与施工技术	永顺县水电局	彭南龙 邓运衡 谢时雨 宓维孝 彭绥南	1991年	州科委二等奖 省水电厅二等奖

序号	成果名称	完成单位	主要完成人员	奖励时间	奖励等级
2	兄弟河水电工程牛角屯大坝施工技术	兄弟河水电站工程指挥部 花垣县水电设计院 自治州水电设计院	王力平 唐高华 刘贵和 童　俊 欧宏勋	1992 年	州科委三等奖
3	长潭岗水库小孔径浅孔予裂光面爆破技术	凤凰县水电设计室 州水电勘测设计院	肖功伟 田儒琴	1996 年	省水电厅二等奖 州科委二等奖 省科委三等奖
4	小排吾水库岩溶防渗堵漏工程	小排吾水库工程指挥部 自治州水利电力局工管科	姚　波 张齐湘 陈　楷 杨永茂 万明海	1991 年	州科委一等奖 1992 年省科委四等奖
5	锡皮水库岩溶渗漏特征和处理技术	凤凰县水电设计室	田应坤 龙海七 黄福贵 袁新民 肖清文	1992 年	省水电厅三等奖
6	杨柳冲水库岩溶坝基漏水灌浆处理	凤凰县水利电力局工管站	苏友仁 田应坤 李宗堂	1992 年	省水电厅四等奖
7	龙塘河大坝综合治理技术	凤凰县水电局 龙塘河水库大坝防汛指挥部	刘子光 田应坤 熊开武 袁新民 隆冬生	1994 年	水电厅三等奖 州科委二等奖 省科委四等奖
8	江泽折线拱支撑式"自动"倒虹吸管工程设计与施工	永顺县水电局 松柏水库溉区工程指挥部	刘川云 张仲文 宋家兴 张庆修 向朝雨	1997 年	州科委科技进步二等奖 省水电厅三等奖
9	长潭电大坝基础处理	凤凰县水电局	黄富贵 王佩璜 史祖林	2000 年	省水电厅二等奖 省科委三等奖

续表

序号	成果名称	完成单位	主要完成人员	奖励时间	奖励等级
三	科技进步奖				
1	防雷配电变压器研制	自治州电力公司 东北电力学院 武汉市变压器厂	秦湘界 陈化钢 罗文周 伍楚霞	1990 年	省水电厅三等奖
2	小排吾水库水文特征与岩溶水的关系研究	花垣县水利局	杨永茂 姚　波	1990 年	省水利厅科研成果二等奖
3	农村饮水工程引水管道的水量控制研究	州水电职工中专学校 自治州水利电力局	谷加祥 朱维美 罗松青	1991 年	州科委三等奖
4	大龙洞水电站电气技术改造和两级微机实时监控系统的研制	武汉水利电力学院 自治州大龙洞水电站	刘正清 章少强 陆少培 唐晓波 杨同忠	1991 年	水利部科技进步三等奖 州科委二等奖 1992 年省科委四等奖
5	大龙洞水电站水机集中控制和水机微机检控系统研制	武汉水利电力学院 自治州大龙洞水电站	徐睦书 谭玫芳 向玉生 梁　文 陈启卷	1991 年	州科委二等奖 1992 年省科委四等奖
6	湘西岩溶山区泉渍田治理工程试验研究	自治州水利电力局 武汉水利电力学院 永顺县水利电力局	张明炷 彭先传 王修贵 李科进 贺自润 李传生	1992 年	省水电厅二等奖 1993 年省科委三等奖
7	硅粉砂浆在压力钢管混凝土管修补工程中的应用	花垣县水电设计室 自治州水电科教站 兄弟河工程指挥部	王力平 唐高华 彭先传 王烈民 黄明惠	1992 年	州科委三等奖 省水电厅三等奖
8	水库斜井式自记水位装置	泸溪县水电局 岩门溪水库管理所	唐世水 李兴文 郑雪静	1994 年	州水电厅三等奖 州科委二等奖 省科委四等奖

序号	成果名称	完成单位	主要完成人员	奖励时间	奖励等级
9	湾塘水电站1#、2#机组改造增容	龙山县水电公司	段维政 姚元祥 肖　中 段兴武	1995年	省水电厅二等奖 州科委二等奖
10	龙山县凤溪小流域综合治理工程	龙山县水电局 龙山县水土保持站	杜德文 陈良荣 罗德孝 魏承松 郑凯荣	1997年	州科技三等奖 省水电厅三等奖
11	古丈县接龙渠工程	古丈县水电局 接龙渠工程指挥部	文体武 李绍章 周　云 李启丁 向　云	1997年	州科委一等奖 省水电厅三等奖 省科委四等奖
12	竖井式开发利用夯彩岩溶地下水工程	花垣县水电局 州水利工程管理站	杨永茂 王力平 姚　波 万明海 张齐湘	1997年	州科委二等奖 省水电厅二等奖 省科委四等奖
13	内水压水导瓦及内水压主轴密封技术	泸溪县水电公司 洞底电站	孙中全 杨必好 杨昌彬 戴春德 杨　军	1998年	州科委二等奖
14	中小型水库封闭式取水设施研究及应用	凤凰县水电局	肖功伟 袁新民 黄富贵	2000年	州科委二等奖 省科委三等奖
15	湘西3779粮援项目水利工程研究和利用	永顺县水电局 花垣县水电局 保靖县水电局	刘川云 刘兴元	2000年	州科委二等奖
16	吉首白岩洞水库炎家桥高水头倒虹吸管研究及实施	吉首市水利局	游承云 周笃竹 彭齐忠	2000年	省水利厅三等奖

序号	成果名称	完成单位	主要完成人员	奖励时间	奖励等级
17	古丈县对门冲岩溶地下水库堵漏工程技术研究	古丈县水务局	田开文 马忠荣 田昌荣 李绍章 等8人	2007年	省水利厅三等奖
18	PVC塑料管替代木板内模在小型水库涵卧管混凝土浇筑中应用推广	泸溪县水利局	粟荣林 （第一完成人）	2010年	水利部科技成果奖
19	集水窖饮水安全工程技术应用研究	古丈县水务局	田劲松 田昌荣 田宏国 田开文 等7人	2010年	省水利厅三等奖
20	兄弟河水库启闭台整体提升技术	花垣县水利局	张一龙 石远景 黄明慧	2007年	省科委三等奖
21	湘西WFPP3779项目水利工程研究与利用	州水电局 永顺县水电局 保靖，花垣县水电局	高 玲 刘兴元 刘川云 周锡洋 张树清	1999年	科技兴州三等奖
22	大坝外坡防畜板和防盗式放水卧管推广应用	凤凰县水利局		2011年	省科协三等奖 州科委二等奖
23	湖南省风能资源开发利用研究	湘西州水利局	田军等	2012年	省科委二等奖
四	科技情报奖				
1	绿水奏凯歌 （科教录像片）	湘西自治州水利电力局	彭先传 邓德好	1990年	省水电厅二等奖
2	湘西水利水电 （科教录像片）	湘西自治州水利电力局	张齐湘 罗日新 符兴武 喻广源	1990年	省水电厅二等奖

序号	成果名称	完成单位	主要完成人员	奖励时间	奖励等级
3	科技情报在竖井施工中的应用	花垣县水利电力局	唐高华 谭子玉 李茂翔 黄明惠	1990年	省水电厅三等奖
4	搜集加工情报服务长潭岗拱坝基础设计	州水电勘测设计院	吕忠源 王佩璜 何　丰 刘贵和 王其祥	1990年	省水电厅三等奖
5	QJ系列潜水泵在自治州干旱死角地区应用	湘西自治州水利电力局	沈新平 姚寿春 向明华	1990年	省水电厅三等奖
6	利用科技情报为水利水电建设服务	湘西自治州水电局 永顺县水电局 花垣县水电局	彭先传 彭南龙 黄明惠	1993年	省科委三等奖
7	利用科技情报为水利水电建设服务	湘西自治州水电局 州水电勘测设计院 花垣县水电局	彭先传 王佩璜 王力平	1993年	省水电厅二等奖
8	利用科技信息为防汛服务	州水电局防汛办	莫克明 滕建帅	1995年	省科委三等奖

第二节　重点科技成果

一、大龙洞电站技术改造及两级微机实时监控系统研制

1989年，大龙洞电站筹资40万元进行技术改造，邀请武汉水利电力学院专家教授共同研制水机和电气两级微机实时监控系统新技术，把现场操作控制改为中控室集中控制，把水机各种非电量运行参数变成电量，实现两级微机监控，远距离传送，有效地实施电量检测、控制、保护、事故预警及处理等运行工况实时记录，打印制表，大大减轻了工人的劳动强度，改善了运行环境，值班室噪音由96分贝下降到54分贝。为全州小水电站的技术改造、环境改善、微机应用闯出一条新路。

该项目在州内水电站首次采用微机监控技术，时达国内先进水平，省内领先水平。1991 年获水利部科技进步三等奖。

（完成单位：武汉水利电力学院，州大龙洞电站）

（主要完成人员：刘正清、章少强、陆少培、唐晓波、杨同忠）

二、集水窖饮水安全工程技术应用研究

古丈县属典型的岩溶发育干旱地区，是国家重点饮水安全型集雨节水试验项目区。集水窖利用项目区地处亚热带季风气候区，在全年降水相对丰富，降水时段内村寨四周井水相对充裕时，将远近井水引入特定蓄水窖进行常年蓄存，以解决干旱时季岩溶发育地区井水枯涸、无水饮用和灌溉的难题。本项目根据该地区降水时季上分布不均，岩溶地质发育，地表难以蓄水的特点，经过多年调查研究和探索试验，选定集水窖容积为 20 立方米，窖身为圆柱形，内径为 1.5 米，高 2.8 米的混凝土结构的地下深埋式水窖，采取从远近山泉、水井铺设引水管道至集水窖，丰水期引入干净泉井水的方法。经试验后在古丈花兰等村推广，项目村寨农户饮用水得到充分保障，经卫生部门化验，水窖蓄贮水一年以上水质达到饮用水标准。

本项目经济、社会效益显著，为受益户每年节省劳动工日 200 个以上，解决了岩溶干旱死角"旬日不下雨，十里去背水"的状况，受到当地群众和政府好评。2010 年获省水利厅科技进步二等奖。

（项目完成单位：古丈县水务局）

（主要完成人员：田劲松、田易荣、田宏国、田开文等 7 人）

三、PVC 塑料管代木板内模在小型水库涵、卧管混凝土浇筑中的应用和推广

小型水库涵、卧管的断裂、漏水、堵塞是造成病险库的重要原因之一。湘西州小型水库量多面广，治理工作量大，以往采用木板作内模浇筑混凝土更新涵卧管的方法操作工艺复杂，工期长、造价高。本项目工程技术人员经过反复研究和实践，采用 PVC 塑料管代替木板内模，在更新小型水库涵、卧管混凝土浇筑中广泛应用，并总结出一套 PVC 塑料管选型、施工工艺、施工工序等方法。其特点是施工工艺简单，便于推广，缩短了施工预备期，节省了木材，降低了工程造价，止漏效果可达 96％以上，社会经济效益显著，为全州小型病险库治理提供了有益经验。

本项目获 2010 年度全国水利水电科技成果二等奖。

（完成单位：泸溪县水利局）

（主要完成人员：粟荣林）

四、龙塘河水库大坝综合治理技术

龙塘河水库大坝外坡严重渗漏，局部变形失稳，渗流面积达 2144 平方米，渗流量为 0.629 升/秒。1993 年，在坝内坡 635～653 米高程之间采用单排孔冲抓套井回填治理，在 653～666 米高程之间采用 XD-103 防水复合柔毡铺盖防渗，通过汛期高水位检验和测压管观测，坝外坡散浸面积减少到 18 平方米，渗流量降为 0.021 升/秒，并为国家节省资金

208万元，效果十分显著。时为湖南省采用上述综合治理中型水库大坝渗漏第一个成功实例，具有省内先进水平。获州科委技术进步二等奖，省水利厅三等奖。

（完成单位：凤凰县水电局，龙塘河水库防汛指挥部）

（主要完成人员：刘子光、田应坤、熊开武、表新民、隆冬生）

五、折线拱渡槽设计与施工技术

保靖县卡棚水库设计应用折线拱渡槽，槽身断面为U形，纵向为简支，下部采用等截面八字形无铰折线拱支撑结构，拱脚下部采用排架，渡槽最大高度15米，过流量3立方米/秒，其规模全省第一。进口处采用虹吸自动泄水装置，便于自动化管理。工程造型美观，集轻、薄、巧、强、省于一身，时居国内先进水平，得到了世界粮食计划署（WFP）专家团高度评价。1994年度获州科委二等奖，省水利厅三等奖，省科委四等奖。

（完成单位：州水电局农水站，保靖粮援办水利指挥部，保靖县水电勘测设计室）

（主要完成人员：彭大凤、谢建钢、文兴举、喻兴旺、吴凤祥）

六、岩溶山区泉渍田治理工程试验研究

为配合联合国粮食计划署对湖南湘西援助项目（WFP·中国3779项目）的实施，探索岩溶山区泉渍低产田治理工程技术和经验，从1989年起连续三年进行了以暗管排水为主要措施的治理试验。

试验区位于湘西州永顺县松柏乡。试验面积2公顷，土壤母质为石灰岩风化坡积物，田间持水率为38.2%，泉水温度常年保持在15℃左右，四季变幅很小，主要种植一季中稻，平均亩产比正常稻田低40%左右。工程技术人员在武汉水利电力学院专家的指导下，采用导排集中泉眼，吸排分散泉水，截排坎下渗水等三项措施，排除了多余泉水，提高了水温、泥温，改善了土壤理化性状和肥力，为作物生长创造了良好的环境。经治理后水稻生育性状指标大幅提高，水稻产量平均增产210千克/亩。其中集中泉危害的稻田增产299千克/亩；散泉危害稻田平均增产120千克/亩。

本项目获省水利厅科技进步二等奖，省科委三等奖。

（完成单位：州水利电力局，武汉水利电力学院，永顺县水利电力局）

（主要完成人员：张明柱、彭先传、王修贵、李科进、贺自润、李传生）

七、兄弟河水电工程岩溶渗漏改变坝址地质勘探

花垣县兄弟河水库在兄弟河3.2千米峡谷河段内共选择三个坝址，即牛角屯、当家、下寨河三个方案进行优化比较，经过近三年的地质勘探和多次技术论证，最后选定牛角屯坝址作为兄弟河水库坝址。

专家论证，就地质条件而言，下寨河和牛角屯两坝址都具备建坝条件。但下寨河坝址右岸垭口岩溶渗漏严重，处理难度和工程量较大。选定牛角屯建坝可节省工程费用260万元，同时正常水位增加10米，有效库容增加2658万立方米，电站发电装机增加359千瓦，社会经济效益显著。

本项目获 1992 年省水电厅优秀勘测设计一等奖，省科委三等奖。

（完成单位：湘西州水电勘测设计院，花垣县水电局）

（主要完成人员：陈武元、刘锡初、邓声棠、唐告华、万明海）

八、小孔径浅孔预裂光面爆破技术

长潭岗水库大坝为砌石双曲薄拱坝。坝肩基础开挖工作面狭窄，不便使用大中型钻孔设备。经多次试验，采用小孔径浅孔预裂爆破和小孔径浅孔梯段微差爆破技术综合应用，从而达到在钻孔范围内一次性毫秒微差爆除开挖体，并有效地保护建基面不受损伤的目的。

该技术将深孔预裂和梯级微差爆破技术的一般原理和方法，根据孔深、孔径的变化，对爆破参数进行调整、改进、综合，用于小孔径浅孔预裂和梯段微差爆破。先进合理的施工方法为加快工程进度、创造施工安全环境、提高工作效率、确保工程质量和精度创造了条件，同时节省设备购置费 50％，爆破器材 30％，减少基础开挖量 50％，具有显著经济效益和社会效益。

1996 年获省水电厅科技进步二等奖，省科委三等奖。

（完成单位：凤凰县水电设计室，州水电勘测设计院）

（主要完成人员：肖功伟、田儒琴）

九、RTS－200 实时多任务电力调度监控系统

1995 年，龙山县水电公司与西安科技大学远动技术中心合作，共同研制开发 RTS－200 实时多任务电力调度监控系统。该系统集计算机、自动控制、通讯、继电保护多种技术为一体，具有数据采集、计算、统计、画面信息显示，曲线绘制、遥控、模拟、事故报警多种功能，其系统模拟量精度、开关量分辨率等技术指标均达到部颁标准和电网调度实用化要求。

该监控系统硬件采用分布式结构，软件采用 DOS/LRMX 实时多任务操作系统，时与同类系统相比，设计更合理，功能更齐全，具有国内先进水平，在龙山县电网投运后年增加供电量 440 万度。获省水电厅科技进步三等奖。

（完成单位：龙山县水电公司）

（主要完成人员：陈昌儒、孙春雷、吴文忠、向宏政）

十、斜井式自记水位装置

为解决观测洪水峰顶水位变化全过程，提高水位观测精度，泸溪县岩门溪水库管理所利用土坝内坡建一道斜直槽，槽内制作一个圆柱形密封式铁桶作为滚动浮子，当水位上升或下降，滚动浮子也相应升降，从而带动传动绳和自记水位仪工作。于 1994 年 3 月正式投入运行和资料收集。该装置设计合理，技术新颖，性能良好，不受风浪影响，各项技术指标达到国家水位观测规范要求。为湖南省中型水库土坝工程自记水位的第一项研究成果，填补了省内空白，具有推广价值。1994 年获州科委科技进步二等奖，省水利厅三

等奖。

（完成单位：泸溪县水电局，岩门溪水库管理所）

（主要完成人员：唐世水、李兴文、郑雪静）

十一、花垣县兄弟河水库启闭台整体提升技术

兄弟河水库弧形闸门因达不到设计开启高度而影响大坝泄洪，威胁大坝安全，被列入除险加固重点工程。为降低工程造价，缩短工期，工程技术人员经过反复研究，查阅相关技术资料，提出了将原启闭台进行整体提升方案。其特点是在不拆除原有建筑物的情况下，将启闭台提升至设计高度。2003年12月，花垣县水利局和湖南省洞庭水利建设公司合作组织实施，于2005年8月竣工，确保了原启闭台原有的结构、性能及功效，除掉了大坝的安全隐患。社会经济效益显著。获湖南省科技进步三等奖。

（完成单位：花垣县水利局）

（主要完成人员：张一龙、石远景、黄明慧）

第三节　科　技　论　文

撰写和发表科技论文是提升广大科技人员学术水平和创新精神的重要举措，也是宣传和推介水利水电科技成果的窗口。湘西州水利电力局在20世纪90年代就制定了鼓励科技人员撰稿投稿措施，除不定期召开学术交流会评选优秀论文外，还对在各级报刊杂志发表论文的给予适当奖励。1989年，在新中国成立40周年到来之际，为宣传湘西州水利水电建设成就，全州水电系统在中央、省、州报刊上发表稿件107件，其中在《湖南水利》和部级刊物上发表稿件28件，有11篇论文获省级优秀论文奖。1997年，为庆祝湘西自治州成立40周年，州水电局组织编写出版《水利水电论文选集》，从一个侧面反映湘西自治州在水利水电建设中所取得成绩和经验。论文集分"战略研究""抗灾论坛""工程地质""设计与施工""运行管理""水土保持""水利经济""科技教育"及"移民开发"等9个专题，选辑优秀论文62篇，内容丰富、实用性强、可读性好。1999年以来，州水利学会组织学会会员参加湖南省第八届、第九届、第十届自然科学优秀论文评选活动，提交了数十篇论文参与评选，在州、省级评选中取得较好成绩和评价。2000年，州水利学会在举办水土保持学术研讨会的基础上，编辑出版了《水土保持学术研讨会论文集》，内容涵盖"水保论坛""理论与实践""流域经济""经验交流""规划管理"等5个方面共17篇优秀论文。

2011年，州水利局出台《关于加大水利科技创新的实施意见》，设立了科技创新突出贡献奖。其中规定：在国家级及省级刊物上发表论文，科室考核加1~2分，个人奖金1000~2000元，500字以上文章在国家级及省级刊物上或其他刊物上发表的，科室考核分别加0.5分，0.2分，0.1分，个人奖金分别为500元，300元，100元。鼓励科技人员撰写论文和投稿。

水利水电科技论文选编目录见表27-2。

表 27-2　　　　　　　　　　　　　水利水电科技论文选编目录

	论文题目	作者	发表刊物及时间
战略研究	重新认识水利的地位和作用，加快水利产业化进程	符兴武	《水利水电论文选集》1997年7月
	论我州地方电力的地位和发展思路	滕建帅	《水利水电论文选集》1997年7月
	湘西岩溶地区人畜饮水困难解决型式浅析	喻广源　张齐湘	《水利水电论文选集》1997年7月
	浅谈我州水利社会化服务存在的问题及对策	彭英学	《水利水电论文选集》1997年7月
	统一管理水资源，实行水务一体化	彭宗祥	《中国水利》2001年9月
	湘西自治州农村饮水安全工程建设与管理探析	高文化　铙伟术	《中国水利》2011年9月
	发挥群库优势，再展水利宏图	邓启宪	《人民长江报》1999年6月
	再造一个山川秀美的湘西——关于湘西州水土流失治理的思考	符兴武　龙昌舜	水利部《政策研究》1999年2期
	保护水土资源 改善生态环境 促进持续发展	滕建帅	《水土保持研讨会论文集》2000年7月
	浅论发展水电教育与振兴湘西民族经济的关系	刘辉	《湖南职教》
	浅析自治州域经济发展	李晖	《民族论坛》2007年第9期
	关于湘西水利建设的几点思考	符兴武	《民族论坛》2007年第3期
	治水兴州 势在必行	符兴武	《湘西工作》1998年第7期
	提高对水利地位作用认识，加快水利事业发展步伐	符兴武	《湘西工作》1998年第2-3期
	湘西山区水能资源开发利用研究	高文化	《中国水利》2012年1期
	武陵山区农村农业科技发展存在的主要问题及对策建议	高文化	《吉首大学学报》2011年11期
	湖南省风能资源开发利用研究	郑洪、田军等	湖南省水利水电勘测设计研究总院2010年12月
抗灾论坛	加强防洪减灾工作，保障扶贫攻坚实施——湘西州山洪灾害防减对策初探	符兴武　滕建帅	《水利水电论文选集》1997年7月
	湘西自治州干旱规律分析	唐雪松　田建民	《水利水电论文选集》1997年7月
	泸溪县干旱成因分析及对策研究	王文　刘光武	《水利水电论文选集》1997年7月
	浅论永顺县城洪灾机理及防减对策	彭绥南　李科进　赵顺龙　李新生	《水利水电论文选集》1997年7月
	沅水"96.7"暴雨洪水分析	唐雪松	《水利水电论文选集》1997年7月
	泸溪县武溪镇、浦市镇洪水风险图编制	姚志明　龙长庚	《水利水电论文选集》1997年7月
	浅谈山区防汛减灾工作中的信息化建设	周祖斌　吴汝成	《湖南水利水电》2004年第6期
	凤凰县2005年干旱问题思考	周祖斌　吴汝成	《湖南水利水电》2006年第6期
	干旱不能全怪天——对凤凰县干旱的思考	周祖斌　吴汝成	《中国防汛抗旱》2006年第4期

续表

	论文题目	作者	发表刊物及时间
抗灾论坛	渠系老化是水利建设中的突出问题	田应坤	《湖南水电科技论坛》2007年
	山城吉首洪涝灾害引发的思考	高文化　赵光中	第十届自然科学优秀论文评选推荐论文《中国水利》2011年第7期
	永顺县山洪灾害分析及防御对策	彭继华	第十届自然科学优秀论文评选推荐论文
	我州98洪灾及抗灾综述	符兴武	《湘西工作》1998年第8期
	浅谈铺膜技术在病险坝防汛中的作用	田宗越　周中心	《中南水力发电》2006年第2期
	加强河道管理是减轻山洪灾害的重要途径	郭春海　田宗越	《湖南水利水电》2006年第6期
	湘西州干旱成因初探	张齐湘	《水利水电建设》1991年第1期
	湘西自治州干旱灾害的机理	张齐湘	《湖南省水旱灾害研讨会论文选》1995年
	防洪非工程措施抗洪减灾作用显著	符兴武　张齐湘	《湖南水利》1999年第3期
	湘西州山洪灾害的机理特点及对策	张齐湘　彭对喜	《防汛与抗旱》1999年第2期
	加快病险水库治理，减少人为洪涝灾害	张齐湘	《湖南水利水电》2000年第1期
	湘西防汛抗旱工作须彰显的"八个理念"	高文化	中国水利2011年第7期
工程地质	湘西洛塔岩溶发育史	靳立多　吕忠源　林玉石　张顺治	《水利水电论文选集》1997年7月
	在湘西岩溶山区兴建中小型水利水电工程的地质条件浅析	张齐湘	《水利水电论文选集》1997年7月
	湘西州岩溶山区病险库成因及治理技术	张齐湘	《水利水电论文选集》1997年7月
	凤凰县岩溶水库工程老化渗漏的成因、特点及整治对策	田应坤　黄福贵	《水利水电论文选集》1997年7月
	大小坪溶洼水库岩溶渗漏研究及治理技术	田应坤	《全国渠系防渗技术》1999年第3期
	凤凰县锡皮水库岩溶渗漏特征和处理	田应坤　黄福贵	《水利水电论文选集》1997年7月
	兄弟河水库改变坝址工程地质勘察	陈武元	《水利水电论文选集》1997年7月
	保靖县卡棚水库坝址地质条件及基础处理	吕忠源	《水利水电论文选集》1997年7月
	长潭岗水库工程地质条件及岩溶发育特征	史祖林	《水利水电论文选集》1997年7月
	岩溶地区水库漏水与通气调压处理	王佩璜　张齐湘	《水利水电论文选集》1997年7月
	寒武系地层岩溶病险库渗漏特点及治理	郑坛清	《湖南水利水电》2009年
	龙塘河水库大坝渗漏原因及治理技术	田应坤	《全国渠库防渗技术》1998年第3期
	水下深孔爆扩挤压回填混凝土在大小坪强溶洼地成库的应用	田应坤	《全国渠库防渗技术》1998年第4期
	凤凰县岩溶水开发与工程通病治理	田应坤	《中南水力发电》2002年第2期

论文题目	作者	发表刊物及时间
塘口湾水库岩溶渗漏分析	曾志飙 张顺志 张美良	《中国岩溶》1999年第1期
塘口湾水库利用井中透视进行堵漏的效果	曾志飙 张顺志 石明轩	《湖南水利水电》2000年第1期
保靖白岩洞—全塘湾洞穴系统发育特征	曾志飙 张顺志 张美良	《中国岩溶》2000年第2期
白岩洞—全塘湾洞穴及其水资源利用初步研究	曾志飙 张顺志 石明轩	西南师范大学级报2001年第26卷
病险库类型及治理	张齐湘	《农田水利及小水电》1989年第13期
多层状溶洞区建坝蓄水条件分析	张齐湘	《中国水利学会论文集》1989年
杉木河水库大坝设计与施工	彭绥南	《水利水电论文选集》1997年7月
黄石洞水库钢筋混凝土斜墙板堆石坝设计与施工	杨先彬	《水利水电论文选集》1997年7月
单机800千瓦以上小水电水轮机组选择浅析	叶志东	《水利水电论文选集》1997年7月
试论水轮机吸出高度的合理确定	王亚林	《水利水电论文选集》1997年7月
用似柱法计算不等径钢筋混凝土叉管	邓声棠	《水利水电论文选集》1997年7月
对称双坡梁挠度常数计算	邓声棠	《水利水电论文选集》1997年7月
八字折线拱结构在中小跨度建筑物中的应用	谢建钢	《水利水电论文选集》1997年7月
U形渠道均匀流水深的简捷计算方法	谢建钢	《水利水电论文选集》1997年7月
型钢混凝土梁的强度计算	罗桂泉	《水利水电论文选集》1997年7月
活动管式水库表层取水装置	余中珩	《水利水电论文选集》1997年7月
一维模糊动态规划数学模型及其应用	沈新平	《水利水电论文选集》1997年7月
山区特点的渠系建设—试论山区渠道规划	彭先传	《水利水电论文选集》1997年7月
山区田间水利工程的规划与设计	谭成武	《水利水电论文选集》1997年7月
渠道防渗技术在湘西山区的应用	王尚勇 彭先传	《水利水电论文选集》1997年7月
虹吸溢洪管道在渠道上的应用与设计	彭大凤	《水利水电论文选集》1997年7月
岩溶山区泉渍低产田暗管排水试验研究	王修贵 张明柱 彭先传 李科进 李传生 贺自润	《水利水电论文选集》1997年7月
小排吾水库强岩溶地基的帷幕灌浆处理	姚波 张齐湘 熊书成	《水利水电论文选集》1997年7月
坝下涵管及隧道止漏技术探讨	郭述军 田宗越	《中南水力发电》2008年第4期
小孔径浅孔预裂，梯段微差爆破技术在长潭岗拱坝基础开挖中的研究应用	肖功伟 田儒琴	《水利水电论文选集》1997年7月

行标题（左侧竖排）：工程地质；设计与施工

	论文题目	作者	发表刊物及时间
设计与施工	拱坝施工放样	周兴良　王佩璜	《水利水电论文选集》1997 年 7 月
	硅粉砂浆压力混凝土管补漏中的应用	王力平　彭先传	《水利水电论文选集》1997 年 7 月
	山区农村小水电站设计初探	杨祖煊	《湖南水利水电》2010 年 4 期
	浅析佳民冲水电站水能设计	全显明	《湖南水利水电》2008 年第 3 期
	狮子庵过水土坝除险加固处理方案	盛会祥	《吉首大学学报》2008 年 3 月
	山区小型农田水利渠道防渗技术实践与应用	彭宗祥　曾志飙	《湖南水利水电》2001 年 6 期
	保靖县岩溶山区病险库除险加固应用技术与实践	彭宗祥　姚　辉	《湖南水利水电》2011 年 5 期
	复合土工膜在病险库除险加固工程中的应用	田美琼　彭宋祥	《湖南水利水电》2008 年 4 期
	论水利水电工程的施工质量管理	彭英锋	《中国科技纵横》2012 年
	千潭水库在高水位情况下更新闸阀施工技术	田应坤	《湖南水利》2011 年
	PVC 塑料管代木板内模在小型水库涵、卧管砼浇筑中的应用和推广	粟荣林	科技成果申报论文
	"微地形""微气象"对送电线路覆冰的影响	黎新吉	《农村电气化》1998 年
	山区 35～110 千伏线路勘测设计应注意的问题	黎新吉	《湖南水利水电》2008 年
	马鞍山水库大坝预应力锚固设计	刘宏健　邓启宪	《预应力锚固技术论文集》2003 年
	怀化中方 500 千伏变电站加筋土挡墙施工中的若干问题	周政军　徐满华	《湖南水利水电》2009 年 5 期
	中小型水利渠系工程应设置野生动物码头	彭大凤	《中国水利》2000 年第 7 期
	哈妮宫片区小水电代燃料实施方案探讨	杨昌俊	《湖南水利水电》2004 年第 2 期
	水利工程混凝土裂缝的分析及处理	陈开全　丁洪波	《广东科技》2011 年第 1 期
运行管理	湘西自治州水库调度和安全监测浅析	罗日新　陈楷　王尚勇　张齐湘	《水利水电论文选集》1997 年 7 月
	YT 型调速器在运行中的故障浅析	叶志东	《水利水电论文选集》1997 年 7 月
	半自动控制喷灌系统在卡地园艺场应用	杨琳	《水利水电论文选集》1997 年 7 月
	农村电网配电变压器的防雷	李学平	《水利水电论文选集》1997 年 7 月
	小型水利产权制度改革初探	符兴武	水利部《财务会计》2001 年第 3 期
	试论山区农村配电网的整改和管理	李学平	《水利水电论文选集》1997 年 7 月
	改善农村小电网力率的几点作法	王佩璜	《水利水电论文选集》1997 年 7 月
	关于土壤酸碱度影响防雷的浅见	邹金运	《水利水电论文选集》1997 年 7 月
	配电变压器的防雷保护	马宏顺	《水利水电论文选集》1997 年 7 月
	农村高压输电线路分布电容对发电机的助磁效应	陈玉梅　邓启宪	《水电站机电技术》1990 年 3 期

论文题目	作者	发表刊物及时间
白溪关水电站增容及改造的实现	杨祖煊	《中国水能及电气》2010 年 6 期
浅谈基层水管单位的现状与出路	张祖林	《湖南水利水电》2007 年 4 期
花垣县农村饮水安全建设与管理的几点建议	龙　辉	《湖南水利水电》2012 年 4 期
水利规费征收难症结何在	彭宗祥	《中国水政水资源》2000 年 5 月
古阳河污染引发的思考	张二平	第十届自然科学优秀论文评选推荐论文
浅论水利工程管理体制改革	杨祖煊	第十届自然科学优秀论文评选推荐论文
生活小区污水处理方案	湛玉琼	第十届自然科学优秀论文评选推荐论文
泸溪县农田水利建设情况分析与对策	熊　敏	《湖南水利水电》2012 年第 6 期
保靖县小型农田水利重点县建设与管理思考	余文选　朱自坤	《湖南水利水电》2012 年 6 期
地方小水电站开发亟待加强	周政军	《中国科技纵横》2012 年 229
浅谈水利工程建设中的三个管理	刘小中	《管理观察》2010 年 407 期
强化项目管理手段，搞好病险水库治理	饶经国　田宗越	《湖南水利水电》2007 年第 3 期
高家坝水库工程资金测算	宋家兴	《湖南水利水电》2003 年第 12 期
杉木河水库工程管理机制改革方案探讨	李枝仁　瞿远金	《湖南水利水电》2008 年第 6 期
农村水利工程建设及管理现状分析	王东海	《地球》2010 年第 7 期
混凝土施工在水利水电工程中的应用	印　辉	《建材发展导向》2011 年第 10 期
水利工程造价管理存在的问题分析	丁洪波　陈开全	《工程经济》2011 年第 1 期
浅析湘西自治州农村水电站安全管理现状与建议	胡士平	《管理观察》2014 年 414 期
湘西自治州水能资源开发利用现状及对策探讨	胡士平　罗正保	《湖南水利水电》2011 年第 4 期
治理水土流失势在必行——湘西州水土流失现状及防治措施思考	向官清	《水利水电论文选集》1997 年 6 月
衡量小流域治理效益的一项综合指标	刘俊典	《水利水电论文选集》1997 年 6 月
论防治油桐林地水土流失的途径	向官清	《水利水电论文选集》1997 年 6 月
永顺县油桐林地土壤侵蚀与防治	刘俊典	《水利水电论文选集》1997 年 6 月
吉首市水土流失与坡耕地改造	向云清	《水土保持研讨会论文集》2000 年 7 月
因地制宜 科学规划 综合治理 立体开发	邓启宪	《水土保持研讨会论文集》2000 年 7 月
浅析地貌因素与水土保持的关系	魏芳涛	《水土保持研讨会论文集》2000 年 7 月
杉木河流域河道治理方法探讨	瞿运金	《水土保持研讨会论文集》2000 年 7 月
保靖县洪涝灾害成因及小流域治理浅谈	曾志飙	《水土保持研讨会论文集》2000 年 7 月
营造水土保持林的技术要点	饶碧娟	《水土保持研讨会论文集》2000 年 7 月
森林植被与洪涝灾害关系初探	彭林娥	《水土保持研讨会论文集》2000 年 7 月
水土保持是促进农业持续发展的根本途径	王东海	《水土保持研讨会论文集》2000 年 7 月

运行管理

水土保持

	论文题目	作者	发表刊物及时间
水土保持	花垣县水土保持与生态环境建设之我见	彭黎明	《水土保持研讨会论文集》2000年7月
	山区小流域治理的有益探索——永顺县杉木河流域综合治理的启示	赵顺龙	《水土保持研讨会论文集》2000年7月
	水打田小流域治理初探	田贵兴　袁新民	《水土保持研讨会论文集》2000年7月
	浅谈甘溪河小流域治理工程措施	俞兴旺	《水土保持研讨会论文集》2000年7月
	永顺县新华小流域综合治理初探	杨振宇	《国土与自然资源研究》2009年8月
	永顺县水土流失治理模式探讨	瞿运金　丁超金	《湖南水利水电》2005年第8期
水利经济	从新建六个小水电站看小水电事业发展	李祥福　王一非 彭善新　熊钧平	《水利水电论文选集》1997年7月
	浅议小水电站建设的投资与还贷	符辰益　谢小勤	《水利水电论文选集》1997年7月
	从完善技术经济责任制谈设计单位体制改革	舒业勤	《水利水电论文选集》1997年7月
	我县水利行业开展综合经营的现状及对策	吴世和	《水利水电论文选集》1997年7月
	加大生产开发力度　确保移民稳定脱贫	杨胜刚	《水利水电论文选集》1997年7月
科技教育	依靠科技进步　加速水电事业发展	彭先传	《水利水电论文选集》1997年7月
	浅谈发展水电教育与我州稳定脱贫奔小康关系	刘辉	《水利水电论文选集》1997年7月
	对推行"双证书"制度的思考	杨立宁	《水利水电论文选集》1997年7月
	"先独立后相关"四步法	王文华	《吉首大学学报》
	面向基层办学必须调整办学模式	杨立宁	《水利职工教育》
	水工教学应加强实用性	杨剑	《水利职工教育》
	水利建设项目资本金测算与资金筹措分析	马林	《湖南水利水电》2008年第4期
	中小型水库封闭式取水设施	肖功伟	《中南水力发电》2002年9月第3期
	山江水库取水卧管改造	肖功伟　袁新民 黄福贵	《湖南水利水电》2001年第1期
	小孔径浅孔预裂、梯段微差爆破技术	肖功伟　向红	《水利水电科技进展》2002年8月第20卷第4期
	岩溶山区洪涝灾害特征及治理对策	肖功伟	《防汛与抗旱》2002年第3期
	长潭岗水电站拱坝坝肩基础保护开挖	肖功伟	《中国农村水利水电》2000年第6期
	南方岩溶山区渠道防渗的几点浅见	肖功伟	《防渗技术》2000年6月第6卷第2期
	龙塘水库大坝防渗原因分析	肖功伟　向红	《湖南水利水电》1999年第4期
	龙塘河水库大坝渗漏勘探分析和处理措施	肖功伟	《防渗技术》1998年12月第4卷第4期
	水平微差光面爆破在长潭岗坝基保护层开挖中的应用	肖功伟	《湖南水利》1998年第2期

	论文题目	作者	发表刊物及时间
科技教育	小型水库涵、卧管渗漏处理	肖功伟	《防渗技术》1997 年 9 月第 3 卷第 3 期
	湖南凤凰县库坝渗漏处理	肖功伟　田应坤　黄福贵	渠库防渗论文集三秦出版社 1994 年
	现浇细石混凝土在山区渠道防渗中的应用	肖功伟　袁新民　田应坤	《渠库防渗论文集》三秦出版社 1994 年
	治病除险　未雨绸缪	肖功伟　周祖冰	《防汛与抗旱》1996 年第 2 期

第二十八章 学术团体与技术交流

第一节 湘西州水利学会

一、基本情况

湘西州水利学会其前身是湘西州水利电力学会，成立于1979年3月，是全州水利科学技术工作者自愿结合组成的学术性、地方性的非营利性社会团体，是发展湘西州水利科学事业的重要社会力量。学会挂靠湘西州水利局，接受州科协指导和州民间组织管理局的监督管理，并接受湖南省水利学会的业务指导。

学会理事会由会员代表大会选举产生，3~5年改选一次。至2012年已进行了10次换届。

学会的宗旨是团结广大水利科技工作者充分发扬学术民主，开展学术讨论；坚持民主办会，坚持实事求是、与时俱进的科学态度和优良学风；弘扬尊重知识，尊重人才的风尚；倡导"献身、创新、求实、协作"的精神，促进水利科学技术的繁荣和发展、普及和推广，促进水利科技人才的成长和提高。

1993年对全州水利电力学会会员进行清理登记，共有会员233人，分布在八县（市）和州直7个单位，并协助发展湖南省水利学会会员43人。至2010年第十届水利学会成立，发展为25个团体会员单位（其中分会10个），590名个人会员，其中具有高级职称会员18人，中级职称会员200余人。

数十年间，州水利学会充分发挥自身优势，采取以智力开发智力，以智力创造生产力的方式，以科技为先导，以经济建设为中心，为振兴湘西民族水利电力事业，加快山区脱贫致富步伐，给各级领导当好科技参谋，做了大量工作，收到显著效果。

学会的活动经费由三部分构成。一是水利事业费：学会召开全州性会议或重大学术活动，由理事会提出专项报告及预算，报局领导批准后在水利事业费列支。二是会员会费：每年向学会个人会员及团体会员收缴少量会费，作为州学会及分会活动经费的补充。三是开展技术咨询活动收取的费用：各学组开展技术咨询或技术服务按规定收取的费用，税后30%交学会管理使用，70%留作学组活动经费。

2001年2月，州水利学会被州科协评为州直学会工作目标管理先进单位并获一等奖。2003年以来连续4年被评为全省水利学会工作先进单位。

二、历届学会理事会换届情况

第一届州水利电力学会理事会于1979年3月16日成立。学会代表大会选举了以喻广源同志等 35 人组成的理事会。讨论通过了自治州水利电力学会章程《暂行条例》和自治州水利电力学会科技七年规划要点（草案）。选举结果：理事长：喻广源；副理事长：孙友、洪淑文、邓章藻、徐昌钊。

第二届州水利电力学会理事会于 1981 年 3 月 1 日在吉首召开，会议总结上届学会工作，研究布置以后的工作任务，改选了学会理事会。选举了 38 名理事。理事长：喻广源；副理事长：孙友、于竣业、徐昌钊、滕树斌；秘书长：谭斌生；副秘书长：张齐湘。

第三届州水利电力学会理事会于 1982 年 2 月 26 日在吉首召开。会议传达了州科协第三次代表大会精神，总结了 1981 年工作和布置 1982 年任务，研究了搞好学会工作意见，补选了州水电学会理事，理事会成员 39 人。理事长：喻广源；副理事长：孙友、于竣业、徐昌钊；秘书长：谭斌生；副秘书长：张齐湘。

第四届州水利电力学会理事会于 1983 年 3 月 4 日在吉首召开。会议根据省、州科协要求，将上届理事 39 人减少为 23 人（州直 12 人，县局 11 人）。改选结果：理事长：喻广源；副理事长：吴文焕、徐昌钊、刘贵和；秘书长：李端章；副秘书长：张齐湘。

第五届州水利电力学会理事会于 1984 年 3 月 6 日在吉首召开，会议调整改选了学会理事，并就开展职工文化补课、技术培训、学历培训等职工教育问题、科技成果推广等问题进行讨论和布置。理事会改选结果：理事长：喻广源；副理事长：曾绍尹、邓声棠、彭先传；秘书长：罗思贵。

第六届州水利水电学会理事会于 1986 年 7 月 5 日在州水利电力局召开。会议研究表彰从事水电工作 25 年的水利学会会员；学习职称改革文件；研究 86 年科技计划和科技成果；传达贯彻省水利学会会议精神。会议改选了学会理事会。理事长：喻广源；副理事长：曾绍尹、邓声棠、彭先传；秘书长：张齐湘。理事会成员共 25 人。

1988 年 8 月 9—10 日，州水利电力学会在大龙洞电站召开了第六届第八次理事会扩大会议，有 15 位理事到会，喻广源理事长主持了会议，会议内容：

（1）传达省水利学会会议精神。

（2）研究讨论开展学术交流活动的内容：病险库治理研究；水土流失治理研究；渠道防渗、工程老化问题研究。

（3）理事会推荐彭先传为省水利学会理事。

（4）推荐陈楷、董云华为优秀科技工作者；喻广源、彭先传为学会工作积极分子。推荐邓声棠、彭先传、张齐湘发表的 3 篇论文为优秀论文。

（5）充实完善水利学会组织机构，成立水利、水电、排灌、管理 4 个学组。

（6）成立"湘西自治州水利学会科技咨询中心"，确定了机构人员组成。"中心"下设业务部。张齐湘任总经理。

第七届州水利电力学会会员代表大会于 1993 年 11 月 12 日在州水利电力局召开。会议进行换届选举，产生了新的理事会，讨论了新的学会章程。新理事会由 28 人组成，喻广源任名誉理事长；符兴武任理事长；邓声棠、曾绍尹、杨胜刚、彭先传任副理事长；张齐湘任秘书长，沈新平任副秘书长。

第八届州水利学会会员代表大会于 1999 年 5 月 7 日在州水电局召开。上届名誉理事长喻广源、理事长符兴武、州县（市）局会员代表共 40 余人参加大会。会议审议通过了第七届理事会秘书长张齐湘代表理事会作的工作报告，选举产生了 34 名新一届理事会成员。会议一致推举符兴武同志为名誉理事长，选举邓启宪任理事长，谢建钢任副理事长，唐钢梁任秘书长，符辰益任副秘书长。熊伟等 8 人为常务理事。会议决定将原"州水利电力学会"更名为州水利学会。会议讨论通过新的州水利学会章程及州水利学会技术咨询管理办法（试行）。

本届理事会经会员建档登记，个人会员 580 人，团体会员 25 个，学组 6 个，发放了新会员证。

第九届州水利学会会员代表大会于 2004 年 2 月 7 日在州水利局召开。会议审议通过了第九届理事会理事长邓启宪代表理事会作的工作报告，选举了 51 名新一届理事会成员。会议推举翟建凯为名誉理事长，选举符辰益任理事长，唐钢梁、彭英学、熊伟任副理事长，唐钢梁兼任秘书长，莫克明、杨晓莉任副秘书长。

第十届州水利学会会员代表大会于 2010 年 9 月 28 日在州水利局召开。各团体会员单位、各县（市）水利学会、专业委员会共 63 名会员代表参加会议。会议进行换届选举，产生了 42 名新一届理事会成员。推举高文化为名誉理事长，选举符辰益任理事长，彭英学、熊伟、皮少怀、向诸和、向长征、陈杨晖任副理事长，杨桂英任秘书长，莫克明、郭伟任副秘书长，吴利蓉等 19 人为常务理事。

第二节　县（市）水利学会、学组

各县（市）水利学会挂靠各县（市）水利局，既是独立的学术性社会团体，在本县（市）范围开展活动、发展会员，组织学术交流和技术考察等工作，又是州水利学会的团体会员单位、州水利学会分会。分会会员同时注册州水利学会会员，分会理事长兼任州水利学会理事，参加州学会年度理事会，组织分会会员参加州学会组织的学术交流、科技考察等活动。

州水电勘测设计研究院及州大龙洞电站同属州水利学会分会，其建制及活动内容方式同各县（市）水利学会。

为完善和健全水利学会组织，从 1988 年第六届州水利电力学会理事会开始按专业属性成立若干专业委员会（学组）。学组以州水利局相关专业科室和水利行业相关企事业单位为基础，计有水利、水电、排灌、管理、水文、水工、水土保持、防汛减灾、会计等专业委员会（学组），它们既是州水利学会的团体会员单位，又可以独立开展活动或参加其他群体组织开展的专业性会议或学术活动。

为增强组织观念，扩大学会活动经费来源，州水利学会每年向个人会员及团体会员收缴一定的会费。收费标准及管理办法由学会理事会制定，报州民间组织管理部门批准。个人会员每年 2～10 元，团体会员每年 1000～3000 元不等。会费收缴后返回 40% 作为各分会开展活动经费。

第三节　学术交流及考察活动

组织开展水利各专业学术交流和科学技术考察活动是活跃学术思想、促进科技进步、拓展会员视野的重要平台，是学会活动的重点项目之一。

1988年8月，州水利电力学会在州大龙洞电站举办学术交流会，15位会员在会上发言或宣读学术论文，邓声棠《用似柱法计算不等径钢筋混凝土叉管》、彭先传《山区特点的渠道建设》、张齐湘《在湘西岩溶山区兴建中小型水利水电工程的地质条件浅析》等论文受到与会人员一致好评，被评为优秀论文。

1994年4月，州水利学会组织学会会员参与湖南省第八届自然科学优秀论文评先活动，推荐10篇论文参加评选，其中获州优秀论文一等奖1篇，二等奖2篇，三等奖2篇。报省自然科学优秀论文二等奖1篇，三等奖2篇。

1999年9月，组织州水利学会会员50余人进行"三峡工程建设及库区开发综合考察"活动。

2000年8月，在永顺县举办《水土保持学术研讨会》。各县（市）从事水土保持工作的专业技术员、永顺县水土保持试验站人员及相关领导参加了会议。与会人员参观杉木河流域综合治理现场，交流小流域治理经验，广泛探讨山区水土流失成因、治理模式和生态型经济开发方式。会议征集了17篇论文并在大会发言，评选出8篇优秀论文。会后编辑了《湘西自治州水土保持学术研讨会论文集》，受到州科协、省水利学会好评。是年，学会水利、水政、防汛减灾等学组一行14人赴西安、延安、都江堰等西部地区进行水资源管理及水利建设考察。

2001年9月，省水利学会和省水力发电学会水工专业委员会在凤凰县召开水工建筑学术研讨会，州水利学会相关专业会员参加学术交流，提交3篇学术论文受到专家和同行好评。会后在长潭岗水库大坝进行"反拱底板消能设施"科研成果现场参数测试和验收。

2002年10月，全州水利科技大会暨学会理事会在凤凰县召开。水利科技人员代表，州水利学会理事，州水利局、州科协领导，县（市）水利局领导共80余人参加了大会。会议总结了"九五"以来水利系统科技工作者在科技兴水、科技创新方面取得的成绩，提出了新世纪加速水利科技进步，加快全州水利现代化进程的奋斗目标。会议对凤凰县水利局、保靖县水利局等8个先进集体，田应坤、曾志飙等20名先进科技工作者进行了表彰。

2003年9月，湖南省水力发电学会水工专委会、湖南省水利学会水工专委会在广西柳州召开预应力锚固技术研讨会，州水利学会派员参加并提交了由刘宏健、邓启宪撰写的《马鞍山水库大坝预应力锚固设计》论文，受到与会专家好评。

2006年9月，组织学会负责人参加省水力发电学会组织的"学会知识专题讲座"，就全国学会改革、管理体制、学术活动等进行专题讨论和研究。

2007年7月，学会派员参加由省发电学会组织的赴江娅科技考察活动，重点考察电站地下厂房的设计布局和电站自动控制技术。10月派员参加在贵阳市召开的隧道施工技术研讨会。参加在武汉召开的农村小水电技术推广应用研讨会。

2008年11月，组织参加省水力发电学会施工专委会在贵州省余庆县构皮滩大型水电站召开的施工经验交流学术年会。州水利学会参会人员在会上作了《桩井技术在夯库水库除险加固工程涵管封堵中的应用》论文交流发言。

2010年组织业务科室（学组）负责人及各县（市）水利局局长赴广东增城市考察先进治水理念。组织防汛办相关人员赴云南考察学习防汛减灾工作经验，开展技术交流。

第四节　科普宣传与成果推广

（一）1988年，湘西州水利水电局委派张齐湘、罗日新等与清华大学水利系合作，录制《湘西水利水电》教学、科技录像片。本片由清华大学教授戚篍俊执导，率专业技术人员、摄影师等3人来州踏遍山山水水，搜集湘西州水利水电发展的各个元素，录制了一部集湘西地质地貌、行政经济、水资源利用、水利建设、水能资源开发及小水电建设等为主要内容的教学、科技纪录片，彰显了湘西州30年来水利水电建设取得的丰硕成果，宣传水利建设成就。

本片录像资料分存清华大学和州水电局，作为水利水电各专业本科生学习课程中的辅助教材，也可供水利水电战线的工程技术人员在工作实践中观摩和借鉴。

（二）1997年5月，为迎接湘西自治州建州40周年，州水电局组织编辑出版了《水利水电图集》《水利水电画册》《水利水电论文选集》，并录制了水利水电电视专题片。全面总结40年来湘西水利水电建设成就，为宣传湘西，为广大水利科学技术人员的劳动成果提供了展示平台。

（三）1998年，全州遭受洪涝灾害，水利工作重点转入到病险水库治理。为了研究总结水利工程技术人员在治水的长期实践中治理病险水库和渠道防渗技术经验和成果，指导新一轮库渠防渗工作，提高科技创新水平，州水利水电局委托州防汛办主任张齐湘组织相关人员摄制电视专题片《湘西自治州病险库治理及渠道防渗技术》。此片以翔实的资料介绍病险库和渠道严重老化、失修及效益衰减的现状及成因，总结出在治理过程中采取"灌、堵、铺、围、压、排、挖、改"八字技术进行综合治理的经验以及渠道配套和防渗采取的五条技术措施。该片制成光碟后多次在省、州专业会议上展示，为科技兴水、为研究和推广库渠防渗技术提供宝贵经验。

（四）为加速水利科技创新，掌握并实践水利科技的最新成果，2001年9月，州水利学会组织有关会员经过近一年的努力，编辑出版共13万字的《水利水电实用科技信息选编》。《选编》以实用型水利科技及信息为主体，分为3辑。第一辑推介了100余项实用科技；第2辑收集了近200条有关新技术、新产品、新工艺、新材料等方面信息；第3辑作为常用参考资料，选辑湘西州社会经济运行的主要统计数据，全州水利、水能资源开发利用及水土流失治理统计资料，近10年来水利科技主要获奖项目及有关科技方面的政策性文件。

（五）为进行科普宣传，每逢全国科普日、中国水周或世界水日，州水利学会都要配合州科协在吉首街头或到农村乡村发送水利水电科普资料，开设科普橱窗，展示科普图片，开展科技咨询及"科普惠农兴村"等活动。

2007年9月，为配合"全国科普日、湖南开放日"活动，州水利学会参与州科协组织的"土家山寨科普直通车"活动，聘请农、林有关专家在龙山县茨岩塘银山村举办了为期1天的农村实用科技培训，赠送农村实用科技图书500余册。会同各县（市）水利学会分会，创办"节能、环保、健康"科普宣传栏9个，开展科技下乡及培训活动13场次，受培人员3000人次。

为探索农村生态环保、构建和谐社会及解决三农问题等重大课题，学会在永顺县专门进行了清洁小流域的科技调研活动，筹划技术方案，将农村"五改"（改水、改厕、改猪牛栏、改村寨道路、改沼气）与水土保持小流域建设结合起来，建设清洁小流域示范新农村。在永顺县西米乡创建猛洞河水土保持生态环境示范基地，设置水土流失观测场，开展在各种种植条件下的水土流失观测工作。

开展"科技下乡"活动，在泸溪县举办包括各乡（镇）主管水利的副乡镇长、水利员及水库管理人员在内的100余人的防汛应急抢险、水库维护管理、山洪地质灾害避险及水面养殖等综合知识培训班，取得很好效果。

2011年9月在吉首市乾州农贸市场，州水利学会配合州、市科协、湘西州少数民族科普工作队开展全国科普日宣传活动，主题是"节约能源资源，保护生态环境，保障安全健康，促进创新创造"，围绕"水情、水利、水资源"开展系列科普宣传，特制作科普展板12块，发放水利科普小册子和宣传画1000余份，并由3位水利专家进行水利科普知识宣讲和现场咨询。

州水利学会配合州科协在湘西生活网创办"我心中的家乡水"栏目，面向社会征集诗词、摄影和与水文化相关的散文，社会反响良好。

第七篇 >>> 水行政管理

第二十九章　水行政主管机构

第一节　州　水　利　局

　　湘西土家族苗族自治州水利局是湘西土家族苗族自治州人民政府主管的行政职能部门。主要职责是统一管理全州水资源，指导全州水政监察和水行政执法，负责全州水利建设、管理以及水土保持工作，指导全州农村水利和小水电建设管理，主管全州防汛抗旱日常工作。

　　1989年，湘西土家族苗族自治州（以下简称湘西州）水利电力局机关内设3个行政科室：办公室、人事科、计划财务审计科，机关编制数14名，实有人数27人；局直10个全额拨款事业单位：水电职工中专学校、移民办、水利水电总工程师室、机电排灌站、科技情报服务站、农田水利站、电力管理站、水利工程管理站、水电物资供应站、水政水资源站；1个差额事业单位：水利水电勘测设计院，事业单位编制数178名，在岗人数137人。局直辖2个正科级企业单位：州电力公司，有干部职工298人；州大龙洞电站，有干部职工79人。

　　1995年，湘西州水利电力局更名为湘西州水利水电局，机关核定行政编制19名，保留防汛办事业编制8名。其中局长1名，副局长3名，纪检组（监察室）负责人1名，总工程师1名，正副科长（主任）14名，机关后勤服务人员核定事业编制1名，湘西州水利水电局行政、事业编制共计128名。

　　2001年，湘西州水利水电局更名为湘西州水利局，局内设8个行政科室：办公室、人事科、计划财务审计科、监察室、水土保持科、水利科、农村电力管理科、水政科，机关编制数17名，实有人数17名；局直8个全额拨款事业单位：州水利电力工业中专学校（升格时间1996年，副处级机构）、州移民局（升格时间1994年，副处级机构）、州防汛办、州水利综合执法监察支队、州农村地方电力管理站、州水利工程管理站、州水利工程质量监督管理站、州水土保持生态监测站；1个差额事业单位：州水利水电勘测设计院。事业单位核定编制212名，其中全额编制数176名，差额编制数36名，实有人数184人。局直辖1个企业单位：州大龙洞电站，共有干部职工123名。同年，局下设湘源水利水电开发公司、兴沅水利水电开发公司（2008年已注销）两个国有公司。

2004 年，州防办主任高配为副处级。

2005 年，州移民局机构升格为正处级机构，归口州农办管理；州民族水利电力工业学校并入州职业技术学院。2006 年，经州编办核准，湘西州水利局成立州酉水（武水）灌区管理局，局长高配为副处级。2007 年，经州编办同意，州农村地方电力管理站更名为州农村电气化发展中心（局）。是年，湘西州水利局进行机构改革，除参照公务员管理的事业单位州防汛办外，其余事业单位均为独立法人独立核算的二级单位。

2010 年 6 月，湘西州水利局设 7 个内设机构：办公室，计划财务审计科，人事科（老干科），水资源科（湘西州节约用水办公室、河道管理科），水利建设管理科，水土保持科，农村水电建设与水利经营管理科（加挂安全监督科牌子），纪检（监察）机构按有关规定设置。机关行政编制 18 名，配行政后勤服务事业编制 1 名。其中：局长 1 名，副局长 3 名，纪检组长（监察室主任）1 名；科长 7 名，副科长 2 名。机关后勤服务全额拨款事业编制 1 名。

2011 年，州防办升格为副处级机构。

局领导成员任职情况见表 29-1。

表 29-1　　　　　　　　1989—2012 年州水利局领导成员统计

姓名	性别	民族	出生年月	职务	任职时间	政治面貌	文化程度	籍贯
喻广源	男	土家	1929 年 1 月	总工程师	1988 年 6 月—1993 年 4 月	党员	中专	慈利
符兴武	男	苗	1947 年 1 月	党组书记、局长	1988 年 6 月—2002 年 5 月	党员	大专	永顺
张高中	男	汉	1933 年 8 月	党组成员、纪检组长	1988 年 1 月—1993 年 4 月	党员	初中	辰溪
邓声棠	男	汉	1938 年 5 月	党组成员、副局长	1988 年 6 月—1993 年 4 月	党员	大学	龙山
				总工程师	1993 年 4 月—1998 年 5 月	党员	大学	龙山
曾绍尹	男	汉	1940 年 11 月	党组成员、副局长	1988 年 6 月—1998 年 12 月	党员	中专	新化
				调研员	1998 年 12 月—2000 年 11 月	党员	中专	新化
邓德好	男	苗	1936 年 5 月	党组成员、副局长	1988 年 6 月—1993 年 6 月	党员	初中	泸溪
				党组成员、纪检组长	1993 年 6 月—1996 年 5 月	党员	初中	泸溪
龙复兴	男	汉	1938 年 11 月	党组成员、副局长	1988 年 11 月—1994 年 10 月	党员	本科	新邵
杨胜刚	男	土家	1954 年 12 月	党组成员、副局长	1993 年 4 月—1995 年 12 月	党员	大专	凤凰
				党组成员	1995 年 12 月—2004 年 12 月	党员	大专	凤凰
向源忠	男	土家	1941 年 8 月	党组成员、副局长	1995 年 3 月—2001 年 8 月	党员	本科	吉首
刘光跃	男	汉	1965 年 12 月	副局长（挂职）	1995 年 4 月—1997 年 3 月	党员	研究生	宁乡
滕建帅	男	土家	1963 年 1 月	党组成员、副局长	1996 年 9 月—2003 年 9 月	党员	本科	凤凰
				副处级	2003 年 10 月—			
陈金媛	女	汉	1948 年 12 月	党组成员、纪检组长	1996 年 9 月—2007 年 9 月	党员	中专	益阳
谭斌生	男	汉	1939 年 3 月	工会主席	1996 年 10 月—1999 年 3 月	党员	中专	桂阳
姚寿春	男	汉	1939 年 12 月	助理调研员	1997 年 1 月—1999 年 12 月	党员	本科	望城
张齐湘	男	汉	1939 年 4 月	助理调研员	1998 年 5 月—1999 年 4 月	党员	中专	河北

姓名	性别	民族	出生年月	职务	任职时间	政治面貌	文化程度	籍贯
徐延芳	男	汉	1945年1月	副处级	1998年5月—2005年1月	党员	本科	浙江
邓启宪	男	汉	1945年10月	总工程师	1998年5月—2005年10月	党员	本科	桂阳
翟　辉	男	土家	1968年1月	党组成员、副局长	1999年1月—2010年8月	党员	本科	永顺
王一非	男	汉	1954年11月	助理调研员	2001年5月	党员	大专	芜湖
吴利蓉	女	苗	1953年10月	工会主席	2001年8月—2010年12月	党员	大专	花垣
				助理调研员	2010年12月			
				正处级干部				
翟建凯	男	汉	1957年10月	党组书记、局长	2002年5月—2007年12月	党员	本科	黑龙江
姚　波	男	汉	1961年1月	副局长	2003年9月—		大专	花垣
符辰益	男	苗	1956年1月	总工程师	2003年9月—	党员	大专	永顺
贾　圣	男	土家	1962年5月	党组成员、副局长	2003年10月—	党员	大学	保靖
彭英学	男	土家	1957年1月	防办主任	2004年11月—	党员	大专	龙山
唐世林	男	汉	1962年11月	助理调研员	2004年12月—	党员	大学	泸溪
戴金洲	男	汉	1963年3月	灌区局局长	2006年7月—2010年8月	党员	大学	汉寿
张嘉生	男	土家	1955年7月	党组成员、纪检组长	2006年12月	党员	本科	保靖
张大智	男	苗	1951年4月	副书记、副局长、调研员	2007年10月—2011年4月	党员	大专	泸溪
孙　波	男	苗	1958年6月	党组成员、副局长	2008年6月—	党员	大学	辽宁
高文化	男	汉	1964年11月	党组书记、局长	2009年9月—	党员	研究生	石门
朱才茂	男	汉	1964年12月	党组成员、副局长	2010年8月—	党员	大学	汉寿
谷四新	男	汉	1966年6月	灌区局局长	2010年12月—2012年9月	党员	大学	凤凰
				副调研员	2012年9月—	党员	大学	凤凰
莫克明	男	汉	1958年3月	助理调研员	2011年4月—	党员	大专	常德
向长珍	女	土家	1959年9月	工会主席	2011年5月—	党员	中专	永顺
米承胜	男	土家	1965年9月	党组成员、副局长（正处级）	2011年11月—	党员	大学	龙山
程方国	男	汉	1964年10月	灌区局局长	2012年11月—2013年8月	党员	大学	常德

第二节　州级企事业单位

一、州大龙洞水电站

州大龙洞水电站属国有企业，隶属州水利局管理。主要职责是负责电站的生产、经营、管理以及大龙洞风景区的开发、管理和利用。设生产技术科、办公室、人事科、财务科、保卫科、多种经营科、工会、总工室。生产技术科，有运行班、维修班。2012年，在职职工117人，其中中共党员50人，退休职工44人。固定资产原值1665万元，净值976万元。2011年电站被中国农林水利工会委员会授予"全国水利系统和谐企事业单位先进集体"称号。

历任法定代表人（站长）：向玉生（党支部书记）（1984年1月—1991年9月）、张兴宙（党支部书记）（1991年9月—1993年3月）、唐钢梁（1996年5月—1998年2月）、隆锋琪（党支部书记）（1998年2月—2007年4月）、熊隆云（2007年4月— ）。现任党总支书记皮少怀（2007年4月— ）。

二、湘西州水利水电勘测设计研究院

1986年，州水利电力局勘测设计室更名为州水利电力勘测设计院，差额事业单位，定编32人，独立核算。1991年全面质量管理达标验收合格。1992年增加编制4名。1993年4月更名为湘西州水利水电勘测设计研究院。1993年经国家建设部审查认证确定为国家乙级勘测设计研究单位。2003年通过北京中水源禹质量体系认证中心审查，确认为质量管理体系符合GB/T19001-2000-ISO9001：2000标准，取得质量管理体系认证证书。2012年职工57人，其中：高级工程师23人、工程师16人。外聘人员15人。持有水利行业设计乙级、电力行业（水力发电、送电、变电）设计丙级、水资源论证专项乙级资质证书、测绘丙级资质证书、水土保持乙级资格证书。设有水文、工程规划、水工结构、水库移民、农田水利、工程地质、工业与民用建筑、水土保持、水力机械、送变电、工程勘察、概预算等12个主要工程技术专业。

历任院长：陈兴焕、黄明哲、王佩璜、熊伟、滕建帅。

三、湘西民族水利电力工业学校

湘西民族水利电力工业学校原名湘西州水利电力职工中等专业学校，前身是自治州水电职工培训中心。1986年2月，经湖南省教委批准，建立湘西州水利电力职工中等专业学校，为正科级单位，学制为3年。

1992年，经州人民政府同意，申办转建普通中专。

1994年8月，省政府以湘政办函〔1994〕197号文件批准，成立湘西民族水利电力工业学校，升格为普通中专，仍保留原"湘西自治州水利电力职工中等专业学校"的校名，一套班子两块牌子。

1996年2月，经州人民政府以州政发〔1996〕7号文件批准，学校升为副县级单位。

2005年，州民族水利电力工业学校并入州职业技术学院。

四、州电力公司

1989年，内设有政工、财供、行政、生计、技术、用电（三电）6个科室；调度、变电、修试、线路、营业5个车间。干部职工298人，其中工人238人，干部60人。专业技术人员52人，其中高级3人，中级14人。拥有固定资产1.1亿元。逐步发展成为国有中（Ⅱ）、中（Ⅰ）型企业。公司党委书记、经理分别按正县级和副县级配置。

1994年11月21日，经签署协议，湖南省电力工业局代管湘西州电力公司。

1995年2月28日，州电力公司与湘西电业局合署办公，实行"两块牌子，一套人马"的联合运行机制。8月11日，州政府明确州电力公司仍属地方企业，继续归口州水电局管理。代管期间接受双重领导，行政、党务归口州水电局管理，业务管理以州电业局为主。

2000年，经州政府批准，湘西州电力公司无偿、整体划归省电力公司。拥有固定资产3亿多亿元。

公司党委书记向玉生、经理陈诗玖。

五、湘西州水库移民开发管理局

湘西州水库移民开发管理局是州人民政府的移民办事机构。

1994年5月，州移民办升格为副县级事业单位。

1996年1月，州移民开发局成立，为副处级单位，归口州水利局管理。是年2月12日，州移民开发局设办公室、计划财务科、工程管理科3个科室。

1998年7月21日，《湘西自治州移民开发局组织章程》发布。州移民开发局设局长1人，副局长2人，办公室主任1人，工程科长1人，财务科长1人，实行局长负责制，局长为法定代表人。正副局长及科长按干部管理权限任免，办事员由主管部门和本局调配。设置工程科、财务科、办公室3个职能机构。

2002年1月，州移民开发局机构改革"三定"方案实施，内设办公室、工程开发科、技术培训科、计划财务科4个科室，核定事业编制14名，机关人员实行公务员管理。

2005年7月，州移民开发局升格为正处级单位。

2006年3月，州移民开发局归口州农村工作领导小组办公室管理。4月，湘西州移民开发局更名为湘西州水库移民开发管理局。

历任州移民开发局（办）主要负责人：高从忠（1988年1月—1995年3月）、局长杨胜刚（1996年1月—2009年7月）、龙生贵（2009年7月— ）。

六、湘西州水电物资供应站

1989年，事业编制16人，主要职责：负责全州水利水电建设物质供应，站长杨官惠，1995年并入湘西州民族水利电力工业学校。

七、湘西州农村水电及电气化发展中心（州农村水电及电气化发展局）

主要职能：负责全州农村水能资源开发利用管理的有关工作。组织编制全州河流水能资源开发利用专业规划并监督实施。参与拟定全州农村水电发展战略、中长期发展规划并监督实施；依照国家法律法规和技术标准，参与对涉及社会公共安全与公共利益的农村水能利用工程进行监督管理，参与对农村水能资源开发利用项目的审查、核准或审批；按照规定权限和审批程序负责对全州所属水电站及配套电网建设项目的初步设计审批；按照规定权限，对全州水电站建设项目组织竣工验收；负责全州农村水电安全生产的监督管理工作；负责全州农村水电站安全管理分类和年度检验制度的实施，参与所属地方电网及其供电营业区的监督管理，参与所属水电站大坝的安全监管；指导、协调全州水利行业水电企业的技术管理、防汛度汛等工作；负责组织实施水电农村电气化县建设、小水电代燃料生态保护工程、无电地区光明工程等农村水电建设项目的建设和管理；指导全州地方电网建设、管理和改革；指导农村水电行业技术培训；承担全州水能资源调查评价、信息系统建设和全州农村水电统计工作；组织水利行业的招商引资和对外经济合作与交流工作。

八、湘西州水土保持生态环境监测分站

主要职能：负责按国家、流域及省级水土保持生态环境监测规划和计划，对全州水土流失重点预防保护区、重点治理区、重点监督区的水土保持动态变化进行监测、汇总和管理监测数据，编制全州水土保持生态环境监测报告；负责对州内水土保持生态环境监测站点的监测工作的技术指导、技术培训和质量保证，开展监测技术、监测方法的研究及对外科技合作交流工作；负责对州内开发建设项目建设和生产过程中的水土流失进行专项监测。

九、湘西州酉水灌区管理局（州武水灌区管理局）

主要职能：贯彻执行水法律、法规和水利建设管理的方针政策、技术标准、规程规范；负责灌区内水资源的统一调度，水量分配，组织、指导、监督灌区计划用水、节约用水工作。负责制定灌区中长期发展规划，组织编制灌区续建配套、节水改造工程规划、可行性研究和设计报告，负责编制灌区配套改造年度项目实施计划；负责组织灌区配套改造项目的实施和建设管理，按照建设领域"三项制度"的要求，承担配套改造工程项目法人的责任；指导灌区范围基层工程管理单位搞好经营管理、灌溉管理和用水管理，开展多种经营，提高工程和管理单位的效益，促使工程良性运行，自我发展；指导、督促基层工程管理单位搞好工程的维护、管理，确保工程正常运行。

十、湘西州雷公洞防洪水库管理处

主要职能：贯彻执行水法律、法规和水利建设管理的方针政策、技术标准、规程规范；全面负责雷公洞水库的工程建设和运行管理工作；负责水库水资源的统一调度，水量分配，组织、指导、监督水库计划用水、节约用水工作；负责制定水库中长期发展规划；组织编制水库续建配套工程规划、可研和设计报告；负责编制水库配套改造年度项目实施计划；负责组织水库配套改造项目的实施和建设管理，按照建设领域"三项制度"的要求，开展多种经营，提高工程和管理单位的效益，促进工程的良性运行。

十一、湘西州防汛抗旱指挥部办公室

主要职能：承办州防汛抗旱指挥部和州水利建设指挥部的日常工作；负责组织指导全州防汛抗旱工作；负责收集、整理雨情、水情、险情、灾情及上报发布工作；负责组织全州汛前安全检查，督促处理险工隐患，修复水毁工程，落实防汛物资器材的储备和管理；指导防汛抢险队伍和抗旱服务组织的建设和管理；组织制定编发全州内主要河流、城镇、山洪灾害防御洪水预案；负责编制全州中型水库汛期运用方案；组织实施全州防洪抗旱调度；核定全额拨款事业编制 7 名，其中主任 1 名，副主任 2 名。工作人员参照公务员制度管理。

十二、湘西州水利综合监察支队

主要职能：负责宣传贯彻《中华人民共和国水法》《中华人民共和国水土保持法》《中华人民共和国防洪法》《中华人民共和国河道管理条例》等法规；保护全州水资源、水域、河道、水工程、水土保持生态环境、防汛抗旱和水文监测等有关设施；对水事活动进行监督检查，维护正常的水事秩序；对违反水法规行为实施行政处罚或者采取其他行政措施；配合和协助公安、司法部门查处水事治安和刑事案件；受水利水电局委托，负责征收水资源费、河道采砂管理费、河道工程维护管理费、水土保持防治费、水土保持设施补偿等行政事业性收费；负责对县（市）水政监察大队进行指导和监督。

十三、湘西州水利水电工程质量监督站

主要职能：贯彻执行国家、水利部和省有关工程建设质量管理、招投标的方针政策、法律、法规，对全州范围内水利水电工程建设项目有关工程建设质量管理、招投标的法律法规和强制性标准执行情况进行监督检查；负责辖区内及水利水电工程的质量监督、招投标管理和水利建设市场管理工作；按照管理权限分工，负责州管水利水电工程项目的招投标监督管理、报建、签发开工报告和质量监督工作；负责对参与水利水电建设的设计、施工、监理等单位进行资质审查；组织小型水利水电工程施工队伍人员培训；参加受监工程的阶段性验收和竣工验收；按照管理权限参加有关工程质量事故的处理工作，参与查处招投标过程中的违法违规行为。

十四、湘西州水利工程管理站

主要职能：负责全州水利工程项目（灌溉、防洪、除涝、供水、水土保持）的建设实施、施工技术指导、技术咨询服务工作；指导全州水利工程的经营管理，参与水利工程水土资源的综合开发利用；负责水利工程的维护、更新改造、配套建设和安全监测；负责全州以灌溉为主的水利工程水能资源的开发利用及其水电站的建设、经营管理。

第三十章 水行政执法

第一节 组织机构

1989年，湘西州水利电力局设立"水政水资源科（站）"，7名编制，负责水资源统一管理、使用和保护，依法促进水资源综合开发利用，加强对节水的监督和管理以及协调水事活动。吉首、保靖、花垣、永顺、龙山5县（市）建立水政执法机构，配备29人，配置了警服及武器装备。

1990年，州县两级水政水资源机构相继建立开展工作。8县（市）上岗27人，中型水库和电站执法人员82人，有的水库和电站成立治保会，水行政执法队伍初步形成。

1991年，水行政执法试点。凤凰县、保靖县列入湖南省第二批试点县、湘西州第一批试点县，1月份开始，6月份结束。邀请湘西州政府法制办、人大农经委、农委组成11人的验收组，对凤凰、保靖两县水行政执法试点进行验收。在试点的基础上全面开展水行政执法队伍建设。7月25—26日在保靖县召开了8县（市）水电局长、水政股长会议，专门安排了下半年8县（市）水行政执法队伍建设的工作。任命水政监察人员332人，其中专职33人，兼职294人；大专以上文化程度23人，45岁以上71人。

1992年，水行政执法体系建设，任命水政监察员360人，设监察员的区、乡水管站181个、203人，设监察员的工程单位32个、71人。州县（市）局有专职水政监察员31人，兼职55人。

1995年，充实水政队伍力量。凤凰、花垣两县以下属水电系统单位为主，建立了县局统一的经济民警队。在湘西州水文系统任命3名水政监察人员。

1997年，湘西州水政监察支队成立，5个县（市）成立水政监察大队。按照"八化"要求，规范执法队伍。作为试点，吉首市水政监察大队于4月15日正式挂牌成立。保靖县，10月13日水政监察大队挂牌。古丈、花垣、凤凰经过县编委下文，水政监察大队成立。湘西州有水政监察员328人。

1998年2月9日，湘西州水政监察支队挂牌。10月底前，8县（市）经编委批复相继成立水政监察大队，水电局长或副局长担任大队的教导员或大队长，水政股长分别担任大队长或副大队长。支队、大队共定编108人。

1999年，5个县的水政监察大队先后挂牌。执法人员着装持证上岗。至此，8县（市）水政监察大队均已挂牌。

2002年12月，为100名专、兼职水政监察人员配备服装。

第二节 队 伍 培 训

1991年始，8县（市）采取召开水政监察人员会议的方式，培训水政监察员。

1995年，8县（市）办水政监察人员学习班8期，培训300人次。

1997年，10人参加省厅举办的水政监察人员持证上岗培训，湘西州水电局与州法制局配合对8县（市）58人进行了持证上岗培训。7月1日135人获颁《行政执法证》。

1998年，湘西州水电系统第4期水行政执法持证上岗培训班，给考试合格的71人颁发了《行政执法证》。至此已有206人持有《行政执法证》。

1999年6月，第5期水政监察人员培训班，41名考试合格者获得《行政执法证》。9月对水政执法人员进行法律法规考试，参考人员241名，合格率100％。11月组织湘西州水电局干部职工63人，参加州直行政机关《行政复议法》考试。

2001年，8县（市）水政监察大队长及分管副局长共18人，在州局进行行政执法案卷制作培训后，到张家界市永定区水电局、岳阳市、岳阳县水电局进行为期10天学习和现场研讨。

2002年8月，第6期水行政执法人员培训班，培训人员100余名。10月组织县（市）执法人员赴云南昆明市学习、交流和研讨。

第三节 制 度 建 设

1989年，着手建立各项规章制度。

1992年，制定水政监察人员工作制度和岗位责任制。

1999年5月，召开县（市）分管水政副局长及水政股长水行政执法责任制大会，湘西州人大常委会周从玉副主任、农业委、法工委主任、州政府法制局局长、州普法办主任及州水电局在家的3位局长、副局长参加会议，会上宣读了州水电局《水行政执法责任制实施方案的通知》《关于成立水行政执法责任制领导小组的通知》和《关于印发水行政执法有关制度的通知》。编制《湘西自治州水利水电局水政水资源管理及水行政执法制度汇编》，包括4项科室内部管理制度、10项水行政执法制度和水行政执法程序及水行政许可审批程序。行政执法制度有《水政执法人员学习考核制度》《水行政执法主体资格和水行政执法人员执证上岗、亮证执法制度》《重大水行政审批、行政处罚、行政许可、行政强制执行的集体决定制度》《水行政执法案卷备案制度》《水行政执法当场处罚制度》《水行政处罚罚款决定与罚款收缴分离制度》《水行政处罚告知、听证制度》《水事案件申诉、举报办理制度》。县（市）水电局参照执行并接受检查监督。湘西州依法行政领导小组组织州直单位法规科长，在州水电局开了现场会。

第四节　水法规宣传

1989 年，《水法》颁布 1 周年，州县（市）水电局订购水法宣传资料，计有宣传画 1400 张（套）、宣传标语 650 套、水法规 650 套、《中国水资源》小画册 100 本。县（市）采用广播宣传、文艺表演、考试测验等多种形式扩大宣传面。

1990 年 7 月《水法》宣传周，各县（市）成立《水法》宣传领导小组，1 名局领导负责组织。出动宣传车 6 辆，流动宣传 67 个乡镇，听众 51 万人。广播、电视宣传 105 万人次。张贴标语 5407 条，横幅 437 幅，黑板报 31 处，举办电视讲座 10 次。湘西州人大常委会副主任李忠发表专题电视讲话。

1991 年，《水法》列入湘西州第二个五年普法内容。保靖县召开广播、宣传、物资、司法、水电等部门的联席会议，专门研究《水法》宣传周活动。副州长李遨夫在《团结报》发表"合理开发利用保护好水资源"纪念文章。永顺县杉木河水库管理所结合《水法》宣传，发动群众清除了东、西干渠两旁长达 27.5 千米的违法种植植物。

1992 年，县（市）水电局成立"二五"普法领导小组，县（市）水电局长任组长。《水法》宣传周期间，深入到区、乡。着重宣传水法、河道管理条例、采砂收费和水资源管理等有关内容。湘西州水电系统内 1500 多名干部职工参加水法规考试，成绩在 99 分以上的分别给予一、二、三等奖励。

1993 年，在水法规宣传上，水工程集中的地方，以大坝管理条例为重点；河道管理范围内的地域，以河道管理条例为重点；城市以水资源统一管理和实行取水许可制度为重点；对机关各级领导干部，采取不同方法，有针对性宣传。8 月 27—29 日湘西州水电局召开水政工作会议，县（市）水电局长、水政股长、水政专干及州局各科室负责同志参加，学习和讨论《湖南省〈水法〉实施办法》。

1997 年 3 月 22 日，是第 5 届"世界水日"，3 月 22—28 日是第 10 届"中国水周"。县（市）开展形式多样的水法规宣传活动。

1998 年，1 月宣传《防洪法》，副州长李德清发表专题电视讲话，县（市）水电局组织学习《防洪法》50 多次，3 月 4 日至 4 月 30 日，《团结报》刊登水法规知识竞赛试题，内容涵盖《水法》《防洪法》《水土保持法》《水利产业政策》《河道管理条例》。收到参赛答卷 1015 份。评出一等奖 2 名、二等奖 5 名、三等奖 10 名，优胜奖 346 名，吉首市水电局、凤凰县水电局、大龙洞电站等获得参赛组织奖。确定 4 月为"水行政执法活动月"。

2000 年，水法规宣传，在城镇、沿河、沿路、沿街制作安放统一型号的石碑 84 块，跨街横幅 32 幅，耗资 51 万余元。古丈县"四大家"组织 2000 余人参加古阳河义务清障活动，州人大副主任周从玉参加清障劳动。3 月 21 日湘西州水电局举行纪念第 8 届"世界水日"和第 13 届"中国水周"座谈会，州人大、州政府、州依法治州办、州法制办负责人参加会议；3 月 22 日《团结报》第 2 版用一版篇幅刊登了水行政执法内容；州电视台黄金时间播放水法宣传标语一周。

2001 年，县（市）出动宣传车 42 辆到 57 个墟场和 1828 线沿线几个设障严重的施工单位进行水法规宣传。12月4日水政执法人员着装参加依法治州办组织的"四五"普法一条街水法规专题宣传活动，在吉首市团结路《团结报》社门口设宣传台，印发水法规宣传资料1500多份，现场播放《中华人民共和国防洪法》及水土保持与治理的电视宣传片，接待咨询100余人次。配合湖南省河道执法新闻采访团对吉首、古丈两市县的河道执法情况进行宣传报道，制作"依法治河、水畅其流"的电视专题片。

2002年，在《团结报》开辟宣传专版，电视台开辟专栏，街头开展法律咨询服务活动，召开新《水法》宣传动员大会。

2005年，"世界水日""中国水周""水土保持法宣传月"期间，副州长胡章胜在《团结报》上发表题为"坚持科学发展观，实现人水和谐共处"的文章。分管副局长带队，水政、水保科牵头，其他科室配合，走上街头设点进行法律宣传咨询。

2006年3月，《团结报》头版发布了"世界水日""中国水周"宣传口号，湘西电视台播发局长翟建凯就水资源现状接受记者采访的专题新闻。州以上媒体发表文章30多篇。

2008年3月，《团结报》头版发表湘西州水利局局领导就湘西州水资源现状的讲话稿，湘西电视台播发宣传活动主题标语，局领导带队到州幼儿园分发"水滴宝宝"节水宣传画册500余册，组织15名执法人员上街进行水法规宣传。

2009年3月，向70万手机用户发送"落实科学发展观，节约保护水资源"等宣传短信。

至2012年，湘西州水利系统以"中国水周""世界水日"及"水土保持法宣传月"为契机，利用标语、横幅、上街咨询、发放资料、编发短信、印制纸水杯等形式，实施宣传"六进"活动。共出动水法规宣传车809台次，书写标语25000多张，悬挂横幅1000幅，刷写油漆固定标语5000条，张贴宣传画2万余张，发放宣传资料11000多份，举办墟场《水法》知识咨询500次，咨询群众8万余人次。定制纸水杯20000个，投入宣传资金180余万元。

第五节　水行政执法与案件查处

1989年4至5月，开展打击破坏水利水电设施专项行动，出动专案人员602人次，掌握犯罪线索500条，破案395起，破获团伙41个，逮捕54人，治安处罚110人，收审83人，整顿废旧收购摊点174个，挽回经济损失30多万元。

1990年，发生水事纠纷和水事案件176起，查处92起，刑事案件48起，判刑26人，收审27人；治安案件30起，处理43人，拘留30人；行政案件12起，处理24人，追回经济损失3.22万元，罚款8899元；破积案18起。

1991年，发生水事案件118起（水事纠纷8起），其中河道案13起，水工程案76起，水资源案6起，水土保持案2起，其他案21起，直接经济损失329186元。破案78起，挽回经济经损失52697元，判处刑罚8人，行政拘留21人，罚款8470元。保靖县阳朝乡小河寨水库，2月12日被炸鱼的人炸坏了卧管盖板，副主任水政监察员彭宗祥、贾绍金等同志与区乡水政监察员查看现场，找到违法行为人，责成其恢复工程原样，并分别给予

300 元、200 元、100 元的罚款处理。

1992 年，发生水事案件 178 起，其中河道案 22 起，水工程案 138 起。其他案件 18 起，直接损失 335495 元。查处 95 起，刑事处罚 4 人，拘留 19 人，罚款 5450 元，挽回经济损失 29988 元。凤凰县上半年发生电力排灌变压器、启动器被盗 24 处，经水政与公安部门侦破，逮捕 3 人。

1993 年，发生水事案件 271 起，损失金额达 41.8 万元，已查处 168 起，挽回经济损失 18.3 万元，罚款 3.35 万元，判刑 3 人，拘留 35 人。永顺县友谊水库，群众在渠道上私开放水口 22 处，乡水政监察员认真调查落实，对 22 户群众办了 3 天学习班认真学习水法，每户补偿维修费 50 元，罚款 30 元。古丈县公安局同意县水电局成立公安执勤室。8 县（市）成立水电法规执行室 7 个。申请法院强制执行的水事案件 10 起，应诉案件 3 起。

1994 年，发生水事案件 252 起，查处 178 起，拘留 6 人，刑事处罚 10 人，罚款 2150 元，责令赔偿 48850 元，追回经济损失 23 万元，解决水事纠纷 23 起。

1995 年，共发生水事案件 116 起，已查处 106 起，拘留 16 人，判刑 8 人，追回经济损失 11 万元，罚款 0.935 万元。保靖、古丈、凤凰县为防范变压器等机电设备被盗，对变压器上防盗锁。凤凰县多数乡镇对电排灌主要设备采取农闲时撤回保管，农忙时派专人守护。

1996 年，查处水事违法案件 72 起，调处水事纠纷 27 起，其中水政及时处理 35 起，申请人民法院强制执行 12 起，追回经济损失 5.28 万元，收缴罚款 2.15 万元，刑事处理 9 人，行政拘留 14 人，警告 8 人。拆除和处理河道违章建筑 17 处。水事纠纷调处：湘西州政府办转发州建设委员会《关于加强我州城镇规划区地下水水资源管理工作意见的通知》中，将开采地下水的审批权划给建委，与《水法》及《湖南省水法实施办法》的规定相违背，湘西州水电局向州政府办、法制局、州人大等部门反映，指出州建委的越权行为，州政府办、州建委承认其工作失误，法制局另发一份补充说明文件。吉首市自来水三厂和州七一化工厂分别在吉首市乾州水电站和磨口滩水电站的库内取水，影响电站发电效益，根据湖南省人民政府关于《湖南省水利工程水费收缴和使用管理办法》的有关规定，电站提出向自来水三厂和七一化工厂收取水费，自来水厂、七一化工厂认为取水点不在库内，故拒付。湘西州水电局派总工程师带队调查，实地测量考核，收集资料，证明取水点在库内，为电站通过法律程序解决问题提供依据。

1997 年，发生水事违法案件 99 起，查处 84 起，调解水事纠纷 42 起，行政强制执行 6 起，申请人民法院执行 1 起，挽回经济损失 3.8 万元，刑事处理 2 人，行政拘留 11 人，警告 11 人。凤凰县落潮井乡牛堰村一组村民唐某某，在牛堰水库大坝左端坝内修建房屋，7 月 19 日凤凰水电局下达"水事违法案件行政处罚决定通知书"，限其在规定的期限内自行拆除违章建筑。唐某某不服，向凤凰县人民法院起诉凤凰县水电局，8 月 29 日法院开庭审理，判决维持凤凰县水电局原处罚决定。此案为湘西州水电系统首例民告官案。

1998 年，发生水事违法案件 68 起，查处 62 起，调解水事纠纷 15 起，行政强制执行 3 起，申请人民法院执行 1 起，挽回经济损失 13 万元，刑事处理 2 人，行政拘留 3 人，警告 5 人，现场处理 19 起。

1999 年，发生水事案件 98 起，查处 94 处，水行政主管部门立案处理 27 处，现场处理 51 起；发生水事纠纷 49 起，解决 47 起。8 月 16 日，湘西州人大专题召开《水法》《防洪法》《水土保持法》等"三法"综合检查会议。9 月初，州水电局 3 位副局长及有关科室的 3 位科长与州人大等部门分成 3 个组，对吉首、古丈、永顺 3 县进行为期一周的执法检查，对发现的问题提出整改意见。

2000 年，水事案件发案 198 起，查处 164 起，结案率 81%，调解水事纠纷 6 起，挽回经济损失 2.7 万元。督促省道 1828 线（吉罗公路）改造工程业主单位吉罗公司补编了《水土保持方案》，20 多座大小桥报经水行政主管部门审查备案，汛前清除倾入古阳河内的石渣 50 多万立方米，施工受损的水文站得到补偿。5 月 24 日至 25 日，泸溪县防汛抗旱指挥部组织公安、法院、水电局、司法局、工商局、武溪镇、建委、交通局、移民局、电力等 13 个防汛责任单位，出动执法人员、民工 160 人，铲土机 2 台，依法对武溪镇楠木洲的违章建筑进行强行拆除。县长彭司礼任总指挥长、副县长杨尕祥任副指挥长、县长助理石泽忠、政法委副书记刘勇、水电局局长向远归、武溪镇党委书记戴安任副指挥长。个人（单位）自行拆除房屋 13 栋，4700 余平方米，强行拆除摊棚、临时居民点 430 余个。

2001 年 7 月 9 日，颁布实施《湘西土家族苗族自治州河道管理条例》。汛期前对影响行洪的弃土弃渣的重点设障单位下发了州防指发〔2001〕6 号紧急通知，清除入河土石渣 2 处 1 万立方米。县（市）共清除河道行洪障碍 21 处。4 月 11 日，州人大副主任周从玉率州市人大、市政府领导现场督促，组织执法人员和民工 50 余人，动用挖土机 1 台，运土车 4 辆。撤除土石方 8 万立方米，投入撤除和河岸保护资金 12 万余元，撤除了吉首峒河桐油坪州经协国泰加油站的阻水墙。8 县（市）发生水事案件 36 起，查处 34 起，结案率 94%，调处水事纠纷 36 起。其中河道案 22 起，水工程案 9 起，挽回经济损失 300 多万元。依法审批河道管理范围内建设项目 24 个。督促永顺展小四级公路编制完成水土保持方案。

2002 年，发生水事案件 122 起，立案查处 30 起，现场即时处理 86 起，结案率达 95%。调解水事纠纷 12 起。挽回经济损失 10.2 万元。

2003 年，发生水事案件 60 起，查处 54 起，结案率 90%，其中，河道案 38 起，水工程案 22 起。完成州政府交办的凤凰、吉首两县（市）水事纠纷调查。编制水保方案 38 个，对桑龙公路、省道 1828 线、1801 线、高家坝水库等州内重点工程进行水土保持监督执法，省道 1801 线工程指挥部追加了 1828、1801 线公路沿线的水土保持宣传标志牌费用，桑龙公路补交 8 万元水土保持设施补偿费。

2004 年，发生水事案件 72 起，查处 66 起，其中，河道案 46 起，水工程案 20 起，结案率 92%。

2005 年，发生水事案件 68 起，查处 66 起，其中，河道案 40 起，水工程案 26 起，结案率 97%。

2006 年，查处常吉高速公路 31 标段施工便桥碍洪等河道案 8 件。审批水土保持方案 120 余个。其中州水利局审批了猛洞河经济开发区等 4 个开发建设项目的水土保持方案，督促湘西职业技术学院等 4 个开发建设项目编报水土保持方案报告书。查处水土保持违法案件 10 件。

2007 年，共查处水事案件 24 起。州县审批水土保持方案 110 个，查处水土保持违法案件 8 起。

2008 年，查处吉茶高速公路峒河寨阳段未经审批修建 3 座便桥等与河道相关案件 5 件。

2009 年，采取定期与不定期巡查方式，开展全州主要河道的执法检查。查处水事案件 34 起，调处水事纠纷 40 起。清理开发建设项目 650 项，下发整改通知 116 项，33 个建设项目在接到整改通知后及时补办了水土保持方案等审批手续。

2010 年，查处水事案件 12 起，调处水事纠纷 6 起，现场查处了吉首市河溪太阳岛违法占用滩涂开办休闲旅游等与河道相关案件 2 件。

2011 年，审批州管涉河建设项目 6 个、水土保持方案 121 个，验收水土保持设施 98 个。查处水事案件 58 起，调处水事纠纷 16 起。开展水土保持执法检查 486 次，检查生产建设项目 230 个。

2012 年，实施涉河违章建筑专项整治行动，8 县（市）查处水事案件 58 起。督办查办泸溪县白沙自来水厂未批先建等 4 件水事案件。对水利建设、工业园区、交通建设等项目开展水土保持监督执法。州县制定地方性规章、规范性文件 10 件，开展水土保持监督检查 194 次，检查生产建设项目 171 个，立案查处水土保持违法案件 7 件，审批水土保持方案 113 个，验收水土保持设施 25 个。

第三十一章　依法行政与安全生产

第一节　依　法　行　政

2010 年 7 月 27 日，湘西州水利局印发了《湘西州水行政处罚自由裁量权实施基准（试行）》。

2011 年，州水利局下发关于成立贯彻实施《湖南省政府服务规定》领导小组的通知。局政策法规科编写《湖南省政府服务规定》解读授课教案，在局务会和全局干部职工大会上，组织 3 次集中学习《湖南省政府服务规定》。8 县（市）水利（水务）局通过各种形式学习和宣传《湖南省政府服务规定》。组织相关业务科室工作人员参加依法治州办举办的法制宣传教育骨干培训班，组织水利系统干部职工参加"六五"普法学习和考试。

完成州水利局行政审批权事项清理工作，清理出行政许可审批权限不可下放到县（市）12 项，行政许可审批权限可以下放到县（市）6 项，非行政许可审批权限不可下放到县（市）6 项，非行政许可审批权限可以下放到县（市）2 项。完成《湘西自治州水利局政务服务事项汇编》，通过省、州纪委审改办和省、州法制部门审查，上报省纪委审改办和省法制办在网上发布公开。根据省政府要求，州水利局依法办理水行政许可审批事项由原来的 18 项变更为 16 项，直接将 2 项审批事项下放到县（市）水利（水务）局。响应州委、州政府推进州府共建共管要求，清理并下放 5 项行政审批事权给吉首市水利局。同时在湘西水利网站上公布行政审批目录、行政审批项目运行制度和流程，接受社会监督。完成州水利局行政执法依据清理工作。完成《湘西自治州水利局行政执法依据》清理修订工作，通过州法制办审查，上报省法制办在网上发布公开。州水利局发布《湘西自治州水利局行政执法依据》的通知，同时将《湘西自治州水利局行政执法依据》在湘西水利网站发布。指导 8 县（市）水利（水务）局完成各自行政执法依据清理修订。

2012 年，在局务会和全局干部职工大会上，组织 3 次集中学习《湖南省行政程序规定》《湖南省政府服务规定》《湖南省湘西州水行政处罚自由裁量权实施基准（试行）》等政策和法规。局领导和水行政执法人员共 19 人参加州法制办普法培训和考试，换发新的执法证件。局县处级领导全部参加州依法治州办举办普法学习和考试。全体干部职工参加了"六五"普法学习和考试。4 月 16—23 日，组织全州县（市）乡（镇）水管员在湘西职院进行集中培训。年内编印《水利法制建设与水利安全监督管理》教材。

是年，量化分解政务公开具体责任到各科室站队（局），落实 3 名信息员（办公室 1 人、政务窗口 1 人、法规科 1 人），确保政务公开工作长期稳定开展。制定州水利局《政府信息主动公开制度》《政府信息依申请公开制度》《政府信息保密审查制度》《政府信息查阅制度》《政府信息公开年度报告制度》《政府信息公开社会评议制度》《政府信息公开责任追究制度》。编制《州水利局政府信息公开指南》《州水利局政府信息公开目录》，并在相关媒体发布。在电子政务系统中公开发布我局办理的 16 项水行政许可事项办理程序，方便业主查询，同时在政务中心州水利局窗口摆放纸介质资料，供办事人员查阅。年初下发《州水利局规范行政权力运行和行政审批程序的通知》。修订完善窗口工作岗位责任制、办事公开制、服务承诺制、首问负责制、一次性告知制、限时办结制等。清理行政审批事项，推行政务公开：将审批事项、标准、内容、程序、时限、服务承诺等在指定网站、媒体和窗口现场公开，供申请办件人员查阅，并接受社会监督。运行"政务服务和电子监察系统"：州局 16 项行政许可、非行政许可审批事项实现网上受理、网上办结和网上告知，接受纪检监察和社会监督。政务窗口共受理水行政许可办件 61 件，在法定时间内办结 61 件，做到办件"零投诉"。

第二节　安　全　生　产

2011 年，州水利局发出《关于调整安全生产工作领导小组成员及明确安全生产责任分工的通知》，调整局安全生产领导小组成员，明确各有关单位安全生产职责，组建安全监督科，加强水利安全生产监管。8 县（市）水利（水务）局成立安全生产领导小组，确定专职人员抓安全生产监管工作。各水利建设项目和管理单位以及农村水电站都配备专职安全员。在年初全州水利工作会议上，8 县（市）水利（水务）局长向州水利局局长递交安全生产责任状。8 县（市）水利（水务）局及时召开本县（市）水利工作会议，在会上分别与各股室和乡镇水利管理单位签订了安全生产责任书。州水利局下发《湘西州水利安全生产工作考核办法》，明确将安全生产工作纳入"一票否决"和年终绩效考核内容。州、县（市）水利（水务）局领导班子成员在州、县（市）安委会建立安全生产电子档案。

州水利局将安全生产与防汛、水利水电建设管理等业务工作一并部署、一并检查、一并考核、一并奖惩。年内，在汛前、汛中、汛后、"安全生产月"活动期间以及庆祝建党 90 周年之际，州、县（市）水利水务局共组织水利安全生产专项督查组 28 个（次），排查治理隐患单位 682 个（处），发现隐患 547 处，完成整改 510 处，37 处安全生产隐患已经建立台账，落实了整改措施、整改资金、整改期限、整改责任人和应急预案，累计落实治理资金 530 万元。

州、县（市）水利（水务）局成立"安全生产月"活动领导小组，围绕"安全责任、重在落实"主题制订活动方案。泸溪县水利局重视对农民工培训，在上岗前必须经过三级安全教育，不让未经安全教育和培训不合格人员上岗作业；永顺县水利局重点抓水利水电工程施工安全，在现场对水利水电施工企业进行安全生产培训指导；保靖县水利局坚持"谁检查、谁签字、谁负责"，实行台账式管理；花垣县水利局于"安全生产月"活动期间在县城边城广场设立应急知识宣传点，还组织全县水电站等企事业单位干部职工共 500 多人参加应急避险知识学习和演练。

州水利局帮扶古丈县河蓬乡创建安全生产示范乡镇。捐赠新电脑、照相机、文件柜和办公桌椅等物资设备，总价值达 5 万多元，改善该乡安监站执法和办公条件。局领导率安监科工作人员多次到该乡指导安全生产工作。

在局《湘西水利》上刊登20多篇涉及防汛安全文章，将安全生产信息及时发布到局网站上，州和县（市）水利系统干部职工参加水利部"全国水利安全生产知识网络竞赛"，参加人数达200多人。

2012年，安全生产工作列入年度目标管理考核范围。制订年度湘西州水利安全生产工作方案，与8县（市）水利（水务）局签订安全生产责任书，安全生产责任落实到单位、到人、到工程、到每一个工作环节。对所有水库、电站等单位实行"一岗双责"，做到安全责任落实全覆盖。每季度召开一次安全生产工作专题分析会。在《湘西水利》《防汛抗旱简报》上刊登涉及防汛安全信息30余条。8县（市）水利系统干部职工200余人参加水利安全生产有奖征文和水利安全生产知识网络竞赛活动。汛前，州防办集中州管水库和电站相关责任人进行安全培训，逐个制订度汛预案，同时，8县（市）水利局牵头对所辖水库、电站、山塘制订度汛预案，确保全州所有水库、山塘、电站实行度汛预案全覆盖。编制《湘西州防汛工作手册》，将8县（市）防汛机构、各防汛单位负责人、责任人、值班人姓名、电话等信息加以集中，防汛值班时随时调度，随时抽查。充分准备防汛抗旱物资，储备砂、卵、块石17.59万方，编织袋及麻袋55.8万条，化纤布17.15万平方米，木材1406方。预留一定的防洪保安资金作为防汛抢险应急资金。防汛和水利安全生产督查，在汛前、汛中和汛后，采用4个层次推进防汛和安全生产隐患排查治理，即水利水电施工单位或生产经营单位自查、县（市）水利（水务）局督促检查、州水利局抽查、"两办"督查室会同州水利局重点督查，出动检查组220个1087人，检查水库633座、山塘8000多口、山洪地质灾害隐患点888处、尾矿库176处。对所检查的每处项目进行登记造册，对查出的问题都提出整改措施、落实整改责任。对难以实行工程治理的，制定安全度汛非工程措施。州防汛办、州水利局于2月15日至3月5日派出6个组深入县（市）检查防汛安全，6月4—8日，州委督查室、州政府督查室与州直相关部门组成5个督查组督查县（市）防汛工作，发现安全隐患相对严重的水库18座、山洪地质灾害隐患21处、防汛重点区域乡村19个。对这些工程、隐患、区域实行重点整治和重点督办。加强与吉首军分区等驻州部队联系，配合部队开展防汛抢险演练和防汛常识教育。8县（市）加大专业抢险队、机动抢险队、群众抢险队的组建和培训力度。开通州县两级防汛抗旱视频会商系统，在16处重点水库、重要河段和15处重点尾矿库安装了远程视频监控设备。州、县（市）、乡（镇）三级共组织开展各种应急演练321次，参加应急演练人数达16.23万人。

是年，州水利局下发《湘西自治州2012年度水利"打非治违"工作实施方案》。4月23日，召开涉河违章建筑整治暨水资源管理工作会议，4—6月，开展涉河违章建筑专项整治行动。泸溪县委县政府实行河道采砂专项整治"一刀切"，出动人员2400人次、车辆210车次、船只90艘次、悬挂横幅28幅、发放资料8000余册、清查砂场25个；下达责令停止水事违法行为通知书40份；取缔非法采砂船只40只。

州局帮扶花垣县长乐乡创建安全生产示范乡镇。投入资金3万元，购置电脑、照相机、一体机、专业数码录音笔等设备和器材，解决了该乡（镇）安全生产执法软件的建设。

第三十二章 建 整 扶 贫

1996 年，湘西州水利局派出 6 名干部到永顺县高坪乡参加农村扶贫工作。架设线路、修建渠道、解决人畜饮水等，为高坪乡、长坪村群众办实事。该村虽受洪涝灾害影响，仍获粮食总产 46 万公斤，比 1995 年增产 2 万公斤，局级领导扶持 5 个特贫户。

1997—1999 年，定点扶贫龙山县他砂乡天桥村，帮助进行基础设施建设，发展烤烟等支柱产业。抓引水、修路、通电、建校、种烟、养羊、百合、栽果，解决特困户生产生活困难。完善村支两委班子建设，投入基础设施建设和支柱产业开发及科技兴农资金 32 万元，实现增产增收目标。发动全局党员、团员和干部职工捐款 7300 多元为学生新制桌椅 50 套。

2000 年，制定他砂乡高桥村三年扶贫工作规划和年度工作目标；加强以村党支部为核心的村级组织建设；发展党员积极分子 3 名，新党员 1 名。出资送 1 名后备干部往州农校学习。建立健全组织制度，村民自治章程，村民代表议事制度，村级财务管理制度，村务公开制度，村民评议党员制度，计划生育制度等 14 项制度。重点建设口粮田基础设施，督促协调 2700 米主渠道完工，新建 1 条 500 米支渠，新开稻田 220 亩，新增旱涝保收农田 365 亩，人均旱涝保收面积达到 0.7 亩。投入 15 万元修建水利希望小学，购置 300 套课桌椅，为学生赠送书包 300 个，电脑 1 台。应急解决 100 多人的饮水困难问题。推广农业技术，进行超级稻试点，种植超级稻 30 亩。投入 1 万多元引导村民种植烤烟 263 亩、油菜 420 亩。对特困户的扶持实行领导包户、科室包户，7 名局领导联系 7 户特困户，8 个科室联系 8 户特困户。局长符兴武 6 次到村慰问特困户，看望联系户，现场解决工作组所办事项遇到的难题。其他局领导到高桥村 3 次以上。计财科拿出 2000 元为扶贫联系户修建住房。局领导和各有关科室共为联系户送钱送物 2 万余元。

2001 年，协调投入资金 21 万元，其中基础设施 17.5 万元，组织群众投工 3400 个。新建学生宿舍 7 间、食堂 1 间、教师办公室 1 间，230 平方米。购置 24 架双层床和教学、办公配套设施。对学校的运动场、校门、进校路、绿化带进行整体规划。开通有线电视和程控电话，村民可收看到 8 套电视节目。新修长 700 米的高标准支渠，新增旱涝保收农田 60 亩，人均旱涝保收农田由 0.4 亩增长到 0.58 亩。工作组出资 2.5 万元，给 20 户农户修建沼气池，每户资助 1000 元，支援水泥 1.2 吨。种植烤烟 300 亩，油菜 400 亩，水稻 280 亩，玉米 250 亩，人均产粮 370 公斤，人均纯收入由 710 元增加至 800 元。

2002 年，执行州委"单位包村、干部挂户、一定三年，对象不脱贫，扶持不脱钩"的要求，继续选派 4 名政治素质好、工作能力强、经验丰富的同志进驻扶贫村，投入各类资金 35 万余元，修建学校大门、通村公路和运动场，架设 3000 多米的人饮管道，解决 129 户 860 人、700 余头大牲畜的饮水困难。调整农业结构，培育壮大烤烟、油菜、畜牧三大支柱产业，完善村级有线电视。农民人均产粮 410 公斤，人均纯收入 1100 元。

2003 年，配合乡党委对村支部进行改选。实施科技兴农战略。稳定现有粮食种植面积，利用已经形成的产业，因势利导，开展科学实用技术培训工作，举办各类科技培训班3期600多人次，培育农民技术员4人，科技示范户14户。购买发放科学种田、种烟、养畜、蔬菜栽培等书籍50多册，印发有关资料200多份，放映农业科技培训光盘20余次，在家农民参训面近90%，80%的在家党员掌握了1至2门以上实用技术。培育发展农业支柱产业。采取补助资金，提供肥料，示范引导等办法帮助该村发展烤烟近200亩，新修规范烤房10余栋，村民增收40余万元。配合林业部门退耕还林措施投资4000元购买本地油板栗良种苗，发展板栗种植面积300亩；出资6000多元从永顺购得优质牧草种子，资助植草15亩，发展养猪、养羊示范户10户，该村饲养生猪715头，牛297头，山羊400余只。筹资12万元，新建引水渠道800米，解决近200亩稻田灌溉。增产粮食2.3万公斤，增收近2万元。筹资15万元修建57口高标准沼气池，有53%的农户用上沼气。安排资金30多万元，修建主供水池2个、铺设引水管道5200米、引水支管3000余米，解决209户959人、2000多头大牲畜的饮水困难。投资21万元，改造高压线路2.5千米，低压线路近8千米。扶贫工作组通过各种方式投入资金76万元，兴办实事，村民人均纯收入增加280多元。

2004年，局驻龙山县他砂乡信地村扶贫工作组，投资2万元支持村民种植烤烟385亩，收获烤烟4.8万公斤，收入58万元，人均增收400元。种植板栗800亩、白皮柚120亩。劳务收入60多万元。投入35万元新建通村公路1.5千米、村小学及村部综合楼，完成农网改造，实施沼气池建设。实现通路、通电、通水、通话、通视。着力村级组织建设。充实健全村党支部和村委会，建立健全党员活动室，开展党支部活动，培养3名入党积极分子和3名后备干部。计育宣传和控管，独生子女户和两女结扎户给予政策性扶持，计育检查达标。开展农业实用技术培训。局主要领导多次到扶贫联系点——龙山县他砂乡信地村，实地为困难群众解决实际问题。投入项目资金达40万元，改善扶贫村基础设施薄弱的现状，局系统共为扶贫联系户募捐现金近10000元，衣物386件。

2005年，出资7万元修建龙山县他砂乡光明村村部，送慰问金近3万元，发动党员捐资5000元为特困党员解决住院就医困难。整体推进烤烟、养殖和基础设施建设，扶贫村人均收入增加300元。局党组书记、局长翟建凯先后6次、其他班子成员先后40人次共计95天深入建整扶贫村调研，帮助村民解决实际困难。

2006年，每一个党支部一年为扶贫联系村办一件实事；每位党员结对扶持一户扶贫联系村的贫困户，送观念，送政策，送项目，送科技，送温暖。

2007年，局驻龙山县茨岩塘镇银山村工作组，投资10万元完成1.2千米跨村主干路的扩宽改造工程和全村5.5千米组级与通户道路的水泥路面硬化。投资13万元，完成35口沼气池建设。改善村支两委办公条件，投资15万元建成200多平方米的新村部，设置计生室、电教室、图书室、党员活动室等，配置一套全新广播设备，远程教育设备。重新制作村支部、村委会等各种标牌。规章制度更新上墙，制作安装阅报栏、村务公开栏。落实村农网改造和人饮工程建设计划。确定农业支柱产业发展项目。积极推广科技进村入户，邀请农技人员开展技术讲课。村级班子建设，配齐配强村支两委班子和其他组织，确定3名年轻人为村后备干部培养对象和入党积极分子。确定1名综治专干。计划生育，澄清计划生育对象的底子，独生子女户和两女结扎户在扶持政策上给予倾斜，对计育对象改水、沼气池建设、发展养殖等方面给予重点扶持。

2008 年，投资 125 万元，修建银山村新村部，设计生室、电教室、图书室、党员活动室，配置广播设备和远程教育设备。筹资 15 万元更新完善原有低标准人饮设施，更换 35000 米管道，新建和整修水池 18 个。改造扩宽和硬化 1.2 千米跨村组主干路、7 千米组级与通户道路；落实 35 口 "三改" 沼气池建设计划，完成其中 20 口建设；筹资 8 万元，鼓励扶持农民种植 500 亩白皮柚，可使村民人均年收入增加 400 多元。与有关部门职系，组织外出务工人员 200 多人，劳务年收入 120 多万元，人均收入近 3000 元。复垦抛荒耕地 110 亩，种上玉米、薯类等农作物，人均增收 100 元。建设村级班子，培养有知识、有文化、肯吃苦、具有开拓精神的村级后备干部。通过乡党委和村支部确定了 3 人为村后备干部培养对象和入党积极分子。多种渠道筹集贫困救助资金 3 万元、大米 6 千斤对银山村的五保、特困家庭及受灾户进行慰问和救助。经调查摸底，该村 7 户 26 人纳入农村人口生活低保，85％的人口加入农村合作医疗。受扶村安全饮水等项目建设及村寨建整等基础工作展开。

2009—2010 年，古丈县龙鼻村扶贫工作组以基层组织、基础设施、产业开发和社会事业建设为重点，筹集资金 618 万元，解决村民饮水安全，实现组组通公路，户户通电灯，彻底改善基础设施。实现各类经济增收 142 万元，人均收入增收近 600 元。

2011—2012 年，建整扶贫古丈县龙鼻村，使该村产业开发、村容村貌大为改观，村组织建设逐步加强。完成防洪堤一期工程；启动桐木公路、小学路段道路硬化；解决群众饮水困难；推进茶叶产业化和旅游产业开发。州水利局扶贫工作组获州农村建整扶贫工作优秀工作组。

大 事 记

1989 年

3 月 18 日

水利部农电司司长邓秉礼、电网处处长刘晓田，省水电厅厅长刘红运来州检查小水电建设。

3 月 26 日

省水电厅厅长汪亮诚考察古丈县草塘水电站坝址，古丈县常务副县长龙文辉陪同。

4 月 20 日至 5 月 4 日

世界粮食计划署主管中国项目高级官员梅布里吉斯一行 10 人，考察花垣小排吾、保靖卡栅、永顺松柏 3 个水利片区。

10 月 8 日

省长陈邦柱听取州长石玉珍汇报凤凰长潭岗、花垣兄弟河电站建设资金问题。

1990 年

4 月 20—21 日

国家计委能源投资公司领导踏勘碗米坡水电站坝址，常务副州长欧阳松陪同。

6 月 13 日

全州除龙山外，普降大暴雨，其中泸溪、吉首、古丈降罕见暴雨，死 15 人，伤 346 人；有 30 个乡（镇）110 个村 42800 户 22.6 万人受灾严重；有 1.66 万公顷农作物和一些生产生活设施被冲毁，直接经济损失 1.39 亿元。11 时 40 分至 14 日 15 时 30 分，泸溪浦市镇降暴雨 448.7 毫米，致浦市镇灰洞坳村唐家坨水库［小（Ⅱ）型］垮坝失事、八什坪乡拉豪水电站冲毁。

7 月 3 日

国务院总理李鹏委托民政部副部长张德江察看灾情、慰问灾民，州委书记郑培民、州长石玉珍陪同。

7 月 9 日

州防汛抗旱指挥部下设办公室，为常设机构，科级事业单位，归口州水利电力局管理，定编 7 名。

7 月 24 日

州委、州政府转发《中共花垣县委、花垣县人民政府关于学习雅桥大搞农田水利基本建设的决定》的通知。

7 月 27 日

国家防总、长江委防办、省防办派员查看泸溪灾情和唐家坨水库［小（Ⅱ）型］溃坝现场。

12月5—13日

水利部农电司谷云青副司长、电网处刘晓田处长、移民办张时忠主任、南方处刘处长、电站处刘巍处长、朱永兴高工听取由副州长贾长岳带队汇报吉首—花垣—永顺110千伏线路、移民、电站建设及资金申报工作。

1991 年

1月29—31日

州水电局长喻广源带队向省委副书记杨正午、顾问史杰、水电厅厅长傅声远、省小水电公司领导分别汇报花垣—永顺110千伏输电线路工程建设情况。

3月5—7日

全州水利管理会议在龙山县召开,州水电局副局长邓声棠作工作报告,局长符兴武为会议作总结。会议参观龙山县卧龙水库、兴隆乡、水田、红岩溪、城郊区水管站及华塘乡螺丝滩村渠道工程。

3月11日

州水利电力局职称改革工作领导小组成立,由7人组成,符兴武任组长,统一领导和部署州直水电系统专业技术职务评聘工作。

3月22日

花垣县、泸溪县、凤凰县、古丈县、保靖县、永顺县、吉首市被定为"八五"期间建设的全国第二批农村水电初级电气化县。

3月25日

省水电厅总工程师杨始伍率农田水利建设检查组来州检查农田水利工程建设,州水电局局长符兴武汇报,检查组重点检查了龙山县小型水利工程改革及花垣县小排吾水库灌区配套基建工程。

5月12日

永顺力坪火电厂成功实施州内首次高层建筑定向爆破,拆除45米高烟囱。

5月12日

保靖县卡栅水库大坝附近靠花垣至里耶公路一侧发生山体滑坡,总土石方量12万立方米,公路被毁,交通堵断,大量泥土沙石进入库内。州水电局工程技术人员赶赴卡栅水库研究处理方案。

5月15—17日

全州电力工作会议在吉首市召开,副州长贾长岳等领导到会讲话,会议贯彻了全国农村水电暨第二批农村水电初级电气化县工作会议精神,总结了全州"七五"期间电力工作的成就和经验,部署了"八五"计划第一年的具体任务。

6月7日

州内多数县(市)普降暴雨,泸溪、凤凰两县灾情严重。泸溪县11个乡(镇)受灾,凤凰县14个乡(镇)受灾。州、县领导、水电局局长符兴武组织有关部门、人员迅速赶赴灾区察看灾情,指导救灾。

6月19日

全州冬修水利检查及夏修水利会议在吉首召开。会议表彰10个渠道防渗优质工程（其中：一等3个，二等7个），副州长李遨夫参加会议，局长符兴武就有关检查情况全面总结。

8月13—15日

省水利水电厅计划处、州水电局、怀化水电设计院、州规划建筑设计院、州建委等单位领导和专家对州水利水电勘测设计院推行全面质量管理达标工作进行了预验收，一致认为：州水利水电勘测设计院推行TQC工作，成绩显著，达到乙级勘测设计单位TQC合格标准。

9月4—5日

省水电厅副厅长汪亮诚检查花垣下寨河、塔里、竹篙滩电站及凤凰长潭岗电站建设情况。

9月19—22日

全省水电系统第四届老年门球赛在州水电局举办，8个地区、24个代表队参赛（其中省直7个队，省属单位5个队）。省水电厅、州委、州政府、州体委领导参加开幕式，州水电局局长符兴武致开幕词。比赛结果，前四名：零陵代表队、省水电厅机关1队、省水电设计院代表队、湘西州代表队。古丈代表队被评为精神文明队。

7月中旬至9月底，全州大部分地方连晴，先后出现三至五段日极端最高气温连续5天以上高于35℃酷热高温天气。7月22日至8月底，龙山县总降水量仅21毫米，蒸发量223.7毫米。全州有71座水库、1900口山塘干涸，187条溪河断流，220个乡（镇）受旱，4.2万公顷迟熟中稻和0.26万公顷晚稻有4.15万公顷受旱；1.3万公顷迟熟玉米有0.73万公顷干枯；1600多个村45万人饮用水困难。

11月9日

世界粮食计划署援助武陵山区（WFP3779项目）小排吾水库水利片区工程在花垣县雅桥乡举行开工仪式。

11月20日

龙山县湾塘水电站（装机3台、3.45万千瓦）发电庆典，龙山县县长、工程指挥部指挥长向后兴致辞，省军区司令员蒋金牛到会祝贺。

11月26日

水利部农电司司长邓秉礼，省水电厅厅长刘红运与州委书记郑培民、州长石玉珍交换正确处理大小电网关系意见。

12月30日

州水电局干部档案室经州委组织部验收，评定为三级标准干部档案室。

1992 年

1月2日

省水电厅批复吉首市肖家坪35千伏输变电工程初步设计，同意兴建该工程。强调吉首市地方电力系统组成后，河溪电站仍由州电力公司统一调度。市电网的供电范围由州、市水电局共同商定，并签订书面协议报厅备案。

1月9日

省水电厅总工金德濂一行到花垣兄弟河工程验收；研究保靖狮子桥电站大坝消能池处理方案。

3月10日

州水电局总工程师喻广源荣获首批"科技兴州奖"。

3月16日

湘西州乾州—铜仁110千伏线路工程指挥部成立，曾绍尹任指挥长。

3月23日

州政府决定州电力公司定为州中型二级企业。

4月4日

省水电厅批复永顺至万坪110千伏送电线路工程初步设计，同意兴建永顺杨公桥变电站至万坪火电厂110千伏送电线路，以缓解吉首地区严重缺电状况。

4月8—12日

全州水利管理工作会议在花垣召开。

4月13日

省水电厅批复湘西州乾州变电站至贵州省铜仁变电站110千伏送电线路工程初步设计，同意架设该条线路，以改善吉首地区当前严重缺电的状况，提高供电保证率。

4月18日

经州水电局研究决定，成立湘西州水利电力开发经营公司。公司实行经理负责制，经济上独立核算。

5月22日

省计委对州计委《关于请求批准竹篙滩水电站立项的请示》作出批复：同意按照花垣河流开发规划，建设竹篙滩水电站。

5月31日至6月4日

水利部农电司工程师江秋菊来州检查花垣下寨河、塔里、保靖狮子桥、永顺马鞍山电站及电网建设情况。

6月10—22日

由州、县联合组成的渠道防渗工程质量检查组对全州20个渠道工程进行全面质量检查，通过查看、检测、打分、总评，共评出小型渠道防渗优质工程7个，中型水库基建渠道防渗优质工程2个、表扬工程2个。评比总结会议上，州政府副州长李遨夫对近几年水利工程标准化建设给予高度评价，进一步推动渠道防渗工作向"直如线、弯如月、平如镜、硬如铁、美如画"的高标准方向发展。

8月27日至9月30日

应云南省西双版纳州水电局邀请，并报州委、州政府分管领导同意，符兴武率州局科室负责人、各县（市）水电局长赴贵州、云南西双版纳州、海南、深圳等地学习考察，撰写《他山之石可以攻玉》考察报告。

11月2日

水利部农电司电网处处长刘晓田来州检查指导吉首—铜仁110千伏输电线路架设及试

送电并网。

11月12日

贵州铜仁至吉首110千伏输变电工程正式投入运行。

11月20日

花垣至永顺110千伏输电线路在保靖县复兴镇境内合龙，标志该线路工程完成。此工程是州内"八五"计划期间重点工程之一，是湘西州地方电网的骨架工程，线路全长62千米，总投资512.9万元。

1993 年

1月30日

州水电局召开州直水电系统九二年度先进工作（生产）者表彰大会，给3名立功人员，47名先进工作（生产）者颁发荣誉证书及奖金。

3月26日

全州中型水库调度、工程观测会议在保靖召开。

3月27日

水利部"关于湖南省湘西州竹篙滩水利水电枢纽工程初步设计报告的批复"，基本同意该初步设计报告及水利水电规划设计总院的审查意见。

4月23日

全州水利水电建设及防汛防旱工作会议在吉首召开。副州长武吉海到会讲话。会议总结1992年防汛抗旱工作，布置1993年防汛抗旱准备工作。组织与会人员观看青海省沟后水库垮坝失事录像片。

5月8日

州水电局质监站在花垣县首次举办全州水利水电工程质量监督研讨班。参加人员系统地学习和讨论《湖南省水利水电基本建设工程质量监督实施细则》和水利部水利水电基本建设工程质量管理文件。

5月18日

全州水利管理会议在龙山县召开。

5月29—30日

世界粮食计划署水利专家亨利洛兹和世界粮食计划署驻华代表处高级项目官员解红义，现场察看州WFP 3779粮援项目区花垣、保靖、永顺粮援水利工程建设情况，重点考察永顺排渍工程试验情况，重新审定并增加该工程用工定额。省政府秘书长谢康生、州长石玉珍、副州长李遨夫陪同考察。

6月18日

花垣至永顺110千伏输变电工程正式并入州网，投入运行庆典大会在永顺杨公桥变电站举行。州长向世林到会讲话，州政协主席向熙勤、州人大原主任向和友、副主任石国玺、州水电局总工程师喻广源等领导为工程竣工运行剪彩。

7月14日

州人大副主任石国玺、副州长武吉海一行到四川成都东方电气集团公司签订花垣竹篙滩水电站开发建设协议书。

7月19—31日

州境先后两次连降暴雨，百年一遇的特大洪水灾害给工农业生产和人民群众生命财产造成十分惨重的损失。8县（市）降水量均在300毫米以上，最高达529.5毫米，山洪暴发，河水陡涨，泛滥成灾。199个乡镇、27.23万户、118.8万人受灾。其中：重灾75000户、34.17万人；因灾死亡34人（其中永顺32人）、受伤4200多人（其中永顺2100余人）、失踪10余人；直接经济损失5.5亿元，其中永顺2.8亿元。灾情发生后，省、州、县（市）直单位和干部职工为灾区捐款160多万元，捐物折价20多万元，捐赠衣服38594件。

7月29日

副省长王克英赴永顺查看灾情，慰问灾民。

7月30日

长江委防办、省防办查看永顺县受灾情况。

8月5—7日

国家防汛抗旱总指挥部副总指挥、水利部副部长何璟受国务委员、国家防总总指挥陈俊生委托，率慰问组一行8人，在省委常委、常务副省长储波和省水利厅副厅长罗琼述等省直有关部门领导陪同下，来永顺县了解灾情，指导救灾和水毁工程的修复工作。

10月

《湘西州水利电力志》编纂完毕，正式出版发行。

10月7日

全州抗洪救灾表彰大会在吉首召开。州委、州人大、州政府、州政协领导参加了会议，大会表彰8个抗洪抢险先进单位、7名模范、11名先进个人。大会结束后，副州长李遨夫同与会人员上街游行宣传。

11月4日

全州水利冬修现场会在永顺县召开。局长符兴武宣读省农田水利基本建设指挥部《关于认真贯彻落实省委、省政府领导对当前水利建设情况重要批示的通知》，州长向世林、副州长武吉海就如何认真贯彻落实《通知》精神作讲话。与会同志参观灵溪镇竹寨村河堤修复工程。

12月31日

州水电局综合档案室经州档案局考核评审，由省三级升为省二级。

12月

州水电局被水利部评为全国水电系统职工教育先进单位。大龙洞、三元、甘溪桥和下寨河电站被评为省级优秀电站。州电力公司和花垣供电公司被评为省级优秀电网。狮子桥等11处电站和龙山水电公司等4个电网分别被评为州级优秀电站和优秀电网。

1994 年

6月15—18日

水利部农电司司长邓秉礼、省水电厅厅长刘红运来凤凰、吉首、花垣、保靖、永顺检查电站建设，州委书记石昌禄、州人大常委会主任吴沉生、副州长武吉海参加汇报会。

10月9—10日

泸溪县遭受特大秋汛，五强溪水电站试关闸蓄水，沅江水位陡涨。10日12时武溪老城水位110.41米，浦市水位121.57米、流量2.1万立方米/秒，为1949年以来最高水位，武溪老城区、浦市镇区被淹。全县受灾6个乡（镇）、53个行政村，受灾群众达2.4万人，直接经济损失1.13亿元。州在家党政领导蔡四桂、彭诗来、武吉海、陆光祖及时赶赴灾区察看灾情，慰问灾民。

1995 年

3月21日

州水电局于3月30日在吉首举办全州水库管理人员上岗培训和水库调度、工程观测会议。州水电局总工程师邓声棠主持培训与会议。符兴武局长作总结讲话，参加这次培训和会议的有8县（市）水电局副局长、管理股长、中型工程管理处（所）长、水库调度员共49人。

3月24日

水利部农电司综合处来州调研大小电网关系。

5月18日

省水电厅"关于聘任全省水利系统政策研究员的通知"，聘任州水电局姚寿春、张齐湘、罗松青、熊伟、陈金媛、叶志东、沈新平、滕建帅、陈楷、彭先传、罗刚等人为全省水利系统专（兼）职政策研究员。

5月21日

湘西州电力公司与湘西电业局合署办公。

5月22日

为了贯彻落实财政部颁发的《水利工程管理单位财务制度》《水利工程管理单位会计制度》，州财政局、州水电局在龙山县联合举办水利工程管理单位新财务会计制度培训班，参加这次培训班学员70人，培训时间10天。

5月30—31日

永顺、保靖、龙山等县遭受特大暴雨袭击。有163个乡（镇）63.8万人受灾，死亡25人，13万人口粮田被洪水冲毁，直接经济损失7.01亿元。永顺县受灾最为严重。县城被洪水围困，城区五分之二被洪水淹没，全县灾损达3.4亿元。武吉海等率州直有关部门负责人赶赴灾区查看灾情，现场指挥抗洪救灾。符兴武率刘光跃、沈新平赴永顺抗洪救灾，在通讯中断的情况下，用车载电台与省、州防办联系，通报灾情。

6月1—2日

副省长庞道沐到遭受洪水袭击的永顺等重灾区、重灾户和重灾单位调查了解灾情，走访慰问灾民，省水电厅副厅长汪亮诚陪同。

6月2日

根据省水电厅"关于对水利行业职工教育工作进行评估的通知"，州局成立"湘西自治州水利行业职工教育评估工作领导小组"，局长符兴武任组长，邓德好任副组长，成员有：彭先传、陈金媛、高玲。由科教、人事、财务等职能部门参加，按水利行业职工教育管理部门评估办法（试行）。组织力量，对州水利水电学校和全州水利行业进行职教评估。

6月11日

国家防总江河调度处工程师万群志、长江委江务局副局长王忠发、工程师王强、省防汛办副主任尹仲春到永顺检查抗洪救灾情况。

6月26日

龙山县水电公司与西安科技大学远动技术中心合作，共同研制开发RTS-200实时多任务电力调度监控系统。该监控系统集计算机、自动控制、通讯、继电保护多种技术为一体。它成功应用于龙山县电网，获得显著经济效益和社会效益，年增加供电量440多万千瓦时，增加供电产值90多万元。与同类电网相比，具有国内先进水平，有广泛推广价值。

6月29日

州编委批复同意设立湘西民族水利电力工业学校，将州水电物资站并入州水利电力职工中等专业学校，实行两块牌子、一套人马，合署办公，其编制水电学校为45名，水电物资站16名，合并后，共计61名事业编制。州水电物资站机构自然消失。

6月29日

下午6时30分永顺县龙塔水库大坝管理观察人员发现大坝多处出现裂缝，大坝处于危险状态，州县防汛指挥部领导及水利技术人员随即到现场了解情况，组织抢险。

6月30日至7月1日

泸溪、凤凰、吉首3县（市）遭受特大暴雨和洪水袭击，受灾面积68个乡（镇）585个村，40万人受灾，受灾农作物32.15万亩，毁坏耕地11万亩，大部分公路、通讯、输电设备损失惨重，直接经济损失3.1亿元，泸溪县最为严重。灾情发生时，正值党代会期间，州委开会、抗灾两不误，派出彭楚政、田景安、吴沅生、罗国兴等领导分别奔赴泸溪县和凤凰县指挥抗灾救灾工作。

7月1日

凤凰长潭岗电站建坝后通过首次泄洪检验。

7月2日

泸溪暴雨，县城3.5万人被洪水围困，浦市被淹，国家防汛总指挥部紧急派直升机救援，空投抢险救灾物质。

7月12日

花垣暴雨，民乐镇坝务水库［小（Ⅰ）型］出现险情，主坝开裂，三条缝长63米，符兴武、张齐湘、姚波赶赴现场组织抢险，苦战一通宵，避免溃坝事故的发生。

8月8日

州编委明确州水利水电局职能配置、内设机构和人员编制，局机关核定行政编制19名，保留州防汛办事业编制8名。其中局长1名、副局长3名、纪检组（监察室）负责人1名、总工程师1名、正副科长（主任）14名，核定机关后勤服务人员事业编制1名，州水电局行政、事业编制共计28名。

8月11日

州政府批转州经委等部门关于州电力公司由省电业局代管后有关问题的协商意见，明确州水电局、州电业局和州电力公司的关系，州电力公司仍属地方企业，继续归口州水电局管理，代管期间州电力公司接受双重领导，业务上以州电业局管理为主，行政、党务以州水电局管理为主。

州电业局主管省网直供区、联营和代管区内的供用电；州水电局主管地方其他小水电系统的供用电和全州所有地方发电企业发电。

10月5—7日

州委、州政府召开全州水利建设暨表彰大会，表彰全州"芙蓉怀"水利竞赛先进集体和抗洪救灾先进集体、先进个人，部署今冬明春全州水利建设任务。期间，与会人员参观保靖县普戎乡、龙山县靛房乡、永顺县灵溪镇竹寨村水毁工程修复现场和古丈县接龙渠工程、广潭河水库配套工程现场。龙山县人民政府和古丈县接龙渠水利工程指挥部等22个先进集体以及92个抗洪救灾先进集体和191名先进个人获颁奖。

11月5日

州水电局通报永顺县海螺水电站"11·5"重大施工责任事故。11月5日17时，永顺县海螺水电站厂房现浇屋面时，满堂支架全部倒塌，造成死亡3人、重伤2人、轻伤1人重大伤亡事故，直接经济损失24万元。事故发生后，县委、县政府主要领导会同有关部门及时赶赴现场，组织抢救并处理善后工作。根据事故现场查实，"11·5"事故属施工责任事故。承包施工单位应负主要责任，工程指挥部安全监督不力，也有一定责任。

12月16—18日

全州水利经济工作会议在花垣县召开。

12月24日

古丈县扶贫攻坚重点工程接龙渠引水工程竣工通水典礼。该工程1994年10月开工，以工代赈投资800万元。

12月29日

全州农村水电初级电气化建设总结暨表彰大会在吉首召开。经州人民政府批准，73名个人记三等功奖励。

1996 年

1月10日

州委、州政府在吉首召开全州农村水电初级电气化建设总结表彰大会，通报湘西州成为全国第一个农村水电初级电气化自治州。

2月2日

湘西民族水利电力工业学校升为副团级单位，升级后仍归州水电局管理。

4月2日

州水电局召开州直水电系统《电力法》宣讲贯彻大会。

4月8日

凌晨2点10分，花垣县下寨河电站机房中控室发生火灾，导致操作台上各种仪表、操作控制开关台器具等大部分设备被烧毁，直接经济损失5万多元，经初步调查，是一起严重责任事故。事故发生后，州水电局局长符兴武、纪检组长邓德好和花垣县农办、水电局负责人及州县有关专业技术人员及时赶到现场，调查分析事故原因及责任，研究恢复措施和抢修方案。

4月25—28日

省水电厅副厅长刘其业率省防汛检查组到永顺、龙山、保靖、花垣、凤凰5县检查防汛抗旱工作。实地查看杉木河、弄塔、贾坝、卡栅、小排吾、坝务、龙颈坳、大小坪等水库以及万坪火电厂和长潭岗水电站，专程查看省委书记王茂林在花垣县调研时交办的金彩水库治理现场。在检查中，对全州防汛抗旱工作和水利建设提出重要意见。

5月14日

州长向世林主持召开九届人民政府第41次常务会议，听取州物价局、水电局、电业局、吉首市政府等单位关于调整地方电网电价问题汇报，原则同意小水电上网价格适当调整，小水电上网电价丰水期由现行每度0.10元调整为0.15元，枯水期由每度0.15元调整为0.20元。水电站从提价的5分中提取1分钱，单独列账，用于库区维护建设和移民安置以及作为政府调控基金。电价调整从1996年1月1日起执行。

5月21日

全州县（市）经国务院批准均已达到初级农村电气化县验收标准。州电气化办和凤凰县电气化办被评为水利部先进单位，26人被评为部先进个人。76人被评为省先进个人。

5月23日

湘西州电气化办、凤凰县电气化办及26名个人在全国农村水电暨第三批初级电气化县建设工作会议上获水利部、国家计委、全国水电工会表彰。会议期间，州水电局副局长、州电气化办主任曾绍尹、保靖县副县长、双溶滩电站工程指挥部指挥长龙顺英等受到李鹏总理等党和国家领导人亲切接见。

7月3日

晚8时，州长向世林在州水电局主持召开州防汛抗旱指挥部成员单位紧急会议。本月初开始全州普降暴雨，各主要河流水位迅速上涨。保靖、永顺、花垣、龙山有100个乡（镇）、1055个村暴雨成灾，受害人口70.7万人，其中8000人被洪水围困。

7月4日

省委书记王茂林、省长杨正午向州内遭受洪涝灾害的县（市）致电慰问。

7月7—8日

省委副书记胡彪、省水电厅副厅长杨始伍到永顺县察看灾情，慰问灾民。

7月13日

泸溪县境内水位持续上涨，武溪、浦市两镇被洪水围困。州委立即召开紧急会议，研究救援方案，组织抗灾救灾工作队。

7月16日

泸溪老城进水，水位117.3米，浦市水位126.3米。

7月18—19日

党中央、国务院和省委、省政府十分关心泸溪县被洪水围困灾民安危，派飞机给泸溪县灾区空投救生物资。共空投救生艇20艘、药品15件、食品4吨。这些物资及时发放到部分灾民手中，解决部分灾民燃眉之急，灾民十分感谢党和政府亲切关怀。

为解救被洪水围困的8万泸溪灾民，在省防指调度下，沅陵县派出11艘船只70多人赶到泸溪参加救援。18日、19日下午省防指空投组用直升机向泸溪白沙和浦市两空投点投放救生艇 32 艘、药品 15 件、食品 4 吨、明矾 200 千克。从永顺县调 14 条皮艇和 30 名船工、从武警调派 100 名战士、从政法系统调派 60 名公安干警和交警赶赴泸溪解救被围困灾民，维护灾区秩序。

省防汛抗旱指挥部办公室紧急组织直升机空投抢险物资和食品五架次。

省委副书记、省长杨正午和省委常委、副省长周伯华以及省移民局、中南水电勘察设计院等 10 多个部门负责人，深入泸溪重灾乡（镇）和重灾企业实地察看灾情，检查指导抗灾救灾工作。

7 月 16—22 日

省政协副主席、省委统战部部长石玉珍受省委、省政府委托，带领省水电厅、交通厅、民政厅和公路局有关负责同志来州察看灾情，慰问灾民。先后察看永顺、泸溪、吉首、保靖等受灾县（市），看望州防汛指挥部值班工作人员，听取州委、州政府灾情汇报。

7 月 21 日

省政协副主席石玉珍查看花垣吉卫白果被洪水淹没现场。

8 月 6 日

省水电厅决定在吉首等县（市）开展水政监察规范化建设试点。

9 月 7 日

永顺万坪火电厂扩容 6000 千瓦机组投产试运行。

9 月 9 日

湘西民族水利电力工业学校建校 10 周年庆典。

10 月 8 日

州委、州政府出台 6 个水利规范性文件，即州委、州政府关于《在全州大力开展农田水利建设的决定》《湘西自治州各级人民政府行政首长水利建设责任制实施细则》《湘西自治州农村水利建设劳动积累工暂行规定》《湘西自治州水利建设督察、评比、奖励办法》《湘西自治州水利水电工程质量监督暂行规定》。这些文件对全州水利建设从目标任务、行政职责、组织发动、资金使用和管理、工程质量监督以及督查、评比、奖励等多个方面作出明确规定，是"九五"期间水利建设纲领性文件。

10 月 9 日

全州水利建设暨表彰会在吉首召开，抗洪抢险先进集体 49 个，先进个人 111 人，水利建设先进集体 4 个，先进个人 50 名获表彰。

10 月 9—10 日

省水利厅副厅长刘其业到凤凰、花垣、吉首检查水灾水毁水利工程情况。

11 月 16—17 日

水利部水利经济处处长丁魏、省水电厅水利经济综合经营公司处长陈绍金到古丈、吉首考察重晶石矿开采加工情况。

1997 年

3 月 11—17 日

全州中型水库及重点水电站水库调度研讨会在吉首召开。9 座以灌溉为主的中型水库及长潭岗电站、河溪电站、兄弟河水库、马鞍山电站的16位工程观测、水库调度人员参加会议。州防办主任张齐湘传达省防办主任会议精神,州防汛抗旱指挥部副指挥长符兴武作讲话。

3月21日

全州首届防汛计算机培训班在州水电学校圆满结业。

5月20日

州编委同意设立湘西州水政监察支队,为二级事业机构,隶属州水电局领导,核定编制12名。

7月8日

州编委同意设立湘西州水利水电工程建设管理站、湘西州水利水电工程招标办公室,与湘西州水电建设工程质量监督站,实行三块牌子一套人员。

7月10日

州防汛计算机网络联网投入运行。通过网络,可以传递卫星云图、气象信息、水文信息,也可以传递文件、报表。州防汛计算机网络的结构是:州局建设局域网,通过异步拨号方式进入省防汛计算机网络,调取网上信息。州局与8县(市)防汛办采用点对点通讯方式,传递卫星云图、水文、气象信息。

7月15日

州编委同意州水电局设立水利经济管理科,与原水利水电开发经营公司实行一套人员两块牌子,合署办公。

9月12日

州政府印发《湘西州水利水电工程建设项目招标投标管理暂行办法》《湘西州水利水电工程建设项目管理暂行办法》。

9月20日

全省各地(市)水电局局长应邀参加州庆40周年活动,参观考察跃进水库、凤凰古城、德夯苗寨。

9月25日

省委督办专员汪亮城、省水电厅副厅长佘国云应邀参加湘西州40周年庆典,到州水电局检查指导工作,在观看反映湘西州水利水电建设成就录像片、听取州水电局局长符兴武以及县(市)水电局长汇报后,就全州水利水电建设作讲话。

10月中旬

永顺县水土保持监督执法试点工作通过省级验收。

11月7日

全州水利建设现场会在保靖县召开,局长符兴武就今冬明春水利建设提出具体意见。表彰永顺、泸溪、花垣、保靖等4个水利建设先进县和先进个人。州政府助理巡视员肖茂初作讲话。

11月16日

州水电局组建湘西州水电冶化总厂。

11月18日

水利部农电司来州调研电力体制改革工作。

11 月 18—19 日

全州水电建设工程质监研讨会在凤凰召开。

1998 年

2 月 9 日

州水政监察支队于 2 月 9 日正式挂牌成立。省水电厅副厅长刘其业、州人大副主任周从玉、州政协副主席徐纪毕、州政府助理巡视员肖茂初等到会祝贺并讲话。挂牌仪式后200 多人上街游行。

2 月 25 日

州水电局组织县（市）管电局长、电力股长、小水电公司经理及 21 个水电站站长共75 人，组成 4 个检查组，对单机 500 千瓦及以上国有电站进行千分制考核，主要内容为安全生产、防汛工作。

2 月 25—28 日

全州水稻控水增产技术推广计划工作会议在吉首召开。各县（市）工管股长、水利股长、排灌站长、中型工程灌区管理所负责人等 60 人参加会议。

3 月 6 日

州内首次小型水库拍卖在龙山县敲响第一槌。内溪乡半住村村民贾绍瑞以 2 万元现金买走半住水库 30 年管理使用权。在全省率先实施以拍卖为主要形式小型水利设施产权制度改革。

3 月 8—17 日

州防汛办组织县（市）水电局长，分南北 2 组交叉检查水利冬修及防汛准备工作，在保靖县集中交流检查情况，副州长李德清、局长符兴武听取汇报并就水利冬修扫尾和防汛工作作讲话。

3 月 22—28 日

全州中型水库调度，水库工程观测暨 1998 年度汛方案编制会议在吉首召开，州防汛指副指挥长、水电局长符兴武到会讲话。13 座中型水库管理单位水库调度、工程观测技术人员参加会议。

3 月 25 日

十届州政府第 1 次防汛抗旱指挥部成员单位负责人会议在州防汛指挥中心（州水电局）召开。副州长、州防汛抗旱指挥长李德清主持。局长符兴武通报全省的汛情和灾情，汇报防汛准备情况，就 9 座中型和 4 座径流骨干电站水库的调度方案作说明。

4 月 14—17 日

省水电厅助理巡视员、水建办主任皮颂孚带领岳阳、长沙、益阳、常德等市水建办负责人到州检查 1998 年度水利建设"芙蓉杯"竞赛实绩。

4 月下旬，为进一步摸清全州水利工程现状，州县政协和水电局共抽调 98 名干部组成21 个调查组，到 21 个乡、12 个特贫村和 1200 户贫困户、各类重点水利工程进行调查。

5 月 7 日

省水利厅副厅长蒋松生、王跃生、沈新平一行踏勘永顺猛洞河哈尼宫电站开发坝址。

5月8日

全州普降暴雨。其中，吉首市在12小时内降雨量达163.5毫米。为历史记载的第三大等时段降雨量。8日凌晨零时30分至1时30分一个小时降雨量在80毫米，为历史记载以来最高时降水量；峒河吉首水文站最高水位达186.24米，距警戒水位仅差0.26米，河水陡涨7.25米。古丈县暴雨是50年之罕见。全州有71个乡镇728个村受灾，受灾人口43.87万人。被洪水围困0.02万人，进水城镇3个，积水2个。因灾死亡19人。直接经济损失2.24亿元。

5月13日

国家防汛抗旱指挥部副总指挥、水利部部长钮茂生派国家防总办公室副总工程师郭孔文，减灾处工程师万群志等6人，来州考察和研究救灾工作。

6月15日

州委、州政府作出《关于加强基本农田建设的决定》。用3年时间，建设20万亩基本农田，力争实现农民人均0.5亩旱涝保收口粮田土。

6月18日

在保靖复兴镇和平村干塘坪组举行全州口粮田建设开工奠基仪式。

6月18—20日

州委、州政府在永顺县召开全州口粮田建设动员大会。大会强调，一要进一步提高认识，建设好20万亩旱涝保收的口粮田土，是扶贫攻坚总体战当中关键性的一仗，是从根本上解决好"三农"问题的关键，也是湘西州农村经济可持续发展的物质基础。二要坚持讲精神、讲规律、讲科学、讲效益，扎扎实实地搞好口粮田土建设。三要进一步加强领导，确保新增20万亩农田，人均达到0.5亩旱涝保收口粮田土目标如期实现。

6月24日

湘西州水电冶化总厂挂牌成立。

6月25—28日

省水电厅在永顺县王村镇举办全省地方电力企业经济体制改革座谈会暨战略重组研讨班。全省地方电网地、州、市、县水电局负责人和重点地方电力企业负责人参加。省水电厅副厅长刘佩亚到会讲话。全国知名小水电专家白林、李道远等应邀参加。

7月20—22日

永顺、龙山、保靖、古丈4县遭受大暴雨、局部特大暴雨袭击，造成严重洪涝灾害，共有104个乡（镇）、1134个村、72.2万人遭灾，直接经济损失达34161万元。永顺县城和猛洞河上游陡降暴雨，21日8时至22日8时，降雨339毫米。由于降雨量大，来势凶猛，造成猛洞河和马鞍山水库水位暴涨。猛洞河县城段过境流量达3600立方米/秒，水位201.36米接近1993年"7.23"特大洪水最高水位。县城区三分之二被淹，水淹深度平均7米，最深11米，3万余人被洪水围困，情况万分危急。灾情发生后，彭对喜、武吉海立即打电话作出具体部署，并派彭楚政、田景安、肖茂初等赶赴永顺县城指挥抗灾救灾，22日，州委、州政府召开州防汛抗旱指挥部全体成员单位负责人会议，武吉海主持会议并讲话。从7月23日起，州里决定再组织3个工作组奔赴重灾区抗灾救灾。由龙爱东带队前往龙山，向后兴带队前往保靖，武吉海带队前往永顺。要求州直各职能部门要全力帮助重灾区搞好抗灾救灾工作，州直对口部门对灾区下属单位尽力帮助。

7月20—23日

州委、州政府领导坐镇州防汛指挥中心指挥抗洪救灾。7月22日中午，武吉海州长、金述富秘书长、杨先杰副州长在防汛指挥中心主持召开抗洪救灾紧急碰头会议，武吉海州长对当前的抗洪救灾工作作总体部署。

7月24—25日

副省长潘贵玉带着省委、省政府对灾区人民的亲切关怀，来察看灾情，慰问灾民，指导抗灾救灾工作。彭对喜、武吉海、彭楚政、龙爱东、肖茂初等先后陪同，实地踏勘永顺县吊井乡，受灾最重的永顺县城和龙山县的水田坝镇等重灾区，了解灾情和救灾情况。分别听取永顺县、保靖县、龙山县和全州灾情汇报。潘贵玉对湘西州及受灾县抗灾救灾工作给予充分肯定，要求继续做好抗大灾准备，要死保水库不垮坝，做到人在水库在，千方百计确保人民生命财产安全。

7月28日

0时至14时，龙山、永顺、保靖等县的部分地区再次遭受强降雨袭击，再度造成严重的山洪灾害。

8月17日

晚接省防指调度令，五强溪水电站水位将达110米高程，要求泸溪县城做好低洼区群众转移工作，做好迎峰准备。

8月26日

州口粮田建设水利项目第一批开工报告通过评审。8月26日，州口粮田建设指挥部和州水电局联合签发第一批水利项目开工许可证，泸溪县大田角水库渠道防渗等5个水利项目获准开工。

9月

全州扶贫攻坚后三年农田水利建设重点项目区规划设计工作基本完成。州县（市）各级水利部门在调查研究、摸清底子基础上，认真、科学地开展规划、设计工作，全州确定7个连片跨县域重点项目区。

10月14日

省委副书记胡彪，省水电厅副厅长杨始伍一行踏勘永顺县高家坝防洪水库坝址。

10月21—22日

全州水利建设现场会在花垣县召开。

11月18日

州委、州政府召开抗洪救灾总结表彰大会，表彰全州抗洪救灾21个先进集体、39名先进个人。

12月1日

州政府通知实施《湘西州水利工程管理暂行办法》。

12月31日

州水电局综合档案室，经省、州档案局验收、审批，由省二级晋升为省一级。

1999 年

4 月 14 日

全州防汛抗旱工作会议在吉首召开。

4 月 15—18 日

省水建办主任尹仲春带领衡阳、湘潭、娄底、株洲等地市水建办负责人一行 8 人来州检查 1999 年度的水利建设情况。

4 月 25—26 日

泸溪马家冲水库整治工程召开验收评定会，经马家冲病险水库治理工程建设单位、施工单位及州、县水利工程质量监督部门实地查看、检测、工程技术分析、资料审阅、计划执行情况审查，该工程在湘西州治理病险水库采用综合技术、利用新工艺、新材料方面有突破，为全州水利第三次创业树立了新形象。

6 月 17 日

中国工程咨询公司专家组到永顺审查永顺县城防洪规划、考察高家坝坝址。

6 月 28 日

龙山县降暴雨，酉水流域洪水陡涨，里耶镇被淹，水位 248 米，龙山县长贾高飞和州水电局副局长滕建帅连夜从吉首赶赴现场组织抢险救灾。

6 月 30 日

省水电厅副厅长刘佩亚受省委、省政府委托，带领省防汛办一行 4 人来州察看灾情，慰问灾民。中午，省水电厅副厅长刘佩亚一行到泸溪县听取县委、县政府关于落实五强溪水电站按 110 米高程蓄水安全转移方案的汇报；下午在州委会议室参加了州委、州政府向正在州考察的省长储波专题汇报会；晚上在州防汛抗旱指挥中心听取州防汛办关于 6 月 26 日至 29 日的雨情、水情和灾情汇报。州委书记彭对喜部署当前防汛抗灾工作，纪委书记龙爱东等参加。

7 月 7—8 日

湘西州持续强降雨，尤其是峒河上游降特大暴雨，造成峒河水位陡涨，8 日 9 时 50 分洪峰水位 188.38 米，超危险水位 0.88 米，为有历史记载以来最高值。大龙洞电站厂房进水停止发电，矮寨至大龙洞电站公路多处被洪水冲毁。

花垣县兄弟河电站水库蓄水达到校核洪水位，塔里电站厂房进水。

8 日晚，省委书记杨正午对湘西州抗洪救灾工作作了五条重要指示，州委、州政府发出《关于切实做好当前全州抗洪救灾工作的紧急通知》，要求全州上下立即行动起来，全力以赴做好当前抗洪救灾工作。

7 月 6—12 日

州水电局、州建委首次联合举办水利水电工程建设管理暨施工技术培训班，159 名学员来自凤凰、泸溪、古丈、吉首等 4 个县（市）的 50 个施工队。通过为期一星期的培训学习和审查、考试，46 个施工队取得小型水利水电工程施工许可证，153 人取得上岗证。

7 月 15—16 日

湘西州大部分地区再次遭大暴雨袭击，5 县（市）69 个乡（镇）611 村 22 万人受灾，直接经济损失 1.0369 亿元。

7 月 17—22 日

凤凰、永顺、吉首 3 个水土保持重点治理县（市）1998 年度水土保持重点治理工程通过验收。

8 月 26 日

1999 年度，湘西州首次获全省水利建设"芙蓉杯"竞赛奖，副州长李德清代表州政府从省委书记杨正午手中接过"芙蓉杯"，花垣县获水利建设强县称号。

12 月 18 日

龙家和领队的花垣县水利系统赴京百龙比赛获山花奖归来。

2000 年

1 月 14—16 日

湖南省水电系统办公室工作会议在吉首召开。

3 月 10—11 日

水利部水保司副司长刘震、长江上游水土保持委员会办公室主任陈俊府考察永顺水土保持工作。省水电厅助理巡视员皮颂孚、州政府副州长李德清、州水电局副局长滕建帅陪同。

3 月 29 日

水利部农电发展局局长程回洲考察湘西州地方电力发展情况，省水电厅副厅长刘佩亚等陪同，州水电局局长符兴武、副局长曾绍尹汇报全州地方电力发展情况。花垣县委书记刘路平、县长刘昌刚、凤凰副县长龙保荣分别汇报花垣、凤凰县的地方电力发展情况。副州长董继兴、梁秋松等参加汇报会。

4 月 21—25 日

省水电厅受长江委委托，组织娄底、新化等市县的水保专家对湘西州 1999 年度"长治"工程项目进行检查验收。

5 月 1 日

大龙洞水电站投产 30 周年庆典，老领导石邦智、石元机、张彦斌等参加。

5 月 5 日

水利部党组书记、部长汪恕诚在张家界考察期间，听取州委书记彭对喜，州水电局局长符兴武等关于湘西州西部开发水利规划项目及水利水电建设情况汇报。

8 月 21 日

州水电局研究西部开发水利水电规划编制及相关前期工作。

8 月 22 日

成立西部开发湘西州水利水电规划编制领导小组，符兴武任组长，其他局领导任副组长，各科室、设计院、水文局和 8 县（市）局主要负责人为成员，从州县（市）水电局抽调 24 名技术骨干组建规划班子，集中时间、精力、办公地点，专门负责入西水利水电项目规划的编制工作。

9 月 30 日

第十届州人大十七次常委会审查《湘西土家族苗族自治州河道管理条例》草案。

11 月 3 日

州水电局扶贫援建龙山县他砂乡高桥村"水利希望小学"落成典礼。

11 月 11 日

州脱钩办同意撤销州水利水电开发经营公司、州水电冶化总厂。

12 月 20 日

州政府常务会研究州电力公司上划工作有关事宜。

12 月 25—27 日

州水电局对水利水电西部开发规划中的各子规划进行初步审查。

2001 年

1 月 8—10 日

州水电局组织科室负责人对西部开发水利水电总体规划和一系列子规划初稿进行定稿审查，审定《湘西自治州西部开发水利水电发展总体规划》和《水资源开发利用规划》《防洪规划》《病险水库除险加固规划》《水土保持生态环境建设规划》《乡（镇）供水工程规划》《雨水集蓄利用发展规划》《酉水大型灌区续建配套与节水改造总体规划》《酉水大型灌区续建配套与节水改造总体规划》等规划，并上报省水电厅、水利部。

永顺县高家坝水库得到省水电厅、省发展计划委的大力支持，纳入《湖南省洞庭湖区城市防洪工程可行性研究报告》范围，由国家发展计划委报请国务院同意后批准立项。

3 月 20 日

省委书记杨正午到古丈县现场办公，省水电厅王孝忠厅长陪同，确定白溪关电站投入 800 万元，进行发电机组扩容改造。

3 月 23 日

水利部水保司、长江委水保处、省水电厅一行 11 人到凤凰、永顺验收水土保持工程。

3 月 31 日

州人大第十届五次全会通过《湘西州河道管理条例》决议案。

4 月 23 日

人民长江报社十九省市区通讯员培训班在州内开班。

5 月 6 日

水利部农水司供水处严家适处长来湘西州检查人饮工程。

10 月 28 日

湘西州政府召开全州农田水利基本建设大会，对前三年口粮田建设进行总结表彰。

12 月

湘西州被列为长江流域第二批开展水土保持监督执法规范化建设示范地区。

湘西自治州水土保持生态环境监测分站成立，为全额拨款事业单位，定编 5 人。

2002 年

1 月 28 日

州水电工程监理有限责任公司挂牌成立。

4月12日

州内第一个水务局古丈县水务局挂牌成立。省水利厅副巡视员史晓红到会祝贺。

5月10日

永顺县高家坝防洪水库开工。

11月30日

水利部农水司供水处领导、省水利厅副厅长刘佩亚一行检查验收泸溪解放岩大塘坳、利略村人饮工程，并给予高度评价。将州内"因地制宜，蓄引为主，以点带面，加强管理"和"多渠道投入，标准化建设，规范化运作，企业化管理"经验称为"湘西模式"向全国推广。

2003 年

4月1日

凤凰县龙塘河水库调度指挥中心建成，是州内第一个、湖南省第二个建成防洪调度自动化控制系统中型水库。

4月9—10日

水利部常务副部长敬正书、国家防汛抗旱总指挥部办公室副主任邱瑞田等一行16人到永顺县、凤凰县考察工作。

7月7—9日

湘西州遭受大暴雨袭击，永顺、龙山两县遭特大暴雨袭击，灾害损失惨重。

7月11—12日

省委副书记戚和平，省委常委、省政协副主席、省委统战部部长石玉珍一行在州领导童名谦、曾震亚等陪同下察看湘西州灾情，指导防汛救灾工作。指出，要突出当前工作重点，搞好生产自救，克服松劲思想，确保年初各项计划任务的完成。

7月12—14日

省委副书记、常务副省长于幼军考察吉首市、凤凰县、永顺县、龙山县经济社会发展和抗灾救灾工作。

7月13日

民政部部长李学举，省委副书记、代省长周伯华，副省长杨泰波一行察看永顺县青坪镇马洞村灾情，慰问灾民，部署赈灾救灾工作。李学举要求各级党委、政府，要积极抗灾自救，确保农民有饭吃、有衣穿、有房住、不得病。

7月14日

副省长甘霖到永顺县永茂镇察看灾情。

10月28日

乾州供水工程开工。

2004 年

1月21日

广西桂林岩溶研究所蒋忠诚博士、何师意博士及美国洞穴探险专家研究雷公洞地质情况。

4月14日

省水利厅公布凤凰县长潭岗电站水库、永顺县杉木河水库为第三批省级水利风景区。

4月15日

湘西州防汛抗旱工作会议在吉首市召开。

6月

省道1801线水土保持设施通过州水利局验收。

投资30余万元在永顺县西米乡（北部石灰岩典型区）建水土保持径流观测场。

7月21日

省委常委、宣传部长蒋建国率省水利厅、省民政厅等部门负责人一行到泸溪县检查防汛救灾工作。

7月20—22日

泸溪浦市防洪排涝泵站涵管顶盖被沉水高水位洪水压力击穿，21日8时30分沉水洪峰水位123.3米，流量2.38万立方米/秒，泵站堤内滑坡，副州长胡章胜、政协副主席符兴武、现场组织抢险；省委常委、宣传部长蒋建国，省水利厅副厅长佘国云现场慰问。22日晚，李德清、胡章胜等及州直部门召开抗洪救灾现场办公会。

永顺县冒溪小流域（"长治"工程2001年治理）被水利部和财政部命名为"十百千"精品小流域。

2005 年

5月15—16日

水利部农水司姜开鹏副司长、省水利厅刘佩亚副厅长一行到永顺、凤凰检查水利工程。

5月16日

州人民政府下发《关于加快小水电资源开发的意见》。

6月3—4日

龙山县降冰雹，省政协副主席石玉珍、省水利厅副厅长刘佩亚一行赴龙山农车、永顺马鞍山检查冰雹灾害和防汛工作。

8月17—18日

国家防总总工程师一行来州检查防汛工作。

2006 年

5月20日

州内第一个水土保持局——永顺县水土保持局挂牌成立。

7月3日

湘西州农村饮水安全工程启动仪式在泸溪县永兴场乡举行，永兴场乡集中供水工程正式动工。

8月1日

下午龙卷风袭击永顺县万坪镇，2796户、12580人受灾，直接经济损失100多万元。

8月17日

湘西州部分地区发生严重干旱，142个乡镇1418个村120多万人受灾，12.4万公顷农作物和经果林受灾，直接经济损失4.07亿元。

8月22—24日

副省长杨泰波率省农办、省水利厅、省民政厅等省直有关部门在州委主要领导陪同下到严重干旱地区考察抗旱救灾工作。

12月

碗米坡水电站水土保持设施通过水利部验收。

2007 年

3月

水利部水土保持司副司长张学俭到永顺县检查指导猛峒河下游水土保持生态建设示范区建设工作。

3月23日

湘西州水利工作暨防汛抗旱动员会议在吉首召开。

4月25日

永顺县水保局组织红卫水库除险加固工程水土保持设施竣工验收。

6月24日

水利部水资源司副司长程晓冰到湘西州检查指导水资源工作。

8月

副省长杨泰波、省水利厅厅长张硕辅在花垣县排碧乡岩锣村和龙山县里耶镇检查指导农村饮水安全工作。

12月

永顺县畔湖小流域被水利部列为首批生态清洁型小流域治理试点工程。

2008 年

5月9日

州委、州政府召开2007年防御山洪灾害总结表彰大会，35个先进集体、20名功臣（记二等功）、80名先进个人（记三等功）受表彰。

7月9日

州委、州政府召开湘西州中小水库、水电站和尾砂坝安全度汛工作会议。

11月

湘西州水土保持科技示范园通过评估，被水利部定为第二批水土保持科技示范园区。

永顺县高坪中小学相关教师赴福建建瓯一中考察学习水土保持科普教育工作。

12月

永顺、龙山县被列入第四期农业综合开发水土保持项目实施县。

是年，湘西州水土保持生态环境监测分站对竹篙滩水电站建设过程中的水土流失情况进行实时监测，这是第一个由州水保监测分站独立开展监测工作的生产建设项目。

2009 年

4 月 13 日

湘西州防汛抗旱工作会议在吉首召开。

5 月 6 日

州委常委、副州长、州防汛抗旱指挥部指挥长吴彦承带领州水利局、泸溪县政府、县人武部、县水利局等相关单位人员,连夜冒雨迅速赶往能滩电站工地指挥抢险。

5 月 7 日

州委常委、州委秘书长向兴仁率州、县水利局负责人到能滩电站指挥抢险。

8 月 28 日

长江水利委员会派员检查永顺、古丈、凤凰抗旱工作。

8 月 29 日

水利部水土保持司副司长张学俭、省水利厅副厅长刘佩亚一行来永顺进行现场项目评估。

9 月 18 日

水利部党组成员、办公厅主任陈小江率国家防总一行检查指导古丈、永顺等县抗旱工作,省政协副主席阳宝华,省水利厅厅长戴军勇,州委常委、副州长吴彦承,州政协副主席梁远邦等陪同。

10 月 23—25 日

水利部规计司田克军,新疆建设兵团水利局领导一行来古丈、吉首、凤凰检查考察水利工作。

11 月 12 日

全国水利精神文明工作会议在山东济南召开,州水利局被授予全国水利系统精神文明先进单位,州水利局局长高文化接受授牌。

11 月 18—20 日

水利部水土保持司司长刘震来凤凰、吉首检查工作,州委副书记彭武长陪同。

2010 年

3 月 14 日

国家防总抗旱调研专家组考察古丈断龙乡田家洞、红石林镇旱情及集雨节水窖建设情况。

3 月 19—20 日

水利部文明办副主任袁建军一行,来州检查水利文明单位创建工作。

6 月 1—2 日

永顺洞潭电站开工、高家坝发电庆典。

6 月 8 日

中共中央政治局委员、国务院副总理回良玉,水利部部长陈雷,省委书记周强,省长徐守盛,副省长徐明华、韩永文等一行 21 人,视察泸溪县朱雀洞、吉首市河溪电站水库、泸溪县盘古岩村雀儿西组灾情，慰问灾民，指导防汛抗灾工作。

6月10日

国家防办副主任史芳斌、防汛一处副处长杨坤，省水利厅副厅长刘佩亚、省防办调度处副处长朱毅等一行6人，检查指导泸溪县、吉首市、凤凰县防汛抗灾工作。

6月25日

州政府下发《关于切实加强水土保持工作的意见》。

8月29日

水利部副部长胡四一、水电局局长田中兴等一行到永顺高家坝、王村、凤凰等地视察。

10月17—24日

州水利局局长高文化带领8县（市）水利局局长到安徽、江苏、山东、上海、浙江等地考察水利工作。

2011 年

3月9日

州长叶红专在全国两会期间带领州水利局、吉首、龙山、古丈、花垣等县（市）政府和水利（水务）局相关负责人赴水利部汇报湘西州水利工作，水利部党组成员、副部长刘宁率建管司司长孙继昌、水保司司长刘震、农村水电及电气化发展局局长田中兴、规计司副司长汪安南、农水司副司长倪文进及防汛抗旱督查专员邱瑞田等在水务大厦802会议室听取汇报。

3月28日

州委下发《关于加快水利改革发展的实施意见》。

4月1日

州委州政府新闻办举行新闻发布会，发布州委1号文件主要内容和湘西州水利改革发展情况。

4月10日

花垣县水土保持局与吉首大学生物资源与环境学院签订协议，联合开展矿区水土保持生态修复研究。

4月21日

州水利局局长高文化与古丈县县长杨彦芳等向国家烟草局纪检组长潘家华汇报古阳河水库项目。

5月9—11日

中国水利报社组织首届记者站站长新闻宣传业务研修班在吉首举办。省水利厅副厅长陈梦晖，州委常委、副州长吴彦承分别在开班仪式上致辞。中国水利报社总编周文凤在研修班上就围绕中央1号文件贯彻落实，报、刊、网下一步宣传报道重点作详细解读和部署，对各记者站提出新要求。内蒙古自治区、东北记者站、黑龙江记者站等20多个省、自治区、直辖市记者站站长、记者参加研修。期间，会务组组织与会者考察湘西州部分水利建设重点工程。周文凤总编携报社读者部主任唐瑾等一行到湘西州水利局与部分干部职工见面座谈，共同探讨水利建设与发展话题。

9月5日

省水利厅党组成员、防办主任白超海检查泸溪、永顺、吉首抗旱工作。

9月5日

州编委下发《关于州防汛抗旱指挥部办公室机构升格的通知》，州防汛抗旱指挥部办公室机构升格为副处级事业机构。

10月27—28日

国家防办副主任张旭、处长万群志、省水利厅副厅长许向东等检查指导凤凰县抗旱服务组织建设和县级抗旱服务队设备购置工作。

11月14—15日

武陵山片区区域发展与扶贫攻坚试点启动会期间，州委书记何泽中、州长叶红专分别向回良玉副总理、水利部副部长矫勇专题汇报吉首大兴寨水库项目，以争取中央支持，省水利厅副厅长詹晓安陪同。

州政府常务会议原则通过《湘西州加快水利改革试点实施细则（草案）》

2011年大龙洞水电站获中国农村水利工会委员会"全国水利系统和谐企事业单位先进集体"称号。

2012 年

1月

永顺县被评为湖南省第一批水土保持监督管理能力建设试点县先进单位。

2月8—9日

召开州委水利工作会议。

印发《湘西自治州加快水利改革试点实施方案》。

2月15日

湘西州武酉源监理公司挂牌成立。

2月21日

州水利局干部刘祖国、杨振宇、胡士平赴水利部分别到水利报社、水土保持司、水电局跟班学习，时间1年。

3月6日

州长叶红专带领州县领导秦国文、罗明、翟建凯、高文化等赴北京分别向水利部副部长矫勇、胡四一汇报工作。

3月

古丈县水土保持局、吉首市水土保持局相继成立。湘西州全面完成县级水土保持机构建设任务，8县（市）成立副科级水土保持局。

4月16日

湘西州乡（镇）水管员培训班在湘西职业技术学院开班，州水利局局长高文化上辅导课。

5月25—27日

国务院总理温家宝到古丈县、吉首市、花垣县，就推进连片特困地区扶贫开发工作进行调研，同时指导防汛抗旱工作。

5月

永顺县通过水利部水土保持监督管理能力建设验收。凤凰县、花垣县、古丈县、泸溪县、龙山县、保靖县、吉首市被水利部列入全国第二批水土保持监督管理能力建设县。

6月14日

州委书记何泽中在全省山洪灾害防御暨水库防灾工作会议上代表湘西州作典型发言。

6月29日

州水利局局长高文化、吉首市市长李卫国等一行参加长江委在武汉中原国际大酒店召开的大兴寨水库审查会。会议原则通过该水库方案。

9月12—13日

州水利局局长高文化带科室站队及部分县（市）水利局主要负责人参观广州市增城河道生态综合治理工程。

10月8—16日

州水利局局长高文化带领县（市）水利局长考察重庆、西藏水能资源及水利工程。

11月5日

全国水利新闻摄影实践班在吉首举行，州水利局局长高文化致辞并授课。

11月12日

水利部水情教育中心、中国水利报社举办的全国水利新闻宣传摄影实践班在湘西州圆满结束。为期1周，120余名全国各地水利新闻宣传工作者，先后到芙蓉镇、栖凤湖、红石林、边城等对水利工程和水利风景区现场拍摄和实地采风。这有利于集中展示和宣传湘西州新世纪以来水利建设成就。中国水利报社社长董自刚、副社长邓淑珍、湖南省水利厅副厅长许向东、州人大常委会副主任罗天明参加开班仪式。

12月5日

龙山落水洞水电站举行开工仪式。

附　　录

附录一

先进集体荣誉录

湘西州水利局获奖名录（厅局级及以上单位颁发）

1989 年

1. 全省科技工作先进单位（湖南省科委）。

1990 年

1. 信息工作先进单位（湘西州政府）；
2. 办理人民代表建议、政协委员提案工作先进单位（湘西州政府）；
3. 信息工作先进单位（湖南省水利厅）；
4. 全省水电系统科技情报工作先进单位（湖南省水利厅）。

1993 年

1. 全国水利行业职工教育工作先进集体（水利部）；
2. 防汛抗洪先进集体（湖南省人民政府）；
3. 全国水利系统科技先进单位（水利部）；
4. 省二级机关档案室合格证（湖南省档案局）；
5. "92—93"以工代赈先进单位（湘西州政府）；
6. 地方电力系统安全知识竞赛二等奖（湖南省水利厅）。

1994 年

1. 州防办被授予全省防汛抗洪先进集体（湖南省政府）。

1995 年

1. 抗洪救灾先进集体（湖南省人民政府）；
2. 全国第二批农村水电初级电气化县建设先进集体（国家计委、水利部）。

1996 年

1. 抗洪救灾先进单位（湘西州政府）；

2. 抗洪救灾先进集体（湖南省人民政府）；

3. 州局电气化办先进单位（水利部）；

4. 农村初级电气化县建设先进集体（湘西州政府）。

1997 年

1. 政务信息先进单位（湘西州政府）；

2. 关心支持军队和国防后备力量建设先进单位（湘西州委、州政府、吉首军分区）；

3. 全国水利系统水政水资源工作先进集体（水利部）；

4. 州防办在全省防汛抗旱百分制考核评比中获第一名（湖南省防汛办）；

5. 水利报刊发行先进单位（湖南省水利厅）。

1998 年

1. 抗洪救灾先进单位（湘西州政府）；

2. 信息工作先进单位（湘西州政府）；

3. 口粮田建设先进单位（湘西州委、州政府）；

4. 关心支持军队和国防后备力量建设先进集体（湘西州委、州政府、吉首军分区）；

5. 省群众体育工作先进单位（湖南省体委）；

6. 抗洪先进集体（长江委防总指）；

7. 抗洪救灾先进单位（湖南省委、省政府）；

8. 省一级机关档案合格证（湖南省档案局）；

9. 州防汛办防汛救灾先进集体（湖南省委、省政府）。

1999 年

1. 全省水利系统"三颂"文艺调演赛获创作奖（湖南省水利厅）；

2. 全省水利系统"三颂"文艺调演赛获优胜奖（湖南省水利厅）；

3. 宣传通联发行工作先进单位（长江水利委员会）；

4. 依法行政先进单位（湘西州政府）；

5. 湖南档案系统档案先进单位（湖南省人事厅、省档案局）；

6. 水政水资源工作先进单位（湖南省水利厅）；

7. 文明建设先进单位（湘西州委、州政府）；

8. 抗洪救灾先进单位（湘西州委、州政府）；

9. 办理人大代表建议工作先进单位（湘西州人大常委会）；

10. 水利报刊发行先进单位（湖南省水利厅）；

11. 全国水利系统水电先进集体（水利部）；

12. 全省水利建设"芙蓉杯"竞赛奖（湖南省委、省政府）；

13. 抗洪救灾先进集体（湖南省委、省政府）；

14. 水利工程发电学会先进集体（湖南省水电发电学会）；

15. 全省群众体育工作先进单位（湖南省体委）。

2000 年

1. 自然科学学会目标管理一等奖（湖南省科委）；
2. 全州政府系统信息工作先进单位（湘西州政府）；
3. 全省水利系统精神文明建设先进单位（湖南省水利厅）；
4. 水利财务管理先进单位（湖南省水利厅）；
5. 依法行政优秀单位（湘西州政府）。

2001 年

1. 年度目标考核奖（湘西州政府）；
2. 年度目标考核奖（湖南省防指）；
3. 全省水政监察规范化建设先进单位（湖南省水利厅）；
4. 年度通联发行工作先进集体（中国水利报社）；
5. 文明建设标兵单位（湘西州委、州政府）；
6. 全省科技先进单位（湖南省水利厅）；
7. 全国水利系统水资源工作先进单位（水利部）。

2002 年

1. 省水利系统先进办公室（湖南省水利厅）；
2. 全省水利财务管理工作先进单位（湖南省水利厅）；
3. 全州文明建设先进单位（湘西州委）；
4. 全省水利经济工作先进集体（湖南省水利厅）；
5. 抗洪救灾先进集体（湖南省委、省政府）；
6. 落实党风廉政建设责任制先进单位（湘西州纪委）；
7. 全州"八七"扶贫攻坚工作先进单位（湘西州委、州政府）；
8. 全国农村饮水解困工作先进集体（水利部）；
9. 政协委员提案办理先进集体（湘西州委、州政府）；
10. 报刊发行先进单位（湖南省水利厅）。

2003 年

1. 全国水土保持工作先进集体（水利部）；
2. 争取资金项目奖单位（湘西州政府）；
3. 全州重点建设项目先进单位（湘西州政府）；
4. 州直部门目标管理良好单位（湘西州政府）；
5. 全国农村饮水解困工作先进集体（水利部）；
6. 水政水资源工作先进集体（湖南省水利厅）。

2004 年

1. 全国水利系统办公室工作先进集体（水利部）；

2. 长江流域水土保持监督管理规范化建设示范地区（长江水利委员会）；

3. 抗洪救灾先进集体（湖南省委、省政府）；

4. 获全省水利建设竞赛"芙蓉杯奖"（湖南省政府）；

5. 全省水土保持工作先进集体（湖南省水利厅）；

6. 全省农村饮水解困工作先进集体（湖南省水利厅）；

7. 全省水利系统办公室工作先进集体（湖南省水利厅）；

8. 全州"文明标兵单位"（湘西州委、州政府）；

9. 安全生产先进单位（湘西州政府）；

10. 州直单位目标管理先进单位（湘西州委）。

2005 年

1. 获全省水利建设竞赛"芙蓉杯奖"（湖南省政府）；

2. 省河道管理工作先进单位（湖南省水利厅）；

3. 省水利经济先进集体（湖南省水利厅）；

4. 省水利科教工作先进集体（湖南省水利厅）；

5. 2000—2004年度全省农村饮水解困工作先进集体（湖南省水利厅）；

6. 目标管理优秀单位（湘西州政府）；

7. 向上争取重大项目先进单位（湘西州政府）；

8. 安全生产目标管理优秀单位（湘西州政府）；

9. 全州依法行政先进单位（湘西州政府）；

10. 2005—2006年建整扶贫先进工作组（湘西州委）。

2006 年

1. 全国水利工程监督管理先进集体（水利部）；

2. 湖南省文明单位（湖南省政府）；

3. 获全省水利建设竞赛"芙蓉杯奖"（湖南省政府）；

4. 2005—2006年度省水利文明单位（湖南省水利厅）；

5. 防汛抗灾先进集体（湖南省政府）；

6. 全省水利系统办公室工作先进集体（湖南省水利厅）；

7. 全省水利经济先进单位（湖南省水利厅）；

8. 水利统计工作先进单位（湖南省水利厅）；

9. 落实省8件实事工作先进单位（湘西州政府）；

10. 病险库除险加固工作先进单位（湘西州政府）；

11. 农业农村工作目标管理先进单位（湘西州政府）；

12. 年度目标管理先进单位（湘西州政府）；

13. 全州重点建设项目先进单位（湘西州政府）；

14. 安全生产目标管理优秀单位（湘西州政府）；

15. 人大代表建议和政协委员提案办理工作优秀单位（湘西州政府）；

16. 公文处理优秀单位（湘西州政府）；

17. 州直纪检监察工作目标管理先进单位（湘西州纪委、州监察局）；

18. 全省河道管理先进集体（湖南省水利厅）；

19. 全省水土保持工作先进单位（湖南省水利厅）；

20. 全省水利经济工作先进单位（湖南省水利厅）。

2007 年

1. 全省山洪地质灾害防御和抗旱救灾先进集体（湖南省政府）；

2. 2006—2007 年度省为民办 8 件实事先进集体（湘西州政府）；

3. 重点项目建设先进单位（湘西州政府）；

4. 应急管理宣传月活动先进单位（湘西州政府）；

5. 政协委员提案承办先进单位（湘西州委）；

6. 落实党风廉政责任制先进单位（湘西州纪委、州监察局）；

7. 州安全生产先进单位（湘西州政府）；

8. 人大代表建议和政协委员提案办理工作先进单位（湘西州政府）；

9. 全省水利系统文明单位（湖南省水利厅）；

10. 州防汛办防御山洪灾害先进集体（湘西州委、州政府）。

2008 年

1. 州政协委员提案办理先进单位（湘西州政府）；

2. 2008 年全州抗冰救灾先进单位（湘西州政府）；

3. 省水利科技工作先进集体（湖南省水利厅）；

4. 落实党风廉政建设责任制先进单位（湘西州纪委、州监察局）；

5. 全州重点建设先进项目单位（湘西州政府）；

6. 全州依法行政工作先进单位（湘西州政府）；

7. 全国水利系统文明单位（水利部）；

8. 办民办实事先进单位（湖南省政府）。

2009 年

1. 全省老干部工作先进单位（湖南省水利厅）；

2. 重点建设项目先进单位（病险水库治理）（湘西州政府）；

3. 人大代表建议政协委员提案办理工作先进单位（湘西州政府）；

4. 水土保持国策宣传教育先进单位（湖南省水利厅）。

2010 年

1. 年度湖南省大型灌区先进单位（湖南省水利厅）；

2. 全省河道管理工作先进单位（湖南省水利厅）。

2011 年

1. 州政府绩效考核良好单位（湘西州政府）；
2. 水利报社先进通联组织（中国水利报社）；
3. 全州重点建设先进项目单位（湘西州政府）；
4. 全州建设建议提案先进单位（湘西州政府）；
5. 省河道管理先进单位（湖南省水利厅）；
6. 全省水土保持工作先进集体（湖南省水利厅）。

2012 年

1. 项目工作优秀二等奖（湘西州政府）；
2. 重大项目贡献奖（古丈县古阳河水库完成可行性研究，通过立项审批）（湘西州政府）；
3. 州直单位目标管理考核良好单位（湘西州政府）；
4. 全州行政审批制度改革先进单位（湘西州政府）；
5. 全州政务公开工作先进单位（湘西州政府）；
6. 文明卫生单位（省爱国卫生运动委员会）；
7. 全州五四红旗团委（湘西州直团工委）；
8. 支持湘西经济开发区发展先进单位（湘西州委、州政府）；
9. 全省水利系统报刊发行工作先进单位（湖南省水利厅）；
10. 全省水利系统办公室工作先进单位（湖南省水利厅）；
11. 全州农业农村工作先进单位（湘西州委、州政府）；
12. 全州综合治理先进单位（湘西州委）；
13. 全州安全生产先进单位（湘西州委）；
14. 全省水利财务管理工作先进单位（湖南省水利厅）；
15. 全省水土保持工作先进集体（湖南省水利厅）；
16. 全省河道管理先进单位（湖南省水利厅）；
17. 全省卫生文明单位（湖南省爱卫会）；
18. 州人大代表建议、政协委员提案办理先进单位（湘西州政府）。

附录二

先进个人获奖名录
（获湖南省、水利部及以上奖励）

1991 年

湖南省人民政府表彰的防汛抗旱先进个人（一等功）：杨家金、周祖斌、彭武生

1993 年

中华人民共和国水利部表彰的全国水利行业教育先进工作者：彭先传　优秀教师：罗瘔安

湖南省人民政府表彰的防汛抗洪先进个人（一等功）：邓声堂、高任明、龙长庚、李慧林、杨永春、王　文、左恭明、杨乔碑、张云祥、向乃武

1994 年

湖南省人民政府表彰的防汛抗洪先进个人（一等功）：莫克明、唐世水

1995 年

国家防汛抗旱总指挥部、人事部表彰的抗洪抗旱模范：赵顺龙

湖南省人民政府表彰的防汛抗洪先进个人（一等功）：张齐湘、滕建帅

湖南省人民政府表彰的"芙蓉杯"水利建设竞赛"水利十佳"：符兴武、文体武

1996 年

水利部表彰的全国水利系统优秀干部：彭善荣

水利部表彰的全国水利单位模范工人：孙仲金、田志义

中共湖南省委办公厅表彰的保密工作先进工作者：吴莉蓉

1998 年

中华人民共和国防汛抗旱总指挥部、中国人民解放军总政治部、中华人民共和国人事部授予的全国抗洪劳动模范：符兴武

中共湖南省委、湖南省人民政府表彰的抗洪救灾功臣：符兴武

中共湖南省委、湖南省人民政府表彰的抗洪救灾先进个人（一等功）：龙颂江、杨先杰、向兴仁、周光忠、彭英学、张齐湘、罗日新、田儒东、杨键、覃德泽、彭伟、胡庭双、田雄甲、谭东海、胡刚、向贤利、石远景、邓光远、王文、周祖斌

湖南省人民政府表彰的"芙蓉杯"水利建设竞赛"水利十佳"：肖茂初

湖南省人民政府表彰的"芙蓉杯"水利建设竞赛先进个人（二等功）：莫克明、谢建钢、彭善荣、张顺志、李茂祥

长江流域防汛抗旱总指挥部表彰的防汛抗洪先进个人：张齐湘、罗日新、王文

湖南省防汛抗旱指挥部表彰的水库防洪调度先进个人：谷四新

1999 年

水利部表彰的全国水利系统水电先进个人：朱德洪、张嗣顺

湖南省人民政府表彰的"芙蓉杯"水利建设功臣：田景堂

中共湖南省委、湖南省人民政府、湖南省军区表彰的抗洪救灾先进个人（一等功）：向邦礼、张训辉、彭武贤、滕建帅、杨南生、沈卫军、晏成明、徐绍迟、周吉涓、田德

玉、张世好、李志富、彭忠、向言长、向华友、覃仲俊

湖南省人民政府表彰的"芙蓉杯"水利建设竞赛先进个人（二等功）：杨天元、游承云、李道林、刘川云、石登富、石明轩、向远归、高铃

2000 年

湖南省水利建设指挥部、湖南省水利厅表彰的"芙蓉杯"水利建设竞赛"水利十佳"：张琼贵

湖南省水利建设指挥部、湖南省水利厅表彰的"芙蓉杯"水利建设竞赛先进个人（二等功）：李德清、符辰益、向远归、田德传、龙家和

2001 年

湖南省水利建设指挥部、湖南省水利厅表彰的"芙蓉杯"水利建设竞赛"水利十佳"：彭多敏

湖南省水利建设指挥部、湖南省水利厅表彰的"芙蓉杯"水利建设竞赛先进个人（二等功）：彭英学、许世柏、万绍云、肖功伟、罗桂泉

2002 年

中华人民共和国水利部、中华人民共和国人事部表彰的全国水利系统先进工作者：符兴武

湖南省委、湖南省人民政府表彰的防汛抗旱先进个人（一等功）：吴振文、龙永金、杜德文、吴文钊、张开国、彭英学、罗云团、田宏恩、李枳仁、张文斌、聂大志、蔡长青、古水扬、赵寿云、王心中

湖南省水利建设指挥部、湖南省水利厅表彰的"芙蓉杯"水利建设竞赛十佳：邓启宪

湖南省水利建设指挥部、湖南省水利厅表彰的"芙蓉杯"水利建设竞赛先进个人（二等功）：王平保、彭齐忠、陈昌武、田昌荣、向远归

2003 年

湖南省防汛抗旱指挥部抗洪先进个人（一等功）：彭南玉（功臣）、田时亮、龙桃梅、李迪明、刘川云、龚建秋、吴兴花、石远景、刘志远、吴桂香、梁远新、邓兴忠、康启全、周维才、宋贻华、程方国、刘体森、姚元和、兰明超、黄太高、梁军、张丰、张湘顺、喻卫国、彭司礼、周新明、何钟鸣、刘光复、谢绍猛、谷四新、赵光中

湖南省水利建设十佳：田应坤

湖南省水利建设指挥部、湖南省水利厅表彰的"芙蓉杯"水利建设竞赛先进个人（二等功）：吴凤祥、李新生、石明轩、张树清、杜德文

2004 年

湖南省人民政府表彰湖南省防汛抗旱先进个人（一等功）：翟建凯、张训辉、彭英学、别碧波、王必好、周良勇、向宏国、田宏国、陈翔

2005 年

湖南省水利建设指挥部、湖南省水利厅表彰的"芙蓉杯"水利建设竞赛"水利十佳"：翟建凯

湖南省水利建设指挥部、湖南省水利厅表彰的"芙蓉杯"水利建设竞赛先进个人（二等功）：谢湘龙、叶红专、颜兰、程方国、左志强

2006 年

中共湖南省委组织部、湖南省人事厅、湖南省防汛抗旱指挥部表彰的防汛抗旱先进个人（一等功）：曾建辉、石远景、李学美、程方国

湖南省水利建设指挥部、湖南省水利厅表彰的"芙蓉杯"水利建设竞赛先进个人（二等功）：翟建凯、龙玲佳、周宁南、隆玉明、石国兴、陈良荣、刘川云

2007 年

湖南省人民政府表彰的山洪灾害防御和抗旱救灾功臣：符自龙

湖南省水利建设指挥部、湖南省水利厅表彰的"芙蓉杯"水利建设"水利十佳"：康启全

湖南省水利建设指挥部、湖南省水利厅表彰的"芙蓉杯"水利建设竞赛先进个人（一等功）：杨光寿、栗登元、董清云、吴凌频、颜兰、李新生、张华、吴汝成

湖南省水利建设指挥部、湖南省水利厅表彰的"芙蓉杯"水利建设竞赛先进个人（二等功）：田儒东、田金松、贾绍荣、刘川云、苏友仁、余文选

2008 年

湖南省水利建设指挥部、湖南省水利厅表彰的"芙蓉杯"水利建设竞赛"水利十佳"：石国兴

湖南省水利建设指挥部、湖南省水利厅表彰的"芙蓉杯"水利建设竞赛先进个人（二等功）：赵光中、龙玲佳、肖再明、李世忠、刘勇、金光钧

2009 年

中华人民共和国水利部表彰的全国农村水电及电气化建设先进个人：李平生、陈昌武、周良勇、石国兴

湖南省水利建设指挥部、湖南省水利厅表彰的"芙蓉杯"水利建设竞赛"水利十佳"：龙昌舜

湖南省水利建设指挥部、湖南省水利厅表彰的"芙蓉杯"水利建设竞赛先进个人（二等功）：姚波、龙生华、姚志、田昌荣、朱诗理、陈明刚

2010 年

中华人民共和国防汛抗旱总指挥部、中国人民解放军总政治部、中华人民共和国人事部表彰的全国防汛抗旱先进个人：赵光中

湖南省水利建设指挥部、湖南省水利厅表彰的"芙蓉杯"水利建设竞赛"水利十佳"：罗钢

湖南省水利建设指挥部、湖南省水利厅表彰的"芙蓉杯"水利建设竞赛先进个人（二等功）：杨文、郑坛清、覃启明、向泽恒、刘勇、秦蓉蓉

2011 年

湖南省水利建设指挥部、湖南省水利厅表彰的"芙蓉杯"水利建设竞赛"水利十佳"：饶伟术

湖南省水利建设指挥部、湖南省水利厅表彰的"芙蓉杯"水利建设竞赛先进个人（二等功）：胡世睿、石国兴、田礼东、李新生、刘勇、向乃春

2012 年

湖南省总工会决定授予个人湖南省"五一先锋称号"：罗钢

湖南省水利建设指挥部、湖南省水利厅表彰的"芙蓉杯"水利建设竞赛"水利十佳"：吴凤祥

湖南省水利建设指挥部、湖南省水利厅表彰的"芙蓉杯"水利建设竞赛先进个人（二等功）：彭世雄、毛德昌、张治中、杨文、张祖林、余文选

附录三

湘西州水利水电之最

1. 兴建最早的水库：花垣县雅桥乡排当水库，建于 1952 年 10 月。
2. 最早兴建的中型水库：永顺县松柏水库，建成于 1966 年 4 月。
3. 库容最大的水库：保靖县碗米坡水库，总库容 37800 万立方米。
4. 全国最早兴建的砌石拱坝：凤凰县山江寨水库拱坝，建于 1955 年，坝高 23 米。
5. 最早双曲砌石拱坝：保靖卡棚水库拱坝，1976 年建成，坝高 66.65 米。
6. 最高的双曲砌石拱坝：凤凰县长潭岗水库拱坝，最大坝高 87.6 米。
7. 最高均质土坝：龙塘河水库大坝，坝高 47.6 米。
8. 最高的圬工重力坝：永顺县杉木河水库大坝，最大坝高 45.5 米。
9. 最高的混凝土重力坝：花垣县兄弟河水库大坝，最大坝高 72 米。
10. 最高心墙土坝：岩门溪水库大坝，坝高 44.26 米。
11. 最高的钢筋混凝土面板堆石坝：吉首市黄石洞水库大坝，最大坝高 44 米。
12. 最长的水库大坝：永顺县松柏水库均质土坝，坝顶轴长 980 米。
13. 拱最多的支墩连拱坝：花垣县兰家坪水库大坝，9 连拱，坝高 11.50 米。
14. 全省第一座混凝土面板滚水土坝：狮子庵电站大坝。
15. 第一座橡胶坝：花垣县茶洞镇（边城镇）花垣河大坝。坝轴长 115 米，橡胶坝段 62 米。

16. 第一座水力自动翻板门混凝土溢流重力坝：吉首市磨沟滩大坝。

17. 跨度最大的砌石拱渡槽：凤凰县龙塘河水库必攻冲渡槽，跨度 80 米。

18. 最早的折线拱渡槽：永顺县杉木河水库胜天坝渡槽。

19. 最长的渡槽：龙山县卧龙水库灌区石羔尧平渡槽，长 1800 米。

20. 最早的引水隧洞：花垣县兄弟河引水隧洞，建成于 1965 年 4 月。

21. 最长的隧洞：花垣县吉卫白果排涝隧洞长 2280 米，断面 2 米×2.2 米。

22. 水头最大、管线最长的钢管倒虹吸管：吉首市白岩洞水库灌区炎家桥倒虹吸管，最大水头 196 米，长 1184 米。

23. 水头最大、管线最长的钢筋混凝土倒虹吸管：永顺县江泽倒虹管，水头 103 米，长 993 米。

24. 最早的电力提灌站：吉首市石家寨电力提灌站，建成于 1960 年 11 月。

25. 最早的水轮泵站：永顺县七家槽水轮泵站，建成于 1966 年 7 月。

26. 最大的水轮泵站：花垣县红卫水轮泵站，装有水轮泵 5 台，总提水量 1.002 立方米/秒，灌溉面积 1.06 万亩。

27. 治理最早的小流域：永顺县杉木河流域，始治于 1952 年。

28. 水土保持最早的拦沙坝：永顺县杉木河流域胜天坝，建于 1953 年。

29. 最早开发的洞水工程：永顺县龙洞乡麻风洞引水工程，1951 年 7 月开发。

30. 灌面最大的中型水库灌区：凤凰县龙塘河水库灌区，灌面 7.06 万亩。

31. 经水利部立项的第一个大型灌区：湘西自治州西水灌区，灌面 69.58 万亩。

32. 最早建成的水电站：永顺县王村小水电站，1953 年投产，装机 16 千瓦。

33. 最早的火电厂：龙山县里耶火电厂，装机 30 千瓦，建成于 1950 年。

34. 州境内装机容量最大的电站：保靖县碗米坡水电站，装机 3×80000 千瓦，2004 年发电。

35. 装机容量最大的小水电：花垣县竹篙滩水电站，装机 3×10000 千瓦，2011 年发电。

36. 水头最高的水电站：大龙洞水电站，装机 4×1250 千瓦，水头 217 米。

37. 第一座试验性风力发电机组：龙山县惹迷洞风力发电机，容量 5 千瓦，1994 年安装试运。

38. 全省第一座并网式风力发电站：永顺县羊峰山风力发电站，容量 30 千瓦，2006 年投运发电。

39. 最早的 6 千伏高压输电线路：花垣县白水至县城线路，长 3 千米，建于 1957 年 6 月。

40. 最早的 35 千伏线路：大龙洞至吉首乾州 35 千伏线路，LGJ - 70 导线，长 32 千米，建成于 1970 年。

41. 最早的 110 千伏线路：花垣塔里至乾州长 42.5 千米，建成于 1979 年 8 月。

42. 第一座 110 千伏变电站：乾州 110 千伏变电站，建成于 1987 年。

43. 县网第一座 220 千伏变电站：花垣县花垣 220 千伏变电站，主变容量 2×180 兆伏安，2009 年投运。

44. 最早采用微机监控的电站：大龙洞电站，于 1989 年进行技改后投入运行。

后　记

　　《湘西土家族苗族自治州水利志（1989—2012年）》编纂工作经历两个阶段，第一阶段自2011年8月至2012年4月，主要为《湘西州志》提供水利水电相关资料；第二阶段自2013年8月至2014年9月，主要是编写本志。根据州人民政府地方志办公室通知要求，州水利局成立了编纂委员会和编写工作办公室，确定了编写人员，制定了工作方案，完成了编写任务。

　　按众手成志的原则，编写办公室认真地讨论拟定编目，按照编目将编写人员进行分工；尔后将各章节分解到局机关各科、室、办、站、队及局属各单位，各相关单位确定专人负责，编写办公室与科室确定的人员衔接有关章节的编写提纲和编写意图，要求在规定时间内完成初稿和提供翔实资料；编写人员在这段时间内，凭借在职工作期间积累的工作日志、工作笔记和各种期刊发表的论文，进行整理搜集、查阅档案、编写资料卡，按分工着手纂写初稿。经过编写人员勤奋努力，编写办公室在广征博采、审慎考究、充分占有资料的基础上，经过紧张的工作，2014年5月，编写人员搜集资料共计300多万字，建立资料卡600份，编辑资料长篇80多万字，撰写初稿64万多字。2014年6月—8月，对初稿进行语言文字梳理，补充完善部分资料，形成《湘西土家族苗族自治州水利志》征求意见稿，印发给局领导、各科室站队办修改，形成送审稿，印发给编委会成员及相关人员再次征求意见。通过多次征求意见，编写办公室进一步增补资料，细化内容，于2014年8月完成了近53万多字的《湘西土家族苗族自治州水利志（1989—2012年）》送审稿，经过编委会成员审阅后，分送州地方志办公室及州直有关方志专家审查。2015年10月30日，湘西州组织召开了志稿终审会，湘西州地方志办公室出具了《关于湘西土家族苗族自治州水利志（1989—2012年）送审稿的批复》，编委会再次对志稿进行了修改完善。

　　全志7篇32章118节，55万字，志首设凡例、概述，志末有大事记、附录。本志、凡例、概述、大事记、第一篇、第三篇第三章第一节三目中的（一）、第四章第五、六、七节、第五章、第六章、第四篇、先进集体荣誉录、获奖人员名录、重要文规、后记由符兴武编写；第二篇、第三篇由张齐湘同志编写；第五篇、第六篇、第七篇第三章中第六节、附录湘西州水利水电之最由邓启宪同志编写，第一篇第三章的第五节、第三篇第三章第一节三目中的（二）、（三）、第七篇由杨玉彬同志编写。照片由高文化、符兴武、龙家和、戴金洲、湘西州水利局各科室提供；高文化、姚波、彭英学、莫克明、刘辉、瞿光祥、陈明来、彭民友、吴凤祥、饶伟术、田儒东、赵光忠、颜兰、周宁南、吴观合、向曦、饶碧娟、张璐、彭先传、郭树军、陈明、龙绍恩、莫朝晖、田军、胡士平、郭伟、姚亮、王其祥、周清、唐非、彭庆英、李志勤、侯玲等提供资料15万多字。后期统稿和编辑由戴金洲完成。湘西州水利局局长高文化、副局长朱才茂对全志进行了审阅。

在编纂过程中，湘西州水利局领导高度重视，为编修本志提供编修经费。三位已退休的老水利工作者，对志书的编写表现了极大的热忱，做出了无私的奉献。滕建帅同志参与统筹安排，州志编辑部的专家在编修业务上进行帮助指导，中国水利水电出版社认真审校本志，湘西水文水资源勘测局和湘西州移民开发管理局、湘西州职业技术学院，湘西州水利局各科室站队办和所属单位给予大力支持，提供了大量资料，在此，一并表示衷心感谢！

本志在编纂过程中，有的章节资料比较少，编纂时间比较紧，加之编者修志水平有限，疏漏地方和错讹之处在所难免，敬望读者和专家指正。

《湘西土家族苗族自治州水利志（1989—2012 年）》编写组

二〇一五年十二月八日